New Wun Ching Developmental Publishing Co., Ltd.

New Age · New Choice · The Best Selected Educational Publications — NEW WCDP

新編

環境毒物學

陳健民　黃大駿　編著

ENVIRONMENTAL
TOXICOLOGY

世間事物很難兩全，常常是利、害互見。為了滿足生活上食、衣、住、行的需要，隨著科技的進步，人類研發、產製成千上萬的化學合成產品和農藥，這些物質文明固然帶給人類無比舒適、方便、與奢華的生活，但卻也同時對我們所居住的環境、空氣和水資源產生莫大的破壞，甚至危害到人類生命的安全。近十年來，我國十大死亡原因中，惡性腫瘤一直高居第一位，深受國人的重視。而造成此種現象，大家都認為是因為我們居住的環境中充滿有害毒物，以及食物殘留太多農藥或化學合成物品所致。如果能教育人們瞭解這些有害物的特性，並能盡量避免使用，或有效加以控制，將會降低它的危害。

　　《永不妥協》是茱莉亞羅勃絲(Julia Roberts)所演的一部描述化學工廠造成環境汙染的電影，片中她主演一位律師事務所的小職員，在偶然機會知道一個小鎮上的居民有很高比率罹患癌症或不知原因的怪病，也有一些婦女不孕或流產，生活陷入絕境，於是她奮勇而出，不畏艱辛，剝絲抽繭的深入調查，終於發現罪魁禍首原來是當地的一間化工廠，其將有毒的六價鉻廢棄物不當的埋在地下，造成小鎮土地及飲用水被汙染。她所服務的律師事務所便受居民之託，打贏巨額賠償的民事訴訟。這部電影個人看過二、三次，每次都為有毒物品對人類造成重大傷害，使人們生活在恐懼與絕望之中，感到無比的傷痛。如此情境，在我們生活周遭也比比皆是。個人上班途中常會經過二仁溪，經常看到溪水烏黑，附近戴奧辛惡臭撲鼻，顯現化學合成物對大地與人類危害之大。而農漁業為了避免蟲害與增加產量，漫無限制的大量使用農藥或抗生素，不但傷害地質，更直接危害人類健康與生命。凡此種種，生活在現今的我們實不能不知，而必須儘早加以防範，以減少環境毒物的氾濫。

本書架構完整，內容非常豐富，作者廣泛介紹各種有害農藥、金屬、化學合成物、空氣汙染物，以及現代生活中常被提到的戴奧辛、多氯聯苯、多環芳香碳氫化合物，更包含與生理有關的遺傳毒理學突變物和發育毒理學，更難得的是還介紹毒理學的基本觀念，以及毒物如何在人體作用的毒物動力學。因此，本書是最適合作為大專校院相關科系的專業教科書，同時也是非常適合作為通識課程的讀物，一般大眾也可經由此書瞭解在我們生活環境中處處可能碰到的各種有害毒物。作者學術專長為環境毒理，為人處事則誠懇謙虛，在本書中不但對各種環境毒物有廣泛而深入的討論，且處處表現他對人類與環境的關懷，甚為難得，故特以為序。

吳鐵雄　謹識

現任輔英科技大學董事長

曾任教育部次長

人工合成製造的化學物質，有五百多萬種，常使用者有近九萬種，是現代人類文明的基礎。現代人的食、衣、住、行、育、樂，須臾不可欠缺化學物質，在日常工作和生活的環境中，終其一生中都會暴露於化學物質中。現代人在追求更富饒、舒適、便利的生活，製造商若忽略化學物質的毒性和管理，消費者若欠缺化學物質的資訊，以致忽略化學物質的毒性，往往無意間會造成環境和生態的汙染，影響到身體健康，更嚴重者，破壞生存的地球環境，危害人類的生存延續。瞭解環境中的毒性化學物質，可以降低其對生態環境乃至人類自身的危害。

　　卡爾森於 1962 年發表的《寂靜的春天》(Silent Spring)一書，清楚的描述持久性的化學物質如何汙染自然界，進而累積在人體中，她認為胎兒在母體中就已有可能開始暴露於農藥中，因此警告人們需注意這些人工合成農藥所帶來的災害。之後，人奶和脂肪研究證實人體暴露在不同程度的農藥下，即使是在遠離工業地區之北極區的人們體中，也發現到含有惡名昭彰的滴滴涕、多氯聯苯和戴奧辛。更糟的是，透過母體懷孕和母乳哺育，母親會將其體中的化學物質傳輸到下一代。30 年之後，人們開始瞭解此種汙染的後果，由柯爾博、梅爾和杜馬諾斯基彙整數千篇科學論文，於 1996 年發表的《失竊的未來》(Our Stolen Future)一書，指出滴滴涕、多氯聯苯和戴奧辛等的人工合成化學物質和畸變的性別發育、學習行為及生殖有一定的關聯性。滴滴涕、多氯聯苯、戴奧辛與動情激素（包括雌激素及雄激素）有類似的化學結構，會模仿這些屬天然荷爾蒙之動情激素的活動，攪亂內分泌生理，被稱為環境荷爾蒙。毒性化學物質對人們的危害，已從個人的致癌擴展到影響下一代的學習乃至全人類的生存。

本書內容廣泛，可供讀者瞭解環境中的毒物之特性和危害，環境荷爾蒙的觀點新穎，可供讀者瞭解預防原則應用於環境保護的重要性。本書是為學生和一般人士編寫，結構分明，撰寫用心，首先介紹環境毒物學，讓讀者瞭解藥、毒物之分別，毒物在生物體中的毒性和時間之關聯，其次分別就突變物、致癌物和環境荷爾蒙，詳細闡述其作用機制，進而依農藥、金屬、戴奧辛、多氯聯苯、多環芳香碳氫化合物和室內空氣汙染物等，介紹相關的特性、毒性、宿命、影響和管理，可以讓讀者先有基本的背景概念，再依個人興趣，作更深入的研讀。本書循序漸進的編寫方式，內容廣泛且現代，是一本值得推薦於環境保護和研究用的教科書。

凌永健　謹識

國立清華大學化學系教授

環境毒物學是學習毒物對環境影響的重要基礎學科，亦是提供毒物對環境生態影響評估時，政策及決策重要知識的依據。近年來，臺灣及國際間，健康風險評估及環境風險評估應用於環境安全上與日俱增，更突顯環境毒物學之重要性。目前坊間普遍缺乏具理論基礎及實務應用之環境毒物教科書，因而對於急需推動環境毒物之教學、研究及政府決策之理論根據及實務應用，產生諸多不便。嘉南藥理科技大學環境永續學院陳健民教授出版《新編環境毒物學》之教科書，此書內容從基礎毒理學之概念、毒性影響因素及藥物毒物之動力學原理，進而說明遺傳基因理論及化學物質引發癌症及生殖毒性之原因及影響，建立起完整毒理學基礎架構，文中更編列各重要毒物之各論，如目前環境毒物領域極其重視之環境荷爾蒙、持久性有機汙染物之重要農藥、戴奧辛、多環芳香碳氫化合物及無機之重金屬，均詳細說明各毒物對環境影響、作用機制、對人體健康及對環境衝擊等。此外，尚有關空氣汙染物之來源及影響等之闡述及環境毒物之危害評估、風險管理、風險策略之理論及解決方向。文後並新增國內及國際化學品管理之現況，全方位導引國內管理單位、研究學者及莘莘學子對於環境毒物管理之通盤瞭解。

　　本書以本人從事環境毒物三十年之研究及毒物行政管理者之經驗，這是一本綜合理論、實務及具國際宏觀之優良教科書，時值本書完成出版之際，特此推薦。

王順成　謹識

朝陽科技大學環境工程與管理系教授

（前朝陽科技大學環境工程與管理系系主任暨研究所所長

前農業委員會農業藥物毒物試驗所副所長）

環境毒物學是毒理學領域中發展迅速之新興學門。這當然與人們每天接觸各種化學物都屬環境毒物學之研究範疇有關。因此做為一位現代人，瞭解環境毒物學是生活在現有環境，維護人身安全與個人健康的必要知識。

　　環境毒物學探討之環境化學物包括：農藥、重金屬、戴奧辛、多氯聯苯、多環芳香碳氫化合物、環境荷爾蒙與新興汙染物，例如烷基酚類、鄰苯二甲酸酯類、雙酚 A、多溴二苯醚類等。主要在探討化學物在環境中之流布、宿命、毒性對生態和人類生活之環境的影響。其中最重要的是這些環境毒物對人類健康之影響。例如香菸中之多環芳香烴，一些重金屬如鎘、鎳、鉻，會引起人類癌症的發生；有些環境荷爾蒙則會引起女童早熟等。這些環境毒物引起人類健康之危害，可由本書之毒物動力學、遺傳毒理學、化學致癌物、生殖毒理學與畸胎學等章節獲知一些基本知識。事實上，許多環境化學物對人類健康是否會造成危害？至今大多還是全然未知，仍須許多相關學者參與研究討論，以盡速獲得相關知識，做為維護人類健康之基石。

　　時至今日，許多新的環境毒學相關研究已陸續發表，因此，陳教授編修出版符合現代之環境毒物學。本書內容豐富，包括了不同環境化學物以及相關毒理學之章節，適合做為學子之教科書以及一般大眾之參考書。本人承蒙陳教授抬愛，撰寫此文以為本書之序言。

李　輝 謹識

台北醫學大學癌症生物與藥物研發博士學程教授

時序進入 2020 年！也是人類邁入 21 世紀的第三個十年，而同時也距本書前身《環境毒物學》初版的 2002 年有將近有二十年了。從化學物質對人類衝擊的角度綜觀過去二十年的變化，由於國際間的共識以及新規範或制度之實施，例如聯合國化學品全球分類及標示調和制度(GHS，2003)、斯德哥爾摩公約（POPs 公約，2004）、國際化學品管理策略方針(SAICM，2006)、歐盟新化學品政策(REACH，2007)、汞水俁公約(Minamata Convention on Mercury，2017)等，我們應可以期待的是：儘管仍存在因不同國情所導致許多地區性的問題，但全球針對化學物質管理應逐漸的步上確保人類可永續發展之路。不過，不可諱言的是：這只是起步。包括海洋塑料垃圾、微塑料、奈米廢物、個人保健用品與藥物殘留物等新興汙染物的議題尚待更多探究及問題解決。而同時，化學品在 2010 年的全球總產值已達 4.1 兆美元，已較 2000 年的 1.8 兆美元成長近 2.3 倍。更多的使用意味著更高的風險。除了使用化學物質之外，人類要永續發展尚有許多的隱憂，特別是全球總碳排量尚無減緩跡象，更別談我們希望在 2030 年要達到控制在地表僅增溫 2℃的目標，而全球的政治局面的不穩定性更加劇達標的困難度。個人預測：暖化伴隨的氣候與環境變遷將在未來的十年內會產生相當明顯之影響，接著更將會衝擊人類在近 50 年所建立安穩、文明的社會。「不願面對的真相」將成為必須面對的事實。但無論如何，個人衷心的希望明天只會更好！

　　2020 年對個人而言也是一個重大的轉變，因此，與出版社討論之後，決定將書名更改為《新編環境毒物學》，並請黃大駿教授協助整體架構之意見與建議，而內容也做些增減以期能更符合現況以及讀著們的需求。個人總認為老師是一種志業而不是職業，能將所學傳給下一代，應該就是我們的終身使命。更何況環境與人類的未來發展是息息相關，投入環保教育而能持續地教導我們的後代子孫更是應有的一份畢生責任。人說：「活到老、學到老」，老

師何嘗不可「活到老、教到老」，其實教到老也是學到老。未來不論透過課堂上或這本書（個人還另撰寫《新編環境與生活》，新文京開發出版股份有限公司），不論在何時或何地，個人還是會一直持續地貢獻一己之力。

個人最後要感謝推薦《新編環境毒物學》的幾位教授，包括吳鐵雄、凌永健、王順成與李輝教授。謝謝他們給我的支持與鼓勵讓我對本書的投入能一直堅持下去。

本版倉促付梓，如有疏漏、錯誤之處，也懇請各界不吝指正，個人先予致謝。

最後，僅將本書獻給我最敬愛的母親與家人。

陳健民 謹識

陳健民

● 現　職

嘉南藥理大學環境資源管理系教授

● 學　歷

美國紐澤西州立羅格斯大學　環境科學博士 1990~1994
美國紐澤西理工學院　　環境科學碩士　1988~1990
中國文化大學　海洋生物系學士　1981~1984

● 專　長

環境生態保育、毒化物管理、自然資源調查、水環境毒理學、健康風險
評估、生態風險評估、產業產品生命週期分析、物聯網與無人系統環境
應用、環境可持續發展議題

● 主要經歷

服務單位	職稱
嘉南藥理大學	副校長、環境永續學院院長、分析檢測中心主任、學生事務處處長系、環境資源管理系主任
美國紐澤西州立大學羅格斯大學	藥理與毒理所研究員
嘉南藥理科技大學	環境工程與科學系教授
美國紐澤西州立大學羅格斯大學	藥理與毒理所助教
美國紐澤西州立醫學與牙醫大學	水中毒理研究室研究員
美國紐澤西理工學院	環境科學所研究助理

● 其他經歷

環保署國家環境教育獎評審召集人

環保署毒管處毒化物管理諮詢委員

環保署毒管處計畫審查委員

環保署土壤及地下水汙染整治基金管理委員會計畫審查委員

環保署空保處計畫審查委員

衛生署食品與藥物管理局計畫審查委員

南部各縣市相關計畫審查委員

● 兩岸國際交流貢獻

負責推動兩岸與國際學術與企業交流與合作，參與多項高端論壇、合作協定、交流會、合作辦學、兩岸學生交流營隊與競賽等，主要項目如下：

1. 中國－東盟交流會高等教育分論壇
2. 馬台高等教育交流會
3. 臺灣玉山大學聯盟合創校院代表
4. 武夷學院合作辦學玉山健康管理學院（4+0 方案）臺灣校院代表
5. 泰國孔敬臺灣連結計畫執行經理
6. 福建漳州科技學院閩台合作辦學
7. 香港高等教育科技學院合作辦學境外專班
8. 雲台中醫藥健康產業合作協定執行經理
9. 東南亞泰國、菲律賓、越南等跨國高校雙聯雙學位學制
10. 英國、日本、美國、韓國高校交換學生計畫
11. 教育部國際交換學生學海計畫－英國、紐西蘭、澳洲、美國
12. 教育部國際合作交流計畫－泰國、越南
13. 魯台、閩台、鄂台雙邊交流計畫教育與環保企業交流臺灣對接單位負責人
14. 東南亞海外青年技術訓練班經理

15. 海南大學 2019 高端外國專家引進計畫人才
16. 山西大學客座教授
17. 山西省百人計畫 2020

● **教授課程**

1. 環境毒理學
2. 風險評估與管理
3. 化學品管理
4. 廢棄物管理
5. 化學品管理與風險評估（全英文授課）
6. 環境與生活通識課程（全英文授課）
7. 環保議題國際觀（全英文授課）
8. 可持續發展的環境議題（全英文授課）

● **發明與專利**

1. 魚卵孵化觀測器　新型專利第 M 332373 號
2. 伸縮式魚卵孵化觀測器　新型專利第 M 377073 號
3. 植物培育裝置　新型專利第 M 395348 號
4. 水管加熱裝置　新型專利第 M 439164 號
5. 字元噴槍 新型專利第 M 452016 號
6. 電動卷收汽車防曬車罩　新型專利第 M 452879 號
7. 熱水器迴圈裝置及其方法 發明專利第 I 436013 號

● 論文著作發表

專書

1. 環境毒物學，陳健民，新文京出版社，第三版 2012
2. 新編環境與生活，陳健民（主編）、吳慶賢、劉瑞美、黃大駿、李得元、黃政賢，新文京出版社，第二版 2018
3. The metabolic responses of aquatic animal exposed to POPs. Hailong Zhou, Chien Min Chen, Xiaopin Diao, in "Environmental metabolomics: Application of diverse analytical techniques in field and laboratory studies to understand from exposome to metabolome".印製, 2019.

期刊論文(2010~2019)

SCI 一區：1 篇、二區：6 篇、三區：2 篇、四區：3 篇，共計 12 篇

1. Yang Hui Zhen, Lu Wang, Yong J. He, Wei X. Jing, Wen L. Ma, Chien M. Chen, Lan Wang. 2020. Analysis of Spectrometry and Thermodynamics of the Metallothionein in Freshwater Crab *Sinopotamon henanense* for Its Binding Ability with Different Metals. Chemosphere (in print). SCI 二區 TOP, IF: 5.108

2. Tinghan Yang, Xiaoping Diao·*, Huamin Cheng, Haihua Wang, Hailong Zhou, Hongwei Zhao, Chien Min Chen, 2019. Comparative study of polycyclic aromatic hydrocarbons (PAHs) and heavy metals (HMs) in corals, sediments and seawater from coral, Environmental Pollution (accepted). SCI 二區 TOP, IF: 5.09

3. Dongdong Fu, Chein Min Chen, Zhengquan Fan, Huaiyuan Qi, Zezheng Wang, Bo Li, Licheng Peng, 2019. Occurrences and distribution of microplastic pollution and the control measures in China. Marine Pollution Bulletin (accepted). SCI 三區, IF: 3.78

4. Wang H, Huang W, Gong W, Chen CM, Zhang TY, Diao XP, 2019. The occurance and potential health risks assessment of polycyclic aromatic hydrocarbons (PAHs) in different tissues of bivalves from Hainan Island, China. Food and Chemical Toxicology (accepted). SCI 二區, IF: 3.97.

5. Yang TH, Cheng HM , Wang HH , Drews M, Li SN , Huang W, Zhou HL, Chen CM , Diao XP . 2019, Comparative study of polycyclic aromatic hydrocarbons (PAHs) and heavy metals (HMs) in corals, surrounding sediments and surface water at the Dazhou Island, China. Chemosphere, 218:157-168. SCI 二區 TOP, IF: 5.108

6. Xiao R, Zhou HL, Chen CM, et al. 2018, Transcriptional responses of *Acropora hyacinthus* embryo under the benzo(a)pyrene stress by deep sequencing, Chemosphere, 206:387-397. SCI 二區 TOP, IF: 5.108

7. Chiu YW, Yeh FL, Bao-Sen S, Chen CM , et al. 2016, Development and assays estradiol equivalent concentration from prawn (p-EEQ) in river prawn, *Macrobrachium nipponense*, in Taiwan. Ecotoxicology and Environmental Safety. 137:12-17. SCI 二區, IF: 4.527

8. Sung HH, Chiu YW, Wang SY, Chen CM., et al. 2014, Acute toxicity of mixture of acetaminophen and ibuprofen to *Green Neon Shrimp*, Environmental Toxicology and Pharmacology, 38: 8-13. SCI 三區, IF:2.08

9. Chiu YW, Wu JP, Hsieh TC. Liang SH, Chen CM, and Huang DJ. 2013, Alterations of biochemical indicators in hepatopancreas of the apple snail, *Pomacea canaliculata*, from paddy fields in Taiwan, Journal of Environmental Biology, 35(4): 667-673. SCI 四區, IF: 0.555

10. Lai HC, Tsai IC, Yeh FL, Sung HH, Chen CM, Huang DJ. 2012, Effect of drug residues of ibuprofen and acetaminophen on aquatic neocaridina denticulate, International Journal of Ecology, 1: 18-22. SCI 四區, IF:1.617

11. Huang D.J., Chiu Y.W., Chen CM, Huang K.H., Wang S.Y., 2010, Prevalence of malformed frogs in Kaoping and Tungkang River basins of southern Taiwan, *Journal of Environmental Biology*, 31(3), 335-341. SCI 四區, IF:0.64

12. Chang C.Y., Chang J.S., Chen CM, Chiemchaisri, C., Vigneswaran S., 2010. An innovative attached-growth biological system for purification of pond water, *Bioresource Technology*, 101(5):1506-1510. SCI 一區, IF: 6.669

C.研討會(2010~2019)

1. Chen, CM, 2018. Ecological Risk Assessment of PAHs (Polycyclic Aromatic Hydrocarbons) in the Coastal Waters of Hainan Island, China-Emphasizing the Impact on Corals, International Symposium on the Response of Coral Symbionts to Global Climate Change and Human Activities. Hainan.

2. Chen CM and Hsei WH, Analysis on the energy budget of smart greenhouse powered by solar energy, 2018. International Conference on Unmanned System Applications- Agriculture, Ecosystem & Environment, Hainan.

3. 陳健民，非點源汙染物對海南島海岸珊瑚的生態風險評價—以 PAHs 為例，2018，瓊港澳臺環南海生物多樣性及國家公園建設試點研討會。海口，海南。

4. 李得元、陳健民，校園溫室綠生活教育館之實務操作初探，2016，環境工程學會，環境資訊與規劃管理研討會，臺北。

5. 李得元、陳健民、蘇子郡、梁芳瑜、李宸宇，綠生活教育館之籌建規劃，2016 環境工程學會，環境資訊與規劃管理研討會，臺北。

6. 許齡藝、邱郁文、陳健民、黃大駿。2014。曝露乙醯胺酚、布洛芬及雙酚 A 對鯉魚(*Cyprinus carpio carpio*)幼苗成長的影響。2014 動物行為暨生態學研討會。東海大學，台中。

7. 黃大駿、陳健民、邱郁文，2013, The effect of dietary of *Ganoderma Lucidium* on *Oxyeleotris marmorata*, The Japanese Society of Fisheries Science Spring Meeting, 日本水產學會春季大會。日本，東京。

8. 黃大駿、陳健民、邱郁文，應用多齒新米蝦(Neocaridina denticulate)進行類雌性素之測定，2013，持久性有機汙染物論壇暨第八屆持久性有機汙染物全國學術研討會，廈門。

9. 黃大駿、陳健民、邱郁文，建立應用日本沼蝦(Macrobrachium nipponense)監測臺灣溪流中類雌性素之有機汙染物質可行性之探討，2013，持久性有機汙染物論壇暨第八屆持久性有機汙染物全國學術研討會，廈門。

10. Hung-Hung Sung, Da-Ji Huang, Yuh-Wen Chiu, Shu-Yin Wang, Chien-Min Chen. 2014. Acute toxicity of acetaminophen and ibuprofen to Green Neon Shrimp, *Neocaridina denticulate.* SETAC Europe 24th Annual Meeting (2014/5/11-15). Basel, Switzerland。

11. 黃大駿、葉芳伶、陳健民、邱郁文。2014。應用日本沼蝦(*Macrobrachium nipponense*)監測水體雌性素當量(estradiol equivalent concentration form shrimp, S-EEQ)。第一屆海峽兩岸環境汙染修復與環境毒理學專題學術研討會。海口，海南。

12. 謝國鎔、陳健民、黃大駿、楊榮宏、萬孟瑋。2014。利用幾丁聚醣改質濾材于管柱中吸附與回收銅金屬之研究。第一屆海峽兩岸環境汙染修復與環境毒理學專題學術研討會。

13. Meng-Wei Wan, Chan-Ching Wang, Chien-Min Chen，The Adsorption Study of Copper Removal by Chitosan-coated Sludge Derived from Water Treatment Plant, 2013, 3rd International Conference on Environmental and Agriculture Engineering，Hong Kong。

D.科研專案

1. 榮剛材料科技公司新營廠排放戴奧辛之健康風險評估
2. 嘉義市空氣品質改善維護計畫
3. 台南市細懸浮微粒管制對策及健康風險評估計畫
4. 臺灣區電弧爐煉鋼業廢棄物共同處理體系設立變更計畫
5. 台南地區河川及海洋汙染整治推動、保育調查及緊急應變演練計畫
6. 重要濕地基礎調查－濕地水域生態調查作業
7. 台南市水質管理及考核計畫－曾文溪水域生態調查
8. 結合物聯網(IoT)以建構智慧型綠生活教育館於教學之整合應用
9. 運用物聯網以提升智慧農業與智慧環境操作效能之探討
10. 無人飛行載具系統(UAS)於環境教學之整合應用
11. 校園魚菜共生水處理循環系統之可行性評估
12. 評估校園整體環境品質與節能成效
13. 物聯網於環境監測與防災技術之教學應用

學術論文審稿期刊

1. Chemosphere
2. Journal of Hazardous Materials
3. Environment International
4. Ecotoxicology and Environmental Safety
5. Bulletin of Environmental Contamination and Toxicology
6. Archives of Environmental Contamination and Toxicology

獎項與參與

1. 山西大學客座教授
2. 海南大學熱帶農林學院柔性引進人才客座教授
3. 海南大學冬季小學期講座
4. 臺灣環保署環訓所講授教授
5. 泰國清邁大學環境與工程研究所客座教授
6. 四川樂山職業技術學院客座教授
7. 臺灣花蓮市市政推廣諮詢委員
8. 2013 臺灣世界海洋日「兩岸海洋論壇」副主席
9. 2014 第一屆海峽兩岸環境汙染修復與環境毒理學專題學術研討會副主席
10. 2016 臺灣環境工程學會第 29 屆年會暨各專門學術研討會總幹事
11. 臺灣科技部國外短期進修研究獎
12. 教師改進教學獎
13. 教師創新教學獎
14. 臺灣台南環境保護聯盟理事
15. 臺灣環境品質文教基金會學術顧問
16. 臺灣第一屆～五屆環境賀爾蒙與持久性有機汙染物研討會主席
17. 中華無人系統應用發展協會理事
18. 嘉南藥理大學無人飛行系統應用中心國際合作召集人
19. Member of "Society of Environmental Toxicology and Chemistry"
20. Society of Environmental Toxicology and Chemistry, Asia/Pacific 分會，臺灣聯絡人
21. Member of "International Society for the Study of Xenobiotics"

黃大駿

● **現　職**

嘉南藥理大學環境資源管理系教授

● **學　歷**

臺灣大學動物學研究所博士

● **專　長**

生態生理學
環境毒理
生物多樣性保育
水域生物調查

CH/11 有害空氣汙染物

CH **01**

[環境毒物學導論]

　　人類文明發展至最近的幾十年來，科技突飛猛進、日新月異，尤其是化學工業的蓬勃發展帶動人工合成化學物質的大量生產與使用，但同時也使得吾人賴以生存的自然環境承受前所未有的負荷；再加上「人類為萬物之靈」、「大地為我所有、為我所用」的觀念長植人心，因此在缺乏永續經營理念的環境管理制度或政策，以及環保知識與意識不足的情況下，有害化學物質的環境汙染繼環境衛生問題之後，已成現代人的另一科技夢魘。舉例來說，常用於做為絕熱、絕緣物的**石綿**(asbestos)，在 1906 年時即被認定為造成石綿工人肺病變（石綿肺 asbestosis 與肺癌）之致病因子；1940年，北美五大湖區因**滴滴涕**(DDT)、**多氯聯苯**(PCBs)、**戴奧辛**(dioxins)的汙染，導致當地野生動物的數量銳減與生態的嚴重影響，並造成附近居民致癌率之增加；1950 年代，日本熊本縣**水俁灣**(Minamata Bay)發生水銀中毒之**水俁病**(Minamata disease)，造成數百人神經中毒，部分因此而死亡，另有數十位畸胎兒的產生；約在相同年代，日本富士鄉發生因食用鎘米導致的**痛痛病**(itai-itai disease)也引起世人的關注；1962 年卡爾森女士(Rachel Carson)在其驚世鉅作—《**寂靜的春天**》(*Silent Spring*)中陳述有機氯及其他殺蟲劑如何殘害大自然，並造成大量鳥類、野生動物的死亡，以及物種的滅絕；1968 年及 1979 年在日本及臺灣分別發生因食用多氯聯苯汙染米糠油引起的大規模中毒事件；而在邁入 21 世紀的同時，**環境荷爾蒙**(environmental hormones) 的問題更加突顯。**持久性有機汙染物**(persistent organic pollutants, POPs) 所造成全球環境的汙染與**環境雌激素**(environmental estrogens)對生物（包括人類）生殖、發育、生長、行為等毒害，更引起環保團體與相關機構組織對此類物質的極度關注。臺灣甚至在 2011 年發生屬於環境荷爾蒙一種的塑化劑，被非法添加在許多市售飲料中造成全國大規模的恐慌事件；近年有關人體或環境可能受**新興汙染物**(emerging contaminants)影響的議題漸受矚目。歷史的教訓一再的驗證：我們加諸於環境中的物質，大地都將直接或間接地透過不同的方式，歸還給人類。

在環境管理或汙染防治之研究課題上，吾人所關切以及欲了解的最終問題即是：這些汙染物對人體或對人類生存（包括所處在的環境）所產生直接或間接的影響為何？因此，在此前提下，以環境科學與毒理學為主軸，結合其他學科的環境毒物學則因應而生，並逐漸形成一涵蓋多方面研究領域之獨特綜合科學，且隨人類文明、社會、科技的發展，以及意識、觀念的改變，而日漸受一般人的重視。

1.1 環境毒物學的發展

環境毒物學(environmental toxicology)是研究生物體周遭因子對其產生的不良影響，並由許多不同領域的科學所結合而成的學科。環境毒物學運用傳統毒理學的原理與研究方法，進行與環境汙染、人體與生態健康有關問題的探索。藉由動物毒性試驗的結果，我們可研判或預測一些在環境中常見的化學物質（汙染物如鉛）對人體所可能產生的毒害；在工業衛生的領域中，吾人發現許多化合物對暴露於其中的作業勞工會造成健康的危害，例如石綿及鎳即是在此狀況下，才被確認是人類致癌物；另外，在公共衛生方面的研究結果，也有助於增加我們對環境毒物的臨床知識，例如在地下水中的砷被證實與烏腳病及皮膚癌有關。因此，這些在人體效應相關知識的累積皆是環境毒物學初期發展的重要基礎。

若以學科的發展觀之，則環境毒物學應是以毒物學與環境科學為主要基礎，並與其他相關科學所組合成的一類綜合科學。圖 1.1 說明毒物學、環境科學、化學三者與其他科學之間的關聯性。

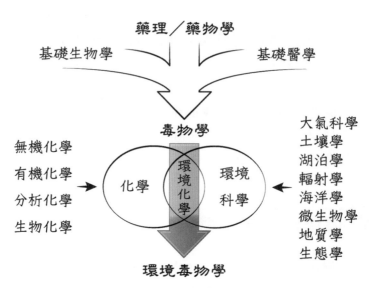

圖 1.1　毒物學、環境毒物學與其他學科之關係

　　廣義的環境毒物學的研究對象包括人類、野生動物、植物、魚、微生物等自然界中不同種類的生物。但由於環境毒物學為毒物學的延伸，而早期傳統毒物學的研究主體皆為人類本身，因此，早期環境毒物學則偏重於在環境中的毒性物質或汙染物對人體產生效應的研究。然而，由於近年來人類對自然生態的重視及觀念的改變，現今環境毒物學的範疇早已將其研究對象擴展至其他非人類的生物系統。使用其他生物做為實驗的對象，不再僅偏限於將所得的結果運用於人類，例如藥理學的研究中，使用老鼠來推測藥物對人體的效應。生物本身有時也是相關研究的受益者，例如海洋生物學家調查在鯨魚或海豚體內的多氯聯苯及其他有機汙染物如何影響其免疫系統與行為，並尋求解除其數量漸減危機之道。許多生態學者也將研究專注於探討環境汙染物如何對不同生態系統所產生的衝擊，包括族群的生長、繁殖、消長、互動等作用。此類環境毒物學研究發展的廣泛化也成就了一新的研究領域──**生態毒物學**(ecotoxicology)。除此之外，有害物質在環境中的宿命，包括其在環境中的**產生**(generation)、**釋放**(release)、**傳輸**(transportation)、**轉化**(transformation)、**分解**(degradation)、**蓄積**(accumulation)等現象，皆是影響其對生物體產生最終效應的因素。所以，

環境化學(environmental chemistry)在環境毒物學的研究上亦扮演相當重要的角色。最後，近年來吾人也應用不同的生物技術於研究開發生物因受環境汙染物影響而表現的**生物指標**(biomarker)。而大批的生物指標的資訊再加上生物技術的快速發展更衍生出所謂的**組學**(omics)，包括**基因組學**(genomincs)、**蛋白質組學**(proteomics)、**轉錄組學**(transcriptomics)、**代謝組學**(metabolomics)、**醣組學**(glycomics)等。這些組學技術皆運用先進高速、高量電腦技術來處理大量的生物訊息──**生物資訊學**(bioinformatics)，並更能掌握生物個體在其運作系統層次上問題，其在這近 20 年來也逐漸的被運用在環境變化（包括汙染）對人類健康與環境生態影響之研究，個人相信未來也並將更加普及化。總而言之，由於環境毒物學的科學特性與綜合性，因此其發展與其他一些相關科學技術的演進有關，而人類自身觀念的改變、文明社會的發展與使用化學品的更加廣泛、整體環境的變遷等因素也同時影響其在人類知識上的定位。

1.2 環境毒物學的研究範疇與應用

由於環境乃指吾人生存的空間與其周遭的事物，因此環境毒物學研究所涵蓋的範圍可廣至日常生活中所接觸大環境中的一切。若以人類的生活為主體，舉凡食、衣、住、行等皆可能與此科學相關。例如在食的方面，許多具有**生物蓄積性**(bioaccumulation)及**生物放大性**(biomagnification)的有機汙染物可經由食物鏈的方式進入人體（詳見第三章及第七章）；在衣的方面，早期使用於衣物乾洗的有機溶劑──**四氯乙烯**(tetrachloroethylene 或 perchlroethylene）被發現與長期暴露於乾洗工人的肺水腫有關；在住的方面，使用於木製家具的黏著劑中所含之**甲醛**(formaldehyde)，除了會造成強烈的眼睛刺激外，也被列為可能的人類致癌物之一；在行的方面，汽機車因燃燒而釋放出的空氣汙染物，早已被確認與都市居民呼吸系統疾病之產生及惡化有密切的關係。

環境毒物學亦可探究特殊環境（如**微環境**或**巨環境**，micro/macro-environment）的相關問題。例如**工業毒物學**(industrial toxicology)探討在製程所用之化學物質對作業場所中暴露勞工的危害性為何；**水中毒物學**(aquatic toxicology)則研究汙染物如何影響水中生物的生存、生殖、行為等。

無論不同類別的環境毒物學者所專注的主題為何，其最終目的皆在探討如何將有害（毒）物質對人類、其他生物、生態系統的衝擊降至最低或避免其危害性的發生，而現今人類對此類知識之應用也與日俱增。例如在**風險管理** (risk management) 中，吾人可利用人類健康**風險評估** (risk assessment)的方法來推估暴露於特定汙染物所可能產生的危害（第十二章），而其過程則須依賴對環境汙染物的研究調查方能完成。另外，在制定環境保護的相關法令時，類似的重要資訊亦不可或缺。例如國內毒化物管理相關法令所禁止使用的有機氯殺蟲劑（DDT、阿特靈、地特靈、飛佈達、可氯丹等），亦是在我們了解其對環境與生態系統的危害性時，藉由適當的管理法令與制度來使一般人免受其殘害。因此，在人類極度依賴化學物質的現今文明社會而言，環境毒物學實突顯其重要性。

1.3　化學物質的環境宿命

當不同化學物質由排放源釋放到環境中時，會因為其物化特性的不同而各有其宿命。**環境宿命**(environmental fate)為一物質進入環境中各種狀況的表現，包括物理、化學或生物**降解**(degradation)、**傳輸**(transportation)、與其他物質結合（如溶於雨或吸附於懸浮固體物）、**蓄積**(accumulation)等作用，而環境化學家可利用環境監測及檢測並配合各種的模式來瞭解一物質在環境中的**發生情形**(occurauce)及**流布狀況**(distribution)。圖 1.2 為一般水中汙染物的簡易宿命圖。如果一化學物質是釋放於空氣中，則其宿命又更複雜，包括受到氣候、地形、地表植被等因素的影響。

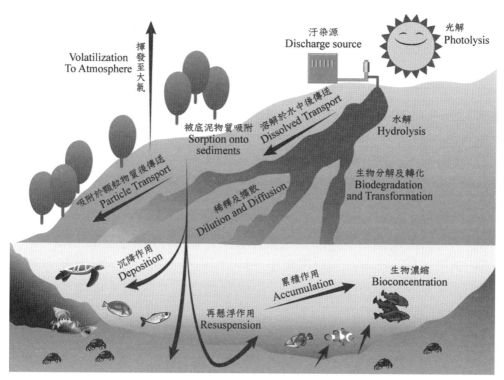

圖 1.2　汙染物進入水體後之不同作用示意圖（不包括食物鏈的累積與放大作用）

　　化學物質在環境中的傳輸是藉由不同的自然力，如風力、降雨、重力沉降、吸附於其他物質的運輸、生物作用或**生物可利用性**(bioavailability)、揮發作用等。但無論其方式為何，都與其化學及物理特性有關。對有機汙染物而言，通常分子大小、揮發性、水溶解度、不同相的**分配狀況**(partitioning)、極性、化學結構及穩定度、吸附能力等，都會影響其傳輸過程的速度與最終流布狀況。金屬由於具有不同的化合物型態（有機、無機，另包含元素態），因此，其傳輸則依其所形成化合物的不同有時會有極大的差異，例如金屬汞具有揮發性，其當然容易藉由大氣傳輸，但一旦形成有機態（如甲基汞），則大部分的傳輸作用都靠水體或生物體了（見第九章）。

　　降解(degradation)是自然界處理環境汙染物的最主要力量。透過**熱分解** (pyrolysis)、**光分解** (photolysis)、**水解** (hydrolysis)、**生物降解**

（biodegradation，包含微生物及一般生物）以及其他物理或化學反應的作用，化學物質會被**轉化**(transformation)為降解物而有不同的物化、生物及環境特性。值得一提的是，環境降解物可能是分解作用的產物，亦有可能其基本化學結構並未改變或者與其他化合物結合。前者例如殺蟲劑 DDT 會去氯形成 DDE、DDD 或 DDA；後者如水中草酸可與金屬結合形成鹽類（見第八章）。

　　有些物質由於其結構的穩定度高，在自然界不容易被光、水、化學反應或生物體內的酵素加以分解。因此，這些物質一旦進入環境中就可能逐漸累積。吾人一般以**環境半生期**（或半衰期，environmental half-life）來衡量其停留於環境的時間進而推斷其可能的累積性。**半生期**(half-life)意指一物質衰減為一半量或濃度所需要的時間。科學家可用不同的實驗方法推估物質在不同環境介質(media)以及生物體內的半生期（**生物半生期**，biological half-life）。表 1.1 列舉一些有機物質會影響上述傳輸作用的物化特性數據以及其在不同環境中的半生期。在生物體內的蓄積則主要與其對物質的**吸收**(absorption)和**排除**(elimination)速率有關。基本原則是：若吸收速率大於排除速率，則物質就會累積於體內（有關生物蓄積作用可參見第三章）。本國「毒性化學物質管理法」（於 2019 年更名為毒性及關注化學物質管理法）即以半生期判定物質是否為第一類具有環境蓄積性的毒化物。其他國際環保機構亦採用半生期來作為判斷其環境蓄積性的依據，進而採取相關之管理措施（見第七章）。

　　汙染物在環境中的含量越高並不表示其對生態環境或人體健康的危害性越大，還是必須要先瞭解生物體（**受體**，receptor）的**暴露**(exposure)狀況及實際接**受量**(uptake)以及**生物可利用性**(bioavailability)，其關鍵是在於汙染物的環境宿命。自然界中其實存在許多汙染物的**蓄積庫**(reservoir 或 depot)，包括土壤、地下水體、水或海中**底泥**(sediment)，甚至生物體，而底泥是許多化學物質的最終去處（見圖 1.2），因為其通常是地表相對較低之處。一旦進入底泥，這些物質的生物降解作用不僅緩慢，且再進入環境或水中生物體的機會不大，尤其是海中的底泥。吾人可以檢測化學物質在不同地區或環境底泥的累積狀況，瞭解其在不同區域的使用情形。

| 表 1.1 | 化合物特性及其在不同環境中的半生期 |

化合物	分子量	水溶解度 (mg/L)	半生期（小時）				備註
			空氣	水	土壤	底泥	
DDT	354.5	0.0055	170	5,500	17,000	55,000	殺蟲劑(7,8)
多氯聯苯 115 PCB 115	360.9	0.002	5,500	55,000	55,000	55,000	多氯聯苯(10)
多氯聯苯 52 PCB 52	292	0.03	1,700	55,000	55,000	55,000	多氯聯苯(10)
六氯苯 HCB	284.8	0.005	17,000	55,000	55,000	55,000	殺蟲劑(7,8)
Naphthalene	128.19	31	17	170	1,700	5,500	PAHs(11)
Pyrene	202.3	0.132	170	1,700	17,000	55,000	PAHs(11)
Benzo[a]pyrene	252.3	0.0038	170	1,700	17,000	55,000	PAHs(11)
酚 Phenol	94.1	88,360	17	55	170	550	化工原料
五氯酚 Pentachloro-phenol	266.34	14	550	550	1,700	5,500	除草劑(7,8)

◐ 數據取自：Mackay, D., Shiu, W., & Ma, K. (2000). *Physical-Chemical Properties and Environmental Fate Handbook.* Chapman & Hall/CRCnetBase. CD-digital data.

◐ 括號內號碼為該化合物於本書內所介紹之章節。

　　但是，值得注意的是，部分的物質仍可透過生物蓄積作用及食物鏈的傳遞回到地表。例如環境學者近年較關注的汞，早在 1950 年代的日本水俣病事件即被發現－當無機汞進入海中底泥時，不僅被微生物轉換為有機汞，更經由食物鏈的傳輸進入陸地上水產食用者體內並產生毒害（見第九章）。因此，要評估物質的危害性不能單從毒性的角度考量，瞭解其環境宿命更能讓毒化物的管理更加完善。

1.4　產生危害的環境因子

　　在環境中的許多因子皆會對生物體產生作用或不良影響，但有些並不一定是化學物質。例如核廢料會放射出對人體有害的輻射線，而輻射線屬於一種物理性的因子。吾人可將前述之環境因子依其特性分為三大類別。一類是屬於化學性的，包括汙染物、食品添加物、工業用化學物質、金屬、農藥、天然毒素等；另一類因子是物理性的，包括熱、光、輻射線、噪音等，不過放射性物質所產生的傷害可同時包括化學性及物理性的作用。最後一類因子是屬於生物性的，包括細菌、濾過性病毒、真菌、其他微生物等。生物因子的研究則屬於環境衛生方面的研究領域。

　　一般對環境毒物的研究仍以化學因子為主。本書在以下不同的章節中將先介紹毒物可能產生的一般性毒害，包括第二章與第三章的一般毒理效應，接著及討論較長期、慢性的有害效應，包括第四章的遺傳毒理學、第五章的化學致癌物、以及第六章的生殖與發育毒害。在第七章之後則分別介紹不同特殊類型化學物質的一些基本特性、毒性、環境作用與汙染等。這些物質包括內分泌干擾素與新興汙染物（第七章）、**農藥**（pesticides，第八章）、**金屬類**（metals，第九章）、戴奧辛與多氯聯苯（第十章）等。

CH **02**

[基本毒理學]

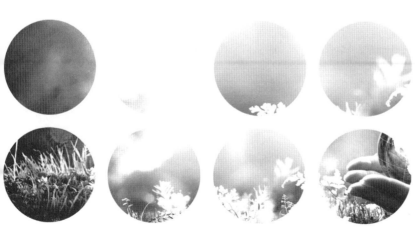

在人類文明的發展過程中，學科細分化為知識高度累積後之必然趨勢。環境毒物學可視為**毒物學**(toxicology)之分支，因此，若要深入瞭解環境毒物學，則必須具備一般毒物學之基礎知識。本章將介紹一般毒理學之基本概念、理論與通則。另外，在第三章中，本書亦將針對化學物質在生物體內的接觸、分布、傳輸、代謝、排除等作用（藥理／毒物動力學，pharmaco/toxico-kinetic）做逐一介紹。筆者在此也強烈建議讀者應具備基本的生物學、有機與生物化學的概念，才較能掌握主題與重點並融會貫通。

2.1 何謂毒物學

毒物學主要在探討物質對生物體所產生的有害作用或不良影響(adverse effects)，這些包括**毒性作用**(toxicity)為何、如何產生毒性、機制(mechanism)、尋求解毒方式等知識的探究。Toxicology 此字的字首－toxic（有毒的）源自於希臘的"toxikon"。"Toxikon"乃指箭矢所浸泡的毒液中所含的毒物，而字尾"ology"乃指研究或學問。

如第一章所述（見圖 1.1），毒物學實為一綜合多科基本學門的科學。例如生物學、生物化學、生理學、分析化學、有機及無機化學、病理學、組織學、**藥理／藥物學**(pharmacology/pharmacy)等，皆為架構此學門之重要科學，其中尤以藥理／藥物學與毒物學之間的關係最為密切。

2.2 毒物學的發展

在人類文明發展之歷史當中，毒物早已扮演其特殊的角色。考古學家或歷史學家發現，古代文明使用毒物於治療疾病、捕獵，以及戰場上殺戮敵人之用。甚至於在現今較落後的人類社會，仍被使用於日常生活中。例如南美洲亞馬遜河流域的土著使用馬錢科植物－*Strychnos guianensis* 和番本科植物－*Chrondrodendron tomentosum*，以及箭毒蛙（箭毒蛙科，Dendrobatidae）身上分泌的毒素，配合其他材料製作箭毒。另外，由魚藤

提煉出的**魚藤酮**(rotenone)，又稱**毒魚藤素**(tubatoxin)，至今在一些地區仍是使用相當普遍之殺蟲劑。

毒物學之發展實與藥理／藥物學密不可分。早期人類在對自然的探索過程中，瞭解天然物質對人體的影響，不論是有益的（藥物）或有害的（毒物），都是相當重要的一部分，因為牽涉到自身健康的問題。在西元前 2700 年(2700 B.C.)，神農氏在嚐百草的過程中，除了提供吾人對天然藥物的寶貴資訊，同時也使我們初步瞭解一些在生物（植物或動物）體內所產生的物質的毒性，後漢時代(A.D. 25~220)更有**神農本草經**的著作流傳於民間；明朝的李時珍所著之**本草綱目**收錄 1,892 種藥物，而成語「飲鴆止渴」也道出毒性物質與一般人民生活之間的關係。

同樣的，在不同人類古文明的發展中，尋求天然藥物／毒物的知識亦同樣地進行並被記錄及延續。古埃及(1500 B.C.)的**埃伯斯古醫輯**(Ebers papyrus)大概是最早的文字紀錄，其中詳載 700 多種藥物／毒物及處方的資料，包括在古希臘廣為使用的毒胡蘿蔔（俗稱 Poison hemlock 或毒參，*Conium maculatum*），以及具有療效與毒性的鴉片(opium)，而據說哲學家蘇格拉底(Socrates, 470~399 B.C.)就是被賜予加了毒胡蘿蔔粉末的酒處死。另外，古印度的藥物經典—Vedas (900 B.C.)亦記載了許多天然毒物及解毒劑，包括蛇毒等。羅馬人(A.D. 50~400)則使用毒物在處死、暗殺或其他的用途上。西元 1198 年，西班牙教士 Maimonides 的著作—「Poisons and Their Antidotes」則有系統的提供世人許多毒藥的解毒方法。到了文藝復興時代，德國的醫師 Paracelsus (1493~1541)則將毒理學真正帶入科學的領域，並奠定毒理學的基礎。他以較科學的驗證方法與表達方式，來詮釋毒物學，並提出至今仍被奉為毒理研究圭臬的說法：「All substances are poisons; there is none which is not a poison. The right dose differentiates a poison and a remedy」（所有物質應皆具有毒性，劑量決定了該物質為毒藥或治病良方）。因此，Paracelsus 被認為是毒理學之父。最後，毒理學在近代的發展中，西班牙的醫師 Mathieu Orfila (1787~1853)占有相當重要的地位，亦有人譽其為毒物學之創始者，其 1815 年的著作—A general system of toxicology; or? A treatise on poisons, drawn from the mineral, vegetables, and animal kingdoms, considered as to their relations with physiology, pathology, and medical jurisprudence 實為造就毒物學為一單獨及完整學科之重要經典。

然而，與其他和生物有關的學科比較起來，毒物學至今應仍屬早期階段，因為真正有系統及科學化的毒物學術研究及活動應僅始於最近半世紀。Toxicology 至今對許多人而言，仍是一陌生的名詞。當然，隨著科技的進步（如化學分析與生物技術）、其他學門的建立（如畸胎學，teratology）與同步的發展、其他學科的結合（如神經行為學、免疫學、電腦數學模式應用等）以及社會的變遷（對化學物質的使用及知識的普及化）等，至今的毒物學仍不斷的在進化及重新定位。有關毒物學發展的歷史在 Casarett 及 Doull 所合著的 Toxicology－The Basic Science of Poisons 有相當詳盡的介紹，本書不再贅述。

總而言之，早期的毒物學是以天然毒物或藥物對人類的毒性研究為主，但並未形成一明確的學科，直到近幾十年來，由於相關科技的進步及知識的累積，毒物學才發展為一較完整且獨立的科學。

科學家在研究自然界的現象或生物體時，有時將其視為含不同層級的複雜結構體來進行探討。此層級系統可包括從次原子(sub-atomic)、原子、分子到生物個體、族群、群聚、生態系及生態圈(ecosphere)等不同層級。吾人亦可運用此分層結構的模式於毒物學的研究，而將其視為一以人體為主體，而朝大尺度與微尺度的兩極方面進行的發展過程（圖 2.1）。早期我們的觀察僅止於人體因毒物產生的症狀，此症狀是因生理作用受影響（系統失調）的結果，進而探究其作用的部位（組織／器官），然後隨知識及微觀技術的發展，我們才能瞭解物質在細胞層次(cellular level)所造成的影響為何。如今，藉由分析化學，吾人可量測毒性物質至相當微量的程度（parts per quadrillion, PPQ，千兆分之一，即 10^{-15}），而藉由分子生物技術，我們可直接或間接的「觀測」到物質在生物體內的次細胞／生化的層次上(sub-cellular/biochemical level)，如何作用於重要的生物分子，進而造成所觀察到的毒性反應，例如檢測致癌物與 **DNA 結合體**(DNA adduct)，進而瞭解引發惡性腫瘤的初始步驟；或者運用**基因組學**(genomics)技術探討

毒化物如何影響細胞內不同基因的啟動或抑制作用等。另外，毒理基因體學(toxicogenomics)在科學家解開人類基因圖譜後快速發展，我們將可在基因層面上更加有所應用。因此，現今我們對化學物質的毒理機制與初步反應的指標亦能有更進一步的瞭解。

另外，在大尺度方面，由於人類視野的擴展，以及對大地的觀念改變，毒物學的研究也擴展至人類族群或其他生物個體／族群／群聚的影響，進而更深入的探討特殊生態系統、全球生態系統，以及整體環境可能的衝擊（環境毒物學／生態毒物學）。因此，今日的毒物學不僅是前人研究的延伸，更擴展為與人類生存、文明延續息息相關的研究領域。毒物學知識的應用也因此將大幅增加，而範圍也將逐步擴大。當然，現今毒理學家也同時面臨許多重要的考驗，包括使用化學物質安全性與危害性之兩難問題的解決、毒性測試方法的改良、環境荷爾蒙(environmental hormones)與新興汙染物(emerging contaminants)的衝擊、使用高等動物進行試驗之道德問題、替代試驗生物運用的可行性等。毒理學家的角色也因此而更加速地融入一般社會與通識科學中。

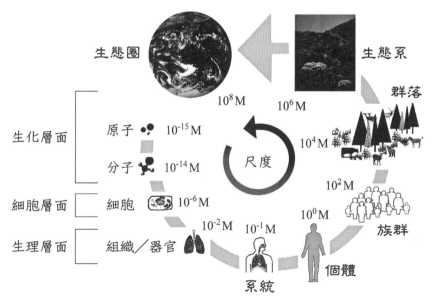

圖 2.1　自然界不同尺度的分層結構模式圖

2.3　何謂毒物

　　Toxin、Poison、Toxicant 三個英文單字皆為**毒物**之意，卻各有不同的含意。按 William H. Hughes 所著之 *Essentials of Environmental Toxicology*（1996, Taylor & Francis 出版）所言，"poison"（一般稱毒藥）乃指微量即可造成死亡或嚴重殺傷力之物質，包括天然生成及人工合成者；"toxin"（一般稱毒素）乃指天然生成的有毒物質，例如虎魨科的河豚產生的河豚毒素(tetradotoxin)及毒性最強的肉毒桿菌毒素(botulinum toxin)等；"toxicant"（一般稱毒物）則泛指造成中毒的物質。因此，三者之間並無明確的區別。然而，吾人應如何定義一毒性物質？為何一般人稱氰化物為一毒性物質；而酒精雖然會造成肝硬化及癌症，但卻無人稱之為毒性物質，不被認定為毒物者，難道便不會產生毒性嗎？吾人若以會對生物體產生有害作用(有毒)物質來定義一毒性物質，實屬籠統。誠如 Paracelsus 所言（見 2.1 節），所有物質皆可能具有毒性，而真正的差別在於劑量的多少。若引申 Paracelsus 之至理名言，則產生毒性是取決於接受物質量的多寡，並非是在於**接觸**(contact)或**暴露**(exposure)於何種物質，所謂「**劑量決定毒性**(The dose makes the poison)」。例如戴奧辛(dioxins)是世紀之毒，但我們每天也或多或少的接受一點，此卻不代表我們會因此而受其毒害；水是維持生命的必需品，但人體在短時間內飲用過量的水分，仍然會造成水中毒（低鈉症，指體內鈉離子過低所造成的症狀）。其他的例子則不勝枚舉。Paracelsus 所言亦說明「藥物即毒物」的觀念。舉例而言，從罌粟花所提煉出的嗎啡(morphine)，在醫療用途上是一極佳的止痛劑，但也可能導致藥物成癮作用，進而產生毒害並使心靈喪失；被譽為 20 世紀萬靈丹的阿斯匹靈(aspirin)，除了有止痛、解熱的作用外，並有防止心臟血管疾病的功效，但過量的服用則會造成胃出血。因此，「**劑量決定毒性**」的觀念，在此也同樣的獲得印證。

2.4　毒性反應或作用

生物接受外來環境變化的刺激，皆能立即產生反應，啟動生理回饋機制，使其維持於**恆定狀態**(homeostasis)。例如寒流來襲，氣溫雖然驟減，但人體內仍可維持在約 37°C 的恆溫。生物體維持其體內的恆定狀態是透過不同生理補償作用或行為改變的適應機制來完成，此也是生物歷經數十至千萬年演化的結果，而生物體對環境因子的變化具有特定的容忍性也來自於此。面對外來物質（或內生物）的侵襲，生物體也有因應的策略。但是就如同我們即使可耐寒、熱，但也無法長久耐極端的溫度變化一樣，毒性物質進入生物體內後，一旦超出身體所能負荷（體內濃度達到一定的量），即會產生**不良反應**(adverse effects)或**毒害**(toxicity)，而影響過劇者則導致死亡（圖 2.2）。圖 2.3 說明毒性物質對生物體產生作用與時間的關係，並將其對生物體影響的層面擴展至生態系，此圖也可讓讀者同時瞭解環境毒物學針對於個體，而生態毒物學針對於生態系的差異性。

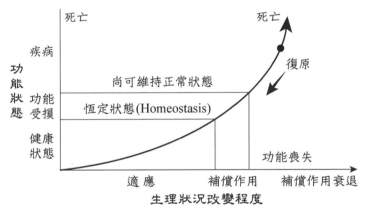

圖 2.2　生理狀態變化及生命力之關係（●代表可復原的極限）

不同物質對生物體所產生的作用，則與該物質接觸的量與方式、生物種類、敏感度等因素有關，而這些作用舉凡肝功能受損與硬化、腎衰竭及功能喪失、頭昏、昏厥、呼吸困難、失明、癱瘓、致癌、致畸胎的產生等，皆可能對生物體是有害的，其中有些是屬於劇烈的並可能危及生命，而有些則是相當輕微的（輕微者有時也難以界定是否為毒性作用或僅為無大礙

的反應）。另外，生物體若經治療或休養過程，有些毒害是會隨時間消逝，而生理狀態則可以恢復正常，此類則稱為**可復原性毒害**(reversible toxic effects)；然而，有些則會造成永久性的傷害，此則稱為**不可復原性毒害**(irreversible toxic effects)。毒化物是否會造成永久性的傷害通常與傷害的程度、時間及作用的部位有關。例如人體肝細胞之再生能力極強，少數細胞死亡對其整體的功能並無大礙，且在短期內即可恢復正常。但若肝細胞受害程度過劇，以至於影響其再造能力，則其組織／器官整體功能的復原可能相當有限。

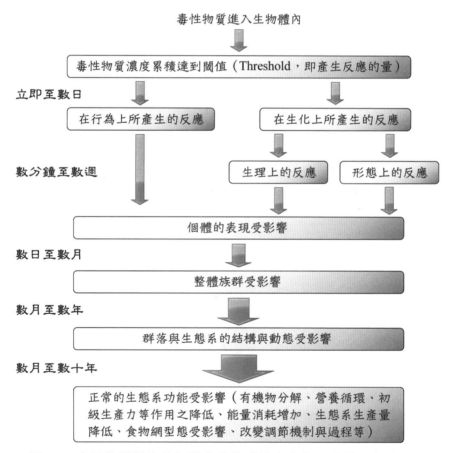

圖 2.3　毒性物質對生物個體與生態系統產生作用的過程與時間表

⬤ 修改自：Boudou, A., & Ribeyre, F. (1997). Aquatic Ecotoxicology: From the Ecosystem to the Cellular and Molecular Levels. *Environmental Health Perspectives, 105*(Supplement 1), 21-35.

　　毒性物質對生物體的毒性作用若以產生反應的時間而論，通常可分為**急性**(acute)與**慢性**(chronic)兩種反應。前者是指在短時間內即產生反應者，例如著名的神經毒氣沙林（sarin，有機磷類有機化合物的一種），可在吸入大量後的數秒或數分鐘內死亡，另外，氰化物(cyanides)亦是相當著名的急毒性物質。相對的，後者則指需較長的時間方能顯現毒害症狀者，例如石綿(asbestos)對石綿工人所造成的石綿肺(asbestosis)，需長時間的暴露及傷害的累積，方能在肺功能上顯現出明顯的損害，而致癌物質造成癌症的發生所需要的時間往往可達 20~30 年之久。

　　不同的毒性物質會產生不同種類的毒性。通常毒物具有作用點的**特定性**(target specificity)，即其作用於特定的器官或組織，此稱為**標的組織／器官**(target tissue/organ)。因此，吾人亦可將毒性物質依其作用之標的部位區分為不同的類別，例如一些工業常用的有機溶劑多為肝毒性（作用於肝臟），而巴拉松或其他有機磷類殺蟲劑皆為神經毒性（作用於神經系統）。同一物質也可能同時產生許多不同類型的毒性反應，例如鉛會同時造成血液、神經、腎、生殖系統等的毒害。

　　毒性物質進入生物體內後，因為體內循環系統的運送，可能使產生作用的部位與最初接觸毒化物的部位不同，因此產生作用的部位所觀察到的毒性稱為**系統性毒性**(systemic toxicity)，例如酒精由小腸吸收後，卻可對腦神經造成影響。相對的，若發生毒害作用的部位與接觸點相同，此稱為**局部性毒性**(local toxicity)，例如臭氧與人體的眼部與呼吸道接觸後，會造成這些部位的刺激。有些物質可能會同時造成前述的兩類毒性，例如四乙基鉛(tetraethyl lead)除了對所接觸的皮膚部位造成的反應外，另可經滲透與血液傳送後，影響中樞神經系統。

2.5 毒性物質如何產生毒性

毒性物質如何造成吾人所觀察到的毒害，一直是毒理學家日以繼夜研究與工作所尋求的答案。雖然不同物質造成毒害（包括藥物產生藥效）的機制不盡相同，但應大致如以下過程：

1. 生物體接觸化學物質。

2. 物質通過生物體的屏障（皮膚、黏膜組織等上皮組織）後，進入到體內。

3. 物質到達產生作用的組織或器官，並進入特定的細胞或在細胞之外產生作用。

4. 進入細胞的化學物質到達作用的點，可與特殊的生化分子結合或作用並產生反應。未進入細胞的物質仍停留在組織中，影響胞外一些作用的正常運作，或與重要的生化分子作用影響其功能。

5. 細胞中或胞外某些特殊的生化反應，因外來物質的影響而開始改變，包括受阻、抑制、停止或加速等，並造成細胞活力的降低、死亡或生長與繁殖等正常作用的改變（參考圖 2.2 與 2.3）。

6. 大量細胞或組織受損或其功能受影響，而體內適當機制未能補償。

7. 體內之正常生理作用受影響。

8. 產生不良反應，而表現出之症狀即為毒害（見圖 2.3）。

本章以人體長期暴露於四氯化碳(carbon tetrachloride, CCl_4)對肝臟所產生之毒害為例（圖 2.4），說明毒化物作用在次細胞(sub-cellular)層次對身體臟器功能或組織結構所造成的改變。

2.6 接觸與暴露

化學物質經與生物體**接觸**(contact)後而進入體內的過程稱為**暴露**(exposure)。物質產生毒害作用的先決條件是其必須先與生物體接觸。一般而言,若不考慮特殊的狀況,生物體暴露於外來物質(xenobiotics)的途徑(接觸方式)有三種,即**吸入**(inhalation)、**食入**(ingestion)與**皮膚的接觸**(dermal contact)。不同的接觸途徑在第三章會有較詳盡的介紹。

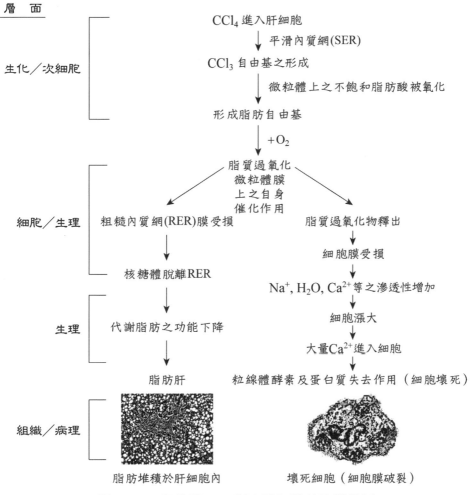

圖 2.4　四氯化碳(CCl_4)對人體肝臟的影響機制

　　毒物學家通常將生物體暴露的形式依時間長短區分為四種：**急性** (acute)、**亞急性**(subacute)、**亞慢性**(subchronic)、**慢性**(chronic)。急性的暴露通常是指接觸毒化物的時間少於 24 小時而言，而以一次、高劑量的暴露為主。其他三種的暴露則皆為多次的接觸。亞急性是指暴露時間少於 1 個月內者；亞慢性為 1~3 個月者；而慢性則指多於 3 個月的多次暴露。當然，此依時間的分類方法並非絕對的，有些教科書甚至僅將此分為兩種，即急性、慢性。

　　生物體對毒性物質的接觸可能不只一次。若施予同等的劑量，則單一次暴露所造成的影響或反應，會較將其分為多次的暴露所產生之作用為高。舉例而言，將一杯酒一次飲盡或將其分為每 1 小時啜飲一小口而於 5 小時喝完，則前者可能會因此而酒醉，但後者受酒精的影響可能較弱，此因後者的酒精會被體內代謝之故。時間間隔愈長，其效力也愈來愈弱。

2.7　劑量與反應的關係

　　劑量是決定一物質是否對生物體產生作用的最重要因素。一般而言，當接受的劑量愈高，所產生的影響則愈強烈（在此所言之「影響」或「作用」，可能是有益的或有害的，如為有益的，則指藥物的藥效而言）。例如醫師所開出的處方為每 4 小時 1 顆，若僅服用 1/4 顆，則此處方將無法發揮其藥效（但相反的是 4 小時服用 4 顆，則可能產生毒性）。有害的作用也依循相同的原則，例如酒精的攝取量愈高，則酒醉的程度也愈明顯。不論是有益的或有害的影響，此**劑量－反應關係**(dose-response relationship)皆可以圖 2.5 表示。在此圖中，橫軸（對數刻度）代表生物體所接受的劑量，而縱軸代表反應(response)。

　　劑量是指生物體的單位體重所接受物質的量，或等於物質重量／生物體體重，而單位通常以 mg/kg（ppm，百萬分之一）表示。劑量為何與體重有關？因為物質進入生物體內，若假設其平均分布於全身各部位，若體型愈大（體重愈重），則相對地，分布於藥物（毒物）產生作用部位的量

也就愈少,而其產生的作用愈弱。例如一成年人及小孩若同樣是感冒,則醫師所開給小孩之藥物劑量也許僅為成年人之 1/2,甚至更少,但皆能產生同樣的藥效。而兩者所接受的劑量應該是相當的。由於毒性反應與暴露的時間有關,因此劑量單位亦可考量時間因素而以 mg/kg/d,即每天(d)單位體重所接受的量。如果是更短時間,則可以小時(h)表示,如 mg/kg/h。

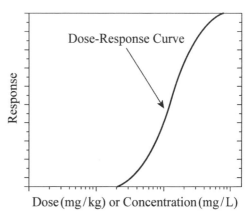

圖 2.5　劑量(或濃度)－反應關係圖

　　在某些情況下,吾人可能無法判斷生物體所接受物質的量。例如水中生物會暴露在施灑於地面農作物上而隨水流流入河川中的農藥。此時農藥在水中之濃度(通常以 mg/L、µg/L、ng/L、pg/L 等表示,1 µg=10^{-6} g、1 ng=10^{-9} g、1 pg=10^{-12} g),也與生物體所產生的作用有直接的關係,即水中濃度愈高,則產生的作用愈明顯。因此,在毒理研究上,其也存在一**濃度－反應之關係**(concentration-response relationship)(圖 2.5)。同樣的,汙染物在空氣中對人體所造成影響之關係,亦可以濃度來代替劑量,而通常所使用的濃度單位,則可以 mg/m^3、µg/m^3、ng/m^3 或 pg/m^3 來表示。

　　圖 2.5 中反應值(縱軸)的表示方法一般分為兩種,並依所觀察反應的類型及量化的方法而定,其中一種是數值(quantity)類;而另一種則是比例(quantal)類。例如前者如吾人可量測食入酒精後心跳速率的改變情形(心跳數/分鐘),而後者因並非所有的反應或作用皆能以單一的數值來表示,因此須先將試驗所得的數據轉換為一比值。例如死亡或昏厥並無程度上之差異,此在學理上,稱為「全或無(all or none)」的反應,亦即有或沒有之意。但是,藉由統計學的方法,死亡仍可用死亡率來表示。若以表 2.1 之數據為例,將劑量為 50 mg/kg 之巴拉松,餵食於 20 隻小白鼠。因為不同小白鼠對巴拉松的反應敏感度不同,其結果可能是 20 隻當中有 4 隻死

亡,而其死亡率為 20%。若同樣以 20 隻小白鼠進行測試 25 mg/kg 劑量巴拉松的毒性,則死亡率為 10%。以此類推,則吾人可得到一以死亡率(mortality)為反應值(縱軸)及劑量(橫軸)之關係圖(圖 2.6)。

圖 2.6 中之各點代表不同劑量所產生之死亡率。若以數學模式求得一最適合之曲線,則此曲線稱為**劑量一反應關係曲線**(dose-response relationship curve),且通常呈一 S 形狀 (sigmoidal)。圖 2.6 也同時提供

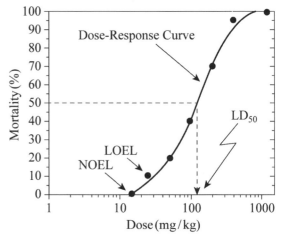

圖 2.6　依表 2.1 數據所繪製的劑量與反應值 （死亡率）關係圖（ x 軸為 Log 刻度）

其他許多的資訊,有助於吾人對此物質毒性的瞭解,例如劑量為 15 mg/kg 的巴拉松並不會造成任何小白鼠的死亡。此一劑量值稱為**無作用值** (no-observed-effect level, NOEL),即在實驗中不會產生作用的最高劑量。另外,在產生死亡率的不同劑量中以 25 mg/kg 為最低,僅造成 10%之死亡率,則此劑量稱為**最低作用值**(lowest-observed-effect level, LOEL),即會產生作用的最低劑量。

生物體對所有的毒性物質皆具有特定之容忍力。此生物體可以接受某一劑量之毒性物質而不至於產生毒性的限量值(或者是生物體接受高於此劑量之物質時才會產生作用)稱為**閾值**(threshold)(圖 2.3)。藉由試驗所求得的 NOEL 或 LOEL 值,吾人可推測閾值的範圍。一般而言,閾值的觀念,可適用於所有的物質或不同的反應,而造成不同反應的閾值皆不盡相同。若以圖 2.6 或表 2.1 的數據為例,對小白鼠的死亡而言,巴拉松的閾值應介於 NOEL (15 mg/kg)及 LOEL (25 mg/kg)之間。而 NOEL 或 LOEL 較常使用於慢或亞慢毒性試驗中非致死的毒性反應。

除 NOEL 或 LOEL 值外，在圖 2.6 之劑量與反應關係曲線中另包含**半數致死劑量值**（lethal dose 50%，或 LD_{50}）。LD_{50} 的定義為在毒性試驗中，造成 50% 試驗動物死亡所需要的劑量。在前例中，以圖解方式（圖 2.6）所求得之 LD_{50} 約為 120 mg/kg 左右。毒理學家亦可利用不同的數學統計方法，求得較精準的 LD_{50} 值與其相對應的信賴區間(confidence interval)。

表 2.1	小白鼠以口服餵食不同劑量之巴拉松，觀察 3 日後之死亡情況			
試驗組別	劑量(mg/kg)	N（隻）	死亡數量（隻）	死亡率(%)
1	0	20	0	0
2	15	20	0	0
3	25	20	2	10
4	50	20	4	20
5	100	20	8	40
6	200	20	14	70
7	400	20	19	95
8	1,200	20	20	100

LD_{50} 為急毒性試驗所求得之結果。若以同樣的實驗設計與條件來測試金屬汞的毒性，則所得之 LD_{50} 與巴拉松的值會有差異，其他的物質亦然；因此，吾人可以 LD_{50} 之大小做為比較不同物質毒性的參考依據。LD_{50} 值愈大者表示其毒性愈弱，而 LD_{50} 值愈小者，則反之。表 2.2 列出數種毒性不一的物質對老鼠的 LD_{50} (mg/kg)，以及對一位 160 磅（約 73 公斤）體重成人 LD_{50} 的相對量。

表 2.2 不同化學物質的 LD_{50}		
化學物質	對老鼠之 LD_{50} (mg/kg)	對 160 磅人體之 LD_{50}
果糖	29,700	3 夸特（1 quart＝0.95 公升）
酒精	14,000	3 夸特
醋	3,310	
食鹽	3,000	1 夸特
馬拉松(Malathion)（殺蟲劑）	1,375	
阿斯匹靈(Aspirin)	1,000	
2,4-D（除草劑）	375	0.5 杯
阿摩尼亞(Ammonia)	350	
加保利(Carbaryl)（殺蟲劑）	250	
DDT（殺蟲劑）	113	
砷酸(Arsenic acid)	48	1~2 茶匙
馬錢子鹼(Strychnine)	2	
尼古丁(Nicotine)	1	0.5 茶匙
2,3,7,8-四氯戴奧辛(TCDD)	0.001	細微顆粒
肉毒桿菌毒素(Botulinum toxin)	0.00001	肉眼無法看見

2.8　評估毒性作用的指標

　　在表 2.1 所述例子中，我們觀察的是死亡率，而其相對的劑量為**致死劑量**(LD)。如果吾人試驗所觀察的**毒性終點**(toxic endpoint)並非致死的反應，例如造成試驗動物失明、不孕、抽搐、嘔吐等，則可用**有效或效用劑量**(effective dose, ED)或**毒性劑量**(toxic dose, TD)來表示。表 2.3 列出評估化學物質作用強弱常用的指標，其基本的原則皆與前述之致死劑量(LD)相同，包括以不同生物來測試則其值不同（生物敏感度不同）、50%值愈小作用愈強、50%值可作為比較毒性強弱之用。由於一物質在不同劑量會

產生不同的影響（包括藥物的療效或高劑量產生死亡），吾人可用圖 2.7 表示表 2.3 所列劑量反應產生之不同指標之間的關係。

　　對毒性觀察終點(LD)為死亡而言，當然是依循劑量越高則反應（死亡率）越高之正相關係。但是如果是針對其他作用（ED 或 TD）而言，在某些狀況下（負相關），在低劑量區間時是正相關，而在高劑量有時會得到反應數值漸減之趨勢，因此會得到類似鐘形（參考並比較圖 2.8 之倒鐘形）之劑量反應關係線。例如某些金屬會刺激生物體內細胞使其產生特殊蛋白質（誘導作用），若將此蛋白質的產量多寡做為毒性或作用反應之標的，則有可能在低劑量時，此蛋白質的量會增加，呈現正相關之關係；但在高劑量時，由於暴露高量金屬所造成之細胞毒性或細胞死亡，反而讓蛋白質的產生量減少，因此所觀察到的劑量反應關係線會為鐘形曲線。

表 2.3	評估化學物質毒性所常用的指標
參數	定義
ED	Effective Dose，有效劑量；適用於所有反應，較常用於非毒害或有益之作用，例如藥效(therapeutic effects)
TD	Toxic Dose，毒效劑量，產生毒性作用的劑量
LD	Lethal Dose，致死劑量，急毒性試驗觀察終點
ED_{50}	半數有效劑量
TD_{50}	半數毒效劑量
LD_{50}	半數致死劑量
EC、TC、LC	與 ED, TD, LD 相似，但劑量則改為濃度(concentration)

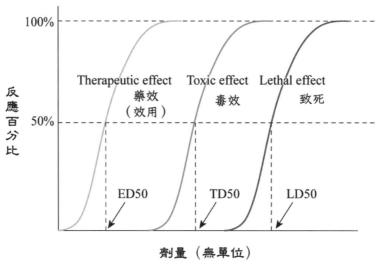

圖 2.7　一物質（藥物）在不同劑量區間產生不同反應所用之指標示意圖

2.9　特殊物質的劑量與反應關係　

　　自然界中許多物質是生物體維持正常生理運作及生命所必需的（生命必需元素或物質，essential elements），例如人體必須攝取足量的碘，否則會造成甲狀腺腫大；如果缺乏鐵，則可能會造成貧血；而缺乏不同的維生素(vitamins)，則會產生不同的維生素缺乏症。然而，生物體對這些物質的攝取若過量而超過身體的負荷，仍可能產生傷害。換言之，其對生物體的作用，就如 Paracelsus 所言，可能是有益的，但也可能是有害的。這些物質之劑量（或體內含量）－反應關係可以圖 2.8 表示。若體內含量不足時（劑量太少），則會威脅到生物體的生存（營養不足）；但體內含量太高（劑量太高），亦會產生毒害。若體內的含量（攝取的量）仍可讓生物體維持在**生理恆定狀態**(homeostasis)（圖 2.8 虛線以下之部分），則無礙於生物體。有關基本攝取量，可參考第九章金屬篇中必需金屬的飲食**建議每日攝取量**(recommended daily intake, RDI)之說明。

如圖 2.8 所示，特殊物質的劑量－反應關係呈一倒鐘型（或 U 型）的曲線，此不同於一般毒物 S 型(sigmoidal)的劑量－反應關係曲線。無論如何，對毒理學家而言，較感興趣的應該還是在於當過量接觸某些物質所造成的影響，也就是圖 2.8 中右側所描述產生毒性區間的部分。

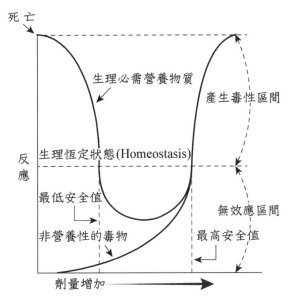

圖 2.8　生命必需物質的劑量－反應關係圖

2.10　毒性分類

雖然任何物質皆可能為一毒物，但畢竟喝水中毒的人極少，而常見於中毒事件的物質，通常是僅需極微量即可能產生毒害者（LD_{50} 小者）。一般常用的毒性強度分級是以致死劑量或 LD_{50} 來區分。依據聯合國所訂出之化學品分類與標示的**全球調和制度**(Globally Harmonized System of Classification and Labelling of Chemicals, GHS)，化學品可依據食入(oral ingestion)、皮膚(skin contact)或吸入(inhalation)之原則分為氣體、蒸氣、粉塵和霧滴等不同暴露途徑，並按其 LD_{50}（吞食、皮膚）或 LC_{50}（吸入）分別劃入五種急毒性級別（表 2.4）。在判定急毒性危害等級時，主要是根據現有的可靠資料來進行推估，包括人類及動物試驗資料，其中在動物測試資料部分，評估吞食和吸入途徑之急毒性優先採用的實驗動物是大鼠

表 2.4 全球調和制度毒性分類的等級

類別	分類準則			
	Oral 口服		Dermal 皮膚接觸	
	LD$_{50}$ (mg/kg bw)	危害說明 (Hazard Statement)	LD$_{50}$ (mg/kg bw)	危害說明 (Hazard Statement)
1	<5	Fatal if swallowed （若吞入會致命）	<50	Fatal in contact with skin （若皮膚接觸會致命）
2	5~50	Fatal if swallowed （若吞入會致命）	50~200	Fatal in contact with skin （若皮膚接觸會致命）
3	50~300	Toxic if swallowed （若吞入會產生毒性）	200~1,000	Toxic in contact with skin （若皮膚接觸會產生毒性）
4	300~2,000	Harmful if swallowed （若吞入有害）	1,000~2,000	Harmful in contact with skin（若皮膚接觸有害）
5	2,000~5,000	May be harmful if swallowed （若吞入也許有害）	2,000~5,000	May be harmful in contact with skin （若皮膚接觸也許有害）

(rat)，而皮膚途徑則是大鼠或兔子(rabbit)。其他文獻、書籍或規範等，則有不同之分類方式。例如我國毒性化學物質管理法，則是依管理上的考量與毒性類別分為四大類（環境蓄積性、慢毒性、急毒性、其他毒性）。另外，亦可將毒化物依其毒性形態、用途、毒性機制、化學特性、作用器官組織等來進行分類，因此並無一定之法則。

2.11 不同毒性物質的交互作用－混合效應

古有云「以毒攻毒」，其意為以一種毒物來消滅另一種毒物的毒性。換言之，不同毒物之間可能因某些原因，使其所產生的毒性改變。一般而言，吾人皆假設兩種或兩種以上的物質相混合時，其毒性具有**相加性**(additivity)，即其總毒性為個別毒性的加總。舉例而言，若將劑量為 LD$_{25}$

（造成 25%動物死亡的劑量）的 A 物質與 LD_{25} 的 B 物質互相混合，則其應該會造成 50%試驗動物的死亡。如果 A 與 B 物質相混合後，其最後的死亡率遠低於 50%，則代表兩者之毒性被互相消減，此現象稱為**拮抗性**(antagonism)。相對的，如果兩者相混後之毒性增加，而死亡率比預期的50%高，則此作用稱為**協助性**(synergism)。前述作用在藥物使用時就必須要特別注意，也因此瞭解藥物之混合作用在藥物安全管理上是有其重要性的。表 2.5 將不同化合物混合時所可能產生的不同作用列出，並舉例說明。

對環境毒物的研究而言，探討**混合效應**(mixture effect)的作用是有其重要性的。因為在一般的環境中，除了少數例子外，絕大多數的生物皆同時暴露在不同物質，例如一般人所呼吸的空氣中皆同時含有 NOx、SOx、O_3、懸浮微粒物質、CO 等傳統汙染物。然而，往往我們對環境汙染物加諸於生物體影響的瞭解，僅針對單一的化合物，此乃因研究混合效應有其在技術上與其他在學理上困難之處。無論如何，此領域的研究與探討，也是近年來環境毒理學家急須努力的方向之一。

表 2.5	不同化學物質間的交互作用	
交互作用	說明	實例
相加性 (Additivity)	1+1=2	1. 有機磷農藥對乙醯膽鹼酯酶的抑制作用（見第八章） 2. 有機氯與一些含氯溶劑對肝臟之毒性 3. 酒精與鎮靜劑對中樞神經系統的鎮定作用
拮抗性 (Antagonism)	1+1<2	1. 錫會與體內之汞結合而使後者之毒性降低 2. 有機磷農藥中毒可以阿托品(atropine)解毒 3. 二硫基丙醇(dimercaprol, BAL)可解砷、汞、鉛等毒性
協助性 (Synergism)	1+1>2	1. 酒精與 CCl_4 對肝之作用 2. codeine 止痛劑與安非他命可增強其止痛效果 3. 酒精或吸菸對咀嚼檳榔的致口腔癌作用

表 2.6		影響毒性作用的因素
生物	物種	敏感度、構造、吸收與代謝能力、分布、排泄作用…等
	性別	內分泌狀態、生殖角色與行為
	年齡	成熟度、器官功能退化、對幼體之發育毒性…等
	營養	影響生物正常之生理作用、能量之調配…等
	健康狀況	疾病、病菌感染…等
環境	物理	氣候條件、光照時間、溫度、氣壓、活動時間…等
	社會心理	生長密度、心理壓力
毒化物本身	交互作用	拮抗、相加、協助性
	物理特性	溶解性、狀態、蒸氣壓…等
	化學特性	結構式、化學反應性、腐蝕性、pH、K_{ow}、極性…等
	接觸方式	吸入、食入、皮膚接觸、注射
	劑量	劑量決定毒性

○ 註：K_{ow}, octanol/water partitioning coefficient，辛醇／水分配係數。

2.12　影響毒性的因素

　　生物個體對毒物的反應受到許多因素的影響，因此吾人所觀察到的毒害則是這些因素的綜合結果。不同因素的影響程度各有差異，有些較大，有些則較不顯著。但無論如何，不同個體或不同種類生物在毒性反應上的差異，皆肇因於種內(intraspecies)或種間(interspecies)影響因素的不同。茲將這些因素分為三大類別，包括生物因素、環境因素、毒化物本身，並將其列於表 2.6。

2.13　如何瞭解物質的毒性

　　毒理學家如何得知一物質具有何種毒性？最直接的方法即是進行動物毒性試驗。但在早期相關科學方法還未建立時，我們只能透過觀察使用

者（如化學家、工人）或意外暴露者來加以推論。**流行病學**(epidemiology)的方法亦常運用於對化學物質造成毒害的研究上。例如，氯乙烯單體(vinyl chloride monomer, VCM)在被發現對使用的化學廠工人造成肝毒性後才被進行毒性試驗加以確認；而石綿對人肺部的影響亦是從石綿工人身上觀察到的結果。

　　現今，吾人已針對不同的作用或毒性反應而發展出不同之毒性試驗(toxicity test)。然而在設計或進行毒性試驗之前，應依據以下四項原則加以考量：

1. 選擇適合的測試生物(test organism)：在現今的文明社會中，人體僅被使用在藥物的臨床試驗以及極少數的毒物試驗，其餘毒性試驗皆使用其他不同種類的生物活體(*in vivo*)或培養的組織或細胞─離體(*in vitro*)。

2. 選擇毒性作用的觀察終點(toxic endpoint)：這些終點可能是死亡率、孵化率、生殖力…等不同的毒性反應，通常應選取較易觀測且可量化者。一項毒性試驗應可同時觀察不同的毒性終點。

3. 選擇試驗的時間：時間之長短則視實驗所需而定，短者可能僅數秒或數分鐘（如 Microtox®，使用一種海洋發光菌 *Vibrio fischeri* 為測試物種的快速毒性檢測法）即完成，長者可長達數年之久（如致癌性、多世代生殖毒性等）。

4. 選擇適當的暴露劑量或濃度：劑量能決定產生何種的毒性作用。若觀察死亡率(mortality)，則需使用較高的劑量。若僅觀察較輕微的作用或毒性反應時，則所使用的相對劑量較低。

　　毒性試驗的結果是否有助於我們對待測物的瞭解，往往取決於前述的四項考量，而其花費也同樣因不同的選擇因素，如物種、測試終點、時間、設備要求、認證方式等而有極大的差異，可能從數百～數百萬美元不等。

　　一般毒性試驗的物種與條件，可依表 2.7 之分類方法加以區分。然而，使用動物做為毒性試驗之對象有其學理上之疑慮。一般較引人爭議之處有二：其一為毒性試驗之結果，通常最終會被運用於人類身上，但因為物種之間的差異性，人類對某一物質的敏感度不見得會在動物試驗中被反應

表 2.7　傳統之毒性試驗之條件與方法

類別	測試生物	不同劑量數	使用劑量	每一劑量使用動物的數量（每一性別）	觀察時間	觀察項目
急性	口服	大鼠、小白鼠、天竺鼠	4~6	單一劑量	5~10	14 天	存活數、體重變化（第 14 天）、一般毒性與組織病理變化
		狗			2~3		
	皮膚	兔	3~4	單一劑量（24 小時以內）	5	14 天（估計 24 小時、7 天、14 天）	存活數、體重變化（第 14 天）、一般毒性與組織病理變化（特別是皮膚）
	吸入	大鼠	4~5	暴露 4 小時	5	14 天	存活數、體重變化（第 14 天）、一般毒性與組織病理變化（特別是肺部）
亞慢性	口服	大鼠	3~4	每日劑量	20	90 天	存活數、體重變化、攝食狀況、尿液分析、血液分析、臨床化學、各器官／組織與一般顯微檢查
		狗	3~4		6		
	皮膚	兔	3~4	每日劑量（每週至少 5 天）	10		
	吸入	大鼠	3~4				
慢性	口服	大鼠	3~4	每日劑量	50	2 年	存活數、體重變化、攝食狀況、尿液分析、血液分析、臨床化學、各器官／組織與一般顯微檢查
		狗	3~4		6		
	吸入	大鼠	3~4		50		

出。沙利竇邁(thalidomide)是因此差異性而造成毒害的例子。沙利竇邁是在 1960 年初期所使用的鎮靜劑，後來被發現其為一畸胎物(teratogen)而被禁用，但卻已經造成數千名的受害者（詳見第六章）。若探究此事件的真正原由，應在於人體胎兒本身對沙利竇邁本來就較為敏感，而利用其他動物來測試，無法顯示其對人體（或胎兒）的毒性。

毒性試驗另一爭議性之處在於高劑量之使用。由於在技術、經費上的考量，吾人每次進行毒性試驗僅能使用數量有限的動物。在劑量與反應關係中，較低的劑量會產生較低的反應。但是當測試生物數量太少時，較低的反應便無法測得。例如在表 2.1 的例子中，每一劑量使用 20 隻小白老鼠，若一隻死亡，則死亡率即為 5%。若吾人欲得知 1%的死亡率，則至少需使用 100 隻小白鼠，否則僅能假設在低量時，其劑量與反應仍維持一直線延伸關係，進而使用外插法預估產生較弱反應時的劑量，但此假設不見得適用於所有狀況。然而，在一般狀況下的人體暴露，往往是在此低劑量的範圍。因此，以高劑量的結果來預測低劑量的反應時，在某些情況下可能產生偏差。

進行不同類型毒性試驗的程序近年來許多已標準化。全球不同之研究單位或機構為求試驗結果的再造性(reproducibility)與重複性(repeatability)，皆提出毒性試驗標準方法(standard methods for toxicity tests)或作業指引(guidelines)，有些是具有法律層面上的作用，有些則僅作為參考用途。由於這些方法眾多，本文僅列出經濟合作暨開發組織(Organization for Economic Co-operation and Development, OECD)所發布的不同毒性試驗方法（表 2.8）以供讀者參考。其他訂定或提供標準方法的機構包括 ISO (International Organization for Standardization)、ASTM（American Society for Testing and Materials，環境樣本測試為主）、美國FDA (Food and Drug Administration)及 EPA (Environmental Protection Agency)、歐盟 EMA (European Medicines Agency)…等。世界衛生組織(World Health Organization, WHO)下的國際化學品安全署(International Programme on Chemical Safety, IPCS)於 2003 年開始推動化學品分類及標示之 **全 球 調 和 制 度** (Globally Harmonized System of Classification and

Labelling of Chemicals, GHS)，並於 2008 年全面實施，其中亦包括化學品毒性測試方法一致性之規範，但基本上，此制度皆以 OECD 所訂定之指引為建議方法。有關 OECD 所訂定之指引最新資料請參閱以下連結 (http://www.oecd.org/env/ehs/testing/oecdguidelinesforthetestingofchemicals.htm)。

| | 表 2.8 | 經濟合作暨開發組織(OECD)所公布之毒性試驗方法指引 | |

編號	方法名稱	編號	方法名稱
401	Acute Oral Toxicity	419	Delayed Neurotoxicity of Organophosphorus Substances: 28-Day Repeated Dose Study
402	Acute Dermal Toxicity	420	Acute Oral toxicity – Fixed Dose Procedure
403	Acute Inhalation Toxicity	421	Reproduction / Developmental Toxicity Screening Test
404	Acute Dermal Irritation / Corrosion	422	Combined Repeated Dose Toxicity Study with the Reproduction / Developmental Toxicity Screening Test
405	Acute Eye Irritation / Corrosion	423	Acute Oral Toxicity – Acute Toxic Class Method
406	Skin Sensitization	424	Neurotoxicity Study in Rodents
407	Repeated Dose 28-Day Oral Toxicity Study in Rodents	425	Acute Oral Toxicity: Up-and-Down Procedure
408	Repeated Dose 90-Day Oral Toxicity Study in Rodents	426	Developmental Neurotoxicity Study
409	Repeated Dose 90-Day Oral Toxicity Study in Non-Rodents	427	Skin Absorption: *In vivo* method
410	Repeated Dose Dermal Toxicity : 28-Day	428	Skin Absorption: *In vitro* method
411	Subchronic Dermal Toxicity : 90-Day	429	Skin Sensitization: Local Lymph Node Assay

表 2.8 經濟合作暨開發組織(OECD)所公布之毒性試驗方法指引（續）

編號	方法名稱	編號	方法名稱
412	Repeated Dose Inhalation Toxicity : 28 / 14-Day	430	*In vitro* Skin Corrosion: Transcutaneous Electrical Resistance Test (TER)
413	Subchronic Inhalation Toxicity : 90-Day	431	*In vitro* Skin Corrosion: Human Skin Model Test
414	Prenatal Developmental Toxicity Study	432	*In vitro* 3T3 NRU Phototoxicity Test
415	One-Generation Reproduction Toxicity	433	Acute Inhalation Toxicity: Fixed Dose Procedure
416	Two-generation Reproduction Toxicity Study	451	Carcinogenicity Studies
417	Toxicokinetics	452	Chronic Toxicity Studies
418	Delayed Neurotoxicity of Organophosphorus Substances Following Acute Exposure	453	Combined Chronic Toxicity / Carcinogenicity Studies

CH **03**

[毒物動力學]

3.1　何謂藥物／毒物動力學

　　外來物質(xenobiotics)一旦經不同途徑進入體內,則受體內不同的生理作用,散布於不同部位,而最終由不同的路徑排出體外（圖 3.1）。研究物質進入體內所經歷的過程稱為**藥物／毒物動力學**(pharmaco/toxico-kinetics),此過程包括吸收、分布、排除、代謝等四個階段不同的作用。藥物／毒物動力學也探究物質在體內隨時間而產生變化的狀況,不同的物質因其本身的物化特性,在生物體內有不同的表現,因此也對其產生不同的作用或毒效。

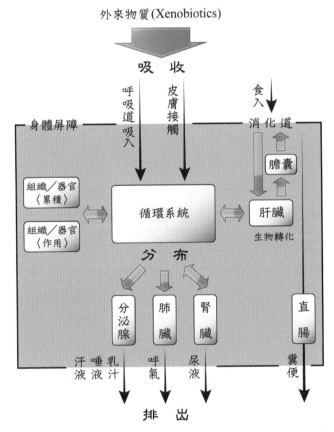

圖 3.1　**外來物質在人體的吸收、分布、排出及代謝**

3.2 吸 收

　　物質在進入人體之前，會先通過包含多種不同類型細胞的上皮組織(epithelial tissues)－上皮組織是指構成皮膚、消化或呼吸系統內壁的組織。不論物質是以吸入、食入或皮膚接觸的途徑，只要是通過此身體屏障即稱為**吸收**(absorption)（見圖 3.1）。

　　吸入(inhalation)是指物質經由呼吸系統進入體內。人體的呼吸系統(respiratory system)是包含不同功能的器官或組織。僅有氣狀或微小固體物質（如懸浮微粒，particalate matter, PM）才能經由此途徑進入人體。氣狀物質一旦能通過肺泡壁，則可藉由血液循環而分布至身體其他部位，而容易與否則取決於該氣體對血（水）的溶解性，而此溶解性則取決於亨利常數(Henry's law constant)。由於此過程較為單純，因此，物質由此途徑進入體內的速率也相對的較為快速。

　　微小固體物質進入呼吸系統則較為複雜，其危害性則與其所含之化合物成分及其大小（顆粒直徑）有關。粒徑大者（$>5\,\mu m$, $1\,\mu m$ 為 $10^{-6}m$），則在經過上呼吸道（鼻腔、咽、喉等）時，即可能被黏膜組織黏著後移除。粒徑較小者($2{\sim}5\,\mu m$)則可能侵入至氣管及支氣管，然後被移除。粒徑小於 $1\,\mu m$ 者，則可到達肺泡處，而其內含物質或微粒本身（小於 $0.1\,\mu m$）則可進入血液循環中，或被肺泡間的巨噬細胞(macrophage)吞食後移除（圖3.2）。

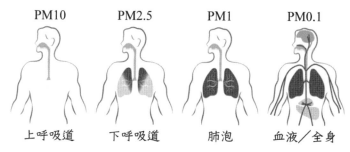

可抵達部位

圖 3.2　不同大小微粒進入人體呼吸系統之分布(PM10 指粒徑小於 $10\,\mu m$ 者)

　　食入途徑(ingestion pathway)是許多化學物質進入生物體的主要方式。化學物質可能直接經口(oral)吞食或混於食物及飲用水中而進入生物體的消化道。然而,物質進入消化道中,必須被吸收通過腸胃壁後,才算真正的進入人體內系統。

　　人體的消化系統是由口腔、食道、胃、腸、肝臟及胰臟所組成。雖然人體或其他高等生物之消化系統相當複雜,但仍可將消化道視為一簡單的管柱構造。食物或化合物由口腔進入而由另一端的肛門排出。在此過程中,物質可透過管壁而被吸收進入體內。因此,在此管柱中,仍應屬於體外,因為尚未被吸收之故(但未被吸收的物質仍可能產生局部的傷害,例如腐蝕性之物質對消化道的腐蝕作用,如除草劑巴拉刈)。藥物或毒物的吸收作用可發生在管柱的任一部位,包括口腔、食道,以至於直腸、肛門。例如心臟病發作時,含於舌下之硝化甘油片(nitroglycerin)即是由口腔進入血液,而發燒時使用之肛門退燒塞劑,則是置於直腸內即可產生其藥效。

　　大部分物質的吸收主要是發生於腸道(intestine tract)部位,尤其是小腸(small intestine),因為吸收為其主司之功能之一。物質經由小腸壁上的絨毛(villus)吸收後,先進入肝門靜脈(hepatic portal veins),再被導入肝臟中,並進入肝細胞中而被其代謝,然後再由此處進入血液循環系統(見圖3.1)。

　　皮膚系統(integumentary system)是人體最大的系統。皮膚是由表皮(epidermis)、真皮(dermis)、皮下組織(hypodermis)所構成的。由於皮膚具有保護的作用,因此外來物質較不容易由此途徑進入人體。然而,透過擴散作用,毒性物質仍可能經由表皮進入真皮組織,對此部位產生影響,或者進入此處之微血管,而被循環系統輸送到身體的其他部位。

　　物質被身體或細胞吸收的快慢,取決於物質本身的性質、劑量、時間、暴露途徑等因素。一般而言,非極性(non-polar)、非游離態、親脂性(lipid soluble 或 lipophilic)或小分子(分子量<600)的物質,較容易通過細胞膜,並進入細胞內影響其正常的作用。然而,許多物質不見得必須進入細胞內才能產生作用,其可與細胞膜表面上的生化分子(接受器、運輸蛋白、通道蛋白等)作用後,使其失去功能並導致細胞無法正常運作或死亡。

3.3 分 布

　　分布(distribution)是指被吸收的物質藉由血液或淋巴系統的運輸或其他的擴散作用將其散布於體內的其他部位。物質在體內的分布與物質本身的特性、血液與組織中的濃度、流經組織的血液量及組織特性有關。在分布的過程中，物質將與各不同部位或組織的細胞接觸，此時物質的特性（極性、水溶性、分子大小等），即可影響其到達與進入特定組織或器官的速率。到達各部分之物質能再度的回到循環系統中重新分布(re-distribution)，或到達最終的儲存場所，也可能由體內的排除機制排出體外。

　　不同的組織由於其功能的不同，而流經的血液量也不同，因此導致某些部位所含物質的濃度較低。體內有些部位對特定的物質具有較高的親和力，此也是影響物質分布的主因之一。例如脂溶性高的物質偏好累積於脂肪組織或脂肪含量較高的部位，而鉛由於與鈣的化性接近，較易累積於骨骼與牙齒等硬組織內。若給予充分的時間，物質在血液中與在組織中的濃度，將可達到一穩定狀態(steady state)，也因此，在一部位的濃度變化，將會影響到其他部位的濃度。例如，累積在骨骼的鉛會因血液中鉛濃度的降低而被釋出，藉此原理，吾人可經由注射螯合劑（chelating agent，如EDTA）於體內的方式，使其與血液中之鉛結合後將之去除，而骨骼中鉛含量自然會降低。

　　在人體的不同組織中，有些具有特殊的屏障而形成一保護機制使物質較不容易進入，例如通過腦部的微血管壁，由於其構造較身體其他處特殊，因此形成「**腦－血管障壁**(blood-brain barrier)」，可使較具水溶性的物質較不易進入腦部，以減少對神經系統的傷害。類似的保護機制尚有**胎盤障壁**(placental barrier)。然而，許多脂溶性較高的毒化物，仍然能輕易的通過這些屏障，進而產生危害。例如有機汞與有機鉛皆能通過腦－血管障壁而影響腦神經細胞，並產生神經傷害；而 PCBs（多氯聯苯）、DDT 等，也可藉由母體傳給胎兒，產生幼體發育的障礙（參見第六章）。

3.4　排　除

　　生物體對外來物的**排除**(elimination)包含兩種不同的作用，其一為**排泄** (excretion)，即將其排出體外；另一為**生物轉化作用**(biotransformation)，即將其代謝(metabolism)。人體具有不同的排泄系統將體內產生的廢物排出體外，而外來物質進入人體後也可經由相同的途徑排出，其主要途徑有腎臟的排尿、腸道排糞、肺部呼氣，以及乳汁、唾液、汗腺等分泌，而其中最主要的是以腎臟為主的排尿系統。

　　腎臟產生尿液的同時也將水溶性較高的物質或廢物由此處排出。吾人可將腎臟視為一過濾器。在腎元(nephron)中，腎絲球(glomerulus)的血壓迫使血液中的水分與溶質進入鮑氏囊(Bowman's capsule)中，並由腎小管收集形成尿液，再由尿道排出。雖然由尿液排出的物質通常其水溶性較高且分子量較小，但仍有較大型且低水溶性的分子可由此途徑排出體外。

　　物質由食入的途徑進入人體，有些可能會被吸收，但有些則存留在腸道中，並隨糞便被排出體外。被吸收後的物質必須先經由肝門靜脈進入肝臟，然後再進入一般的血液循環系統中，但也可能由肝細胞代謝後，混於肝細胞所分泌的膽汁中，並進入膽囊，然後再經由總膽管排入十二脂腸。此時可能發生再吸收(re-absorption)的作用，即物質再度被小腸吸收進入肝臟。如圖 3.1 所示，物質在腸道、肝臟、肝門靜脈中循環再吸收的過程稱為肝腸小循環。若由其在消化系統所扮演的角色而言，肝臟實為外來物質在人體中排除的重要器官之一。

　　一般人皆會忽略的是肺部也是物質排出體外的路徑之一，但僅有在體溫狀態下為氣態的物質，因血管中的濃度（分壓）大於其所包圍肺泡中的分壓，才能由此途徑被呼出(exhale)體外（不考慮停留在肺泡內，而未被真正吸收的顆粒物質）。一般而言，較不溶於血液中的氣體，其排除的速率較快。許多揮發性較高的物質，也較易經由此途徑排出體外。酒精是一極佳的例子，而吾人也利用此原理，發明酒精濃度偵測呼出器以做為舉發酒後開車違規之利器。

外來物質排出體外的其他途徑尚包括唾液(saliva)、汗(sweat)、乳汁(milk)等。人類或其他哺乳類動物的乳汁是幼體營養的主要來源，其內含有脂肪(3~5%)、蛋白質與其他生理之必需元素。母乳對母體本身體內的廢物或外來物的排除而言，雖然可能較不顯著，然而，許多脂溶性較高的有機鹵化物（如 PCBs、DDT、dioxins 等，參見第六章）與一些金屬（如鉛）卻能藉由母乳的排出而經由母體傳遞給下一代。另外，臍帶傳輸(transplacental transportation)對上述物質而言，亦是不可忽略的途徑。尤其近年來許多環境學者對環境汙染物與孩童健康問題特別的重視，而母乳與臍帶的傳輸方式也倍受關注。

物質經由汗腺的排除，是藉由單純的擴散作用來進行，通常僅限於一些金屬，例如 Cd、Cu、Fe、Pb、Ni、Zn 等。但由於人體產生的汗液量較少，因此，毒化物由此途徑的排除並不顯著。唾液亦為一較不明顯的排除途徑，而物質由此方式排出後，絕大部分仍會被吞嚥後進入食道，並被腸道所吸收。

3.5 外來物質的排除模式與蓄積作用

藥物／毒物動力學為研究物質在體內隨時間變化的情形。若吾人量測某物質在體內血液或組織的濃度在不同時間的變化情形，則可發現如圖 3.3 所示的現象：血液中的物質濃度隨時間增加而漸減（剛開始會急速增加）。此現象通常可以一階動力反應(first order reaction)之模式來描述，其方程式如下：

$$dC/dt = -K_{el}C$$

若經積分後，其方程式則被轉換為

$$\ln(C_0/Ct) = K_{el}t$$

Ct ：代表 t 時間的濃度

K_{el}：排除係數(elimination coefficient)

t　：時間

C_0：初始時間的物質濃度

物質之排除若以此模式描述則稱為**單區域模式** (one compartment model)，一般僅適用於物質經吸收進入血液後，立即分布於各部位並被排除的情況。其實以單一模式來描述物質的分布狀況是過於簡單，每一物質可能因其特性，在進入體內或藉由血液分布時會有不同的速度及方式，有時更為複雜，必須以其他動力模式套用，本文不在此贅述。

物質排出速率的快慢，可用**生物或消除半生期**（biological 或 elimination half-life, $t_{1/2}$）來衡量。生物半生期乃指物質在體內的含量（濃度）消減為一半所需之時間。若一物質以單區域模式的方式排除，則 $t_{1/2}=0.693/K_{el}$（因 $Ct=0.5C_0$）。在圖 3.3 中，吾人推估 C_0（初始時間的物質濃度）約為 500 ppm (mg/L)，而當 Ct 成為 250 ppm（500 ppm 之一半）時所需的時間，即為此物質的生物半生期，在此例中，$t_{1/2}$ 約為 0.4 小時。

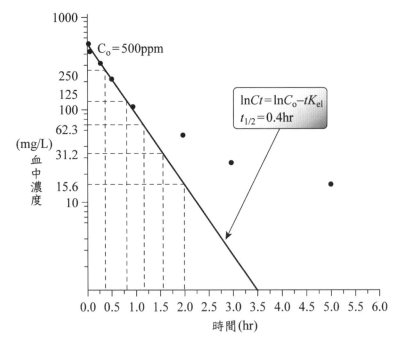

圖 3.3　物質在血液中濃度變化的情形

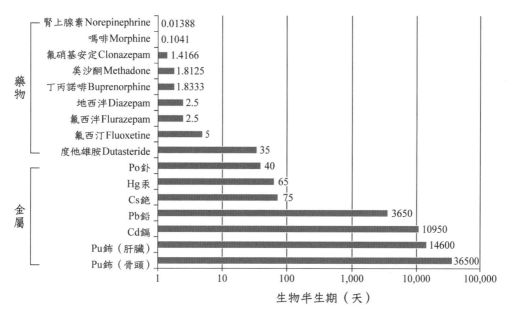

圖 3.4 不同物質在人體之生物半生期（天）

　　當一物質停留在體內的時間愈長，則其生物半生期愈長。圖 3.4 列舉一些化合物在人體內之半生期。但要注意的是半生期的推算與量測方法、物種、觀察部位等有關，因此若要比較不同化合物之生物半生期長短皆需考量前述因素。

　　具有長生物半生期的物質，由於其排除體外的速率很慢，如果生物體再持續的接觸此物質，而排出的速率小於吸收的速率時，則該物質將累積於生物體內。物質在生物體內之濃度隨時間而增加的現象，稱為**生物蓄積作用**(bioaccumulation)。生物蓄積作用乃泛指物質經由任何的暴露途徑進入生物體而累積於其中，而**生物濃縮作用**(bioconcentration)是屬於生物蓄積作用的一種，通常專指物質經由與水體（或其他環境介質，如土壤或水中底泥）的直接接觸而被動性地進入生物體內（例如水中重金屬經由鰓或表皮滲透進入魚體），而不包括食入接觸的途徑。具有生物蓄積性的物質通常在環境中與生物體內較不容易被降解或代謝，有些有機物質如 DDT 或 PCB（見第七章）其脂溶性也較高。有機物質的生物蓄積或濃縮性通常以 K_{ow}（**辛醇／水分配係數**）或 BCF（bioconcentration factor，**生物濃縮**

係數）數值之大小作為判斷依據。本國環保署之「篩選認定毒性化學物質作業原則」以 BCF ≥500 L/kg 或 log K_{ow} ≥3 作為第一類毒化物之判定依據。歐盟對**持久**、**生物濃縮**、**有毒物質**(persistent, bioaccumulative and toxic, PBT)之認定生物蓄積性之基準為 BCF > 2,000 L/kg 者，而美國環保署則訂為 1,000 L/kg。

具有生物蓄積性的化合物包括許多有機氯之殺蟲劑（第八章）、戴奧辛與 PCBs（第十章）、PAHs（第十一章）、有機錫（第七章與第九章）、鎘、鉛、汞（第九章）等，而以上除了汞（有機）外，其在人體的生物半生期皆可達數年至數十年之久（圖 3.4）。

在一生態系的食物鏈中，當具有生物蓄積性的物質在食物鏈中較低營養階層(trophic level)的生物體內蓄積，而這些生物進而被較高層的消費者攝取時，這些物質將被累積於更高層或頂層之消費者體內。由於此類物質本不易被排除體外，因此食物鏈愈高層之生物將累積愈高的濃度。這種物質在不同食物鏈營養階層動物體內含量，隨層級增加而提升的現象，稱為**生物放大作用**(biomagnification)。例如圖 3.5 中 DDT 的濃度由水中的 0.00001 ppm 與水中植物的 0.01 ppm 增加至最頂層的消費者（鷹）時，已成為 25 ppm，而在較高層的動物體內濃度皆大於低層者。然而有些化合物雖然對一些生物具有生物蓄積的作用，但因為其在食物鏈較高層動物體內不易累積（代謝與排除較快速），而並無明顯的生物放大現象。因此，生物放大作用並非生物蓄積作用的必然結果。

外來物質可能會累積於生物體內的不同部位。這些外來物的儲存場所(depot)有時可視為一保護生物體免受毒害之機制。例如 DDT 因其高脂溶性（高 K_{ow} 值）之故，較易累積於生物體內的脂肪組織，但也因此使其分布於會產生傷害部位的含量相對較少，而毒害也較低。然而，有時化學物質卻會對其累積的組織造成傷害。例如氟會累積於骨骼中並會造成氟骨症(fluorosis)，而具放射性的鍶則會造成骨癌。人體內毒物的儲存場所包括：血漿中的一些蛋白質可與特定的化合物或金屬結合；脂肪組織為親脂性(lipophilic)物質（高 K_{ow} 物質）累積之處。其他的累積場所尚有肝臟、腎臟、骨骼等部位。

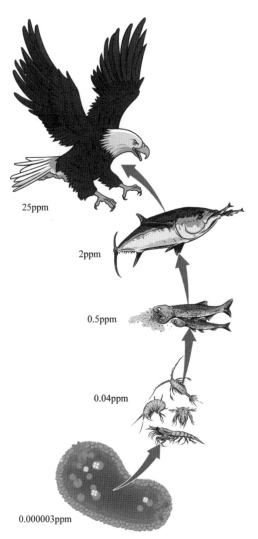

25ppm

2ppm

0.5ppm

0.04ppm

0.000003ppm

圖 3.5 DDT 在環境中的蓄積與生物放大作用（單位為 ppm）

3.6　生物轉化

　　外來物質一旦進入體內之後，生物體的反應是將其排泄或將其轉換為較容易排除的代謝物 (metabolite)，後者一般稱為**生物轉化作用** (biotransformation)。生物轉化屬於生物體內代謝作用的一部分，針對有機物而言，可依其功能分為兩種不同作用的階段，通常需要藉由體內許多各種不同的酵素(enzyme)來完成。圖 3.6 表示外來物經過生物轉化之第一階段及第二階段的生化反應後，排出體外的過程。生物體對其他非有機物或金屬（見第九章）則依其種類、型態、特性等等因素有不同之代謝方式，相當複雜，本書不另介紹。

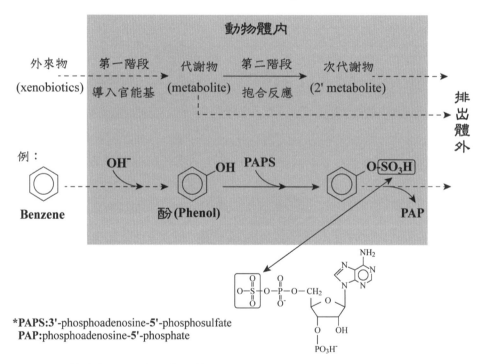

圖 3.6　外來物經兩階段生物轉化過程，並以苯(benzene)被代謝過程為例

　　第一階段(phase I)生物轉化的最主要作用是將具極性的官能基(functional groups)加於外來物上，以增加其水溶性並有利於其排除體外。常見的官能基有氫氧基(-OH)、胺基($-NH_2$)、羧基(-COOH)等。若此代謝物仍無法被排除，該代謝物則進入**第二階段**(phase II)的作用。在第二階段的酵素作用下，代謝物經**共軛反應**(conjugation)加入一更大型的分子，並形成次代謝物。表 3.1 列出常見的第一與第二階段生化反應及範例，這些不同的反應是藉由不同的酵素來完成。在第一階段的反應，與環境中有機汙染物較相關的是**混合功能單氧酶**(mixed-function monooxygenase, MFO)，又稱為**細胞色素 P450** (cytochrome P450)酵素系統。MFO 系統是包含許多不同酵素的氧化系統，其最主要作用是將-OH（氫氧基）加諸於外來物上，並將其氧化，基本的反應如圖 3.7 所示。

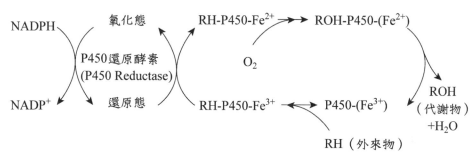

圖 3.7　MFO 酵素系統作用之過程（R 代表有機物）

表 3.1　人體內第一與第二階段的生物轉化作用

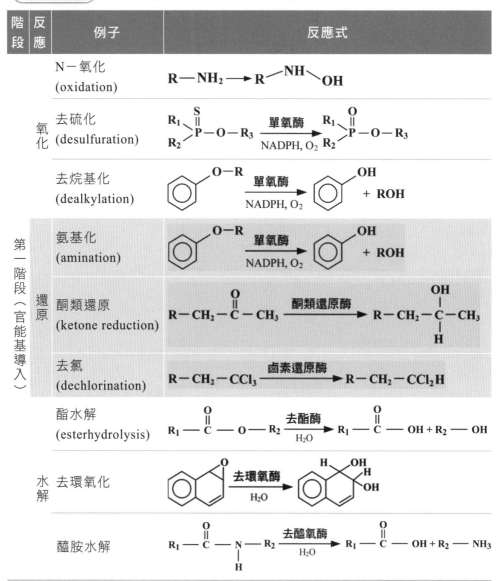

階段	反應	例子	反應式
第一階段（官能基導入）	氧化	N－氧化 (oxidation)	$R-NH_2 \longrightarrow R-NH-OH$
		去硫化 (desulfuration)	單氧酶, NADPH, O$_2$
		去烷基化 (dealkylation)	單氧酶, NADPH, O$_2$ ＋ ROH
	還原	氨基化 (amination)	單氧酶, NADPH, O$_2$ ＋ ROH
		酮類還原 (ketone reduction)	酮類還原酶
		去氯 (dechlorination)	$R-CH_2-CCl_3 \xrightarrow{\text{鹵素還原酶}} R-CH_2-CCl_2H$
	水解	酯水解 (esterhydrolysis)	去酯酶, H$_2$O
		去環氧化	去環氧酶, H$_2$O
		醯胺水解	去醯氧酶, H$_2$O

表 3.1	人體內第一與第二階段的生物轉化作用（續）	
階段	反應	反應式
第二階段（共軛反應）	葡萄糖醛酸抱合 (glucuronidation)	
	硫酸鹽抱合 (sulfate conjugation)	
	胺基酸抱合 (amino acid conjugation)	
	乙醯基化 (acetylation)	
	硫醇酸(mercaptan)合成	RX + glutathione（麩胺基硫）→ R-S-glutathione→ R-S-mercapturate

○ GT: glucuronyl transferase; ST: sulfotransferase; UDPGA: uridine diphospho- glucuronic acid; PAPS: 3'-phosphoadenosine-5'-phosphosulfate; PAP: phosphoadenine-5'-phosphate; UDP: uridine disphospate; CoA-SH: coenzyme A; R、R_1、R_2、R_3 代表不同的官能基。

　　由於 MFO 系統是較高等動物代謝有機外來物的主力，為了應付較高汙染物的負荷，細胞會產生更多的酵素以加速其作用，而其體內的含量則因此而提升，此現象稱為**誘發作用**(induction)。生物體中的 MFO 受汙染物之誘發可做為該生物受暴露的一種**生物標記**(bioindicator; biomarker)，並可為監測環境汙染發生之用。

　　生物轉化作用可能發生在生物體內的任何部位，只要該處的細胞具此特殊代謝之功能。外來物在人體中生物轉化的部位，以肝臟最為重要。大部分的異物皆由食入的途徑進入人體，而由腸道吸收後，必先經由肝臟，

而肝細胞則內含相當豐富且種類繁多的代謝酵素。因此，肝臟也是體內最重要的**解毒**(detoxification)器官。其他具生物轉化功能的組織尚有肺與腎臟，而皮膚和生殖腺體的類似功能則較弱。

　　一般的生物轉化作用為生物體內主要的解毒機制，因物質較易被排除。但有時物質經生物轉化作用後，雖然水溶性較高，但產生的代謝物，其毒性反而較原物質毒性為強，此種毒性增強的現象稱為**生物活化作用**(bioactivation)。例如被混於一般酒精飲料中做為假酒販賣的甲醇(methanol)在人體內會被代謝成為甲醛(formaldehyde)。在正常的酵素作用下，甲醛會繼續的被代謝為甲酸(formic acid)，進而成為二氧化碳與水。然而由於人類眼睛缺乏將甲醛氧化成甲酸的酵素。因此，當由甲醇轉化的甲醛累積在眼部時，將會造成傷害，進而失明。另外，有許多的致癌物已被證實須經活化作用後，才能形成**終極致癌物**(ultimate carcinogen)而導致癌細胞的生成與惡性腫瘤（有關致癌物的介紹，詳見第五章）。表 3.2 列舉出一些生物活化作用的例子。

　　近年有許多的研究顯示人體內腸道菌群（微生物群）對毒物的體內效應具有不同程度影響，包括化學物質導致的微生物相及其代謝物質能力的變化進而影響宿主，改變微生物群在宿主組織與外部環境的界面屏障功能，對化學物質直接的生物轉化，改變宿主生物轉化後產物的再代謝功能，調節參與代謝的宿主基因等。微生物在人體內的解毒過程中，扮演相當重要的角色，此現象也許可以解釋同一毒物（藥物）對不同人產生影響的個體差異性。

　　毒性物質在生物體內的毒物動力學相當複雜，因化合物與生物的種類而異，是影響最終毒性的主要因素之一。藉由不同的分析化學技術，吾人可瞭解一化合物在體內的宿命，並配合毒理機制的研究，尋求降低毒害之道。

表 3.2	生物活化作用(bioactivation)化合物例子	
原化合物	代謝物	產生之毒害
黃麴毒素 B_1 (aflatoxin B_1)	黃麴毒素-2, 3-環氧化物	肝壞死、肝癌
苯(benzene)	苯環氧化物（epoxide 類）	血癌
四氯化碳(tetrachlorocarbon)	三氯甲烷自由基 (free radical)	肝壞死、肝癌
亞硝胺(nitrosoamine)	N-羥化產物	肝癌
偶氮染料(azo-dye)	N-羥化衍生物	肝癌
Benzo[*a*]pyrene （PAHs 的一種）	環氧化物（epoxide 類）	肝癌、細胞毒性
氯仿(chloroform)	光氣(phosgene)	肝硬化、腎壞死
乙醇(ethanol)	乙醛(aldehyde)	一般毒性、肝癌
甲醇(methanol)	甲醛(formaldehyde)	一般毒性、血癌、腦癌
芳香族胺及硝基化物	羥化代謝物	變性血紅素症
奈胺	羥化奈胺	膀胱癌
硝酸鹽(nitrates)	亞硝酸鹽(nitride)	變性血紅素症
亞硝醯胺(nitrosoamide)	亞硝胺(nitrosomine)	肝癌、肺癌
巴拉松(parathion)	對氧巴拉松(paraoxon)	神經肌肉麻痺
黃樟素(safrole)	1-羥黃樟之代謝物	肝癌
沙利竇邁(thalidomide)	苯二甲酸基-L-麩胺酸	胎兒畸形

CH 04

[遺傳毒理學－突變物]

　　遺傳毒理學(genetic toxicology)主要是研究能影響生物體遺傳作用之因子。許多具有**遺傳毒性**(genotoxicity)的化學物質能改變生物體內的遺傳特質，使遺傳訊息之傳遞產生異常或變動，進而造成細胞、組織或生理功能上的障礙。簡而言之，凡是能與 DNA 作用之物質並影響其正常功能者，皆可稱之為具有遺傳毒性。具有遺傳毒性的物質最常造成遺傳作用損害的形式有兩種，即**基因突變**（gene mutation，包含基因本身及會影響基因表現的 DNA 片段）和**染色體異常**(chromosome aberration)，相對而言，前者為一微觀上(microscopic)的損害；而後者則為一相對較巨觀上(macroscopic)的作用，並可藉由顯微鏡來觀察。近年來，**突變**(mutation)一詞已廣義的泛指生物體內遺傳物質的損害(genetic damage)，也因此一般認定突變物即是**遺傳毒物**(genotoxic compounds)。

4.1　DNA、基因與遺傳

　　生物體內之遺傳物質為 DNA（**去氧核糖核酸**，deoxyribonucleic acid），其位於染色體上。細胞內的 DNA 為生物遺傳訊息所在之處。DNA 由許多去氧核苷(deoxynucleotide)所組合而成。一個核苷包含三個部分，即鹼基、核糖、磷酸。在一長串的 DNA 上，部分片段的核苷上鹼基（**Adenine** 腺嘌呤，**Guanine** 鳥嘌呤，**Thymine** 胸腺嘧啶，**Cytosine** 胞嘧啶）排列順序的組合代表了特定的**基因**(gene)。基因即是合成體內某一蛋白質的訊息所在，並構成生物**基因體**（genome，即染色體上的所有 DNA，人類約有 30 億個鹼基對）中的最重要部分。蛋白質由胺基酸組成，並為構成生物體之基礎，具多種角色，包括酵素、荷爾蒙、抗體、肌肉、蛋白、膠原蛋白等，皆由不同蛋白質組合而成。因此，基因即控制生物體之生長、生存、代謝等所有作用，也同時決定一生物體之所有特性。當 DNA 上之基因訊息被**轉錄**(transcription)至 mRNA（信差核糖核酸，messenger ribonucleic acid）上（此時鹼基 T 在 RNA 上則相對應為 U），然後再經**轉譯**(translation)作用，則一蛋白質即可被合成。

　　在一基因上，每 3 個鹼基的排列代表一組密碼，稱為**密碼子**(coden)。每一 coden 相對應於 1 個胺基酸，例如 GCU 或 GCC 為丙胺酸(alanine)，而 GGU 或 GGC 為甘胺酸(glycine)。當在進行轉譯作用時，tRNA（傳遞核糖核酸，transfer RNA）藉由讀取不同的密碼子來判斷所需攜帶的胺基酸。有些片段之 DNA 並非基因一部分，但可能與合成蛋白質的過程有關，這些 DNA 片段稱為調控序列(regulatory sequences)。例如停止轉錄作用的訊息為 UAA 或 UAG，而開始作用的訊息則為 AUG，這些訊息的改變同樣可能影響到正常蛋白質的合成。全球科學家於 2006 年所完成的人類基因圖譜計畫顯示人類單倍體基因體內總共約有 23,000 個基因，而其所占的編碼序列只占總 DNA 長度的 1.5%，其他的 DNA（稱為垃圾 DNA）的功能，絕大部分尚待瞭解，但可確定的是某些一定具有特定的作用或功能。

4.2　突　變

　　突變(mutation)是指在 DNA 上的鹼基之排列順序或組成受到改變的現象，而能夠產生突變作用之物質稱為**突變物**(mutagen)，發生突變之過程則稱為**突變發生**(mutagenesis)。例如在 DNA 上僅以鹼基的種類來表示，若部分片段原為-**AATTA**-，經改變成為-**TATTC**-時，則此為一種鹼基被**取代**(substitution)之突變作用，因為原訊息已受改變。當然，也有可能是某些鹼基遭**刪除**(deletion)或**增加**(addition)，而此類作用將產生一種**結構位移**(frame-shift)的現象，導致鹼基排列順序產生明顯的改變。圖 4.1 顯示不同基因突變形式與其最後轉錄之結果。有些化學物質能與 DNA 上之鹼基結合形成**結合體**(DNA adduct)，並導致配對鹼基之間（A 與 T 或 G 與 C）無法再以氫鍵連結並產生**錯誤配對**(mispaired)的現象。能產生 adduct 較著名之物質包括 acetaldehyde、benzo[*a*]pyrene、aromatic amine acetylaminofluorene (AAF)、DMBA (7,12-dimethylbenz[*a*]anthracene)等。以上這些突變如果發生在單一鹼基上，則被定義為**點突變**(point mutation)。如果是一片段的遺傳訊息都被改變，當然後續造成之效應也將

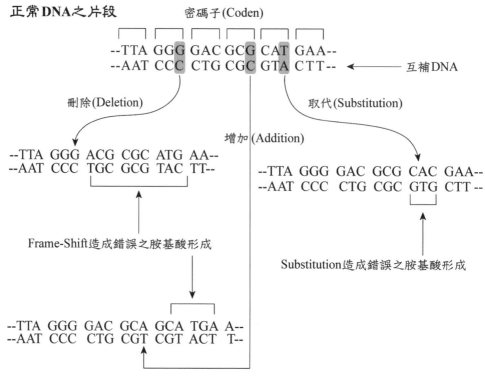

圖 4.1　不同之基因突變形式及其結果

不同。突變的原因很多,包括細胞分裂複製染色體時所發生的自然突變以及如上述例子的化學性突變。除此之外,輻射線(包括紫外線)能直接破壞鹼基甚至染色體結構,或產生鹼基異常之化學鍵結,此類物理性突變的影響往往較前兩類為鉅。

4.3　染色體異常

　　除了 DNA 上鹼基的異常能造成對細胞或生物體的影響外,DNA 所處之染色體(大片段的 DNA)亦有可能產生變異。染色體異常通常發生於細胞分裂,並可藉顯微鏡在觀察細胞之切片時發現。造成染色體異常的物質稱為**碎體物**(clastogen)。此種遺傳物質在巨觀上地改變往往會造成不良

之後果。染色體異常包括兩大類，第一類為染色體數目的改變，也就是數目之增加或減少（**非整倍數體**(aneuploidy)與**多倍數體**(polyploidy)。Aneuploidy 為單一或少數染色體數目的增加或減少，例如正常人類染色體為 46 個或 23 對(2n)，不正常者則可能為 45 或 47 個；而 polyploidy 則指整組染色體數量之變化，例如染色體數目變為 69 個(3n)。此類的突變物亦可稱為非整倍體物(aneuploidogen)。第二類之染色體異常則是染色體結構上的變化，包括斷裂、刪除、重組、姊妹染色分體交換(sister chromatid exchange)等。圖 4.2 顯示出不同染色體結構異常的現象。

　　由於 DNA 位於染色體上，故此類染色體結構上的異常亦有可能影響到其上之 DNA 與基因，有時也導致前述的突變現象。因此，從突變即遺傳物質改變之廣義定義而言，碎體物也是突變物。

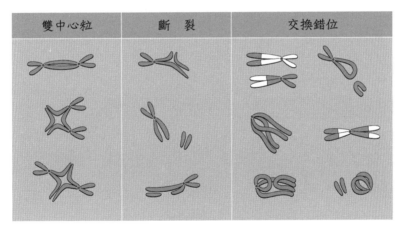

雙中心粒	斷　裂	交換錯位

圖 4.2　不同染色體結構異常

4.4　突變所產生的後果

　　突變對生物體的影響取決於其作用的部位或細胞種類、突變形式、受改變基因的重要性、基因之相對蛋白質與其功能及損害點之修復作用等因素。如果發生突變作用之 DNA 片段恰好位於一基因上或與其轉錄過程有關，則此突變將導致原訊息所相對應之蛋白質與原來者具有差異性。此差異有時可

能會被細胞內的特殊機制所修復(repair mechanism)，即使未被修復，其影響可能不大；有時卻可能減低或增加細胞之活性，甚至造成細胞死亡或產生細胞特質的變化，進而發展為癌細胞。除了體細胞(somatic cells)，突變作用亦可能發生於生殖細胞（germ cells，卵子或精子），而其產生的結果將不同，因為受改變之遺傳訊息有可能被傳遞至後代。圖 4.3 為突變可能發生之結果，其中因基因異常表現所導致癌細胞之形成與**癌症發生**(carcinogenesis)，是遺傳毒理研究中較受重視之突變結果。化學物質或輻射線所造成的染色體異常通常將導致受害細胞死亡，僅有在少數情形下，此異常會藉由生殖傳遞給下一代。本章列舉一例來說明基因的差異所可能導致的不良後果。表 4.1 為遺傳性**鐮刀型貧血**(sickle cell anemia)患者體內合成血紅素(hemoglobin)的基因上鹼基排序與正常人之比較。此類 DNA 上的**點突變**(point mutation)即可造成此基因所合成的血紅素（蛋白質），因結構變形而無法正常的攜帶氧氣，進而引發貧血(anemia)。人類許多遺傳疾病皆與體內特定基因變異有關，包括苯酮尿症(phenylketonuria)、半乳糖血症(galatosemia)、葡萄糖-6-磷酸鹽去氫酶缺乏症（glucose-6-phosphate dehydrogenase deficiency，俗稱蠶豆症）、海洋性貧血(thalassemia)、白化症(albinism)、鐮刀型貧血…等。另外，染色體異常的遺傳疾病則有唐氏症（Down's syndrome，為第 21 對染色體多一條）、透納氏症（Turner's syndrome，其性染色體僅有一條 X）、克萊恩費爾特氏症（Klinefelter's syndrome，其性染色體多了一條 X）等。

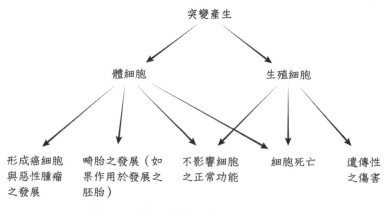

圖 4.3　基因突變可能產生的結果

　　並非所有的突變都是有害的。突變後的基因表現異於平常，有時反而可能製造功能較佳之蛋白質，而更有利於細胞或生物的存活，此有益的突變是生物演化的主要推動力之一。在演化過程中，大自然藉由生物體內多元、長期、連續地累積自然突變，產生較能適應環境改變之物種，甚至淘汰適應力差或較弱（包括有害突變之結果）的原種生物。

表 4.1　正常人與遺傳性鐮刀型貧血患者體內血紅素基因之比較

說明	正常人	鐮刀型貧血症患者
血紅素基因之部分片段	-CTT-	-CAT-
轉錄 RNA 之部分片段	-GAA-	-GUA-
相對應之胺基酸	Glutamic acid（麩胺酸）	Valine（纈胺酸）

4.5　遺傳毒性試驗

　　吾人可運用不同的**遺傳毒性試驗**(genotoxicity test)來測試化學物質是否能造成體細胞(somatic cell)或生殖細胞(germ cell)的突變，並瞭解其潛在的致癌性。由於癌症之生成與基因受損有關，因此遺傳毒性試驗（或突變試驗）亦被認為是判定物質致癌性之先期試驗。

　　吾人已發展出不同的遺傳毒性測試方法，所使用的物種包括細菌、真菌、病毒、培養之細胞、植物、昆蟲、低等動物與哺乳類動物等。突變性試驗可依觀察終點的不同分為以下類型：基因突變、染色體異常、aneuploidy、其他種類。不同的方法中，有些是短期的、有些是長期的；另外有些是利用活體(*in vivo*)，而有些則是利用培養之組織（離體，*in vitro*）。世界衛生組織(WHO)下的國際化學品安全署(International Programme on Chemical Safety, IPCS)，近年在針對**化學品分類及標示之全球調和制度**(Globally Harmonized System of Classification and Labelling of Chemicals, GHS)中提出突變物之一般測試方法，如表 4.2 所列。如經過 *in vivo* 之測試後被確認其對體細胞具有潛在之基因毒性，則必須進入採用生

殖細胞之測試程序來加以確認其毒害是否具有遺傳至下一代之可能性，而其部分方法與體細胞測試方法相似。

表 4.2	測試方法之使用及應用	

方法	說明	OECD 或其他參考指引
A. 一般細菌 *in vitro* 測試法		
Salmonella typhimurium reverse mutation 沙門氏菌逆轉突變（安氏試驗 Ames test）	菌種 TA1535、TA1537(or TA97 or TA97a)、TA98、TA100，檢測 DNA 上 G/C 配對及結構位移	471
S.typhimurium	菌種 TA102，檢測 DNA 上 A/T 配對損害及輕微刪除現象	471
其他 *S.typhimurium* mutants	菌種 YG1021、YG1026 (NR overexpression)、YG1024、YG1029 (NAT overexpression)	
Escherichia coli reverse mutation assay 大腸桿菌逆轉突變試驗	菌種 WP 與 WP2*uvr*A，檢測 DNA 上 A/T 配對損害	471
B. 一般哺乳類 *in vitro* 測試法		
Mouse lymphoma TK gene mutation assay	L5178Y 小鼠淋巴腺瘤細胞株，可檢測點突變及染色體異常	476
HPRT gene mutation assay	Chinese hamster ovary, AS52 或其他培養細胞，可檢測點突變輕微刪除現象	476
Metaphase analysis 細胞分裂中期試驗	染色體異常試驗，可檢測碎體物 (clastogen)	473
Micronucleus test 微核試驗	檢測細胞分裂間期 (interphase) 時微核變化，可檢測碎體物 (clastogen) 及造成染色體產生非整倍數 (aneuploidy)	487

表 4.2	測試方法之使用及應用（續）	
方法	**說明**	**OECD 或其他參考指引**
C. 一般遺傳毒性 *in vivo* 測試法		
Micronucleus test 微核試驗	紅血球生成細胞，檢測染色體之結構與數量異常	474
Metaphase analysis 細胞分裂中期試驗	染色體之結構與數量異常	475
Transgenic animal 基因轉植動物試驗	使用基因轉殖動物，觀察基因突變	IWGT, IPCS
化學改造之 DNA 試驗	觀察 DNA adducts 或氧化損傷	IWGT
DNA strand breakage assays DNA 斷裂測試法	慧星試驗(comet assay)，觀察 DNA 斷裂 DNA 及 alkali-labile 損傷	IWGT
Liver DNA unscheduled systhesis (UDS)肝臟細胞非排定之 DNA 合成	觀察細胞於非 S 期之胸腺嘧啶結合狀況	486

○ 彙整於 Eastmond, D. A., Wartwing, A., Anderson, D., Anwar, W. A., Cimino, M. C., Dobrew, I., & Douglas, G. R. (2009). Mutagenicity testing for chemical risk assessment: update of the WHO/IPCS Harmonized Scheme. *Mutagenesis*, *24*(4), 341-349.

○ IWGT: International Workshop on Genotoxicity Testing.

4.6　安氏突變試驗

　　安氏突變試驗(Ames test)為美國人 Bruce Ames 教授於 1983 年所提出的突變物測試方法。此法將經逆轉(reversed)後之沙門氏菌(*Salmonella typhimurium*)暴露於待測物中。由於逆轉菌種(revertant)無法存活於缺乏組織胺酸(histidine)之培養液。當將逆轉菌培養於含待測物但無 histidine 試液中，該菌卻能利用培養液中葡萄糖合成 histidine 而存活並生長出菌落時，表示該待測物具有基因突變之作用，能將逆轉菌回復為原菌種。由於安氏突變試驗具簡易、快速、經濟等特點，此方法目前被廣泛地使用於突變物之測試（見表 4.2）。Bruce Ames 教授曾利用此法檢測 175 種已知之致

癌物，並發現其中有超過 90%者皆顯示為陽性（具突變性），因此，安氏突變試驗也被做為致癌物先期測試方法之一，這也說明了癌細胞之形成與基因突變有相當密切之關係（見第五章）。

4.7　突變性分級與突變物

　　一般的化學物質須經不同的測試方法及鑑定程序後，方能判斷其遺傳毒性。在現有超過數十萬種常用的化學物質中，僅有少部分是經過遺傳毒性測試的。針對化學物質突變性的強弱，聯合國 WHO 之 GHS 將突變物分為兩大類(category)，歐盟則分為三大類，但後者於 2015 年開始採用 GHS 方法。兩者之分類方式如表 4.3 所示。

　　以傳統遺傳毒性鑑定程序判定之突變物，有些是工業常用之化合物，有些是來自於生物體內（如 mitomycin C），另外有些則屬於藥物類(Hycanthone, Isoniazid, Cyclophosphamide, Triethylene melamine)。在一般環境，有些天然或人為之混合物類(mixture)也具有突變性，包括多環芳香族烴（PAHs，見第十一章）、香菸、煤焦等（表 4.3）。

　　突變或遺傳毒性對生物體的最終影響與許多因素有關，採用不同的生物測試方法，不見得能將一物質的潛在或需長時間才能發展出的危害性發掘出來，但現今分子生物與定量式結構活性關係(quantitative structure-activity relationship, QSAR)技術的迅速發展與資訊累積，以及人類基因圖譜資料庫的建立，將有助於吾人在更短的時間內瞭解此類物質對人體健康的影響。

表 4.3	GHS 之突變物分類與說明（歐盟分類將於 2015 年停止使用）			
GHS 類別	說明	化合物例	GHS 編碼	歐盟分類與編碼
1	對人類具有突變性(known mutagen)：有足夠的流病證據顯示該物質對人類體細胞能產生可遺傳性突變	vincristine sulfate salt, 5-bromo-2'-deoxyuridine, etoposide, L-DOPA, thalidomide	H340	1 R46
	應被認為對人類具有突變性(presumed mutagen)：基於適當動物試驗的結果或其他資訊可推論如果人體暴露於該物質應能產生可遺傳性的基因損害	acrylamide, vanadium(V)oxide, phenol, nitrilotriacetic acid, ethanol		2 R46
2	應特別注意此類物質的暴露，因其可能具有突變性 (suspected or possible mutagen)：有些研究證實此類物質具有突變性	acrylonitrile, aniline, cadmium oxide, formaldehyde, o-Anisidine, glycidol, vinyl chloride, sodium-chlorite, 1-chloro-2-nitrobenzene	H341	3 R68

CH **05**

[　　　化學致癌物　　　]

　　根據聯合國統計，全球在 2012 年增加了 1,410 萬個癌症病例，每 8 位死者就有 1 位是死於癌症，當年癌症死亡人數高達 820 萬；其也預估至 2030 年全球新癌症人口將達 2,360 萬。癌症在臺灣地區早已躍居十大死因之首，民國 100 年時國內死亡人口有超過四分之一是癌症所造成，其發生的人口比例達平均每 4~5 人當中就有 1 人罹患癌症。衛生福利部公布的 2015 年癌症發生資料顯示臺灣共有 46,829 人死於惡性腫瘤，初次診斷為癌症已超過了十萬人，國人所謂「談癌色變」，可從這些統計數據得知。癌症為一特殊的疾病，其形成的原因與遺傳、基因缺陷或受損、飲食與生活習慣、吸菸、暴露於特定致癌因子、病毒等因素有關，這些因素之間的交互作用也會影響癌細胞的生成與腫瘤的發展。本章將介紹癌症的一些基本觀念，並著重於化學致癌物與癌症生成之間的關聯性。

5.1　何謂癌

　　癌(cancer)或稱**惡性腫瘤**(malignant tumor)，乃是體內細胞不正常的生長所致。生物體內細胞的生長、分化、死亡，皆依循一定的程序與規律，體內的組織藉由不同的機制來控制其細胞的正常運作。但如果細胞的生長與增殖，因某些因素而失控，並漫無止境的增加進而造成健康危害，則此不正常生長之細胞即為癌細胞，由這些癌細胞所組成的組織，則為惡性腫瘤。癌症的形成稱為**癌症發生**(carcinogenesis)，而研究癌症之學問則稱為**腫瘤學**(oncology)。

5.2　癌細胞的生成與機制

　　正常細胞轉換為癌細胞通常是因為物理、化學或生物（如病毒）的因子對細胞內某些重要基因或其表現的改變所造成之結果。由現代基因學與腫瘤學的相關研究工作，吾人可確定所有癌細胞之生成與生物體內兩大類

之基因受損而未被修復(repair)或其表現(expression)異常有關，其中一類為**致癌基因**(oncogene)，另一類為**腫瘤抑制基因**(tumor suppressor gene)。這些基因在細胞內皆有其特定的功能，例如致癌基因通常與細胞分裂有關，而腫瘤抑制基因則具有防止細胞轉變為異常細胞之作用。部分的致癌基因是由生物體內之**原致癌基因**(proto-oncogene)經突變轉變而成，其他則是由病毒帶入生物體內的（**病毒型致癌基因**，viral oncogene）。截至 2018 年，人類共發現超過 500 種以上的致癌基因，而腫瘤抑制基因至少有 600 種。當這些基因之功能遭受外來或內生因素的影響而使其無法正常運作時，則此細胞有可能轉換形成癌細胞。一般而言，此轉換作用必須是一種以上的致癌基因被活化啟動(activated)，以及一種以上的腫瘤抑制基因被抑制(suppressed)，兩者皆同時發生的情況下才會產生。由於基因受損是一種隨機的作用，而兩類基因同時受損的機率極低，因此正常細胞之轉換形成癌細胞是緩慢且漸進的一種轉變。這也是為何一般癌症需至少數年以上的時間蘊釀成形。圖 5.1 為癌細胞形成之示意圖。此圖也顯示持續性地暴露於致癌因子對癌症生成的必要性（但非必然性），因為正常細胞持續的接觸物質，才有可能一再地產生不同特定基因的傷害，最終導致變異細胞之生成。

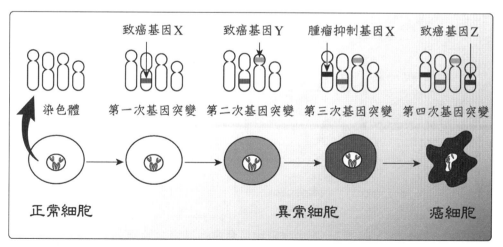

圖 5.1　正常細胞因基因受損而轉換成為癌細胞（假想狀況）

　　癌症形成的過程中，一正常細胞經**啟動作用**(activation)轉換為癌細胞之時期稱為**轉變期**（conversion 或 transformation）；若其逃脫體內控管機制並受**促進作用**(promotion)而開始大量複製增殖，並形成一**腫瘤**(tumor)時，此時期稱為**發展與進化期**(development and progression)。生物體若不接受適當的治療，則癌細胞終將由原發處轉移(metastasis)至其他器官或組織，影響其正常生理功能之運作，最終導致死亡。圖 5.2 顯示一化學致癌物引發一惡性腫瘤之過程。

　　總而言之，癌症之形成是許多外在和內生因素綜合作用的結果。除生物體內之**生物活化作用**(bioactivation)和 DNA 修復作用外，免疫、內分泌、神經系統之運作皆對癌症生成具有正面或負面之影響。因此，不同生物個體也許歷經相同之癌症啟動過程（例如致癌基因受損），但由於個體在年齡、性別、代謝、遺傳等各方面的差異，將造成最終結果之不同。

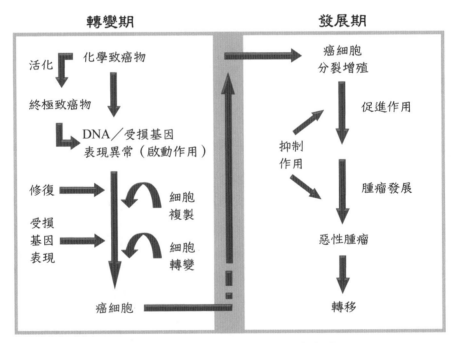

圖 5.2　化學致癌物引發惡性腫瘤之過程

5.3　化學致癌物的分類

　　能引發癌細胞形成之化學物質稱為**致癌物**(carcinogen; carcinogenic compound)。吾人可依致癌機制的不同將化學致癌物分為**遺傳毒性**（genotoxicity，即作用於 DNA）與**原發性**(epigenetic)。屬於前者包括兩類，第一類為不須經由生物體活化作用即可產生 DNA 損害者，此類通常為強親電性(electrophile)物質或化學活性強之自由基(free radical)，易與 DNA 上具親核性的鹼基起作用。然而許多能與 DNA 作用之金屬卻並非以相同之機制造成 DNA 的傷害，屬於此類物質尚包括有離子態之部分有機物（羧基、胺基、偶氮等）、自由基物質、環氧化(epoxide)、磺酸類、鹵化醚類等。

　　屬於第二類遺傳毒性者，則須經生物體內代謝作用之活化過程(bioactivaion)，由最初之**致癌先驅物**(pro-carcinogen)形成**終極致癌物**（ultimate 或 proximate carcinogen）方能產生 DNA 的傷害。這類致癌物包括一些多環芳香碳氫化合物（PAHs，見第十一章）、部分之亞硝胺類(nitrosamines)與亞硝醯胺類(nitrosamides)、黃麴毒素(aflatoxin)、芥子氣(mustard gas)等。這些物質被生物體內之代謝酵素（見第三章）轉化為強親電性之代謝物，與 DNA 作用後，啟動致癌之程序。圖 5.3 為屬於多環芳香碳氫化合物家族之 benzo[a]pyrene (BaP)被轉化為終極致癌物 BaP-7,8-dihydrodiol-9,10-epoxide 之過程。此活化過程需仰賴肝臟細胞色素－P450 氧化酵素系統的作用（見第三章）。

　　有些致癌物並非直接與 DNA 作用（非遺傳毒性），而是透過不同的機制引發惡性腫瘤。這些原發性的致癌機制包括助長癌症形成之作用（稱為**助長物**(promoter)或**同致癌物**(cocacinogen)，助長物是指有助於腫瘤形成者，而同致癌物是指有助於癌細胞形成之作用者）、荷爾蒙失調、細胞毒性(cytotoxicity)、免疫功能之抑制(immunosuppressor)、溶小體(peroxisome)之大量產生、固體刺激物等。透過這些不同的機制，此類致癌物可改變細胞中 DNA 的合成、有絲分裂或複製的速率，間接造成細胞變異。表 5.1

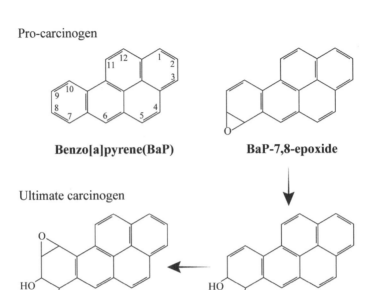

Pro-carcinogen

Benzo[a]pyrene(BaP)　　　**BaP-7,8-epoxide**

Ultimate carcinogen

BaP-7,8-dihydrodiol-9,10-epoxide　　**BaP-7,8-dihydrodiol**

圖 5.3　BaP 經活化轉換成為終極致癌物之過程

列出依致癌機制分類之不同類型的致癌物，其中其他類者指其機制不屬於前兩大類或尚未明確者。不過，不論原發性物質之致癌機制為何，最終還是與前述之致癌基因及腫瘤基因之變異或表現異常有關。

　　世界衛生組織的**國際癌症研究中心**(International Agency for Research on Cancer, IARC)為全球致力於癌症研究之主要機構。IARC 與美國之**國家毒理研究計畫**(National Toxicology Program, NTP)出版相關刊物及研究報告，提供重要的資訊以幫助吾人瞭解致癌物。由於癌症形成之複雜性，以及動物物種間的差異，許多物質對某些測試動物具有致癌性，但對其他（包括人類）並不見得會產生相同的作用。IARC 根據不同研究報告之結果，將致癌物依致癌性強度分為不同的類別，而美國環保署(USEPA)依 IARC 及 NTP 的調查結果另以不同方式進行致癌物的分類。表 5.2 為三種不同的分類原則（包括 GHS）。目前為止，全球約有超過 1,000 種以上之化學物質（或混合物）經過 IARC 及 NTP 的評估，被列為確認之人類致癌物（IARC

表 5.1 不同類型之致癌物

1. 遺傳毒性(Genotoxic)

A. 直接作用(Direct-acting carcinogen)：dimethyl sulfate、dichloroacetone、benzylchloride、methyl iodide、N-methyl-N-nitrosourea、1-acetyl-imidazole、dimethyl-carbamyl chloride、ethylene imine、1,2,3,4-butadiene epoxide、methyl methanesulfonate、platinum amine chelates、鎘

B. 須經生物活化之致癌先驅物(Pro-carcinogen)

- polycyclic aromatic hydrocarbons (PAHs)：benz[a]pyrene、benzo[a]anthracene、dibenz[a,h]anthracene、7,12-dimethylbenz[a]anthracene（見第十一章）
- aromatic amines, amides, azo dyes：1-naphthylamine（或 β-naphthylamine）、benzidine、2-acetylaminofluorene、dimethylaminoazobenzene（奶油黃染劑）
- 有機物：甲醛、氯乙烯、1,2-dichloroethane、1,1-dichloroethane、acrylonitrile、1,2-dibromoethane、1,2-dibromo-3-chlropropane
- 天然產物：黃麴毒素(aflatoxin)、griseofulvin、cycasin、safrole、檳榔(betel nuts)、mitomycin C、agaratine、ethionine
- 其他：亞硝胺及亞硝醯胺類(nitrosamine and nitrosamides)、鎳、鉻

2. 原發性(Epigenetic)

- 助長物(Promoter)：tetradecanoyl phorbol acetate (TPA)、phenobarbital、DDT、多氯聯苯(PCBs)、多溴聯苯(polybrominated biphenyls, PBBs)
- 荷爾蒙作用：雌激素(estrogen)、乙烯雌酚(diethylstilbestrol, DES)、Tamoxifen（口服避孕藥）、雄激素(androgen)
- 細胞毒性：nitrilotriacetic acid (NTA)、trichloroethylene、perchloroethlene、isophorone、1,4-dichlorobenzene
- 免疫功能抑制劑（藥物）：azathioprine、6-mercaptopurine
- 溶小體增加：di(2-ethylhexyl)phthalate (DEHP)、1,1,2-trichlroethylene、tibric acid
- 固體物：石綿(asbestos)

3. 其他：乙醇、苯、四氯化碳、三氯乙烯、三氯乙烷、TCDD（戴奧辛）、砷

◎ 以上化合物之致癌性仍有不同等級，請參見 IARC 或其他機構之分類。

之第 1 類或 USEPA 之 A 類）則不到 200 種（IARC 有 120 種化合物，NTP 有 60 種化合物及暴露狀況）。表 5.3 列舉出經 IARC 認定，且與環境較相關之第一類致癌物（或混合物）。本章末 BOX 列出 NTP 於 2016 年出版的 14th *Report on Carcinogens*（**致癌物報告**）中所有經評估並分類為人類致癌物的化合物、混合物或特殊暴露情況，共計 248 種，其中確認的(known) 有 60 種，有理由預期的(reasonably anticipated)有 188 種。

表 5.2 IARC、USEPA 與 GHS 之致癌物分類（括號內為該類別之化合物數量）

類別	說明	IARC	USEPA	GHS
人類致癌物 (carcinogenic to humans)	有足夠人類流行病學證據顯示，暴露於該物質（或混合物）能增加人類罹患腫瘤之機率	1 (120)	A	1A
可能人類致癌物 (probably carcinogenic to humans)	無足夠人類流行病學證據，但有動物試驗結果顯示，該物質（或混合物）能增加試驗動物腫瘤罹患率。	2A (82)	B1（證據較多者） B2（證據較少者）	1B
疑似人類致癌物 (possibly carcinogenic to humans)	無足夠人類流行病學證據，而動物試驗證據較少	2B (311)	C	2
尚未確定是否為人類致癌物 (not classifiable as to human carcinogenicity)	人類流行病學證據及動物試驗結果皆欠缺	3 (500)	D	未分類
非人類致癌物 (evidence of noncarcinogenicity for humans)	許多動物試驗結果顯示該物質（或混合物）無法造成腫瘤	4 (1)	E	未分類

表 5.3	IARC 認定與環境有關之人類致癌物(Group 1, 2019)
化合物（或因子）	黃麴毒素 (Aflatoxins)、4-氨基聯苯 (4-Aminobiphenyl)、砷 (Arsenic) 與砷化合物、石綿 (Asbestos)、Azathioprine、苯 (Benzene)、聯苯胺(Benzidine)、鈹(Beryllium)與鈹化合物、鎘 (Cadmium)與鎘化合物、正 6 價鉻化合物(Chromium 6)、乙烯雌酚 (Diethylstilboestrol, DES)、Ethylene oxide、甲醛 (Formaldehyde)、芥子氣(Mustard gas)、鎳化合物(Nickel)、氡 (Radon)、矽酸結晶(Silica)、太陽光(Solar radiation)、紫外光（UV radiation，包括 A、B、C 三種 UV）、含石綿纖維之雲母(Talc)、2,3,7,8-四氯戴奧辛(2,3,7,8-Tetrachlorodibenzo-p-dioxin)、氯乙烯(Vinyl chloride)、X 射線和 γ 射線(X-Radiation and Gamma radiation)、具戴奧辛毒性當量係數的多氯聯苯（參見第十章）、室外空氣汙染物、細懸浮微粒 $PM_{2.5}$、五氯酚 (Pentachlorophenol)、靈丹（Lindane 參見第七、八章）
混合物	含酒精飲料(Alcoholic beverages)、嚼食檳榔與菸草(Betel quid with tobacco)、嚼食檳榔（不含菸草）(Betel quid without tobacco)、煤焦油瀝青(Coal-tar pitches)、煤焦油(Coal-tars)、礦物油(Mineral oils)、醃鹹魚(Salted fish)、煤灰(Soots)、無煙之菸草製品 (Tobacco products)、木屑 (Wood dust)、頁岩油 (Shale-oils)、電焊煙煙(Welding fumes)
特殊暴露狀況（例如職業）	鋁製造業(Aluminium production)、含砷飲用水(Arsenic in drinking water)、金絲雀黃(Auramine)製造業、鞋靴製造及修理 (Boot and shoe manufacture and repair)、煤汽化過程(Coal gasification)、焦炭製造(Coke production)、家具櫥櫃製造 (Furniture and cabinet making)、赤鐵礦地下開採(Haematite mining under ground)、吸二手菸(Involuntary smoking)、鐵鋼鑄造(Iron and steel founding)、以強酸製造異丙醇(Isopropanol alcohol manufacture)、苯胺紅(Magenta)製造、油漆工(Painter)、橡膠業(Rubber manufacturing industry)、暴露於含硫酸之強無機酸霧氣(Strong-inorganic-acid mists containing sulfuric acid)、吸菸(Tobacco smoking)

◯ 註：本表僅列出與環境有關之因子。

5.4　影響致癌的因素

　　一般環境中皆含有天然或人造的致癌物。這些物質普遍地存在於一般的水（如三鹵甲烷類）、空氣（如 PAHs）、食物(TCDD)中，而人類也無法避免地暴露於其中。換言之，致癌物進入人體內甚至產生 DNA 損害之起始作用，幾乎隨時都可能發生；然而生物體經過演化之淬鍊，早已衍生出不同之修補機制（如修復受損的 DNA 或異常細胞凋亡 apoptosis 等）。唯當這些機制因先天或後天的因素（如生活形態、飲食習慣…等）使其無法正常運作或產生差錯時，癌症才因此趁機而起。癌症生成之啟動作用(activation)誠然與 DNA 之變異有密切的關係，但是導致最終惡性腫瘤之形成，則與影響補償機制之因素有關。這些因素同時加諸於生物系統所產生的聯合作用，才是癌症成為一致命疾病之主因。簡而言之，如同人的健康狀態，癌症發生其實基於三個主要因素，即基因、環境，以及生活與飲食習慣。本章以下列出影響癌症形成之因素。

（一）生物因素

　　生物因素乃泛指所有產生不同個體間差異的因素，包括物種間(interspecies)、種內(intraspecies)、性別、年齡、遺傳等。這些因素的差異導致不同個體對致癌物之反應皆不同。有些物種（或體內之組織／器官）運用不同的代謝方式來應付外來物質，而體內有些生理功能則受荷爾蒙之影響（性別之差異），有些則隨年齡變化而改變。以乳癌為例，絕大部分之案例為女性，因為與雌激素之分泌有關；又紫外線所致之黑色素皮膚癌(melanoma)極少發現於黑色人種，因其皮膚含多量之黑色素能吸收較多的紫外線能量，減少其傷害；乙基亞硝尿素可在腎、肝、腦細胞內形成 DNA 結合體(DNA adduct)，但最終僅產生腦癌，因腦細胞之 DNA 修復能力較差之故。一般生物的幼體對一些致癌物特別的敏感，此應與其較差之代謝能力或細胞發育之過程有關。生物體內免疫系統與癌症之發展也有關聯，此可從愛滋病(acquired immunodeficiency syndrome, AIDS)病患好發血癌、淋巴癌與卡波西氏肉瘤(Kaposi's sarcoma)得知，因其免疫功能受病毒

影響之故。當然，有些人天生就遺傳了有致癌傾向的基因，亦即受損的致癌基因或腫瘤抑制基因，因此相對而言，這些人罹患癌症之機率也較高。

（二）飲食習慣

藉由營養學與腫瘤學之研究，吾人已知飲食與癌症發展之間有密不可分的關係。許多天然食物含有抑制癌症形成或發展之成分，而攝取含較高量抗癌物之蔬菜、水果，已被證實具特殊之防癌、抗癌效果。維生素 E 與 A 因為具有抗氧化(anti-oxidant)與抗癌症助長(anti-promotion)之作用而受重視。維生素 A 之來源為蛋、奶、紅番薯、魚肝油、黃綠色葉菜類、木瓜及胡蘿蔔；維生素 E 之來源為綠色葉菜類、麥胚芽、全穀類、蛋、肝、肉類等；維生素 C 的來源為番石榴、柳丁、檸檬、文旦、綠色葉菜類（菠菜、花菜、芥蘭菜等）。另外，維生素 C 亦有抗氧化之作用，並能阻止亞硝酸鹽與胺類在體內結合成亞硝胺類，減少胃癌、食道癌的發生。除維生素外，硒(selenium, Se)化合物亦與體內消除自由基及代謝外來物之機制有關，適量的攝取可減少食道、胃、直腸癌的發生，其來源為海鮮、肉類、蒜、全麥麵包。纖維質能促進腸道蠕動，可以刺激糞便之快速排出，以減少致癌物與腸道接觸的時間，以及具有沖淡人體內致癌物質的功能。另外，其他不同植物所含之特殊化合物，亦具有抗癌的作用，其中已被證實者包括大蒜（大蒜素）、番茄（茄紅素）、綠茶（多酚類兒茶素）等。近年來，**植物性雌激素**(phytoestrogen)亦被指出對乳癌具有抑制作用，此類物質與體內之雌激素產生**拮抗作用**(antagonism)，降低後者的危害性，其普遍存在於豆類、花椰菜類、包心菜等（第七章）。

相對於抗癌或防癌物，有些種類的食物或其內含的物質卻具有促進癌症形成之作用。攝取含高脂肪之肉類與直腸癌有關；燒烤之食物含 PAHs 能導致肝癌（見第十一章）；保存不佳之穀類或其製品因含黃麴毒素而能導致肝癌；醃漬物質含硝酸鹽能在生物體內形成亞硝胺類致癌物；長期酗酒可引發肝硬化與肝癌，並增加因嚼食檳榔所導致口腔癌之機率，早期許多人工合成之食品添加物亦對試驗動物具致癌性。

　　西諺有云：“You are what you eat”。人的健康與否，皆為飲食習慣的表現，此語運用於說明癌症與飲食之間的關係更為適切。而近年的研究也顯示肥胖也是癌症形成重要因素之一，尤其是對子宮內膜、腎臟、膀胱及乳房等部位之惡性腫瘤發生尤為顯著。

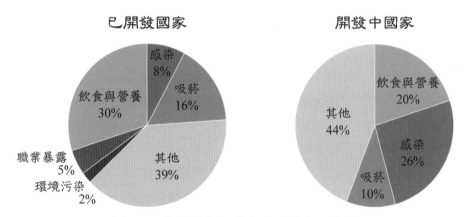

圖 5.4　不同因素影響癌症形成之百分比

◯ 取自：Cancer Atlas (2006). American Cancer Society.

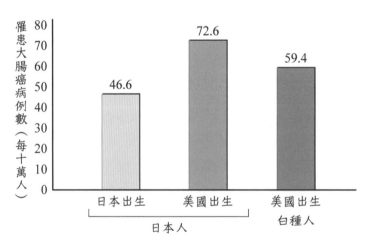

圖 5.5　不同種族及飲食習慣對癌症形成之影響

◯ 數據取自：Flood, D. M., Weiss, N. S., Cook, L. S., Emerson, J. C., Schwartz, S. M., & Potter, J. D. (2000). Colorectal cancer incidence in Asian migrants to the United States and their descendants. *Cancer Causes Control, 11*(5), 403-11.

　　圖 5.4 顯示不同因素對癌症形成之影響所占的比率，其中單一因素最高者即為飲食習慣與營養狀態，對開發中國家而言比例可達 30%，顯見其重要性。因此，一般人如無特殊之暴露狀況或遺傳基因的異常，適當的飲食，即是最佳之防癌利器。圖 5.5 為一流行病學之研究調查結果。此調查說明美國出生之日本人因飲食習慣「美式化」，導致罹患大腸癌之比例與在日本出生之美國移民相較之下更高。另外，值得注意的是，雖然飲食習慣美式化，但日本裔之後代卻有高於一般美國白人之大腸癌罹患率，此可能是因為種族間（基因）之差異所致。現今癌症學在分子生物相關之研究也證實此差異性的確存在。

（三）吸　菸

　　吸菸(smoking)一直是罹患肺癌的主因，約有 80~90%之肺癌患者是因為吸菸所致。香菸也可能造成其他部位的癌症，包括口腔、食道、膀胱、腎、胰臟等。點燃後的香菸散發出數千種以上之化學物質，其中至少有 40 種以上具有某些程度之致癌性。吸菸與其他因子之間產生的**協助效應**(synergism)則加速癌症之生成。這些因子包括飲酒（口腔癌）、嚼食檳榔（口腔癌）、暴露石綿（肺癌）等。有關環境香菸煙氣對人體的危害可詳閱第十二章。

（四）其他因素

　　其他影響癌症生成之因素尚包括：病毒感染、生育行為、職業、地域因素、環境汙染物等，但其機制仍直接或間接的與基因損害或表現有關。B 和 C 型肝炎病毒會導致肝癌，而人類乳突瘤病毒(human papilloma virus, HPV)則在超過 99%以上之子宮頸癌患者身上發現。生育行為之影響則多與改變體內雌激素之分泌有關。調查顯示生育較早或較多次之婦女罹患乳癌之機率較未懷孕或晚生育之婦女為低，此因懷孕期間經期停止而造成終生平均的雌激素暴露量較低之故。地域因素則與飲食、人種、習俗有關。猶太人因出生行割禮之故，其罹患陰莖癌之機率極低；而亞洲與非洲居民較易得肝癌，主要的原因可能與食用受黃麴毒素汙染之穀物有關。職業與癌症之關聯多與在作業場所暴露於特定的化合物有關，其中有些具致癌或助長之作用，如石綿、氯乙烯、苯等化合物皆為與職業有關的致癌物。

5.5　致癌性試驗

　　測試一物質是否能對人類產生致癌的作用是癌症研究的主要工作之一。但由於癌症形成與發展為一長期且複雜之過程，雖然許多不同的致癌性試驗已被發展，但並無一種試驗能完全反應測試物對人類的致癌性，畢竟生物之間的差異性是存在的。毒理學家判定一物質對人類的致癌性，通常必須依賴**流行病學**(epidemiology)的調查證據，以及對不同動物試驗的結果來進行推論。

　　傳統的致癌性試驗是以哺乳類動物為主要的試驗對象。表 5.4 為傳統致癌性試驗之相關資料，最常用的試驗動物為大老鼠或小白鼠，耗時約 2 年。若以不同的方法測試一化合物約需 100 萬美元。傳統的測試方法由於耗時且高花費，因此不同之短期替代試驗相繼被發展並運用於評估物質的致癌性。在本書第四章所討論的突變性或**基因毒性試驗**(genotoxicity test)，例如**安氏試驗**(Ames test)等，即可做為致癌性之初期**篩選試驗**(screening test)。研究顯示安氏試驗對 DNA 作用致癌物之預測率可達將近 80%，若再配合其他中、長期的動物試驗，吾人可按特定的評估準則及程序來判定一物質對人類之致癌性並加以分類。OECD 提出針對物質致癌性之方法 (test guideline, TG) 包括 451: Carcinogenicity Studies 與 453: Combined Chronic Toxicity/Carcinogenicity Studies。其他基因異常之測試方法請見第四章。

表 5.4　傳統哺乳類動物致癌性試驗之相關條件

實驗參數	必要條件
物種	大鼠(rat)或小鼠(mouse)
每一劑量之動物數目	公 50 隻，母 50 隻
劑量	1. 最大耐受劑量(MTD) 2. 最大耐受劑量的 1/2 或 1/4 3. 對照組(control)：無劑量或僅施予溶劑
劑量暴露期	第 6 個星期開始暴露，2 足歲時結束
檢驗的組織或器官	所有試驗動物，包括體外和體內組織或器官之病理檢驗

○ MTD (maximum tolerated dose)：不會影響實驗動物壽命之最大劑量。這些動物之生長皆無明顯地受影響（低於總數之 10%）或產生除致癌性外之一般毒害。

BOX 美國 NTP-14th Report on Carcinogens (2016)
中確認或可能之人類致癌物的化合物、混合物
或特殊暴露情況

**Agents, Substances, Mixtures or Exposure Circumstances
Known to be Human Carcinogens 確認人類致癌因子（60 種）**

Aflatoxins、Alcoholic Beverage Consumption、4-Aminobiphenyl、
Analgesic Mixtures Containing Phenacetin、Aristolochic Acids、Arsenic
and Inorganic Arsenic Compounds、 Asbestos、Azathioprine、
Benzene、Benzidine、Beryllium and Beryllium Compounds、
Bis(chloromethyl) Ether and Technical-Grade Chloromethyl Methyl
Ether、1,3-Butadiene、Cadmium and Cadmium Compounds、
Chlorambucil、1(2-Chloroethyl)-3-(4-methylcyclohexyl)-1-nitrosourea、
Chromium Hexavalent Compounds、Coal Tars and Coal-Tar Pitches、
Coke-Oven Emissions、 Cyclophosphamide、 Cyclosporin A、
Diethylstilbestrol、 Dyes Metabolized to Benzidine (Benzidine Dye
Class)、Erionite、Estrogens, Steroidal、Ethylene Oxide、Formaldehyde、
Hepatitis B Virus、Hepatitis C Virus、Human Papillomaviruses: Some
Genital-Mucosal Types、Melphalan、Methoxsalen with Ultraviolet A
Therapy、Mineral Oils: Untreated and Mildly Treated、Mustard Gas、
2-Naphthylamine、Neutrons、Nickel Compounds、Radon、Silica,
Crystalline、Solar Radiation、Soots、Strong Inorganic Acid Mists
Containing Sulfuric Acid、Sunlamps or Sunbeds, Exposure to、
Tamoxifen、2,3,7,8-Tetrachlorodibenzo-*p*-dioxin、Thiotepa、Thorium
Dioxide、Tobacco Smoking, Environmental、Tobacco Smoking、Tobacco,
Smokeless、Ultraviolet Radiation, Broad-Spectrum、Vinyl Chloride、
Wood Dust、X-Radiation and Gamma Radiation、Epstein-Barr Virus、
Human Immunodeficiency Virus Type 1、Human T-Cell Lymphotrophic
Virus Type 1、Kaposi Sarcoma - Associated Herpesvirus、Merkel Cell
Polyomavirus、Trichloroethylene.

BOX 美國 NTP-14ᵗʰ Report on Carcinogens (2016)
中確認或可能之人類致癌物的化合物、混合物
或特殊暴露情況（續）

Agents, Substances, Mixtures or Exposure Circumstances Reasonably Anticipated to be Human Carcinogens 可能人類致癌因子（188 種）

Acetaldehyde、2-Acetylaminofluorene、Acrylamide、Acrylonitrile、Adriamycin、2-Aminoanthraquinone、*o*-Aminoazotoluene、1-Amino-2,4-dibromoanthraquinone、2-Amino-3,4-dimethylimidazo[4,5-*f*]quinoline、2-Amino-3,8-dimethylimidazo[4,5-*f*]quinoxaline、1-Amino-2-methylanthraquinone、2-Amino-3-methylimidazo[4,5-*f*]quinoline、2-Amino-1-methyl-6-phenylimidazo[4,5-*b*]pyridine、Amitrole、*o*-Anisidine Hydrochloride、Azacitidine、Basic Red 9 Monohydrochloride、Benz[*a*]anthracene、Benzo[*b*]fluoranthene、Benzo[*j*]fluoranthene、Benzo[*k*]fluoranthene、Benzo[*a*]pyrene、Benzotrichloride、2,2-Bis(bromomethyl)-1,3-propanediol(Technical Grade)、Bis(chloroethyl) Nitrosourea、Bromodichloromethane、1,4-Butanediol Dimethanesulfonate、Butylated Hydroxyanisole、Captafol、Carbon Tetrachloride、Ceramic Fibers、Chloramphenicol、Chlorendic Acid、Chlorinated Paraffins (C$_{12}$, 60% Chlorine)、Chloroform、1-(2-Chloroethyl)-3-cyclohexyl-1-nitrosourea、3-Chloro-2-methylpropene、4-Chloro-*o*-phenylenediamine、Chloroprene、*p*-Chloro-*o*-toluidine and Its Hydrochloride、Chlorozotocin、Cisplatin、Cobalt Sulfate、Cobalt-Tungsten Carbide: Powders and Hard Metals、*p*-Cresidine、Cupferron、Dacarbazine、Danthron、2,4-Diaminoanisole Sulfate、2,4-Diaminotoluene、Diazoaminobenzene、Dibenz[*a*,*h*]acridine、Dibenz[*a*,*j*]acridine、Dibenz[*a*,*h*]anthracene、7H-Dibenzo[*c*,*g*]carbazole、Dibenzo[*a*,*e*]pyrene、Dibenzo[*a*,*h*]pyrene、Dibenzo[*a*,*i*]pyrene、

Dibenzo[*a*,*l*]pyrene、1,2-Dibromo-3-chloropropane、
1,2-Dibromoethane、2,3-Dibromo-1-propanol、1,4-Dichlorobenzene、
3,3'-Dichlorobenzidine and Its Dihydrochloride、
Dichlorodiphenyltrichloroethane、1,2-Dichloroethane、
Dichloromethane、1,3-Dichloropropene (Technical Grade)、
Diepoxybutane、Diesel Exhaust Particulates、Di(2-ethylhexyl)
Phthalate、Diethyl Sulfate、Diglycidyl Resorcinol Ether、
3,3'-Dimethoxybenzidine、4-Dimethylaminoazobenzene、
3,3'-Dimethylbenzidine、Dimethylcarbamoyl Chloride、
1,1-Dimethylhydrazine、Dimethyl Sulfate、Dimethylvinyl Chloride、
1,6-Dinitropyrene、1,8-Dinitropyrene、1,4-Dioxane、Disperse Blue 1、
Dyes Metabolized to 3,3'-Dimethoxybenzidine
(3,3'-Dimethoxybenzidine Dye Class)、Dyes Metabolized to
3,3'-Dimethylbenzidine (3,3'-Dimethylbenzidine Dye Class)、
Epichlorohydrin、 Ethylene Thiourea、Ethyl Methanesulfonate、Furan、
Glass Wool Fibers (Inhalable), Certain、Glycidol、Hexachlorobenzene、
Hexachloroethane、Hexamethylphosphoramide、Hydrazine and Hydrazine
Sulfate、Hydrazobenzene、Indeno[1,2,3-*cd*]pyrene、Iron Dextran
Complex、Isoprene、Kepone、Lead and Lead Compounds、Lindane,
Hexachlorocyclohexane (Technical Grade), and Other
Hexachlorocyclohexane Isomers、2-Methylaziridine、
5-Methylchrysene、4,4'-Methylenebis(2-chloroaniline)、
4-4'-Methylenebis (*N*,*N*-dimethyl)benzenamine、
4,4'-Methylenedianiline and Its Dihydrochloride、Methyleugenol、
Methyl Methanesulfonate、*N*-Methyl-*N*'-Nitro-*N*-Nitrosoguanidine、
Metronidazole、Michler's Ketone、Mirex、Naphthalene、Nickel,
Metallic、Nitrilotriacetic Acid、*o*-Nitroanisole、Nitrobenzene、
6-Nitrochrysene、Nitrofen、Nitrogen Mustard Hydrochloride、

BOX 美國 NTP-14th Report on Carcinogens (2016) 中確認或可能之人類致癌物的化合物、混合物 或特殊暴露情況（續）

Nitromethane、2-Nitropropane、1-Nitropyrene、4-Nitropyrene、 *N*-Nitrosodi-*n*-butylamine、*N*-Nitrosodiethanolamine、 *N*-Nitrosodiethylamine、*N*-Nitrosodimethylamine、 *N*-Nitrosodi-*n*-propylamine、*N*-Nitroso-*N*-ethylurea、 4-(*N*-Nitrosomethylamino)-1-(3-pyridyl)-1-butanone、 *N*-Nitroso-*N*-methylurea、*N*-Nitrosomethylvinylamine、 *N*-Nitrosomorpholine、*N*-Nitrosonornicotine、*N*-Nitrosopiperidine、 *N*-Nitrosopyrrolidine、*N*-Nitrososarcosine、*o*-Nitrotoluene、 Norethisterone、Ochratoxin A、4,4'-Oxydianiline、Oxymetholone、 Phenacetin、Phenazopyridine Hydrochloride、Phenolphthalein、 Phenoxybenzamine Hydrochloride、Phenytoin and Phenytoin Sodium、 Polybrominated Biphenyls、Polychlorinated Biphenyls、Procarbazine and Its Hydrochloride、Progesterone、1,3-Propane Sultone、 β-Propiolactone、Propylene Oxide、Propylthiouracil、Reserpine、 Riddelliine、Safrole、Selenium Sulfide、Streptozotocin、Styrene、 Styrene-7,8-oxide、Sulfallate、Tetrachloroethylene、 Tetrafluoroethylene、Tetranitromethane、Thioacetamide、 4,4'-Thiodianiline、Thiourea、Toluene Diisocyanates、*o*-Toluidine and Its Hydrochloride、Toxaphene、Trichloroethylene、2,4,6-Trichlorophenol、 1,2,3-Trichloropropane、Tris(2,3-dibromopropyl) Phosphate、Ultraviolet Radiation A、Ultraviolet Radiation B、Ultraviolet Radiation C、Urethane、 Vinyl Bromide、4-Vinyl-1-cyclohexene Diepoxide、Vinyl Fluoride、Cobalt and Cobalt Compounds That Release Cobalt Ions In Vivo.

CH **06**

[生殖與發育毒理學]

　　生殖與發育毒理學(reproductive and developmental toxicology)是研究生物在形成後代過程中受毒害影響的科學，前者著重於**生育能力**(fertility)，特別是在生殖細胞的形成、作用及功能上的影響；後者則針對幼體在其**發育**(development)為成體的過程中產生異常作用之科學。藉由相關科學的發展與知識的累積，吾人逐漸瞭解人類與其他不同生物胚胎的形成以及其發育的過程，同時也發現能夠影響生物幼體正常發育的因子。許多環境因子對生物生殖以及幼體發育皆能產生不同程度的影響，進而造成無法繁衍後代甚至絕種的生態浩劫。當幼體發育不正常時，嚴重者可能導致其死亡 (death)，而輕微者則包括**畸形的發生** (malformation; teratogenesis)、**幼體的生長遲緩**(growth retardation)或**生理功能上的障礙**(functional deficit)；此也是發育毒理學的主要研究工作。

　　生殖(reproduction)是生物生存的主要目的之一。自然界透過演化機制使生物發展出不同類型之生殖方式，包括無性(asexual)與有性(sexual)兩種，後者通常是由兩個同種不同性別之個體來產生後代，並同時藉由此方式交換個別之基因。但無論生物採用何種方式或策略，皆需依賴健康的個體、正確的方式以及適當的環境條件配合，且生出健康的後代並能存活下去，生殖之工作才算完成。因此，胚胎發育其實也是屬於生殖的一部分過程，而在早期生殖毒理之研究亦包含發育毒理的部分。

　　圖 6.1 為一般哺乳類動物的生殖週期（包括發育），其中包括不同之發展階段與過程。生物本身的生殖作用為遺傳的最終表現，由基因主控，而在一般較高等生物受其體內的內分泌調控並與神經系統相互關連（參見第七章），三者互相產生不同之回饋效應，進而改變或影響最後之結果——產生健康且具生殖能力之後代並完成新的生命週期。所以產生生殖毒性之物質不見得要對生殖器官造成作用，可以間接的藉由內分泌或神經／行為上的改變來影響生殖成功率。圖 6.1 也顯示許多的外在因素（包括生物、環境、社會、生活形態）都會在不同的時期（包括生殖前期）透過直接或間接的方式影響生殖。

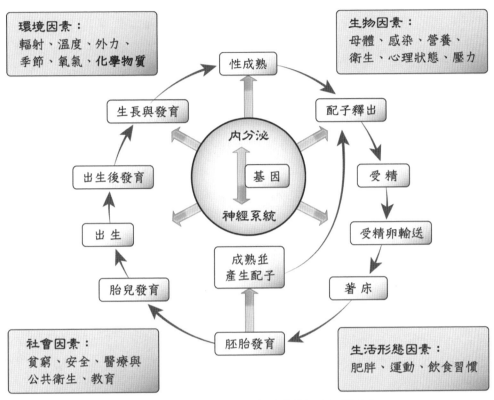

圖 6.1　哺乳類動物的生殖週期及影響因素

　　從生態的角度而言，生殖毒理著重於族群的延續性。近年學界議論紛紛的內分泌干擾素議題（見第七章），也是因為其對生物生殖之作用影響族群及生態而受重視。前兩章所述之致癌物與突變物因為能產生遺傳改變，而在某些狀況下會影響族群延續性，因此也與生殖毒理學有關。

　　一物種的胚胎發育成為一成熟個體是一相當複雜且精細的過程，必須依賴許多不同細胞間的交互作用與互相協調。因此，生物體在此過程中，即使在不受外來因素的影響下，也有可能產生異常的結果，此稱為**先天性異常**(congenital defect)。全球統計數據顯示，嚴重程度導致致命的出生異常，占總全球出生率 6%，而其中有 50%是不明原因的。先天性異常通常與基因有關，有可能是遺傳性的基因、染色體異常或基因突變之故。對人類而言，此約占總異常發生率的 20~25%。當然，外在的環境因素也會影

響到幼體的正常發育。1941 年澳洲 Norman Gregg 醫生觀察到感染德國麻疹(rubella)的孕婦所生出白內障的嬰兒機率極高，進而發現麻疹病毒能對發育中的胎兒造成眼、心、耳、智能受損的畸形影響。此事件也同時開啟了人類對生物、物理、化學等影響胚胎發育的環境因子的探索。對畸胎的研究稱為**畸胎學**(teratology)，而**畸胎物**(teratogen)是指能對後代產生形態或結構上有明顯異常的物質。需特別強調的是，致畸影響並不侷限於形態上(morphological)的異常，功能上的表現也應包含在內(malfunction)。例如生殖器發育不健全導致不孕，或腦部因酒精而影響智能，前者之毒害作用亦會造成生殖障礙。

幼體的畸形種類繁多，嚴重者如腦部積水(brain edema)、脊柱裂(spina bifida)等，皆會導致其夭折，但許多異常現象卻較為輕微，且不致於影響幼體的存活，如多指、缺指、缺肢等。不同畸胎物所產生的畸形影響不盡相同，產生作用的時間可能是發生在母體受孕前或受孕期間。對其他生物而言，因胚胎形成及發育過程之不同，化學物質所產生的影響當然也有極大之差異。化學物質能造成生長緩慢、功能障礙或死亡者，通常被稱為具有**胚胎毒性**（embryotoxicity，亦是屬於生殖毒性之一種），然而畸胎與胚胎毒性通常有可能相互伴隨，而兩者之間的定義並無明顯的區分，且常被混淆。本書以下所指之畸胎乃廣義的泛指此兩者的毒害作用。

6.1　生物之生殖與幼期的發育

自然界中生物有各種千奇百怪、千變萬化不同的生殖方法，若以動物而言，可區分為卵生(oviparous)、卵胎生(ovoviviparous)和胎生(viviparous)。要形成胚胎前，兩性必須先於其體內形成成熟之配子（gametes，即精子"sperm"與卵子"ova"），經交配後形成受精卵(zygote)，然後逐漸發育直至其為成體。

就行胎生的人類而言，幼體主要的發育過程是在母體的子宮內，其時間約為 280 天；然而，其他非胎生生物幼體的發育則有不同的形式與時

間。例如，魚類行體外受精，受精卵在水中發育形成個體後，脫殼而成一幼魚(larva)；爬蟲類行體內受精並產生蛋卵於陸地上，幼體在其中發育、孵化後，再加入其族群。因此，發育毒理學的研究方法也因對象的不同而有差異性。

　　胚胎的發育就如同建造一幢建築物，生物依特定的藍圖（基因體，genome）與時間表，在特定的時間進行特定的工作，按部就班地陸續形成基礎的細胞，並開始進行**增生**(proliferation)、**分化**(differentiation)、**遷移**(migration)、**自毀死亡**(programmed death)（或稱**細胞凋亡**(apoptosis)）等作用。接著形成個別組織或器官的雛形，然後其型態、結構與功能逐漸地彰顯並趨成熟（有些器官是在出生後，才漸臻完備，例如中樞神經系統與心臟），最後脫離母體，而產生一正常的個體。

　　雖然不同生物的幼體發育過程與時間不盡相同（表 6.1），但就較高等的生物而言，從受孕(conception)開始，吾人可將發育過程簡單的區分為**胚胎形成期**(embryogenesis)、**胚胎期**(embryonic stage)、**胎兒發育期**(fetus development 或 fetogenesis)、**出生**(birth)等不同時期。人類胚胎的不同發育時期對外來刺激的敏感程度則列於圖 6.2。

表 6.1　不同動物的胚胎發育時間（天數）

物種	囊胚的形成	子宮著床	器官形成期	懷孕天數
小鼠	3~4	4~5	6~15	19
大鼠	3~4	5~6	6~15	22
兔	3~4	7~8	6~18	33
羊	6~7	17~18	14~36	150
恆猴	5~7	9~11	20~45	164
人	5~8	8~13	21~56	280

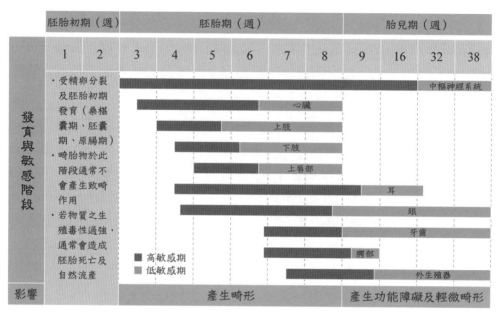

圖 6.2　人類幼體不同部位發育期與對畸胎物或生殖毒物的敏感程度

在胚胎形成期的階段，當受精卵形成後，細胞開始快速的分裂，並歷經**桑椹囊期**(morula)、**胚囊期**(blastula)與**原腸期**(gastrula)。如果在此發展的階段，受到較為劇烈的作用，則通常會造成胚胎死亡或無法正常著床及發育而導致早期流產，提早結束母體的妊娠，因此在此情況下並無畸胎的發生（生殖毒害）。如果胚體僅受輕微的作用而不致死，雖然此時所含的細胞較少，但由於其具有較高的活性與可塑造性（全能性，totipotent），未來的發育不見得會受到明顯影響。

人類的胚胎從受孕開始至第 7~8 週左右的時段(embryonic stage)是最重要的，此時也是個體對畸胎物最為敏感的時間，因為在這個時段當中，胚胎的器官及組織正在形成，此階段分別稱為**器官形成期**(organogenesis)及**組織形成期**(histogenesis)。如果受環境因子的干擾，則通常會造成胎兒在形態或結構上的異常（morphological 或 structural abnormality）。在器官形成時期，由於細胞大量的增殖、分裂，若外來因素造成細胞的大量死亡或影響特定功能細胞的作用，雖不致於危及胚胎生命，但卻能導致畸胎形成。

　　人類幼體從第 9 週開始進入胎兒期(fetal period)。此時各主要器官皆大致成形，組織陸續成長，功能也漸趨成熟。如果受外來物的影響，則此作用通常僅侷限於功能上的障礙，而較少形成形態上的缺陷。然而，這些障礙在未來可能會導致幼體腫瘤的形成、器官或系統功能的失常、行為發展的異常等。不過，外來物在此階段仍有可能對個體的成長造成影響，例如酒精即在此時期造成幼兒顏面發生畸形。

　　智能不足(mental retardation)是在胎兒時期中，幼體受外來物影響較常發生的異常發育。由於神經系統的發育以及功能的成熟在幼體出生之後仍持續發生，因此，智能不足的現象有時必須要到出生後的數年才能被發現。動物生殖功能的障礙也具有類似的延遲效應，而必須要等到生物體開始產生性徵或到達生殖期時，才能評估其相關的生理作用是否正常。也因為此種延遲效應，使物質的畸胎或生殖毒害評估更增困難度。

　　當生物個體成熟後進入生殖期時，有許多因素會影響產生子代之成功率及存活率。以人類而言，前者因素包括生殖行為、性能力、配子品質、母體受孕與懷孕時身體狀況、胎兒發育狀況、出生狀態、營養供給、藥物或毒物等外在環境因素等，而後者則包括生產時環境衛生、嬰兒生理狀況、營養條件、照護。其他生物雖然會以不同方式產生子代以及具備不同之存活能力，但一般而言，因為幼體仍在發育當中，其生理狀態以及對環境之適應性皆不如成體，因此也對毒物具較高之敏感度。

6.2　發育毒性－畸胎的發生與暴露的時間

　　畸胎物所產生的影響除了與劑量有關，尚與幼體暴露於物質的時間有密切的關聯。一般認為不同的畸胎物皆有其產生作用的特定時段（見圖 6.2），如果暴露的時間並不在此重要時段之內，則發生畸形的可能性也相對減少。試想如果心臟已然成形，即使暴露於會造成心臟結構異常的畸胎物，應也不致於產生形態上的影響。又如一研究結果指出懷胎的母鼠若在妊娠的第 8 天，以 100 RAD（RAD－雷得，為輻射線劑量的單位）之輻射

線照射，所有出生之幼鼠(100%)皆會產生畸形；但如果在第 10 天施予同樣劑量的輻射線，產生畸胎的比率會降低至 75%；而在第 11 天才進行暴露，則幼體並未有畸形的發生。

　　圖 6.3 為老鼠在不同時間段暴露於一測試物，其體內器官產生不同的畸形比例之示意圖。在第 10 日給予一劑量的畸胎物，由於適逢腦部及眼部發育的重要時段，因此此部位所產生的畸形比例最高，分別為 35%及33%；而腭部卻無畸形的發生，其原因為在第 10 日時，此部位尚未開始成形。經過長期之研究，目前我們已經初步能夠瞭解人類胚胎發育時，產生不同部位異常發育之關鍵時期（見圖 6.2）。

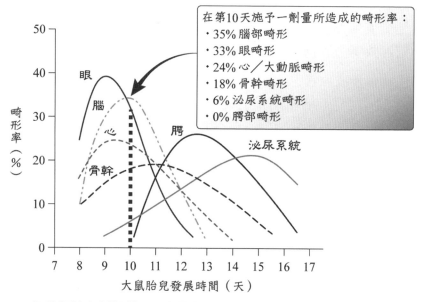

圖 6.3　老鼠胚胎在妊娠第 10 日暴露於一畸胎物所預期的不同部位畸形比率
◎ 取自：Wilson, J. G. (1973). Environment and Birth Defects. New York: Academic Press.

6.3 畸胎物作用的閾值與部位

許多化學物質皆可能對發育中的胎兒造成影響。物質的劑量及暴露時間是重要的致畸關鍵。不論是對母體本身的毒性或胎兒的畸形作用，一般毒物皆應分別存在其作用的**閾值**(threshold)，即必須達到某劑量後才會產生毒害。若一物質對母體的毒性較強（低閾值），但對幼體的影響較小（高閾值），則就畸胎性而言，此物質應較為安全，因為母體若承受高於造成畸胎的劑量將產生毒性。然而，有些物質可能對母體的毒性較低（高閾值），但產生幼體的畸形僅需極少的劑量。在此情況下，當母體暴露於該物質而未產生危害時，其幼體卻可能受到影響。大部分的畸胎物皆具有此特殊母體／幼體閾值的較大差異性。例如在 60 年代做為鎮靜劑的**沙利竇邁**(thalidomide)，在一般劑量服用的情況下，對母體並無任何副作用，但此藥物卻對胎兒的四肢發育有極大的影響，並造成人類不當使用藥物的不幸慘劇。

畸胎物也具有產生作用部位的特定性(site-specificity)。例如沙利竇邁並不會對腦部的發育造成影響；而即使將胚胎正值四肢形成期間的懷胎母鼠暴露於**護谷**（nitrofen，蔬菜及甜菜等農作物的除草劑），其幼體僅會造成心臟、腎臟的畸形，而無四肢發育的影響。由這些實驗觀察的結果，吾人可推測：這些物質產生毒害的機制，並非適用於所有發育的器官或組織，而應與特定部位在形成時的特殊過程受影響有關，此現象亦可解釋不同生物物種間的差異性。例如微量的硫尿乙烯(ethylene thiourea)可對大鼠造成嚴重的顏面與頭部畸形，但對小白鼠而言，即使高出 10 倍於大鼠產生畸形的劑量，亦僅產生輕微的影響。表 6.2 列舉沙利竇邁對不同動物的作用劑量以供參考。

表 6.2	不同動物對沙利竇邁(thalidomide)畸胎性反應的差異	
生物種	產生畸形之最小劑量 (mg/kg/day)	不產生畸形之最大劑量 （最大容忍值） (mg/kg/day)
人	< 1.0	不明
兔	30	50
小鼠(mouse)	31	4,000
大鼠(rat)	50	4,000
狗	100	200
大頰鼠(hamster)	350	8,000
貓	—	500

6.4　畸胎的形成機制

　　人類新生兒的畸胎發生率約為 3~6%，其中基因或染色體異常之因素約占 20~25%，環境因素包括物理、化學、生物因子等約占 10%，而約有超過 65%之畸胎是不明原因的。但無論如何，不同的畸胎物皆以特定的方式造成發育胚胎的受損，而吾人可將致畸原因分為三大類：

（一）胚胎體內特定細胞的大量死亡(Cytotoxicity)

　　胚胎中部分細胞大量死亡時，將造成體內無法藉由修復或代償作用來彌補失去的細胞，進而造成細胞無法正常的形成特定器官和組織，或者誘發(induction)其他部位的生成或遷移至特定的部位。在胚胎的初期發育過程中，細胞通常以極快的速度進行複製與分化，而許多器官或組織的形成也須靠細胞的遷移或其他組織的誘發。人類眼睛水晶體的形成是一極佳誘發作用的例子。水晶體的發育過程剛開始時，必須靠未來變成視網膜的視

杯由腦神經向外延伸至外胚層後，刺激外胚層細胞向內生長，並壓擠視杯形成一球狀後，外胚層細胞才分泌特殊蛋白質，形成水晶體。若以手術的方式移除視杯（或受外力作用而使視杯細胞大量死亡），雖然不傷及外胚層細胞，但仍無水晶體的發生。一般認為具有細胞毒性的物質都有潛在的致癌或畸胎性，而對基因的嚴重損傷（基因毒性）也會造成細胞無法正常運作而死亡（見第四章）。酒精是著名之細胞毒性物質，也是典型的透過細胞毒害造成**胎兒酒精症候群**（fetal alcohol syndrome, FAS，症狀包括生長遲緩、小腦、出生體重較輕、顏面異常、協調性不佳、學習困難、反應慢、過動等）的畸胎物。

（二）體內物質的合成或正常的代謝作用受影響

此將導致幼體發育所需重要因子的欠缺，進而造成形態或功能上的異常。細胞中 DNA 複製及特定蛋白質之合成等生化反應皆可能受外來因子之影響。例如抗生素氯黴素(chloramphenicol)可抑制細胞中粒線體的呼吸作用、ATP 含量與酵素的活性，進而影響其正常功能並減緩細胞的成長；抗癌藥物氫氧基尿素(hydroxyurea)可抑制 DNA 的合成，進而影響細胞的增生。另外，許多傳染性病原體包括病毒（如 HIV、疱疹、德國麻疹）、細菌（如梅毒）、弓漿蟲（*Toxoplasma gondii*，為一原生動物）等都可透過此一機制造成畸胎形成。著名之畸胎物**沙利竇邁**（見 6.8 節）則是透過血管生成的抑制作用產生致畸性。

（三）母體生理恆定狀態(Homeostasis)的改變

此改變會導致供給幼體的能量不足而間接造成影響。例如母體在懷孕期間的營養、維生素或微量元素等物質的攝取不足，或者是母體／子體間的血流受機械性壓迫而減少，或因吸菸導致血中含氧量降低等因素，皆是致畸的成因。目前部分的疾病或生理狀況亦被證實與致畸有關，包括糖尿病、苯酮尿症（phenylketonuria，為一種遺傳疾病）、肥胖、高體溫等。

吾人目前對致畸的機制仍有許多未明之處。許多僅作用於特定部位或特殊物種的畸胎物，其作用的機制並非適用於所有的部位或相類似的物

種，而是具有相當的特定性，其機制也可能有別於前述的三大類原因。無論如何，生物體的發育為一相當複雜的過程，因此只要任一物質能對發育過程中的細胞分裂、分化、遷移、死亡或其之間的交互作用以及基因控制等的任一步驟產生影響，則此物質即有可能是畸胎物。

6.5　人類畸胎物

　　要驗證一物質對人類的畸胎性，通常須依賴兩種方式：一為**動物試驗**，二為**流行病學調查**（若為藥物，則另可藉醫療監測及通報系統來得知）。但是藉由動物試驗的結果來偵測人類畸胎物的可靠性和可行性卻有其限制，此因畸胎形成的原因相當複雜，除與基因及特定環境因素有關外，另包括生物種類、器官特定性、暴露時間、劑量、發育過程等因素。以沙利竇邁為例，早期利用傳統的發育毒性測試方法無法研判其為人類畸胎物，因老鼠及兔子對其敏感度較低之故（見表 6.2）。因此，會對試驗動物造成後代畸形的物質，對人體可能沒有影響，反之亦然。目前所確認的人類畸胎物皆是以人類受害的實際經驗而得知（流行病學的調查）。例如沙利竇邁是因其極高的畸形發生機率與種類的稀有，而被認定為人類畸胎物；抗凝血劑（Warfarin，亦稱滅鼠靈，一種殺鼠劑）則是在醫療研究人員的使用與監控下，才發現其致畸性；甲基汞與多氯聯苯(PCBs)則分別在水俣症（1950 年代，詳見第九章）及米糠油中毒事件（1968 年，詳見第十章）爆發後，經調查後才確認兩者皆為人類畸胎物。

　　由於畸胎物對人類後代的影響，以及有時可能會對社會產生某些程度的衝擊，吾人應對物質的畸胎性以較為嚴謹與小心的態度面對──「若未經證實該物質並非人類畸胎物，皆應假設其具有人類畸胎性」。表 6.3 列出現今已確認的人類畸胎因子以供參考。歐盟(European Union, EU)在對生

| 表 6.3 | 著名已確認的人類畸胎因子 |

畸胎因子	畸形部位	發現年份
德國麻疹(rubella)	眼、耳、心、智能不足	1930
輻射線(radiation)	小腦症、失明、頭骨、神經管	1930
水痘(varicella)	皮膚、四肢、肌肉萎縮、智能不足	1947
弓漿蟲症(toxoplasmosis)	水腦症（圖 6.6）、失明、智能不足	1950
維生素 A（缺乏或過多）	眼、腦部	1953
雄激素(androgen)	外陰部	1959
沙利竇邁(thalidomide)	四肢缺陷（圖 6.5）、耳部、心臟	1961
甲基汞(methylmercury)	大腦萎縮、肌肉痙攣	1960
滅鼠靈(warfarin)	鼻、中樞神經系統、骨	1960
多氯聯苯(PCBs)	體重不足、皮膚	1968
吸菸(smoking)	流產、體重不足	1970
酒精(alcohol)	生長發育遲緩、小腦症、顏面畸形	1973
乙烯雌酚 (diethylstilbestrol, DES)	子宮頸、陰道	1974
isotretinoin〔商品名為 accutane®（口服）或 isotrex®（塗抹，治療皮膚炎藥物）〕	顏面、心臟、胸腺、中樞神經	1983
鉛(lead)	流產、中樞神經損害	－

其他（有些僅對試驗動物具畸胎性）
dilantin、methadone、valproic acid、aminopterin、streptomycin、benzo[a]pyrene、CO、amphetamine、insulin、cocaine、aspirin、cadmium (Cd)、戴奧辛（圖 6.7）、quinine、梅毒、疱疹、高溫、低血糖、人工紅色色素 104、人工黃色色素 34、Dimethyl formamide、dinoseb 達諾殺（抑芽素）、mirex、四羰基鎳、nitrofen 護谷（除草劑）

○ Cat 1: category 1 by EU；Cat 2: category 2 by EU.

殖毒性物質的分類系統中，發育毒物（含畸胎物）的等級代號為 R61 與 R63。於 R61 中，再依其毒性強弱（證據多寡）分為第一類（Category 1，為毒性較強者）與第二類(Category 2)，而屬於 R63（第三類，Category 3）為動物實驗之證據較不足者。如為影響生育毒物(impair fertility)，則以 R60 與 R62 分類，其中 R60 亦區分為兩類（Category 1 及 2），而 R62 為第三類(Category 3)。GHS 系統則將生殖危害物質（包括生殖毒性和發育毒性）分為第一類與第二類（Category 1 及 2），前者再依科學證據區分為 A 與 B 類。本章末 BOX 為歐盟已分類之具生殖毒性或發育毒性（畸胎性）之物質。

6.6　生殖毒性與生殖毒物

　　生殖毒理學旨在探討物質對生育力以及繁衍子代的影響。基本上，化學物質主要是以直接或間接的方式對生殖、內分泌、神經（包括行為表現）等三大系統產生生殖影響。生殖毒性是指化學物質對雄性和雌性生殖系統的影響及損害，包括性功能或生育能力的不良影響並導致無法成功繁衍或生出不健全的子代。如圖 6.1 顯示，可產生生殖毒害的物質可能以不同的機制作用在生殖過程的不同時期、不同生殖器官，產生不同的生殖危害。例如影響精子的品質造成男性不孕、產生子宮傷害使受精卵無法順利著床…等。

　　就人類生育力而言，毒性物質之作用點包括：(1)精子與卵子。(2)生殖器官（包括子宮、輸卵管、卵巢、睪丸、陰莖）。(3)荷爾蒙分泌（除前兩項發育外，另影響經期、受精卵著床、胚胎正常發育以及在子宮內之安定性、生產、生殖行為）。其中部分生殖行為之改變，如親代與子代交配意願與能力、胚胎期與孵化後照料等亦會對族群整體繁衍力產生衝擊。有關生殖毒害之生態影響請詳見第七章、第八章。

　　人類自古就使用不同方式來避孕（影響正常生殖作用）。文獻早已記載在距今超過 3500 年之美索布達米亞和古埃及即採用阿拉伯膠（gum arabic 或 acacia gum）作為殺精劑；西元前 700 年之古希臘就發現羅盤草（串葉松香草－*Silphium*，可能已絕種），具有增加排月經效能而被當作避孕藥使用。事實上，許多傘形科之植物（Apiaceae 或 Umbelliferae，俗稱 parsley family，包括孜然、香芹、香菜、胡蘿蔔、蒔蘿、葛縷子、小茴香、當歸等），皆被認為含有植物性雌激素成分（見第七章），在足夠劑量下使用即可產生不孕效果。中國古代著名之避孕藥包括水銀、麝香、藏紅花、石榴等，而在中草藥研究上，包含巴豆、冬葵子、滑石、甘遂、大戟、芫花、牽牛子、薏苡仁、木通、附子、肉桂、川烏、草烏、雷公藤、桃仁、紅花等超過 40 種中藥都有不同之不孕或影響懷孕及致畸之作用。

表 6.3 所列具有生殖毒害之化學物質，其中著名之環境汙染物包括 DDT 等有機氯殺蟲劑、二溴氯丙烷(1,2-dibromo-3-chloropropane, DBCP)、鉛、汞、鎘、DEHP（塑化劑）、CO、環境煙氣、PCBs 及戴奧辛（見第十章）等，許多環境荷爾蒙物質都具有生殖毒性（見第七章）。

6.7 生殖與畸胎性試驗

　　胚胎的發育是個體生命週期的開始，亦是生物生殖行為的延續。以族群的觀點而言，正常個體的形成才能使生物的生殖具有意義。傳統的畸胎性試驗是屬於**生殖毒性試驗**(reproductive toxicity test)中的一部分，不過，測試物質是否具有**發育毒性** (developmental toxicity) 或**生殖毒性** (reproductive toxicity)在本質上是不同的。OECD 提出規範指引的生殖毒性試驗包含產前發育 (prenatal development, OECD TG 414)、**單世代** (one-generation, OECD TG 415)與**多世代**(multi-generation, OECD TG 416)三種試驗。產前發育試驗主要是將懷孕之母體連續暴露於待測物，然後觀察子代發育之狀況。單世代的生殖毒性試驗所需的時間較短，分為可於不同時間進行的三階段(segments)試驗。第一階段(segment I)主要是瞭解待測物對試驗動物一般**受孕力**(fertility)與**生殖能力**(reproductive performance)的影響；第二階段(segment II)試驗評估待測物的畸胎性；第三階段(segment

III)試驗則是評估物質對妊娠後期與出生後幼體的影響為何。此三階段試驗的差別主要在於待測物暴露時間的不同。多世代的試驗旨在評估長期的暴露狀況（例如食品添加物的攝取或食物中殘留性殺蟲劑），以及可能在懷孕期施用的藥物之影響，研判具生物蓄積性物質的隔代傳輸或毒性作用等，其所花費的時間及經費遠較單世代試驗高。多世代的試驗能在其過程中，觀察到待測物是否能由母體經臍帶傳遞至胎兒，產生隔代的毒性效應、引起腫瘤的發生（如乙烯雌酚見 6.9 節）、或造成產後嬰兒的夭折。表 6.4 羅列三種生殖毒性試驗的方法以供參考。另 OECD 亦提出初期篩檢方法（TG 421: reproductive/developmental toxicity screening assay 與 422: combined repeated dose toxicity study with the reproduction/developmental toxicity screening test），可於較短時間內（4~9 週）初步判斷物質之生殖毒害可能性。近年來，OECD 再提出 TG 443 (extended one-generation reproductive toxicity study)、TG 426 (developmental neurotoxicity study)及 440 (uterotrophic bioassay in rodents: a short-term screening test for oestrogenic properties)，後兩者可分別針對物質對神經作用及內分泌影響（環境荷爾蒙物質，見第七章）進行評估。

　　傳統的生殖毒性／畸胎性試驗有耗時、人力支出與費用較高等缺點。毒理學家目前發展出以不同的非哺乳類動物做為替代生物，例如培養之胚胎組織或細胞、蛋黃、蠑螈、水螅、蛙類或其他低等物種等，皆被利用做為初步篩選生殖毒性／畸胎性的測試方法。目前較常用的非哺乳類動物畸胎性試驗有 FETAX (frog embryo teratogenicity assay- *Xenopus*)，以及魚類幼期發育毒性試驗(early-life stage toxicity test, ELS)（圖 6.4），而目前被認可之離體(*in vitro*)胚胎毒性試驗包括胚胎幹細胞(embryonic stem cell test for embryotoxicity)、微體(micromass embryotoxicity assay)、大鼠全胚胎(whole rat embryo embryotoxicity assay)三種。

表 6.4	OECD 三種哺乳類動物的生殖毒性試驗	
生殖毒性試驗	方法	觀察項目
產前發育 (OECD TG 414)	判斷發育影響。使用大鼠或兔子。暴露期間：從受精著床至結束前一天。對照組與試驗組至少都有 20 隻母鼠有著床跡象。試驗組至少包括 3 種不同劑量，採用口服插管用藥。於預計生產前一日解剖檢查子宮內含物。	雌鼠每日重量及臨床狀況、胚胎數量、重量與狀況、特別是軟組織及骨骼。
單世代 (OECD TG 415)	生殖力及受孕力及畸胎性試驗。使用大鼠或小鼠。雄鼠於成長時期即先暴露，並至少完成一次精子形成週期為止，雌鼠則需至少完成兩次卵子形成週期後兩性才能交配。暴露期間：兩性於交配期，雌鼠延續至懷孕及授乳期間。對照組與試驗組至少都有 20 隻母鼠有著床跡象。試驗組至少包括 3 種不同劑量，採用混入食物或液體口服用藥。	受孕及著床情況、胎兒出生前後的存活及生長情況。體重變化、子宮重量、胎兒體重、存活狀況、形態發育、骨骼及內部器官異常、一般病理解剖觀察。求得無效應劑量（no effect level, NOEL，見第二章）
多世代 (OECD TG 416)	生殖力及受孕力試驗及畸胎性。使用大鼠（5~9 週大）。暴露期間：親代(P)於成長期、交配期，懷孕及授乳期間、產生第一代(F1)、直至第二代(F2)斷奶為止。直至分娩對照組與試驗組數量至少都還有 20 隻母鼠。試驗組至少包括 3 種不同劑量，採用灌胃、混入食物或液體口服用藥。	受孕指數（fertilization index－懷孕數／交配數比）、懷孕指數（gestation index－存活數／總胎數比）、性別比(sex ratio)、斷乳指數（weaning index－21 日存活數／4 日存活數比）、生長指數（growth index－兩代的平均體重比）、子代成長與性別發育狀況、親代(P)精子品質狀況與經期、一般病理解剖觀察。求得無效應劑量（no effect level, NOEL，見第二章）。

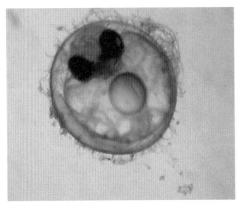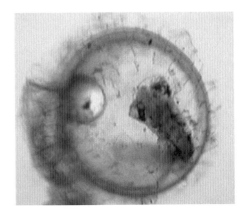

圖 6.4　左圖為眼睛異常發育的青將魚卵（右圖為正常者），此魚卵於發育初期時
　　　　暴露於工業廢水中

6.8　沙利竇邁事件

　　沙利竇邁(thalidomide)在 1957 年由德國 Chemie Grunenthal 公司上市做為鎮靜劑與孕婦止吐、安眠劑之用，並同時銷售於歐洲、亞洲其他國家。約從 1958 年開始，在英國及德國陸續發現孕婦生出四肢不全、心、耳、顏面、消化道、神經管、腎臟、生殖與泌尿等器官缺陷之嬰兒，有些在出生後數月內即死亡，死亡率可達 40%。全球估計在 46 個國家有超過 10,000 件案例的記錄。四肢之異狀包括完全缺肢(amelia)、缺肢但有手掌或足未完全發育（phocomelia，故有海豹兒症之稱）或輕微之缺指等（圖 6.5）。由於沙利竇邁會影響神經系統，故也造成智能不足與行為異常。此藥物於 1963 年起被全面禁用。此事件也引發使用哺乳類動物於畸形性試驗適當性的極大爭議，在此之前，學界普遍認為化學物質應無法通過**胎盤障壁**（placental barrier，見第三章）。沙利竇邁在近幾年則被使用於治療 AIDS、麻瘋病、癌症等特殊疾病。

6.9 乙烯雌酚事件

　　乙烯雌酚(diethylstilbestrol, DES)是一種非類固醇之人工雌激素。1938年在英國首次被合成後，從 1940 年開始即被作為雌激素替代品並廣泛的使用於孕婦，因其認為能穩定母體懷孕狀況及減少流產率（後來證實其並無此效用）。但從 70 年開始，DES 被懷疑可能與一些年輕女性發生極罕見之陰道癌(vaginal cancer)有關。這些女性之母親在懷孕時都曾服用 DES。美國食品藥物管理局(Food and Drug Administration, FDA)於 1975 年發布DES 禁用於孕婦。據估計在 1940~1970 年間，美國約有 3 百萬懷孕婦女曾服用 DES，包括英國、加拿大、澳洲、紐西蘭及歐洲其他國家民眾，都曾使用 DES 作為不同用途，但仍以孕婦服用最多，而實際暴露人數則無可考。

　　研究顯示孕婦於**懷孕期間暴露**(*in utero* exposure)於 DES，若與一般人相較，會增加其後代產生陰道癌之機率高達 40 倍之多。DES 因此成為第一個被發現能透過胎盤傳輸之人類致癌物。除此之外，高劑量暴露者之後代（被稱為 DES 女兒或兒子），通常會發現其他異常：女性包括陰道壁增生、子宮頸轉型帶擴張、子宮形狀異常等，此最終會影響到受孕成功率及流產率；男性異常包括不孕、睪丸癌、泌尿器官發育異常、尿道下裂(hypospadias)、隱睪症(cryptorchidism)等機率之增加。另有研究指出 DES會影響男性體內雄激素分泌，因此產生性別認知之問題，但此亦有可能肇因於其在母體時受 DES 之雌性激素效用之故。

　　DES 之教訓顯示，有些化學物質之生殖及畸胎危害性具有隔代效應，因此更增加此類物質在篩檢上之困難度。DES 亦曾作為動物用生長激素，但此一用途被發現具動物肝臟毒性已被禁止。目前乙烯雌酚僅被使用於治療停經期婦女之晚期乳癌以及男性晚期前列腺癌。

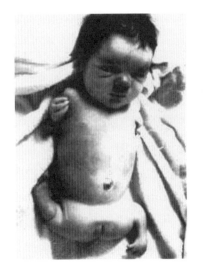
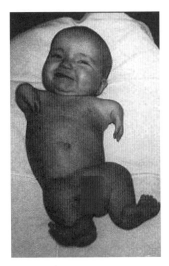

圖 6.5　沙利竇邁引起的海豹兒症

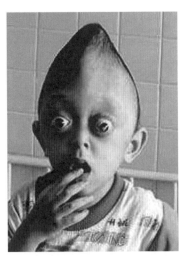

圖 6.6　由弓漿蟲(*Toxoplasma gondii*)
　　　　所引發腦水腫的胎兒
　　　　(toxoplasmosis)

圖 6.7　受含戴奧辛之越戰橙劑影響之
　　　　越南孩童

經歐盟(EU)認定及分類之生殖及發育毒物

說明： Cat: Category。R: Reproductive Toxicity 請見內文之 EU 分類說明。X：無毒害或尚未分類。

化合物	生殖毒物	發育毒物
N-[2-(3-Acetyl-5-nitrothiophen-2-ylazo)-5-diethylaminophenyl]acetamide	Cat 3; R62	X
Acrylamide	Cat 3; R62	X
Allyl glycidyl ether	Cat 3; R62	X
2-{4-(2-Ammoniopropylamino)-6-[4-hydroxy-3-(5-methyl-2-methoxy-4-sulfamoylphenylazo)-2-sulfonatonaphth-7-ylamino]-1,3,5-triazin-2-ylamino}-2-aminopropyl formate	Cat 3; R62	X
p-Aminophenyl ether	Cat 3; R62	X
Amitrole	X	Cat 3; R63
Ammonium dichromate	Cat 2; R60	X
Azafenidin	Cat 3; R62	Cat 2; R61
Benomyl	Cat 2; R60	X
1,2-Benzenedicarboxylic acid	Cat 3; R62	Cat 2; R61
Benzo[a]pyrene	Cat 2; R60	Cat 2; R61
Benzyl butyl phthalate	Cat 3; R62	X
Binapacryl (iso)	X	Cat 2; R61
Bis(2-ethylhexyl)phthalate	Cat 2; R60	Cat 2; R61
Bis(2-methoxyethyl)ether	Cat 2; R60	X
Bis(2-methoxyethyl)phthalate	Cat 3; R62	X
Bisphenol A	Cat 3; R62	X
1-Bromopropane (1-BP)	X	Cat 3; R63

BOX 經歐盟(EU)認定及分類之生殖及發育毒物（續）

化合物	生殖毒物	發育毒物
Bromoxynil (iso) and its salts	X	Cat 3; R63
Bromoxynil heptanoate	X	Cat 3; R63
Bromoxynil octanate	X	Cat 3; R63
Butyl benzyl phthalate (BBP)	X	Cat 2; R61
5-(3-Butyryl-2,4,6-trimethylphenyl)-2-[1-(ethoxyimino) propyl]-3-hydroxycyclohex-2-en-1-one	Cat 3; R62	X
Cadmium (non-pyrophoric)	Cat 3; R62	X
Cadmium (pyrophoric)	Cat 3; R62	X
Cadmium chloride	Cat 2; R60	X
Cadmium fluoride	Cat 2; R60	X
Cadmium oxide (non-pyrophoric)	Cat 3; R62	X
Cadmium sulphide	Cat 3; R62	X
Cadmium sulphate	Cat 2; R60	X
Carbendazim	Cat 2; R60	X
Carbon disulfide	Cat 3; R62	Cat 3; R63
Carbon monoxide	X	Cat 1; R61
C.I. Direct Black 38	X	Cat 3; R63
C.I. Direct Blue 6	X	Cat 3; R63
C.I. Direct Red 28	X	Cat 3; R63
C.I. Pigment Red 104	Cat 3; R62	X
C.I. Pigment Red 104, Lead chromate molybdate sulfate red	X	Cat 1; R61
C.I. Pigment yellow 34	Cat 3; R62	X

BOX 經歐盟(EU)認定及分類之生殖及發育毒物（續）

化合物	生殖毒物	發育毒物
C.I. Pigment yellow 34, Lead sulfochromate yellow	X	Cat 1; R61
2-Chloroacetamide	Cat 3; R62	X
p-Chlorobenzotrichloride	Cat 3; R62	X
Chlorotoluron	X	Cat 3; R63
5-Chloro-1,3-dihydro-2H-indol-2-one	Cat 3; R62	X
Chromium (VI) trioxide	Cat 3; R62	X
Cycloheximide	X	Cat 2; R61
1-Cyclopropyl-6,7-difluoro-1,4-dihydro-4-oxoquinoline-3-carboxylic acid	Cat 3; R62	X
Cyproconazole	X	Cat 3; R63
1,2-Dibromo-3-chloropropane (DBCP)	Cat 1 or 2; R60	X
2,3-Dibromopropan-1-ol	Cat 3; R62	X
Diethylene glycol monomethyl ether	X	Cat 3; R63
N,N'-Dihexadecyl-N,N'-bis(2-hydroxyethyl) propanediamide	Cat 3; R62	X
Diisopentylphthalate	Cat 2; R60	X
1,2,-Dimethoxyethane	Cat 2; R60	X
Dimethyl formamide	X	Cat 2; R61
N,N-dimethyl acetamide	X	Cat 2; R61
Dibutyl phthalate (DBP)	X	Cat 2; R61
Di-n-pentyl phthalate	Cat 2; R60	X
2,3-Dinitrotoluene	Cat 3; R62	X

BOX 經歐盟(EU)認定及分類之生殖及發育毒物（續）

化合物	生殖毒物	發育毒物
2,5-Dinitrotoluene	Cat 3; R62	X
3,4-Dinitrotoluene	Cat 3; R62	X
3,5-Dinitrotoluene	Cat 3; R62	X
Dinocap	X	Cat 2; R61
Dinoseb	Cat 3; R62	Cat 2; R61
Dinoseb salts and esters of	Cat 3; R62	Cat 2; R61
Dinoterb	X	Cat 2; R61
1,3-Diphenylguanidine	Cat 3; R62	X
Dinoseb salts and esters of (different Index 609-028-00-2)	Cat 3; R62	Cat 2; R61
Diphenyl ether	X	Cat 2; R61
Epoxiconazole	Cat 3; R62	X
Etacelasil	X	Cat 2; R61
O,O'-(Ethenylmethylsilylene)di[(4-methylpentan-2-one)oxime]	Cat 3; R62	X
2-Ethoxyethanol	Cat 2; R60	Cat 2; R61
2-Ethoxyethyl acetate	X	Cat 2; R61
Ethylene glycol dimethyl ether	X	Cat 2; R61
Ethylene glycol monoethyl ether	Cat 1or 2 ; R60	Cat 2 ; R61
Ethylene glycol monomethyl ether	Cat 1 or 2; R60	Cat 2 ; R61
Ethylene glycol monoethyl ether acetate	Cat 2; R60	Cat 2; R61

BOX 經歐盟(EU)認定及分類之生殖及發育毒物（續）

化合物	生殖毒物	發育毒物
Ethylene glycol monomethyl ether acetate	Cat 2; R60	X
3-Ethyl-2-methyl-2-(3-methylbutyl)-1,3-oxazolidine	Cat 2; R60	X
Ethylene thiourea	X	Cat 2; R61
2-Ethylhexanoic acid	X	Cat 3; R63
2-Ethylhexyl[[[3,5-bis(1,1-dimethylethyl)-4-hydroxyphenyl]methyl]thio]acetate	X	Cat 2; R61
Fenarimol	Cat 3; R62	X
Fenpropimorph	X	Cat 3; R63
Fentin acetate	X	Cat 3; R63
Fluazifop butyl	X	Cat 2; R61
Fluazifop-p-butyl	X	Cat 3; R63
Flumioxazin	X	Cat 2; R61
Flusilazole	X	Cat 2; R61
Formamide	X	Cat 2; R61
Glycidol	Cat 2; R60	X
n-Hexane	Cat 3; R62	X
2-[2-Hydroxy-3-(2-chlorophenyl)carbamoyl-1-naphthylazo]-7-[2-hydroxy-3-(3-methylphenyl)carbamoyl-1-naphthylazo] fluoren-9-one	X	Cat 2; R61
2-(2-Hydroxy-3,5-dinitroanilino) ethanol	Cat 3; R62	X
Ioxynil	X	Cat 3; R63
(R)-4-hydroxy-3-(3-oxo-1-phenylbutyl)-2-benzopyrone, Warfarin	X	Cat 1; R61

BOX 經歐盟(EU)認定及分類之生殖及發育毒物（續）

化合物	生殖毒物	發育毒物
(S)-4-Hydroxy-3-(3-oxo-1-phenylbutyl)-2-benzopyrone, Warfarin	X	Cat 1; R61
4,4-Isobutylethylidenediphenol	Cat 2; R60	X
Isoxaflutole	X	Cat 3; R63
Ioxynil octanoate	X	Cat 3; R63
Lead	X	Cat 1; R61
Lead acetate	Cat 3; R62	Cat 1; R61
Lead alkyls	Cat 3; R62	Cat 1; R61
Lead azide	Cat 3; R62	Cat 1; R61
Lead chromate	Cat 3; R62	Cat 1; R61
Lead compounds except those listed	Cat 3; R62	Cat 1; R61
Lead di-acetate	Cat 3; R62	Cat 1; R61
Lead hexafluorosilicate	Cat 3; R62	Cat 1; R61
Lead hydrogen arsenate	Cat 3; R62	Cat 1; R61
Lead(II) methanesulfonate	X	Cat 1; R61
Lead methanesulfonate	Cat 3; R62	X
Lead styphnate	Cat 3; R62	X
Lead 2,4,6-trinitroresorcinoxide	Cat 3; R62	Cat 1; R61
Linuron	Cat 3; R62	Cat 2; R61
Malachite green hydrochloride	X	Cat 3; R63
Methanaminium Malachite green oxalate	X	Cat 3; R63
Methoxyacetic acid	Cat 2; R60	X

BOX 經歐盟(EU)認定及分類之生殖及發育毒物（續）

化合物	生殖毒物	發育毒物
2-Methoxyethanol	Cat 2; R60	X
2-Methoxyethanol Ethylene glycol monomethyl ether	X	Cat 2; R61
2-Methoxyethyl acetate	Cat 2; R60	X
Methylglycol acetate 2-Methoxyethyl acetate	X	Cat 2; R61
2-Methoxypropanol	X	Cat 2; R61
2-Methoxypropyl acetate	X	Cat 2; R61
Methyl azoxy methyl acetate	X	Cat 2; R61
Methyl butyl ketone	Cat 3: R62	X
Methyl isocyanate	X	Cat 3; R63
N-Methylacetamide	X	Cat 2; R61
N-Methylformamide	X	Cat 2; R61
Mirex	Cat 3; R62	Cat 3; R63
Molinate	Cat 3; R62	X
Myclobutanil (Systhane)	X	Cat 3; R63
Nickel tetracarbonyl, Tetracarbonylnickel	X	Cat 2; R61
Nitrobenzene	Cat 3; R62	X
Nitrofen (iso)	X	Cat 2; R61
2-Nitrotoluene	Cat 3; R62	X
Nonylphenol	Cat 3; R62	Cat 3; R63
4-Nonyl phenol (branched)	Cat 3; R62	Cat 3; R63
Octabromo derivate	Cat 3; R62	X
Octamethylcyclotetrasiloxane	Cat 3; R62	X
Oxadiargyl	X	Cat 3; R63

BOX 經歐盟(EU)認定及分類之生殖及發育毒物（續）

化合物	生殖毒物	發育毒物
N-Pentyl-isopentyl phthalate	Cat 2; R60	X
Potassium dichromate	Cat 2; R60	X
Propylenethiourea	X	Cat 3; R63
Quinomethionate	Cat 3; R62	X
(R)-5-bromo-3-(1-methyl-2-pyrrolidinyl methyl)-1H-indole	Cat 3; R62	X
R-2,3-epoxy-1-propanol	Cat 2; R60	X
(R)-α-phenylethylammonium (-)-(1R, 2S)-(1,2-epoxypropyl)phosphonate monohydrate	Cat 3; R62	X
(S)-2,3-dihydro-1H-indole-2-carboxylic acid	Cat 3; R62	X
Sodium chromate	Cat 2; R60	X
Sodium dichromate anhydrate	Cat 2; R60	X
Sodium dichromate dihydrate	Cat 2; R60	X
5,6,12,13-Tetrachloroanthra(2,1,9-def:6,5,10-d'e'f')diisoquinoline-1,3,8,10(2H,9H)-tetrone	Cat 3; R62	X
Tetrahydrofurfuryl (R)-2-[4-(6-chloroquinoxalin-2-yloxy)phenyloxy]propionate	Cat 3; R62	Cat 2; R61
Tetrahydrothiopyran-3-carboxaldehyde	X	Cat 2; R61
2-(4-Tert-butylphenyl) ethanol	Cat 3; R62	X
Titanium, Bis(h 5-2,4-cyclopentadien-1-yl) Bis[2,6-difluro-3-(1H-pyrrol-1-yl) Phenyl]	Cat 3; R62	X
Toluene	X	Cat 3; R63
Trans-4-cyclohexyl-L-proline monohydrochloride	Cat 3; R62	X

BOX 經歐盟(EU)認定及分類之生殖及發育毒物（續）

化合物	生殖毒物	發育毒物
Trans-4-phenyl-L-proline	Cat 3; R62	X
1,2,4-Triazole	X	Cat 3; R63
Tridemorph	X	Cat 2; R61
1,2,3-Trichloropropane	Cat 2; R60	X
Triethylene glycol dimethyl ether	X	Cat 2; R61
Triglyme	Cat 3; R62	X
Tri-lead bis(orthophosphate)	Cat 3; R62	Cat 1; R61
Trioxymethylene	X	Cat 3; R63
Triphenyltin hydroxide	X	Cat 3; R63
Valinamide	Cat 3; R62	X
Vanadium pentoxide	X	Cat 3; R63
Vinclozolin	Cat 2; R60	X
Warfarin	X	Cat 1; R61

CH**07**

[內分泌干擾素與
新興汙染物]

　　新興汙染物（emerging contaminants, EC；或稱為**新興關切物質**，emerging substances of concern）是指具有潛在或即存之環境生態或人體健康危害，但尚未被明確規範或適當風險管理的環境汙染物。這類汙染物通常是人類合成的產物，並成為用途廣泛或使用量多之物質，但也有新興汙染物是天然的且環境含量不高。隨著時代與科技演變以及知識累積，這些不同來源及用途之物質因為被發現可能具有環境衝擊性而漸受重視。早期最有名之新興汙染物是造成臭氧層變薄的氟氯碳化合物（chlorofluoro-carbons, CFCs，當然現今吾人不會再稱該類物質為新興汙染物了）。近年備受矚目之新興汙染物包括一些尚未管制的**環境荷爾蒙**(environmental hormones)、**藥品和個人衛生保健用品**(pharmaceutical and personal care products, PPCPs)，以及其他一些具潛在的環境持久性汙染物等。另外**奈米物質**(nano-materials)與**微塑粒**(microplastics)亦屬於新興汙染物，也特別受到環保人士之關切，但本書不在此做介紹。本章主要是針對涵蓋化合物種類相當廣泛之環境荷爾蒙物質予以說明，並簡介生物體之內分泌系統與一些環境荷爾蒙的特性、作用，以及其對生態與人體的影響。

7.1　內分泌干擾素

　　約從 1980 年代開始，許多生態學者、流行病學家、內分泌學家和環境毒理學家皆呼籲，環境中一些具有類似生物體內激素作用之化學物質，可能對人類健康與生態造成危害。這些被統稱為**環境荷爾蒙**(environmental hormones)或**內分泌干擾素**（endocrine disrupting chemicals, EDC，或endocrine disrupter），是因為具有類似生物體內荷爾蒙之功能，能抑制其作用，進而改變生物體內免疫、神經與內分泌系統之正常運作。這類化學物質可能產生的人類健康影響包括：女性乳癌和子宮內膜異常增生(endometrial hyperplasia)、男性前列腺癌及睪丸癌、不正常的性發育、降低男性生殖力、腦下垂體及甲狀腺功能改變、免疫力抑制和神經行為作用等。

　　除潛在的人類健康效應，許多報告亦顯示類似作用之物質能使多種水中和野生生物體內分泌系統的功能失常，其所產生不良的影響包括：魚類、鳥類不正常的甲狀腺功能和發育；減少貝、魚、鳥類、哺乳類動物的生殖力；降低魚類、鳥類和爬蟲類動物的孵化率；造成魚、鳥、爬蟲類動物和哺乳類動物的**去雄性化**(demasculinization)和**雌性化**(feminization)；造成軟體動物、魚類、鳥類**去雌性化**(defeminization)和**雄性化**(masculinization)；減少後代存活力；改變鳥類、海洋哺乳類動物的免疫力和行為等。美國佛羅里達州立大學的 Theo Colborn 教授於 1996 年出版之《**失竊的未來**》(Our Stolen Future)一書中明確的指出，目前環境中環境荷爾蒙的含量已經對人類與不同地區的生態系造成某些程度的影響。

　　環境荷爾蒙成為近年來熱門的環保議題，起源於 1980 年的美國佛羅里達州阿波卡湖(Lake Apopka)。當地鱷魚曾受 DDT 與其他有機氯殺蟲劑的毒害而引起環境生態學家之重視。Apopka 事件是由於一殺蟲劑製造廠外洩 DDT、DDE、大克蟎(dicofol)等有機氯殺蟲劑進入 Apopka 湖水體，造成當地雄性鱷魚的去雄性化，以及雌性鱷魚受仿雌激素影響而產生**超級雌性化**(super-feminization)的現象，且導致當地鱷魚族群之數量和孵化成功率下降。多數環境荷爾蒙作用於不同類動物的生殖系統（生殖毒性），透過在內分泌、神經或生殖系統上不同層次的影響，這些物質不僅改變個體的生殖能力，進而影響族群與群落消長，最終改變生態體系。因此，這類物質更值得我們關切。

7.2　生物體的內分泌系統與荷爾蒙　

　　內分泌系統(endocrine system)，是生物體控制其生殖、生長、發育、代謝、生理恆定(homeostasis)等作用的主要系統之一。**荷爾蒙**（hormone，或稱激素）為內分泌系統產生作用的主要物質，其由特定的內分泌腺體排出，進入血液循環到達標的器官後，則與細胞中特定的**受體**(receptor)結合並產生特定的作用。一般血液內之荷爾蒙濃度皆相當低，約在 $10^{-12} \sim 10^{-9}$ g/mL

表 7.1	人體內常見之荷爾蒙及其作用之組織或器官	
內分泌腺體	**激素**	**主要標的組織或器官**
腎上腺皮質	糖皮質固醇(Glucocorticoids)	肝臟、肌肉
	醛固酮(Aldosterone)	腎臟
腎上腺髓質	腎上腺素(Epinephrine)	心臟、氣管、血管
心臟	心房鈉尿激素 (Atrial natriuretic hormone)	腎臟
下視丘	釋放和抑制激素 (Releasing/inhibiting hormone)	腦下腺前葉
小腸	胰泌素(Secretin)、膽囊收縮素 (Cholecystokinin)	胃、肝臟和胰臟
蘭氏小島 （胰臟）	胰島素(Insulin)	許多器官
	升糖素(Glucagon)	肝臟和脂肪組織
腎臟	紅血球生成素(Erythropoietin)	骨髓
肝臟	體制素(Somatomedins)	軟骨
卵巢	雌二醇（17β-Estradiol，雌激素 E_2）和 黃體素(Progesterone)	雌性生殖器、乳腺
副甲狀腺	副甲狀腺素(Parathyroid hormone)	骨骼、小腸和腎臟
松果腺	褪黑激素(Melatonin)	下視丘和腦下腺前葉
腦下腺前葉	刺激激素(Trophic hormone)	內分泌腺和其他器官
腦下腺後葉	抗利尿激素(Antidiuretic hormone)	腎臟、血管
	催產素(Oxytocin)	子宮、乳腺
皮膚	二維生素 D_{31} (1,25-Dihydroxy)	小腸
胃	胃泌素(Gastrin)	胃
睪丸	睪固酮（Testosterone，為雄激素）	前列腺、細精小管
胸腺	胸腺素(Thymosin)	淋巴結
甲狀腺	甲狀腺素(Thyroxine, T_4)和三碘甲狀腺 素(Triiodothyronine, T_3)	大多數器官

之範圍內。人體內之主要內分泌腺體有下視丘(hypothalamus)、腦下腺(pituitary)、甲狀腺(thyroid)、副甲狀腺(parathyroid)、胰臟(pancreas)、腎上腺(adrenal)、卵巢(ovarian)、睪丸(testis)等，而不同腺體則分泌不同之激素。表 7.1 為人體內常見之荷爾蒙，以及其產生作用之標的組織或器官(target tissues or organs)。

　　雖然生物體的內分泌系統複雜、腺體眾多，且各有其特定功能，但基本上，其是藉由中樞神經系統、腦下腺、特定組織等三方面之**回饋機制**(feedback mechanism)來控制其運作。本章以性激素之控制為例，簡單說明此回饋機制在生物體內產生其特定效能之作用機制。

　　當人體血液之性激素（如雌激素）濃度較低時，下視丘便分泌性釋素(gonadotropin-releasing hormone, GnRH)刺激腦下腺，使其分泌促性腺激素(gonadotropin)，包括濾泡刺激素(follicle stimulating hormone, FSH)與黃體生成素(luteinizing hormone, LH)。這兩種荷爾蒙能直接作用於卵巢或睪丸，並刺激其生成雌激素或雄激素。但當雌激素之濃度增加後，反而刺激下視丘，使其減少性釋素之釋出，並同時抑制腦下腺對性釋素之反應，而使腦下腺不再分泌促性腺激素（圖 7.1）；因此，體內之雌激素濃度能在一合理範圍，不致於過高或過低。體內其他荷爾蒙的濃度也透過類似的機制來調控。

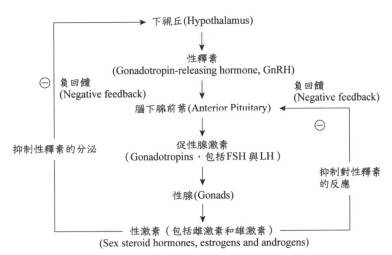

圖 7.1　性激素之分泌控制機制

7.3　內分泌干擾素的作用機制

　　由於內分泌系統的複雜性與其所牽動之生理機制繁多，因此，環境荷爾蒙可產生作用之處與機制亦相對地複雜。舉凡改變荷爾蒙的合成、儲存／釋放、傳送／排除、受體識別／結合，或結合後之相對生理效應等，皆可受改變而導致內分泌之失調。例如除黴劑芬瑞莫(fenarimol)能抑制雌激素之合成；DDT 與其衍生物能藉由誘導肝臟微粒體之單氧酵素，而加速生物體內雄激素之代謝，並進一步降低雄激素的體內含量；靈丹(lindane)能增加雌激素於體內之代謝與清除速率；而 methoxychlor、chlordecone(或稱 kepone)、DDT、PCB 以及一些烷基酚類(alkylphenols)能與激素受體結合而影響內分泌之正常功能。

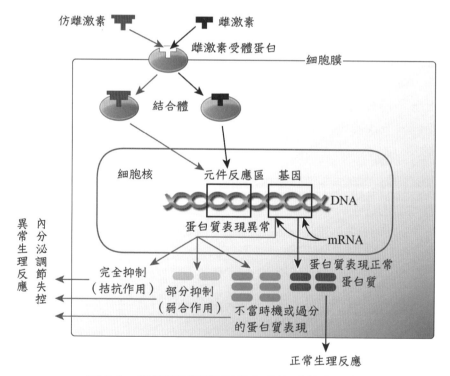

圖 7.2　環境荷爾蒙對正常內分泌系統之影響

　　雖然環境荷爾蒙影響內分泌之作用為一複雜過程，但吾人可以荷爾蒙受體結合作用受影響為例，簡單說明其產生作用的機制及後果。圖 7.2 為體內正常與外來之荷爾蒙相互競爭受體之示意圖。有些環境荷爾蒙可使細胞產生較微弱（也可能較強）之荷爾蒙相對反應，此現象稱為**促效作用**(agonism)，這些物質則稱為促效劑(agonist)；有些環境荷爾蒙與體內的荷爾蒙受體結合後，並不會產生作用，並同時使該受體失去與正常荷爾蒙結合的機會，導致其無法產生正常的反應，此現象稱為**拮抗作用**(antagonism)（參見第二章）。

7.4　仿雌激素

　　仿雌激素(xenoestrogen)為環境荷爾蒙中能影響正常雌／雄激素之作用者，由於其對動物個體生殖能力的影響，進而產生對族群和生態系統之改變，此類物質特別受到重視。前述美國佛羅里達州 Apopka 事件中的汙染物（DDT、DDE、大克蟎）即是透過影響正常之雌／雄激素作用而對鱷魚產生生殖毒害。正常雌激素為脊椎動物體內所分泌性荷爾蒙的一種。人體分泌之雌激素有 17β-estradiol (E_2)、estrone (E_1)、estriol (E_3)三種，而雄激素睪固酮(testosterone) 亦可被肝臟代謝而轉變成 17β-estradiol。雌激素能影響生物體之性別、性徵、成熟、生殖行為、形態改變、生育週期等生理現象與變化。雌激素作用於細胞之過程是先通過細胞膜後與核內之**雌激素受體**(estrogen receptors, ERs)形成結合體，然後再與 DNA 上之**雌激素反應因子**(estrogen response elements)結合，並啟動相關蛋白質的合成（見圖 7.2）。因此，仿雌激素乃指不論是直接的或間接的能影響前述過程中任何步驟者。在這類物質中，有些是與體內雌激素具相同作用者(estrogenic)，例如 DDT 及一些烷基酚類(alkylphenols)能產生微弱之雌激素作用；然而有些則是具有抵消體內雌激素作用者(anti-estrogenic)，例如 2,3,7,8-TCDD（2,3,7,8-四氯戴奧辛）（圖 7.3）。一般而言，這些物質與正常雌激素在化學結構上的相似性，可能是導致其干擾正常荷爾蒙作用之主要原因之一。圖 7.3 為正常荷爾蒙和一些仿雌激素之化學結構，其中的**乙烯雌酚**

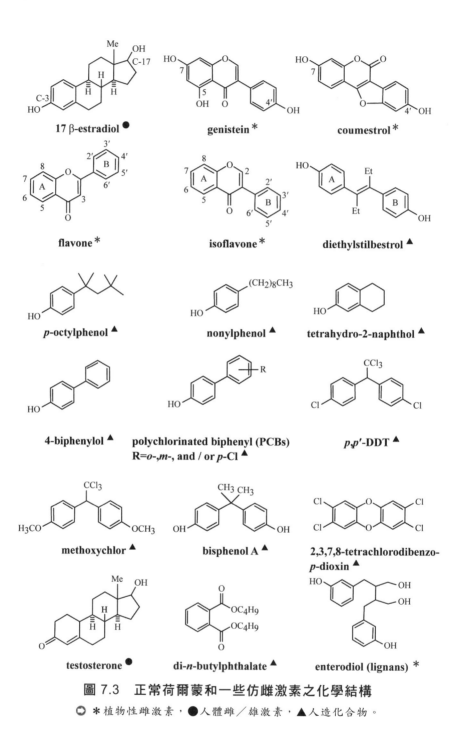

圖 7.3 正常荷爾蒙和一些仿雌激素之化學結構

✱植物性雌激素，●人體雌／雄激素，▲人造化合物。

(diethylstilbestrol, DES)（圖 7.3）為一人工合成之雌激素，曾做為止經痛、更年期荷爾蒙補充、月經規律調節、懷孕期止血、避孕等之治療使用，並做為畜牧之荷爾蒙補充劑。DES 因被發現會對使用婦女的子女造成陰道癌、生殖障礙、不孕等影響，而後鮮少做為人類藥物之使用，許多國家並限制其僅能使用於動物體（詳見第六章）。

　　自然界中的一些植物亦能產生具有雌激素效果之物質，但是此類**植物性雌激素**(phytoestrogens)在適當使用下，有些對人體反而具有正面效應。如豆科植物中之 isoflavonoids （異黃酮類）、亞麻子中所含豐富之 lignans 類，以及苜蓿植物之 coumestrol 類（圖 7.3），皆是透過類似於雌激素之作用產生抗乳癌與卵巢癌之效果。不過植物產生這些天然雌激素之原意是當作防衛機制以防止被食草動物過量食用，因其具有不孕作用（生殖毒性，見第六章）。另外，有研究指出這些天然化合物亦具有抗真菌作用。

7.5　內分泌干擾素與持久性有機汙染物

　　環境荷爾蒙之種類繁多，包括殺蟲劑（如 DDT）、工業用化合物（如 PCB 與烷基酚類）、塑化劑（如鄰苯二甲酸之酯類 phthalate）、金屬（有機錫與鉛）及燃燒或化學品製程之附產物（戴奧辛物質）等。表 7.2 列出現今被認為能影響生物體內分泌作用之化合物。

　　針對環境荷爾蒙之環境汙染問題，聯合國環境規劃署(United Nation Environmental Programme, UNEP)指出其中一些具有環境及生態蓄積性之化合物是各國須特別注意的，並強調這些物質極有可能對全球的生態系與人體健康造成深遠的影響，將其命名為**持久性有機汙染物**（persistent organic pollutants, POPs，參考第三章之 PBT）。這類物質能經由大氣傳輸至偏遠地區，累積在食物鏈，並長期滯留於自然環境中，且需要數十年以上的時間才能完全分解。這些物質會對野生生物產生畸胎的可能、腫瘤、免疫力降低、生殖障礙等毒害。已經有許多證據顯示，長期暴露於高濃度的 POPs，將增加產生畸形兒的比例，不孕、智能減退或致癌的機率也將

提高，且會降低人體之免疫功能。POPs 亦能累積在人體組織內，再經由母體臍帶或授乳時之傳輸進入胎兒，而對發育中的胎兒產生影響。

POPs 化合物通常難被光解，且不易因生物、化學或物理等作用而分解，其中一些具有微揮發性，因此能夠經由大氣傳輸至偏遠地區。這些物質在全球的傳輸與分布是經由「**蚱蜢效應**」(grasshopper effect)的作用來進行。蚱蜢效應乃指汙染物不斷的被釋放於大氣中（例如揮發或風力），然後再藉由沉降作用（例如降雨）回到陸地上，並隨季節變化一再反覆的進行。此作用使得 POPs 能遍布於全世界每個角落。除此之外，此類化合物通常具有低水溶性、高脂溶性與高**辛醇／水分配係數**(octanol/water partition coefficient, K_{ow})、高**生物濃縮係數**(bioconcentration factor, BCF)[註]等特性。這些物質的環境蓄積性，使其可累積在生物體的脂肪組織中（**生物蓄積作用**，bioaccumulation），並產生**生物放大作用**（biomagnification，物質在生物體中濃度會隨其食物鏈的營養階層上升而增加）。吾人亦可依前述特性判定物質是否為 POP 的依據，如聯合國之 POP 準則(criteria)如下：$\log K_{ow} > 5$、BCF > 5,000、水中半生期 > 2 月、土壤及底泥半生期 > 6 月、空氣半生期 > 2 天。

UNEP 於 2001 年 5 月在瑞典斯德哥爾摩與各國簽訂對 POPs 進行管制之協定（**斯德哥爾摩公約**，Stockholm Convention on Persistent Organic Pollutants），而於 2004 年 5 月 17 日正式生效，當時並同時提出 12 種 POPs 名單（稱為汙穢的一打，dirty dozen，也稱為傳統 POPs, legacy POPs），包括阿特靈(aldrin)、可氯丹(chlordane)、DDT、地特靈(dieldrin)、安特靈(endrin)、戴奧辛(dioxins)、呋喃(furans)、飛佈達(heptachlor)、六氯苯(hexachlorobenzene, HCB)、滅蟻樂(mirex)、多氯聯苯(polychlorinated biphenyls, PCBs)、毒殺芬(toxaphene)。上述 12 種 POPs 中有 9 種是殺蟲劑，被使用於農業或傳染病媒的控制。在 70~80 年代，許多國家已全面禁止或嚴格限制這些殺蟲劑的使用或運作，但是在較落後之國家當時仍還在使用

● 註：BCF 為汙染物在生物體內以及其周圍環境介質（如水體）中濃度的比值（mg/kg÷mg/L，故單位為 L/kg），亦代表該化合物之生物蓄積作用能力。

這些殺蟲劑。因此該公約主要內容是要求締約國完全禁用除 DDT 以外的 8 種殺蟲劑、逐漸全面停用多氯聯苯、DDT 之嚴格管制使用、對戴奧辛及呋喃物質排放消減措施、在各國建立其他 POPs 之控管機制等。聯合國透過篩選機制，陸續將更多的化合物加入於 POPs 名單中，而於 2009 年公布的第二批 9 種化合物，分別是克敵康（又稱十氯酮，chlordecone）、α-六氯環己烷 (α-hexachlorocyclohexane)、β- 六氯環己烷 (β-hexachlorocyclohexane)、五氯苯 (pentachlorobenzene)、六溴聯苯 (hexabromobiphenyl)、六溴和七溴二苯醚（hexa-和 hepta-bromodiphenyl ether）、靈丹(lindane)、四溴和五溴二苯醚（tetra-和 penta-bromodiphenyl ether, PBDE）、全氟辛烷磺酸及其鹽類和全氟辛烷磺醯氟（perfluorooctane sulfonic acid, PFOS and its salts 和 perfluorooctane sulfonyl fluoride, PFOSF）。另斯德哥爾摩公約大會於 2011 年通過安殺番(endosulfan)列入管制清單，並於 2012 年開始實施。目前在斯德哥爾摩公約下的 POPs 清單已達 30 種化合物。本章以下依性質類別分別介紹這些化合物，以及其他較常見環境荷爾蒙之用途、一般特性、危害性等。氯化戴奧辛與呋喃及多氯聯苯將在本書第十章中介紹。

表 7.2　被懷疑可能會干擾生物體內分泌系統之化學物質

類別	中文名稱	英文名稱	說明
殺蟲劑	阿特靈*	aldrin	見本章內文
	乙草胺	acetochlor	
	D-反式烯丙菊酯	allethrin, D-trans	
	加保利（賽文）	carbaryl	
	可氯丹*	chlordane	見本章內文
	克芬蟎	clofentezine	
	氧化可氯丹	oxychlordane	可氯丹之代謝中間產物
	賽滅寧	cypermethrin	
	地特靈*	dieldrin	見本章內文
	滴滴涕*	4,4-dichlorodiphenyl trichloroethane (DDT)	見本章內文及第八章

表 7.2	被懷疑可能會干擾生物體內分泌系統之化學物質（續）		
類別	中文名稱	英文名稱	說明
殺蟲劑（續）	滴滴涕衍生物	DDE、DDD、p,p'-DDE	DDT 之代謝產物
	開路生（大克蟎）*	dicofol (kelthane)	
	安殺番*	endosulfan (benzoepin)	見本章內文
	亞乙基硫脲	ethylene thiourea	
	芬化利	fenvalerate	
	芬瑞莫	fenarimol	
	芬克座	fenbuconazole	
	撲滅松	fenitrothion	
	芬普尼	fipronil	
	飛佈達*	heptachlor	見本章內文
		heptachlorepoxide	Heptachlor 之代謝中間產物
	α-及 β-六氯環己烷、蟲必死*（靈丹）	α-及 β-hexachlorocyclohexane (HCH), lindane (r-HCH)	見本章內文
	依普同	iprodione	
	賽洛寧	cyhalothrin、karate	
	十氯丹*	kepone (chlordecone)	見本章內文
	理有龍	linuron	
	馬拉松	malathion	見第八章
	代森錳鋅	mancozeb	
	代森錳	maneb	
	納乃得（萬靈）	methomyl	
	氯化甲醇	methoxychlor	
	滅蟻樂*	mirex	見本章內文
	反式九氯	trans-nonachlor	
	百滅寧	permethrin	

表 7.2	被懷疑可能會干擾生物體內分泌系統之化學物質（續）		
類別	中文名稱	英文名稱	說明
殺蟲劑（續）	施得圃	pendimethalin	
	五氯苯*	pentachlorobenzene	見本章內文
	五氯硝基苯	pentachloronitrobenzene	
	撲滅寧	procymidone	
	氨氟樂靈	prodiamine	
	派美尼	pyrimethanil	
	速滅靈	sumithrin	
	畢芬寧	bifenthrin	
	草啶	thiazopyr	
	福美雙	thiram	
	三泰芬	triadimefon	
	三泰隆	triadimenol	
	三福林	trifluralin	
	毒殺芬*	toxaphene (camphechlor)	見本章內文
	免克寧	vinclozolin	
除草劑	五氯酚*	pentachlorophenol (PCB)	已禁用，見第八章
	鋅乃浦	zineb	
	益穗	ziram	
	1,2-二溴乙烷	1,2-dibromoethane fumigant	燻蒸劑
	拉草	alachlor	
	3-氨基-1,2,4 三氮雜茂	amitrole	樹脂硬化劑染料分散劑
	草脫淨**	atrazine	
	滅必淨	metribuzin	
	護谷	nitrofen	

| 表 7.2 | 被懷疑可能會干擾生物體內分泌系統之化學物質（續） |

類別	中文名稱	英文名稱	說明
塑化劑	鄰苯二甲酸丁酯苯甲酯	butyl benzyl phthalate (BBP)	見本章內文
	鄰苯二甲酸二（2-乙基己基）酯	di-ethylhexyl phthalate (DEHP)	見本章內文
	苯二甲酸二丁酯	di-n-butyl phthalate (DBP)	見本章內文
	鄰苯二甲酸二乙酯	diethyl phthalate (DEP)	見本章內文
重金屬	鎘	cadmium (Cd)	多用途，見第九章
	汞	mercury (Hg)	多用途，見第九章
	鉛	lead (Pb)	多用途，見第九章
	砷	arsenic (As)	多用途，見第九章
有機錫	三丁基錫	tributyltin	有機錫，多用途，見本章內文
界面活性劑	壬基苯酚	nonylphenol	見本章內文
	辛基苯酚	octylphenol	見本章內文
	苯駢[a]芘	benzo[a]pyrene (BaP)	PAHs，見第十一章
其他	二苯甲酮	benzophenone	防曬霜
	克康那唑	ketoconazole	抗黴菌劑、藥物
	雙酚 A	bisphenol A	大多使用於樹脂及塑膠，本章內文
	克康那唑	ketoconazole	抗黴菌劑、藥物
	雙酚 A	bisphenol A	大多使用於樹脂及塑膠，本章內文
	雙酚 F	bisphenol F	
	多菌靈	carbendazim	
	戴奧辛及呋喃*	dioxins and furans	燃燒自然產物，見第十章
	乙烷二甲烷磺酸	ethane dimethane sulphonate	
	間苯二酚	resorcinol	

表 7.2		被懷疑可能會干擾生物體內分泌系統之化學物質（續）	
類別	中文名稱	英文名稱	說明
其他（續）	十氯苯乙烯	octachlorostyrene	製程副產物
	全氟辛烷磺酸*	perfluorooctane sulfonic acid (PFOS)	見本章內文
	全氟辛基磺醯氟*	perfluorooctane sulfonyl fluoride (PFOSF)	見本章內文
	全氟辛酸*	perfluorooctanoic acid (PFOA)	見本章內文
	多氯聯苯*	polychlorinated biphenyls (PCBs)	多用途，大多使用於做為電容器、變壓器的絕緣油，見第十章
	多溴聯苯*	polybromobiphenyl (PBB)	阻燃劑，其中六溴聯醚為 POPs，見本章內文
	多溴二苯醚*	polybrominated diphenyl Ethers (PBDEs)	阻燃劑，其中四溴、五溴、六溴、七溴二苯醚皆被列為 POPs，見本章內文

○ 說明：* 聯合國斯德哥爾摩公約列管之持久性有機汙染物（POP，見下文）。

7.6 　殺蟲劑類 POPs

　　殺蟲劑類 POPs 包括**阿特靈、可氯丹、DDT、地特靈、安特靈、飛佈達、六氯苯、滅蟻樂**(mirex)**、毒殺芬、克敵康**（十氯酮）**、α-及 β-六氯環己烷**（α-及 β-hexachlorocyclohexane）**、靈丹**(lindane)**、五氯苯、安殺番**（硫丹）**、大克蟎**(dicofol)。表 7.3 列出上述 POPs 的一些基本物理、化學特性相關資料，圖 7.4 為其化學結構式（DDT、PCBs、戴奧辛見圖 7.3）。

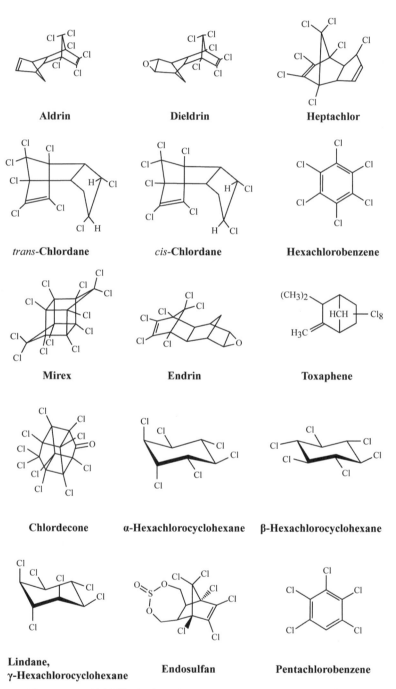

圖 7.4　15 種 POPs 化學結構式（不含 DDT、PCBs、戴奧辛及呋喃，見圖 7.3）

表 7.3 有機氯類殺蟲劑 POPs 的特性

化合物	CAS No.	化學式	分子量	熔點 (°C)	沸點 (°C)	蒸氣壓 (mmHg)	水中溶解度 (μg/L)	Log K_{ow}	Log K_{oc}	亨利常數 (atm·m³/mol)
阿特靈	309-00-2	$C_{12}H_8Cl_6$	364.92	104	145	2.31×10^{-5}	17~180	5.17~7.4	2.61~4.69	4.96×10^{-4}
可氯丹	57-74-9	$C_{10}H_6Cl_8$	409.78	103	165	10^{-6}	56	6.00	4.58~5.57	4.8×10^{-5}
滴滴涕	50-29-3	$C_{14}H_9Cl_5$	354.49	108.5	260	1.6×10^{-7}	1.2~5.5	4.89~6.914	5.146~6.26	1.29×10^{-5}
地特靈	60-57-1	$C_{12}H_8Cl_6O$	380.91	175.5	385	1.78×10^{-7}	140	3.692~6.2	4.08~4.55	5.8×10^{-5}
安特靈	72-20-8	$C_{12}H_8Cl_6O$	380.92	200	245	7×10^{-7}	220~260	5.1	3.209~5.339	5.0×10^{-7}
六氯苯	118-74-1	C_6Cl_6	284.78	231.8	325	1.089×10^{-5}	40	3.03~6.42	2.56~4.54	7.1×10^{-3}
飛佈達	76-44-8	$C_{10}H_5Cl_7$	373.32	95.5	140	3×10^{-4}	180	4.40~5.5	4.38	2.3×10^{-3}
滅蟻樂	2385-85-5	$C_{10}Cl_{12}$	545.5	485	485	3×10^{-7}	6.8	6.9	3.76	8.1×10^{-4}
毒殺芬	8001-35-2	$C_{10}H_{10}Cl_8$	413.82	65~90	120	9.8×10^{-7}	550	3.23~5.50	3.18	6.3×10^{-6}
十氯酮	143-50-0	$C_{10}Cl_{10}O$	490.64	350	434	2.25×10^{-7}	2.70	5.41	3.38~3.415	5.38×10^{-8}
α-六氯環己烷	319-84-6	$C_6H_6Cl_6$	290.83	158	288	4.5×10^{-5}	2	3.8	7.6	6.9×10^{-6}
β-六氯環己烷	319-85-7	$C_6H_6Cl_6$	290.83	314	60	3.6×10^{-7}	0.2	3.78	7.5	6.9×10^{-7}
五氯苯	608-93-5	C_6HCl_5	250.34	86	277	0.0065	3.46	5.17	4.77	7.1×10^{-4}
靈丹	58-89-9	$C_6H_6Cl_6$	290.83	112.5	323.4	4.2×10^{-5}	8.2	3.20~3.89	2.38~3.52	3.5×10^{-6}
安殺番（α型）	959-98-8	$C_9H_6Cl_6O_3S$	406.96	109.2	106	1.05×10^{-3}	0.33	4.7	3.5	6.55×10^{-5}
大克蟎	115-32-2	$C_{14}H_9Cl_5O$	370.5	79	180	2.5×10^{-4}	0.8 mg/l	3.5~6.06	3.8	1.44×10^{-7}

阿特靈

純化之**阿特靈**(aldrin)是無味的白色結晶顆粒,但一般使用的成品帶特殊氣味與黃褐色。阿特靈被用來防治土壤中一些害蟲,例如白蟻、蚱蜢、棉花根蟲、線蟲、象鼻蟲、蚱蜢等,大多數使用於棉花、蕃茄等農作物或受白蟻侵害之樹木。阿特靈在植物與動物體內皆能被代謝為地特靈(dieldrin),因此,此化合物不易被發現於一般生物體內。阿特靈具高脂溶性與生物蓄積性,並可以累積於動物體內,但大都以地特靈之形態被檢測出。由於其對土壤的親和力極強,因此不易造成地下水之汙染。阿特靈對人類之毒性極強,一個成年人之致死量約為 5g(劑量約為 83 mg/kg)。中毒的症狀包括頭痛、頭暈、噁心、不舒服、嘔吐等,若持續接觸或劑量增加則可能產生肌肉痙攣與抽搐現象。同時暴露於阿特靈、地特靈、安特靈等物質,可能會增加罹患肝癌、膽管癌的機率。阿特靈也能影響人類之免疫系統。阿特靈對動物之毒性不等,其對天竺鼠的 LD_{50} 為 33 mg/kg,而對大頰鼠則為 320 mg/kg。劑量 1 mg/kg 即可能對雌鼠的生殖能力產生影響,而在此劑量下出生的下一代,會有睪丸與牙齒發育不正常的現象。國際衛生組織之癌症研究中心(IARC)尚未確認阿特靈對人類的致癌性(第 3 類)。

可氯丹

可氯丹(chlordane)曾是用途相當廣泛的殺蟲劑,可使用於一般蔬菜、蕃茄、甘蔗、甜菜、玉米、水果或棉花等農作物,並可使用於白蟻之防治。可氯丹具有難溶於水與生物蓄積性,因此可累積在生物組織、土壤與水中底泥。可氯丹在土壤之半生期可達 1 年以上。可氯丹對試驗動物之口服致死量介於 83 mg/kg(小白鼠)至 1,720 mg/kg(大頰鼠)之間。老鼠接受 100 mg/kg 之劑量會導致第一代和第二代胎兒存活率降低;而第三代無法生育。在 50 mg/kg 的劑量下,第三代和第四代的胎兒存活率則有明顯的下降。人體暴露於可氯丹中會導致免疫系統功能改變。可氯丹對實驗動物具有致癌性,但由於對人體影響的證據不足,因此,IARC 認定其為一疑似人類致癌物(第 2B 類)。

DDT

DDT（**滴滴涕**）是爭議性最大的殺蟲劑之一。DDT 在二次世界大戰已被大量使用於戰場上做為控制瘧疾、黃熱病、傷寒及其他由昆蟲傳染的疾病。二次世界大戰結束後，DDT 被大量使用於農作物的蟲害防治。由於對野生生物，尤其是鳥類的毒害，DDT 已於 1970 年代被許多先進國家禁用。在未禁用前，美國約有 80%之農業用 DDT 是使用於棉花田。雖然目前 DDT 使用於農業的用途已停止，但在少數地區仍被用來防治蚊蟲避免瘧疾傳播。雖然 DDT 造成全球環境的嚴重汙染，但由於全球每年仍有超過 3 億人口會感染瘧疾，而其中約有 1 百萬人會因此而死亡，因此，DDT 的使用控制與人體健康衛生的維護之間，仍存有許多爭議。DDT 及其衍生 物 － 1,1-dichloro-2,2-bis(4-chlorophenyl)ethane (DDD) 與 1,1-dichloro-2,2-bis(4-chlorophenyl)ethylenene (DDE)，在自然界中極不易被分解。DDT 在使用後，約有 50%以上將會殘留於土壤中長達 10~15 年，而 DDT 也遍布於全球不同的環境中。DDT 的高脂溶性使其易累積於生物體內的脂肪組織，並具有生物放大的特性。DDT 之急毒性並不強，對老鼠之口服 LD_{50} 約為 100 mg/kg，而對兔子為 1,770 mg/kg。老鼠餵以含 25 ppm DDT 的食物並未影響其生殖作用與後代的發育，但含 100 ppm 之 DDT 會減少母體的乳汁分泌與後代的存活率；含 250 ppm DDT 則會產生明顯的生殖障礙。DDT 並未被認定為一畸胎物，但能抑制免疫系統的功能。若胎兒暴露於 DDT，則其未來之生殖能力與發育將受影響。DDT 會增加人類罹患乳癌之機率，IARC 將 DDT 列為疑似人類致癌物（2A 類）。DDT 對鳥類的毒性特別令人擔憂。在 1950~1970 年代，人類大量使用 DDT，造成許多地區鳥類**蛋殼薄化**(egg shell thinning)與生殖能力受損，導致其族群數量銳減。北美五大湖區許多鳥類雌性化與族群雌雄化比例改變，數量減少、生態平衡的破壞與當地環境受 DDT 的嚴重汙染有關。有關其他 DDT 危害性的介紹，詳見第八章。

地特靈

地特靈(dieldrin)早期使用於農業之蟲害控制與病媒防治，如今主要的用途為白蟻與樹木穿孔蟲之防治。地特靈也具有生物蓄積與放大的作用，並可在各種不同的生物體內被檢測出，包括：魚類、鳥類、哺乳類動物、人奶等。生物體內的地特靈有些來自於阿特靈的代謝。地特靈對土壤吸附能力極強，因此造成地下水汙染之可能性較小。在一般狀態下，地特靈在土壤中之半生期約為 5 年。由於具有較高揮發性之故，地特靈可從土壤蒸散而釋入於大氣中。地特靈對大老鼠之口服 LD_{50} 為 37 mg/kg，而對較不敏感之大頰鼠則為 330 mg/kg。地特靈具有肝臟毒性，會造成肝／體重比之增加、肝腫大及其他病變。地特靈對人類具有急毒性，產生之症狀與阿特靈相似。地特靈可能對動物免疫力有抑制作用，但尚不明確。IARC 將地特靈歸類為對人類的可能具致癌性（第 2A 類）。

安特靈

安特靈(endrin)早期主要使用在一般穀物與棉花田之蟲害控制上，並可做為滅鼠劑之使用。安特靈可經揮發作用而進入大氣中，亦能藉由土壤表面逕流而汙染地表水。其在土壤中之半生期可達 12 年之久。安特靈具長半生期與高脂溶性之特性，並具有生物蓄積的作用，但因其較易被生物體代謝，因此累積量有限。安特靈對人類的毒性較強，對猴子之口服 LD_{50} 為 3 mg/kg，但對天竺鼠僅為 36 mg/kg。安特靈中毒所產生的症狀包括昏眩、四肢軟弱無力、嘔吐感，嚴重時可能造成昏迷。安特靈亦能抑制動物體內之免疫系統功能。IARC 將安特靈歸類為對人類的可能具致癌性（第 2A 類）。

飛佈達

飛佈達(heptachlor)最主要的用途為控制土壤中害蟲、白蟻、蚱蜢以及傳播瘧疾的蚊蟲等。飛佈達在動物體內可被代謝為環氧化物(epoxide)，且具有與原化合物同等之毒性。飛佈達難溶於水且揮發性高，並可蓄積在水中底泥與動物脂肪。飛佈達在土壤中之半生期約為 2 年。飛佈達對試驗

動物之 LD_{50} 範圍從老鼠之 40 mg/kg 到兔子之 116 mg/kg；而對動物產生之毒性症狀包括顫抖、嘔吐。飛佈達被認為與加拿大野雁、美國隼類的數量銳減有關，主要原因可能是這些鳥類食用受到飛佈達汙染的穀物所致。WHO 指出飛佈達對老鼠與兔子不具有畸胎性，而 IARC 認定飛佈達為一疑似人類致癌物（2B 類）。

六氯苯

六氯苯(hexachlorobenzene, HCB)最早於 1945 年開始被做為穀物防黴劑的使用，亦是製造其他工業化學物品之副產品，例如四氯化碳、三氯乙烯、四氯乙烯及五氯苯等。其他含氯殺蟲劑也有可能含有六氯苯。六氯苯難溶於水，且具有微揮發性、難分解、生物蓄積之特性；其在土壤中半生期會因含氧情況而有相當大的差異。例如在厭氧狀態下，其土壤之半生期可達 22.9 年，但在有氧狀態下，其半生期僅有 2.7 年。在兩極之空氣、水體、生物體內皆可檢測出六氯苯。六氯苯之急毒性較弱，對兔子與大老鼠之 LD_{50} 分別為 2,600 mg/kg 與 4,000 mg/kg。研究指出六氯苯能產生生殖的障礙。在 1954~1959 年之土耳其曾發生大規模的六氯苯中毒事件。當地居民因食用經六氯苯處理之穀物而中毒。中毒症狀包括皮膚對光產生過敏反應、色素累積、多毛症、虛弱、腹痛等，估計有 3,000~4,000 的中毒者其體內血紅素生成受影響且紫質素增加，當時約有 14% 之死亡率。懷孕的婦女會經由臍帶與授乳將六氯苯傳給嬰兒，而產生粉紅色之皮膚損傷（當地人稱 pembe yara，即 pink sore 之意）、發高燒、腹瀉、虛弱、噁心、肝腫大、體重減輕等症狀。其中有 95% 之幼兒在出生後的一年當中會因此而夭折。IARC 認定六氯苯為一疑似人類致癌物（2B 類）。

滅蟻樂

滅蟻樂(mirex)早期主要是在美國東南部做為火蟻控制之用，而在南非則做為白蟻殺蟲劑。在工業用途上，滅蟻樂也可被使用做為塑膠、橡膠、油漆、紙張、電器製品之阻火劑，而占所有使用量的 90%。mirex 未曾在國內使用。滅蟻樂難溶於水，具有生物蓄積與生物放大作用。其在環境中

之半生期可達 10 年之久。目前並無人類暴露於 mirex 而產生毒害之相關報告，但一般人體內應皆含有 mirex。短期暴露於 mirex 之老鼠會產生體重減輕、肝腫大、肝臟氧化酵素提升等現象。水中生物，尤其是甲殼類，對 mirex 之反應極為敏感。mirex 對魚類亦具有強毒性，並能影響其行為。IARC 認定 mirex 為一疑似人類致癌物（2B 類）。

毒殺芬

毒殺芬(toxaphene)為不同氯化莰烷(chlorinated bornane)結構之混合物。一般使用之毒殺芬通常含 7~9 個氯，而約有 6,840 種的可能異構物。毒殺芬最早使用於 1949 年。在 1970 年代的美國，毒殺芬是使用最為廣泛之殺蟲劑，主要用於棉花、穀物、核果、蔬菜等作物，以及家畜之跳蚤與蝨類的防治。毒殺芬的水溶性極低，在土壤之半生期可達 12 年之久，並具有生物蓄積性。此物質亦可藉由長程之大氣傳輸至兩極的環境。暴露於高量毒殺芬的婦女，其體內之染色體有明顯的異常現象。毒殺芬對狗之 LD_{50} 為 49 mg/kg，對天竺鼠則為 365 mg/kg。毒殺芬對魚類的毒性也極強，例如對彩虹鱒 96 小時 LC_{50} 為 1.8 μg/L，對藍鰓魚為 22 μg/L。IARC 認定毒殺芬為一疑似人類致癌物（2B 類）。

克敵康

克敵康(chlordecone)，又稱**十氯酮**或**開蓬**（kepone，此為商品名稱），是屬於有機氯殺蟲劑的無色、無味固體物，早期用於控制香蕉根象鼻蟲、銹蟬、線蟲、火蟻、螺類、蘋果黑星病等農害，其也是滅蟻樂的環境代謝物。研究顯示克敵康在環境中不易被分解，且微生物之降解作用亦不明顯。克敵康具有微揮發性，但無論在水體、土壤或空氣中，其大部分皆吸附於顆粒物質，因其具相對較低之水溶性。此化合物對魚類及其他水中動物有明顯之生物蓄積性。克敵康對人體之半生期約為 100 天，但長期暴露會產生肝臟、神經與生殖系統之毒害。IARC 目前將克敵康歸類為一疑似人類致癌物（2B 類）。

α-及 β-六氯環己烷與靈丹

　　α-及 β-六氯環己烷（α-及 β-hexachlorocyclohexane, HCH）是 8 種六氯環己烷同分異構物(isomer)的其中兩型，而 γ-HCH 即為**靈丹**（lindane，見下文）。工業用(technical grade)六氯環己烷約含 60~70%的 α 型、5~10%的 β 型及 10~15%的 γ 型異構物。其在室溫下為白色粉末固狀，主要用途為殺蟲劑、除黴劑及合成其他化學品之原料。靈丹亦曾被加入於乳液或洗髮精以除疥蟲或頭蝨。α-與 β-六氯環己烷主要是靈丹的副產物，但前者並無明顯殺蟲效果，而後者在 1960~1970 年代被大量使用於棉田蟲害控制。靈丹之用途更為廣泛，包括作物、森林與農地除蟲、種子處理、土壤消毒、牲畜除蟲等。與其他 POPs 相較，六氯環己烷具有較高之揮發性。據估計，做為農業用途之總量，其中約有 12~30%是揮發至大氣當中，也可透過大氣長距離傳輸至更偏遠地區。

　　六氯環己烷類物質目前雖然已被禁用或限制農業使用，但由於其環境持久性之故，仍可在一般土壤及水體甚至人體組織被微量的檢出，其在前兩者之半生期約 100~300 天，但在人體之半生期可達 5~7 年之久，並蓄積於脂肪組織。靈丹在許多地區婦女之臍帶或乳汁亦曾被檢出。β-六氯環己烷具有生殖及神經毒性且能產生細胞之氧化壓力，被認為可能會造成巴金森氏症(Parkinson's disease)與阿茲海默氏症(Alzheimer's disease)，因其會傷害腦部神經之多巴胺(dopamine)調控系統。靈丹除上述之作用外，並被認為具仿雌激素作用，但不同動物之影響不一。β-六氯環己烷及靈丹皆被 IARC 歸類為一疑似人類致癌物（2B 類）。

五氯苯

　　五 氯 苯 (pentachlorobenzene) 早 期 主 要 是 除 黴 劑 五 氯 硝 基 苯 pentachloronitrobenzene 之中間製程添加物，以及生產四氯化碳(carbon tetrachloride)及苯(benzene)之副產物。五氯苯也以雜質出現在其他含氯及苯之化合物中，其中含五氯苯的氯苯化合物(chlorobenzenes)曾作為多氯聯苯(PCBs)之添加物以增加其黏稠度。此化合物亦曾被作為除軟體動物、除

黴劑及阻燃劑(fire retardant)之使用。五氯苯在大氣中會被光解，半生期約150天，但在水體、土壤及底泥內之微生物降解就相對緩慢，可達數年以上，具有環境蓄積作用。再加上在生物體內之代謝更不明顯，此化合物被認為具較強之生物蓄積及放大作用。研究顯示五氯苯具有生殖及胚胎毒性，但應不具人類致癌性（IARC 第 3 類）。

安殺番

安殺番(endosulfan)或稱**硫丹**，是聯合國較晚加入 POPs 清單的化合物。該物質屬於氯化有機類殺蟲劑，具有兩種異構物（α 及 β）。其用途相當廣泛，用於農作物或牲畜上，除害控制對象包括蚜蟲、金龜、毛蟲、蝨子、蛀蟲、螺類、若蟲、粉蝨等，全球少數地區仍大量使用此物質。按斯德哥爾摩公約 2011 年之協定，此物質將於 2012 年開始管制使用，並對指定用途之使用期再延長 5 年。安殺番在不同環境之半生期差異性極大，從數十到數百天不等，主要與光解、氧化作用及 pH 值等環境條件有關，在空氣中較為快速，約僅有幾天。此化合物在自然環境生物體之蓄積及生物放大作用已被不同研究證實，包括極區，乃因其可大氣長程傳輸之故。相對而言，安殺番具較強之急與慢毒性，尤其對昆蟲及魚類。對人體亦具強急毒性，並被列為最常造成農藥中毒意外事件之殺蟲劑之一，其毒害主要包括神經與生殖系統，近年亦被證實具內分泌干擾作用，但 IARC 及 NTP 都尚未完成其人類致癌性之評估。

聯合國陸續評估其他殺蟲劑之相關特性，並將其列入 POPs 清單加以管制。截至 2018 年，新加入的包括五氯酚（pentachlorophenol, PCP，見第八章）、六氯丁二烯(hexachlorobutadiene)、大克蟎(dicofol)（見第八章）。

7.7　非殺蟲劑類 POPs

此類 POPs 包括**六溴聯苯**(hexabromobiphenyl)、**多溴二苯醚**（四溴～商用八和十溴二苯醚）、**全氟辛烷磺酸及其鹽類和全氟辛烷磺醯氟**（perfluorooctane sulfonic acid, PFOS 和 perfluorooctane sulfonyl fluoride,

PFOSF），以及**全氟辛酸**(perfluorooctanoic acid)，其用途不一，圖 7.5 列出其化學結構式。本文以下則針對這些化合物之使用、物化與環境特性以及生物毒性略作介紹，表 7.4 並列出相關物化特性數據以供參考。另聯合國最近列入 POPs 清單的多氯萘類（Polychlorinated naphthalenes，PCNs，見第十一章）與短鏈氯化石臘(Short-chained chlorinated paraffins)，皆因非單種類化合物，本文不詳加介紹。

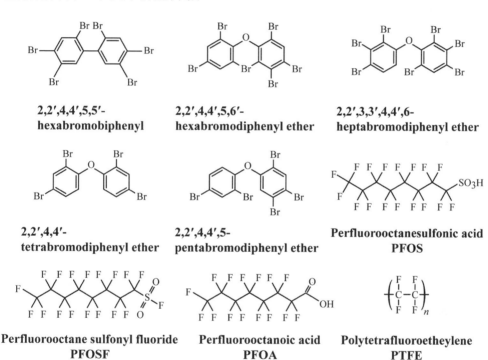

圖 7.5 非殺蟲劑類 POPs 之化學結構式

表 7.4　非殺蟲劑類 POPs 的特性

化合物	CAS No.	化學式	分子量	熔點 (°C)	沸點 (°C)	蒸氣壓 (mmHg)	水中溶解度 (μg/L)	Log K_{ow}	Log K_{oc}	亨利常數 (Pa m³/mol)
2,2',4,4',5,5'-六溴聯苯	59080-40-9	$C_{12}H_4Br_6$	627.584	72	474.4	6.9×10^{-6}	3~11	6.39	3.33~3.87	3.95×10^{-1}
2,2',4,4'- 四溴二苯醚	5436-43-1	$C_{12}H_6Br_4O$	485.791	79~82	395.5	2.5×10^{-4}	11	6.81	10.5	0.85
2,2',4,4',5-五溴二苯醚	60348-60-9	$C_{12}H_5Br_5O$	564.69	93	200~300	4.69×10^{-5} Pa	2.4	6.5~8.4	11.3	0.6
2,2',4,4',5,5'-六溴二苯醚	68631-49-2	$C_{12}H_4Br_6O$	643.583	183	471.1	5.8×10^{-6}	0.9	7.9	11.9	0.26
2,2',3,3',4,5,6-七溴二苯醚	68928-80-3	$C_{12}H_3Br_7O$	722.479	70~150	495.3	3.3×10^{-10}	NA	9.4	4.95	1.9×10^{-7}
十溴二苯醚	1163-19-5	$C_{12}Br_{10}O$	959.17	294	425	6.96×10^{-11}	20-30	6.3-12.6	6.3	1.93×10^{-8}
六溴環十二烷	3194-55-6	$C_{12}H_{18}Br_6$	641.7	186	505.2	6.3×10^{-5} Pa	3.4	5.6	5.1	0.14~68.8
全氟辛烷磺酸 (PFOS)	1763-23-1 / 2795-39-3	$C_8F_{17}SO_3H$ / $C_8F_{17}SO_3K$	500.130	90	133 at 0.8 KPa	2.0×10^{-3}	519~680mg/L(鉀鹽)	-1.08 (鉀鹽)	5 與 2.57 (鉀鹽)	3.09×10^{-9} (鉀鹽)
全氟辛烷磺醯氟(PFOSF)	307-35-7	$C_8F_{18}O_2S$	502.12	-18~30	154~155	<1.33 KPa	可溶於水	NA	NA	NA

表 7.4 非殺蟲劑類 POPs 的特性（續）

化合物	CAS No.	化學式	分子量	熔點(°C)	沸點(°C)	蒸氣壓(mmHg)	水中溶解度(μg/L)	Log K_{ow}	Log K_{oc}	亨利常數(Pa m³/mol)
六氯-1,3-丁二烯	87-68-3	C_4Cl_6	260.76	-21	215	0.2	2.55 mg/l	4.78	3.67	1.03×10^{-2}
短鏈氯化石蠟(C10~13)商用	85535-84-8	$C_xH(2x-y+2)Cl_y$	320~500	-30~21	>200	2.8~ 0.028×10^{-7} Pa	400~960	4.48~ 8.69	4.07~ 12.55	0.7~18
全氟辛酸(PFOA)	335-67-1	$C_8HF_{15}O_2$	414.07	40~50	189~192	0.525	9.5×10^3 mg/L	4.81	1.8	NA
氯化萘(Cl 2~8)		$C_{10}H_{8-n}Cl_n$		-2.3(mono) ~192(oct)	260(mono) ~440(oct)	1.3×10^{-4} 0.17~	4~4×10^{-2}	4.66~8.3 NA	NA	1.17×10^{-4} ~4.48×10^{-5}

○NA 魚相關數據。

六溴聯苯

六溴聯苯(hexabromobiphenyl, HBP)是屬於**多溴聯苯**(polybrominated biphenyls, PBBs)的一種同族物(homologue)。按溴元素於苯環之位置，HBP 共有 42 種可能的同分異構物(isomer)（多溴聯苯命名原則請參考第十章有關多氯聯苯命名之介紹）。根據聯合國的資料顯示，其幾乎已在全球停止生產，而在早期之主要用途為阻燃劑(fire retardant)，添加於作塑膠外殼或建材的 ABS 樹脂（acrylonitrile 丙烯腈、butadiene1,3 丁二烯、styrene 苯乙烯），或者是車內裝潢用之聚氨酯(polyurethane, PU)泡棉中。雖然 HBP 之揮發性與其他 POPs 相比之下較低，但其在環境中相當穩定，除光解外幾乎不會產生任何降解作用，微生物之分解亦緩慢，估計其在土壤或底泥之半生期應該都超過半年以上。研究顯示 HBP 之生物蓄積及食物鏈放大作用都相對明顯，再加上大氣長程傳輸作用（雖然揮發性不高），此物質被普遍發現存在於極區之高等哺乳動物體內。六溴聯苯應是所有多溴聯苯(PBBs)中毒性最強的，屬於**似戴奧辛物質**（dioxin-like compounds，詳見第十章）。一般而言，六溴聯苯之急毒性不強($LD_{50}>1g/kg$)，但具有肝臟、生殖與內分泌（尤其甲狀腺）影響等慢毒性，且這些毒性被發現於存在暴露在相對較低劑量的動物體內。IARC 將其歸類為疑似一人類致癌物（第 2B 類）。

多溴二苯醚

多溴二苯醚(poly-bromodiphenyl ether, PBDE)之家族化合物共計有 209 種的異構物(congeners)（多溴二苯醚命名原則請參考第十章之多氯聯苯命名之介紹）。聯合國所管制的 PBDE 皆屬於較高含溴之二苯醚（四～五溴以上至十溴）。

四溴和**五溴二苯醚**（tetra-和 penta-bromodiphenyl ether, TBDE 和 PBDE）亦屬於**多溴二苯醚**(poly-bromodiphenyl ether, PBDE)之家族化合物，前者有 42 種可能之同分異構物，後者則有 46 種。此兩類化合物主要出現在工業用五溴二苯醚 (commercial penta-bromodiphenyl ether, C-pentaBDE)之中，尤其 2,2', 4,4'-tetrabromodiphenyl ether (BDE-47)及

2,2',4,4',5-pentabromodiphenyl ether (BDE-99)含量最高,比例分別約為 40% 與 45%,而其他 BDE 之含量皆不超過 10%。其主要用途為阻燃劑,最常添加於聚氨酯泡棉中,占所有使用量之 95~98%。此材質中含約 10~18% 之 C-pentaBDE,並用於家庭、汽車與飛機內部裝潢。少部分之 C-pentaBDE 曾被添加於一般電器內或印刷電路板之塑膠材質,以及油漆、染料、橡膠、潤滑油等。四溴和五溴二苯醚在前述商品之添加、製作或廢棄過程皆有可能釋出。在全球大量使用 C-pentaBDE 之年份,估計每年用量約在 15,000~27,000 噸之間,而釋出空氣中之量約在 7,500~13,500 kg 之間。五溴二苯醚之環境半生期推估值如下:土壤 150 天、有氧狀態底泥 600 天、水 150 天、空氣 19 天。C-pentaBDE 物質可被長程傳輸,在生物體內及食物鏈中分別被證實具有相對較高之蓄積及放大作用,因此,也被普遍地發現存在於環境以及一般人體內,而在生態系統中頂端消費者(包括人類)之檢出濃度偏高亦讓環境學者擔憂。毒理研究顯示 BDE-47 及 BDE-99(C-pentaBDE 中含量最高者)有可能是所有多溴二苯醚中蓄積性及毒性最強者,毒性影響包括生殖系統、神經發育及甲狀腺分泌等,此兩類化合物之致癌性皆尚未評估。

六溴和七溴二苯醚(hexa-和 hepta-bromodiphenyl ether,hexa-和 hepta-BDE)亦屬於**多溴二苯醚**(poly-bromodiphenyl ether, PBDE)之家族化合物,前者有 42 種可能之同分異構物,後者則有 24 種。此兩類化合物主要出現在工業用八溴二苯醚(commercial octa-bromodiphenyl ether,或稱 C-octaBDE)之中,比例分別約為 12%與 45%。而 C-octaBDE 另含有五溴二苯醚(penta-BDE, ≦0.5%)、八溴二苯醚(octa-BDE, ≦33%)、九溴二苯醚(nona-BDE, ≦10%)以及十溴二苯醚(deca-BDEs, ≦0.7%)(不同地區生產之 C-octaBDE 可能會有不同比例,但相差不大)。其主要用途為阻燃劑,並添加於不同高分子聚合物中,如:ABS 樹脂(最大宗者)、耐衝擊聚苯乙烯(HIPS)及聚醯胺(polyamide),並做成辦公室用之各種設備、建材、機器外殼等。由於此添加物並非與原料產生化學結合,因此會逐漸地釋入環境中。一般而言,含溴較高之 PBDE 在環境中之分解都較為不易,預期僅能藉由去溴作用(debromination)將高溴化合物轉換為較低溴之異構物。不同 PBDE 之生物蓄積及放大作用差異性極大,不僅與含溴量有關,亦與溴

化位置有關。但一般而言,六溴～八溴都有較高之 K_{ow} 及 BCF,如 2,2',4,4',5,5'-六溴二苯醚(BDE-153,溴化位置於苯環上 2,2',4,4',5,5')之 log K_{ow} 為 7.9,而七溴及八溴 PBDE 之 BCF 則分別為<1.1～3.8 與 10～36。六溴和七溴二苯醚其他不同類之 BDEs,被普遍發現存在於不同之環境樣本,以及一般大眾體內與婦女乳汁中。由於環境中一般生物對 C-octaBDE 之吸收性並不好,尤其是水中生物(PBDE 具低水溶性),因此其毒性較低,但慢性毒害仍有待研究證實。對人體可能造成的慢性毒害包括免疫影響與延遲性神經毒性(發育行為影響)。聯合國專家目前認為 PBDE 化合物(包括六溴和七溴),雖然種類繁多、性質不一,且相關研究較少,但在毒理上因將其視為與 PCBs(多氯聯苯,見第十章)類似之化合物加以管制。此兩類化合物之致癌性皆尚未被評估。

商用十溴二苯醚亦是含多種含溴二苯醚異構物之混合物(主要是九與十溴),其主要用途仍是做為阻燃劑。在 2001 年之前,商用十溴二苯醚的全球需求量約為 56,100 公噸,主要生產於美洲(24,500)、亞洲(23,000)與歐洲(7,600)。

全氟辛烷磺酸與全氟辛烷磺醯氟

全氟辛烷磺酸(perfluorooctane sulfonic acid, PFOS)是陰離子態的化合物,通常與其他陽離子形成鹽類(如鉀、鋰、二乙醇胺 diethanolamine、氨等),或結合其他高分子形成聚合物,因此以全氟辛烷磺酸衍生出之化合物(以下皆稱 PFOS 物質),據統計可多達 100 種以上。歐盟定義 PFOS 物質之分子通式為 $C_8F_{17}SO_2Y$(Y 可為 OH、金屬或其鹽類、鹵素、氨基化合物及聚合物)。

全氟辛烷磺醯氟(perfluorooctane sulfonyl fluoride, PFOSF)是製造 PFOS 或其衍生物之原料化合物,最早在 1949 年由美國 3M 公司生產,而在 2000 年 3M 宣布停止製造之前,全球估計每年約生產 4,500 噸。其後雖然產量已大量減少,但保守推算全球之累積產量應至少達 12 萬噸以上。

由於其化學結構之故,PFOS 物質同時具**疏水性**(hydrophobic)與疏脂性(lipophobic),被廣泛地運用於防汙或防附著用途,如滅火泡沫、地毯、防汙劑(如 3M 的 Scotchgard™)、皮革、設備、紙張與包裝物、紡織品、

油蠟、亮光漆、塗料、金屬表面處理（電鍍）、工業與家用各種清潔劑等。此外，半導體業之光刻作業(photolithographic)所使用的部分藥劑亦含有 PFOS 物質。在所有的用途中，應屬金屬電鍍及滅火泡沫之使用，是環境含量之最大貢獻者。

雖然 PFOS 物質種類繁多且物化及生物特性皆不同，但在自然環境中最終都可能被降解或生物分解而釋出 PFOS（包括 PFOSF）。由於碳、氟鍵結是已知自然界最強之化學鍵結之一，因此 PFOS 本身結構即非常穩定，在一般環境不同條件下不會被光、水及生物分解，其水體半生期估計應超過 40 年，被普遍發現存在於不同環境介質中。PFOS 本身之揮發性並不高，反而是部分的 PFOS 物質因具有較高之蒸氣壓（較高揮發性），因此可透過大氣傳輸至偏遠地區，PFOS（或其物質）雖然會蓄積於生物體內，但不同於其他高親脂性之 POPs，會累積於含脂質較高之部位。文獻顯示高等動物體內 PFOS，主要存在於肝臟及血液中之蛋白質而非脂質，其在人體之半生期估計應超過 4 年。PFOS 之生物放大作用在不同之研究中亦被證實。雖然 PFOS（或其物質）之毒理機制目前尚未明確，但其毒性主要包括免疫力抑制、生殖（降低實驗動物生育力及幼兒神經發育）與內分泌（甲狀腺）影響、肝臟、消化與呼吸系統毒性。IARC 或 USEPA 目前皆仍未認定其人類致癌性。PFOS（或其物質）具有不同之生態毒性，包括對魚類及其他水生無脊椎動物。雖然吾人目前對 PFOS 之毒性尚為完全掌握，但相關環境含量研究之結果顯示，某些地區之人類體內或生態系統，可能已累積達到產生毒害之程度。

除上述之 PFOS 及 PFOSF，目前國際關注另一**全氟化合物**(perfluorinated chemicals, PFCs)是**全氟辛酸**（perfluorooctanoic acid, PFOA，亦稱 C8），其已於 2019 年被列入聯合國 POPs 管制清單附件 A。PFOA 是製造聚四氟乙烯(polytetrafluoroethylene, PTFE，可用於生產鐵氟龍 Teflon® 及 Gore-Tex®）之原料，亦曾做為其他類似於 PFOS 物質之用途，但主要是以鈉鹽及氨鹽（作為擴散劑）型態使用最多。環境中所發現 PFOA 源自許多含氟聚合物之分解（包括 PFOS）、製程釋放以及各種用途之釋出。此物質之毒性類似於 PFOS，但其生物蓄積作用不如 PFOS。IARC 或 NTP 目前仍未判定其人類致癌性之分類。表 7.5 列出 30 種（27 類）POPs 之相關毒性供讀者參考。

表 7.5　聯合國列管 POPs 的不同毒性效應

編號	中英文名稱	內分泌干擾 [a]（人類/野生生物）	生殖/發育毒性	致癌性 [b]	基因毒性	免疫毒性	神經/行為毒性
1	阿特靈 Aldrin	2/2	√	3	√	√	√
2	可氯丹 Chlordane	1/2	√	2B	√	√	√
3	滴滴涕 DDT	1/1	√	2A	√	√	√
4	地特靈 Dieldrin	2/2	√	3	√	√	√
5	安特靈 Endrin	2/2	√	3	X	X	√
6	六氯苯 Hexachlorobenzene	1/3	√	2B	√	√	√
7	飛佈達 Heptachlor	2/3	√	2B	X	√	√
8	滅蟻樂 Mirex	1/2	√	2B	X	√	√
9	毒殺芬 Toxaphene	1/2	√	2B	√	√	√
10	十氯酮 Chlordencone	1/2	√	2B	√	√	√
11	六氯環己烷 α,β-Hexachloro-cyclohexane	3B/3B	√	2B	√	√	√
12	五氯苯 Pentachlorobenzene	1/3B	√	3	X	X	X
13	靈丹 Lindane	1/2	√	2B	X	√	√
14	安殺番 Endosulfan	2/2	√	3	X	√	X
15	五氯酚 Pentachlorophenol	1/3B	√	2B	√	√	√
16	多氯聯苯 Polychlorinated biphenyls	1/NA	√	1	√	√	√
17	六溴環十二烷 Hexabromocyclododecane	√	√	ND	ND	ND	√

表 7.5 聯合國列管 POPs 的不同毒性效應（續）

編號	中英文名稱	內分泌干擾 a（人類／野生生物）	生殖／發育毒性	致癌性 b	基因毒性	免疫毒性	神經／行為毒性
18	六溴聯苯 Hexabromobiphenyl	1/NA	√	2B	X	√	√
19	六氯丁二烯 Hexachlorobutadiene	X	√	3	√	X	√
20	十溴二苯醚 Decabromodiphenyl ether	NA/2	√	3	√	√	√
21	全氟辛烷磺酸與全氟辛烷磺醯氟 Perfluorooctane sulfonic acid and Perfluorooctane sulfonyl fluoride	√	√	2B	X	√	√
22	短鏈氯化石蠟 Short-chain chlorinated paraffins	1/NA	√	2B	X	X	X
23	多氯戴奧辛與呋喃 Polychlorinated dibenzo-p-dioxins and -furans	1/NA	√	1	X	√	√
24	氯化萘 Chlorinated naphthalenes	√	√	X	X	X	√
25	大克蟎 Dicofol	3/2	√	3	X	√	√
26	全氟辛酸 perfluorooctanoic acid	√	√	2B	X	√	√
27	多溴二苯醚 polybromodiphenyl ether	2/NA	√	ND	X	√	√

> 以上有些化合物包含不同異構物，其毒性不一，上表以毒性最強者為代表化合物
> √：陽性，X：陰性，NA：無資料，NC：未定論，ND：無數據. DLC:
> a. 內分泌干擾分類原則依照歐盟 EU-Strategy for Endocrine Disruptors 分類如下：
> 1：在至少一種物種上有證據顯示可產生內分泌干擾效應
> 2：至少具有體外（in vitro）實驗上之證據顯示可產生內分泌干擾效應
> 3：無資料或無足夠證據顯示該物質可產生內分泌干擾效應，另分為 A、B、C 三小類
> A：有數據顯示在野生生物或哺乳類上產生內分泌干擾效應
> B：有數據但不足以證實具內分泌相關之效應
> C：有數據顯示不應列入名單者
> b. 依據 IARC 的分類系統，參見第五章

7.8 其他內分泌干擾素

此節所列之環境荷爾蒙，通常亦具有環境汙染普遍性及強內分泌干擾作用，但不具 POPs 之一些環境持久與蓄積特性。以下針對這些物質之相關特性，特別是毒害略作介紹。

烷基酚類與乙氧烷基酚

烷基酚類 (alkylphenol) 與乙氧烷基酚 (alkylphenolethoxylates, APEOs)，此兩類是屬於長鏈烷基酚化合物，其中壬基酚（nonylphenol, NP，見圖 7.3）與辛基酚（octylphenol, OP，見圖 7.3）具有較強的仿雌激素作用。一般工業用之 NP 是以 4-NP (90%) 與 2-NP (10%) 為主之混合物，且是許多工業合成製品的原料或中間產物，例如酚類樹脂和抗氧化劑的製造、聚合反應添加劑等。NP 早期被使用做為非離子性界面活性劑 (surfactant) 或乳化劑，並添加於一般清潔劑、殺蟲劑、皮革、紡織品、橡膠中，但現今此類用途已較少見。APEO 在環境中之降解亦可生成包括 NP 的一些烷基酚類。NP 的水溶性約為 3,000 ppm，蒸壓為 10 Pa。在較酸性的環境中，NP 不易被分解，且具有生物蓄積性。一般都市廢水經處理後，NP 的含量仍可達原來之 70%以上，而生物汙泥中之濃度更可達數千 ppm。水中 APEO 物質的降解應是 NP 的主要來源。由於一般汙水處理設施無法有效地去除此物質，因此在全球各地區不同水體普遍地可發現其存在，濃度約在數 10ppt～ppb 之範圍。

NP 對水中生物的急毒性極強，其 LC_{50} 在 0.13~5 mg/L 之間。NP 與 OP 能誘導雄魚體內卵黃先質 (vitellogenin) 之合成，並與雄體雌性化 (feminization)、發展出卵巢（雙性，intersex）有關，而造成此類作用的水中濃度約在 ppb (μg/L) 之範圍，接近一般水體中 NP 與 OP 的濃度。NP 亦被發現可造成蛙類雙性現象。NP 對人體之影響應與其內分泌干擾特性有關，並可能具有生殖毒性，但目前研究仍不足。而其神經毒性亦未被確認，IARC 或其他機構皆尚未判定此類物質的致癌性。目前有許多國家管制 APEOs 或部分烷基酚類 (NP) 之使用，包括加拿大、歐盟、日本、美國等。

我國環保署也於 2007 年將壬基苯酚、壬基苯酚聚乙氧基醇兩種物質列為第一類毒性化學物質，並在 2008 年禁止使用於製造家用清潔劑。

雙酚 A

雙酚 A (bisphenol A, BPA)（見圖 7.3）被大量使用於製造聚合碳酸物（polycarbonate, PC，約占所有使用量之 65%）、環氧樹脂及其他聚合物，並可添加於一些特殊建材、表面處理物質、染料、樹脂類之補牙填充物中。由於雙酚 A 使用廣泛，一般環境中皆可發現此物質的存在。BPA 之水溶性為 120~300 mg/L，蒸氣壓為 10^{-8} Pa。此物質也具有生物蓄積性。雖然 BPA 於一般水體的濃度約在 ppt (ng/L)之範圍，但容易被氧化。累積在厭氧狀態水中底泥的 BPA，其分解則相當有限。

雙酚 A 對水中生物的 LC_{50} 約在 1~10 ppm 的範圍，但在更低的濃度時，即能產生仿雌激素之作用。研究顯示，BPA 能影響蛙類的性徵表現、螺類之產卵，以及抑制免疫系統作用使其較易受感染。對魚類之生殖亦會產生影響，包括精子與卵子品質、胚胎孵化率與產卵率、畸形與雙性等。

在 BPA 之所有用途中，以使用於食物或飲料容器（PC 材質）之釋出為人體最主要暴露源。人體可能因使用含有 BPA 的食品或盛水容器、補牙填充物等而與其接觸。BPA 由此類製品滲漏後，可被人體吸收。動物試驗的結果顯示 BPA 對哺乳類動物具有仿雌激素之作用，會產生精子數減少、幼體發展較遲緩、前列腺重量變化等毒害。目前相關研究對 BPA 之人體健康危害認定尚未明確，但被懷疑可能與幼兒腦部和生殖器官發育、女性發育、生育以及肥胖有關。IARC 尚未對 BPA 判定其致癌性分類。目前對雙酚 A 管制的國家包括日本、歐盟、美國、加拿大以及臺灣等。

鄰苯二甲酸酯類

鄰苯二甲酸酯類(phthalates)化合物主要是做為塑化劑(plasticizer)並添加於不同塑膠材料之使用，包括黏膠、食品容器與包裝材料、玩具、醫用血袋和膠管、個人護理用品、塑膠地板和壁紙、清潔劑、蠟、漆、油墨。此類化合物亦作為乳化劑、結合劑、潤滑劑、擴散劑、穩定劑、外膜、懸

浮劑等使用,因此用途相當地廣泛。以 PVC(聚氯乙烯)為例,75%之 PVC 製品皆含有此類塑化劑,其中以鄰苯二甲酸二(2-乙基己基)酯(di (2-ethylhexyl) phthalate, DEHP)(圖 7.6)的使用較多。一般的塑膠製品皆可能含有此類化合物。全球目前較常使用之此類物質至少超過 50 種以上,且總使用量相當驚人,單是塑化劑之每年消耗量就高達 600 萬噸。不同鄰苯二甲基酯類化合物之毒理特性皆有差異,目前科學證據指出可能具有內分泌影響作用的有鄰苯二甲酸甲苯基丁酯(benzyl butyl phthalate, BBP)、鄰苯二甲酸二丁酯(dibutylphthalate, DBP)、鄰苯二甲酸二戊酯 (Di-n-pentyl Phthalate, DPP)、鄰 苯 二 甲 酸 二 (2-乙 基 己 基) 酯 (di(2-ethylhexyl)phthalate, DEHP)以及鄰苯二甲酸二乙酯(diethyl phthalate, DEP)(圖 7.6)。

　　DBP、BBP、DEHP 水溶解度皆不高,約在數個 ppb 到 ppm 範圍不等,且具有微揮發性與生物蓄積性,但在較高等之動物體內卻不易產生蓄積作用,因其具較佳之代謝能力。相對而言,DEP 之水溶解度達 1,000 ppm,這些物質在一般環境中也較易被微生物降解。在環境中的大部分鄰苯二甲基酯類皆蓄積在土壤,但一般水體也能檢測此類物質的存在,其濃度約在

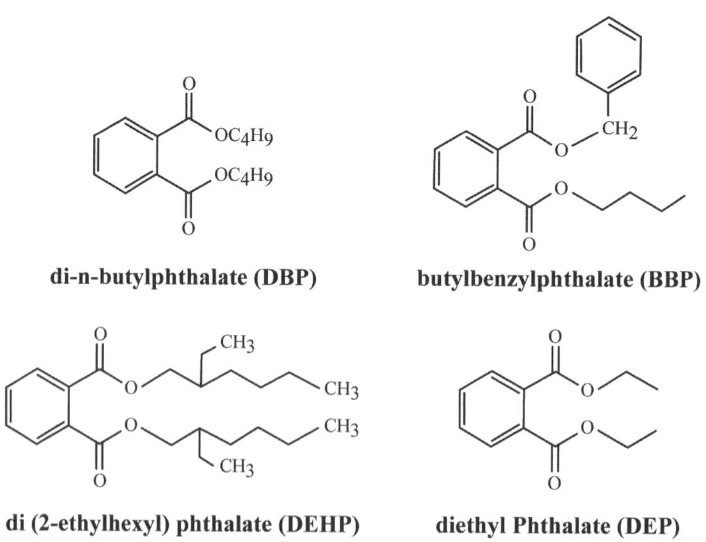

圖 7.6　四種被認為具內分泌干擾作用之鄰苯二甲基酯類化合物

數十到數百 ppt (ng/L)之間。一般人體內的鄰苯二甲基酯類主要是來自食物之食入。

DEHP、DBP、BBP 皆能影響野生動物體的內分泌功能，並可影響節肢動物之脫殼，造成鳥類和爬蟲類之蛋殼變薄，或改變生殖腺體功能與作用等。DBP 對水中生物之急毒性與 BBP 相近，LC_{50} 或 EC_{50} 約為 0.1~10 mg/L。DBP 能對生物體內的雄激素產生作用，並造成雄性性徵的異常發展。目前對 DEHP 之人體影響研究尚未有明確結論，可能具有女性生殖及孩童發育行為毒害，以及內分泌（甲狀腺）及免疫影響。DEHP 曾被 IARC 分級為可能人類致癌物(2B)，但於 2000 年時將其重新歸於第 3 類，即未確定之人類致癌物，不過美國 NTP 於 2005 年仍認定為有理由預期之人類致癌物。

BBP 被認為可能會降低甲狀腺素及精子數，且對男童生殖器的發育會產生異常並有生殖毒性與畸胎性，但尚未被完全證實。IARC 尚未判定 BBP 之人類致癌性（第 3 類）。DBP 可能會產生之影響包括生殖器官發育及畸胎性、降低生育力及懷孕成功率、內分泌干擾、降低甲狀腺素及精子數，但相關毒性仍有待確認。目前 IARC 亦未判定 DBP 之人類致癌性（第 3 類）。相對而言，DEP 之毒害較不及前三種化合物，研究結果顯示其可能具生殖與發育毒性，目前 IARC 尚未對 DEP 進行致癌性評估。

臺灣曾於 2011 年 5 月發生 DEHP 被非法作為起雲劑（clouding agent，可使飲料產生霧狀及濃稠狀）添加於飲料及食品中，造成大眾恐慌與國際媒體關注之事件，整起事件又被稱為「塑毒風暴」。該事件起因於臺灣衛生福利部食品藥物管理署因一件保健產品之送檢而發現內含 DEHP，進而調查發現起雲劑供應廠商非法販賣 DEHP 予下游廠商超過 20 年以上。相關單位更進一步的調查發現 DINP（diisononyl phthalate，鄰苯二甲酸二異壬酯）亦被非法使用。雖然當時 DEHP 與 DINP 都是合法的塑膠製品塑化劑，但未被法令允許做為食品添加劑。最後調查出使用 DEHP 之食品或飲料相關廠商多達 150 家以上，而受汙染產品將近 500 項。其後，衛生福利部即刻公告「塑化劑汙染食品之處理原則」，規定 5 大類食品包括運動飲

料、果汁飲料、茶飲料、果醬或果漿或果凍、膠囊錠狀、粉狀之型態若未能提出安全證明者將禁止販售。由於此事件之發生及影響層面擴大，也讓環境荷爾蒙對人體健康危害之議題再次被廣泛討論，但截至目前仍無相關研究調查探討或證實該汙染事件對本國民眾之健康危害。目前歐盟有管制的鄰苯二甲酸酯包括 DDP、DEHP 於特殊用途之限用，而加拿大衛生部限制 6 種鄰苯二甲酸酯類物質（DEHP、DINP、DBP、BBP、DNOP 及 DIDP）使用於軟質聚氯乙烯（PVC）之兒童玩具及兒童護理產品(child-care products)中之含量。日本則將多數此類物質皆列為環境荷爾蒙清單並加以管制。我國環保署已將 7 種塑化劑如 DEHP、DBP 等列為第一或第二類毒化物並加以管制。

有機錫－三丁基錫

有機錫(organotin)化合物最主要用途為 PVC（聚氯乙烯，polyvinyl chloride）添加劑以及防黴、除藻、殺菌、殺軟體動物、木材防蟲處理等生害防除劑，前者使用量約占總量之 2/3，而後者以做為船底處理之用量較多。有機錫包括三丁基錫(tributyltin, TBT)、三苯基錫(triphenyltin, TPT)、甲基錫類（mono-或 di-或 tri-methyltins）、辛基錫類（mono-或 di-octyltins）等之氧化物或鹽類，美國統計大量使用之有機錫化合物總數有 31 種，部分有機錫及其鹽類之化學結構式則列於圖 7.7。早期全球之有機錫使用量約為每年 2 萬噸以上，其中使用較多者為 TBT，而其對微生物的毒性也是有機錫類中最強者。

TBT 在 60~70 年代被大量使用做為船底、魚網、水產養殖網等之防生物附著劑（船底防汙劑，antifouling agent），並因此而進入一般的水體中。TBT 亦被添加於紙漿或纖維中做為抗菌之用。許多國家皆因 TBT 對水中生物的毒性，約在 80~90 年代時期開始嚴格限制其用途，例如當時法國及美國規定長度小於 25 公尺的小型船隻禁用 TBT 做為船底防汙劑，其後更完全限制此類用途。國際海事組織(International Maritime Organisation, IMO)則於 2001 年開始積極推動氧化三丁錫禁用於船舶防汙漆的政策。歐盟於 2008 年禁止使用含有氧化三丁錫的船舶航行於歐盟海域。國內毒性

化學物質管理法於 2005 年公告，全面禁止使用氧化三丁錫於製造船用防汙漆。

TBT 的水溶性在 3~60 mg/L 之間，其辛醇／水分配係數(octanol/water coefficient, K_{ow})的對數值在 3.14~3.89 範圍，而蒸氣壓為 10^{-3} Pa。TBT 具有生物蓄積性，但仍可被微生物、一般生物緩慢地分解或代謝為無機類錫。環境中 TBT 的衰減半生期可達數年之久。水中的 TBT 可形成 TBT 正離子，並與氫氧、氯、重碳酸等負離子作用形成複合物。

在 80 年代，TBT即被發現普遍地存在於一般水中底泥與底棲性之生物體內。TBT於一般水中的濃度約在ng/L之範圍，但在船運頻繁的河海港或水體中，其濃度可達µg/L以上，而在該地區底泥或底棲生物中的濃度更可達數百mg/kg。在都市廢水處理廠所產生之汙泥中，亦可發現TBT的存在。

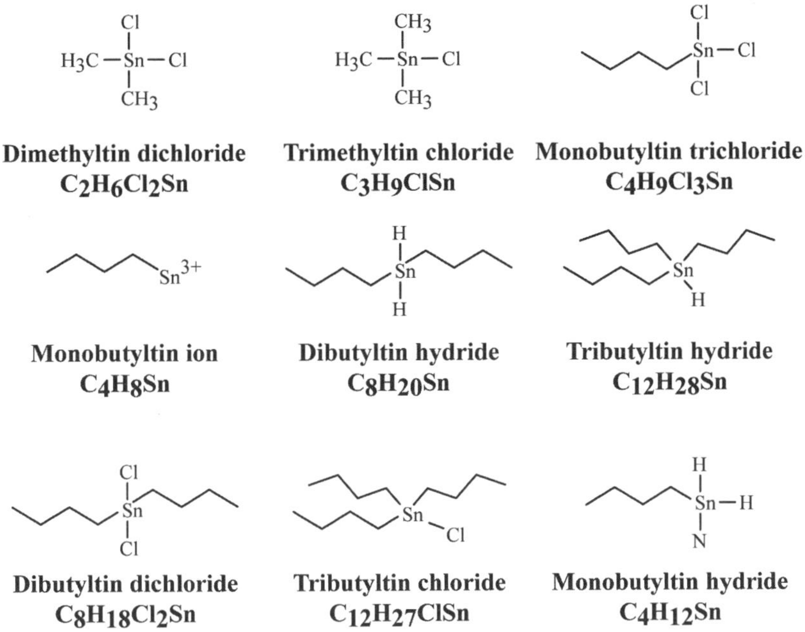

圖 7.7　不同有機錫之化學結構式與分子式

由於 TBT 具有極高的**生物濃縮係數**（BCF，約在 1,000~7,000 L/kg 的範圍），因此 TBT 被發現普遍地存在於一般水產生物體內；一般魚類肌肉所含 1~3 丁基錫（總有機錫）的含量為 5~230 ng/g，海鳥的肝與腎為 300 ng/g，而海洋哺乳類動物的肌肉為 13~395 ng/g。TBT 進入人體的主要途徑也是透過食物鏈傳遞的方式。針對 TBT 對人體的安全性，日本政府所採用的 ADI（**每日安全攝取量**，acceptable daily intake）值為 1.6 μg/kg/d，而其他國家的相關機構則在 0.25~5.0 μg/kg/d 之間。日本人由於攝取大量的水產，因此其每日 TBT 攝取量也較高，約為 1.5~10 μg/day 之範圍；但若以劑量表示（體重 60~65 kg），則仍低於其訂定之 ADI 值。世界衛生組織 (WHO) 所訂定 TBT 之 ADI 為 0.5 μg/kg/d。

TBT 及其他有機錫會影響生物體內雄激素的正常作用，而對一些螺貝類之影響最為明顯，其 NOEL 約為 5 ng/L。暴露於 TBT 的雌性螺類會產生**性變異**(imposex)（圖 7.8），並長出陰莖，以及發生輸卵管與卵巢阻塞或發育異常之現象，而其生殖能力亦受阻。此特異之現象在全球各海港水域皆可發現，表示現今 TBT 之汙染程度以及其對生態危害的嚴重性。TBT 亦會影響貝類殼的厚度與硬度，抑制其生長與卵的成熟及產卵。目前環境蓄積之 TBT 透過食物鏈對人體的慢性影響尚待評估，但生物蓄積作用導致一般人體內或多或少皆含有此物質。TBT 對試驗動物的免疫與生殖系統具危害性。IARC 尚未評估 TBT 之人類致癌性，美國 EPA 則將其歸為 D 類（尚未確定）。其他有關錫化合物的毒性，本書在第九章中有較詳細的介紹。

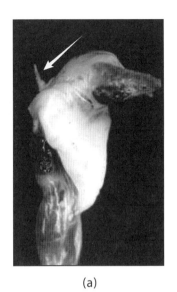 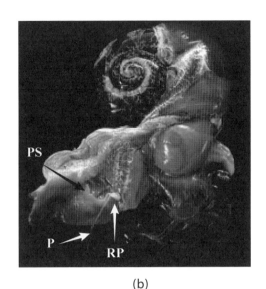

(a) (b)

圖 7.8　(a)臺灣海域所捕獲之雌蚵岩螺長出陰莖（箭頭所指處）。
　　　　(b)臺灣淡水域捕獲之雌福壽螺性變異狀況
　　　　（RP：陰莖基底，P：陰莖，PS：陰莖鞘）。

　　照片由中山大學海洋生物所劉莉蓮教授及劉文惠提供。

7.9　藥物和個人衛生保健用品(PPCPs)

　　藥物和個人衛生保健用品(pharmaceuticals and personal care products, PPCPs)是近 20 年環保學者專家特別矚目之另一類水體環境汙染物。PPCPs可依其用途區分為兩大類化學物質，前者包含一般及處方籤用藥以及營養補充劑（nutraceuticals，如維生素、礦物質、天然藥物成分等），目前被認為有可能對水體環境產生衝擊而較被關注者包含抗生素(antibiotics)、止痛與消炎劑（analgesics 與 anti-inflammatories）、避孕或生理用類固醇荷爾蒙(steroid hormones)、抗憂鬱藥(anti-depressants)、血脂調節劑(lipid regulators)、β-阻斷劑(β-blockers)、抗癲癇劑(anti-epileptics)、抗組織胺(anti-histamine)等。另外，包括安非他命、K 他命、嗎啡、古柯鹼、海洛因、咖啡因、尼古丁、LSD 等成癮物質或禁藥(illicit drugs)亦曾被列入 PPCsP名單中。PPCPs 物質使用對象不僅限於人類而已，亦包括寵物及畜、漁產

生物。一旦被使用或未用而丟棄，由於通常具有相對較高之水溶性，其（或代謝物）終將直接或間接地透過不同途徑留滯於土壤或進入地表水體或地下水環境，甚至流入自來水供水系統或海洋系統。例如藥物可透過人體之排泄或過期者直接丟棄於馬桶而進入化糞池再進入下水道系統，而一般汙水處理廠之二級生物處理通常無法有效地將其去除，因此很容易在其放流水或其下游水域檢出。

個人保健用品成分物質則被廣泛地使用於肥皂、洗髮精、沐浴清潔液、牙膏、芳香劑、護膚品、防曬霜、髮膠、染髮劑、防蚊液等日常生活用品上。這些物質之用途包括抗菌消毒、防曬、防腐、驅蟲、香料、去汙等，且亦不侷限使用於人體。由於其高用量且使用方式之多樣化與開放性，因此造成流入環境之機會大增。例如直接塗抹於皮膚上之防曬霜及防蚊液被清洗後，即可直接進入下水系統。圖 7.9 顯示 PPCPs 在環境之流布狀況。

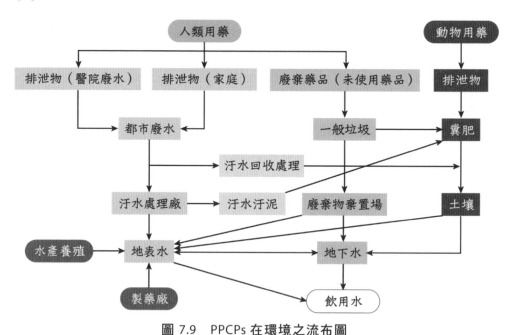

圖 7.9　PPCPs 在環境之流布圖

美國地質調查署(U.S. Geological Survey, USGS)的毒性物質水文計畫 (Toxic Substances Hydrology Program)，從 1999 年開始檢測全美 30 州，139 條河川的 PPCPs 物質，於 2000 年之調查結果發現有 80%之水體可被檢出 含 1 種以上的新興汙染物，雖然含量很低（通常低於 1 ppb），但可見其汙染之普遍性。在該調查中最常被檢出之物質是糞便固醇（coprostanol，為類固醇物質在高等動物腸道被細菌之分解產物）、膽固醇、待乙妥 （N-N-diethyltoluamide, DEET，又稱敵避、敵避胺、避蚊胺，為防蚊液主要成分）、咖啡因、三氯沙（triclosan，消毒殺菌防黴劑）等。表 7.6 列出文獻記載不同國家或地區汙水處理廠放流水中檢出藥物之數據以供參考。英國學者列出亟需進行調查之人體用藥包括 aminophylline, beclametasone, theophylline, paracetamol, norethisterone, codeine, furosemide, atenolol, bendroflumethiazide, chlorphenamine, lofepramine, dextropropoxyphene, procyclidine, tramadol, clotrimazole, thioridazine, mebeverine, terbinafine, tamoxifen, trimethoprim, sulfamethoxazole, fenofibrate, diclofenac 等；動物用藥則包括 amitraz, amoxicillin, amprolium, baquiloprim, cephalexin, chlortetracycline, clavulanic acid, clindamycin, clopidol, cypermethrin, cyromazine, decoquinate, deltamethrin, diazinon, diclazuril, dihydrostreptomycin, dimethicone, emamectin benzoate, enrofloxacin, fenbendazole, flavomycin, flavophospholipol, florfenicol, flumethrin, ivermectin, lasalocid Na, levamisole, lido/lignocaine, lincomycin, maduramicin, moensin, morantel, neomycin, nicarbazin, nitroxynil, oxolinic acid, oxytetracycline, phosmet, piperonyl butoxide, poloxalene, procaine benzylpenicillin, procaine penicillin, robenidine HCl, salinomycin Na, sarafloxicin, sulphadiazine, tetracycline, tiamulin, tilmicosin, toltrazuril, triclabendazole, trimethoprim, tylosin 等。

全球在 2009 年之藥品銷售量已達 7,730 億美元，而且近 10 年每年之成長率皆超過 4%。到了 2018 年，藥品市場已達 9,820 億美元。單在美國的藥物使用量從 1999 年的 20 億到 2009 年的 39 億美元，成長率也相當驚人。歐洲義大利、英國、法國在近 10 年之藥品銷售量成長率平均亦超過

10%；臺灣在 2005~2006 年之進口抗生素即高達 7,500 噸。個人營養補充劑(nutraceuticals)的全球使用量隨著人口老化、預防保健觀念漸增、平均壽命提升等因素亦有相當高之成長率。美國之個人營養補充劑市場在 2009 年即高達 230 億美元，且每年亦有約 10%之成長，而 2016 年全球數據顯示已達 1,328 億美元。

至於個人衛生保健用品類化合物的使用量則因為種類繁多而無從估計，但從此類用品的消耗量成長速度亦可預期化合物未來對環境衝擊亦將加劇。以美國為例，在 1990 年統計個人衛生保健用品之進、出口合計總額為 30 億美元，但到 2008 年時已達 200 億，換言之，在將近 20 年的時間成長將近 7 倍之多。

表 7.6 不同國家或地區汙水處理廠放流水中檢出藥物種類與濃度

類別	藥物名稱	放流水中濃度(μg/L)
抗生素 Antibiotics	Sulfamethoxazole	2.5*
	Erythromycin–H_2O	0.40*; 0.90; 0.62±0.04
	Trimethoprim	0.32~0.66; 0.34±0.04
抗癲癇劑 Anti-epileptic drug	Carbamazepine	2.1*; 1.63（柏林），1.13(max1.67)（奧地利）；0.54~0.2（法國）；0.18~1.03（希臘）；0.1~0.34（義大利）；0.94（丹麥）；0.15~1.5（瑞典）
抗焦慮劑 Anxiolytic drug	Diazepam	0~0.04*; <1
消炎藥 Anti-inflammatory drugs	Diclofenac	1.3±0.1*; 2.51; 1.84(max3.0)（奧地利）；0.14~0.89（希臘）；0.47~1.48（義大利）；0.16~0.19（瑞典）
	Ibuprofen	0.37*; 0.1（柏林）；0.13±0.03; 0.012(max0.035)（奧地利）；0.02~1.96（法國）；0.05~0.1（希臘）；0.15~0.49（瑞典）；0.02~0.18（義大利）

表 7.6	不同國家或地區汙水處理廠放流水中檢出藥物種類與濃度（續）	

類別	藥物名稱	放流水中濃度(μg/L)
消炎藥（續）	Naproxen	0.30*; 0.08（柏林）; 0.08~0.11（美國路易斯安那州）; 0.1±0.01; 0.25~0.88（瑞典）; 0.51~0.92(法國); 0.29~1.51（義大利）
β-阻斷劑 β-blockers （降血壓用）	Metoprolol	0.73*; 1.7±0.04(德國); 0.01~0.08(法國); 0.19~0.39（瑞典）
	Propanolol	0.17*; 0.38~0.47（希臘）
	Atenolol	0.1~0.73（義大利）
血脂調節劑 Lipid regulators	Bezafibrate	2.2*; 0.05(max0.13)（奧地利）
	Gemfibrozil	0.40*; 0.07（柏林）; 0.06~0.73（法國）; 0.51~0.84（義大利）; 0.18~0.60（瑞典）; 0.23~0.71（希臘）
血脂調節劑代謝物 Metabolite of lipid regulators	Clofibric acid	0.36*; 0.48（柏林）; 0.12±0.02
多環麝香 Polycyclic musks	Ttonalide	0.14(max0.19)（奧地利）
	Galaxolide	6（瑞典）; max0.53（奧地利）
抗菌劑 Anti-bacterial agent	Triclosan	0.5; 0.01~0.02（美國路易斯安那州）; 0.17~0.43（法國）; 0.13~0.16（瑞典）; 0.37~0.70（義大利）
精神興奮性藥物 Psychomotor stimulants	Caffeine	33（瑞典）; ~1; 16~292; 0.18（柏林）
荷爾蒙 Hormones	Estrone	0.009*(max 0.07)（德國）; max0.048（加拿大）
	17α-Estradiol	max 0.03*（德國）; 0.006*(max0.064)（加拿大）
	17α-Ethinylestradiol	0.001*(max0.015)（德國）; 0.009*(max0.015)（加拿大）

表 7.6	不同國家或地區汙水處理廠放流水中檢出藥物種類與濃度（續）	
類別	藥物名稱	放流水中濃度(μg/L)
X 光對比劑 X-ray contrast media （醫學顯影用）	Iopromide	0.036(max0.18)（奧地利）

○ max: maximum，*為平均值。

○ 數據來源：Długołecka, M., Dahlberg, A. G., & Płaza, E. (2006). Low concentrations of high priority-Pharmaceutical and Personal Care Products (PPCPs); occurrence and removal at wastewater treatment plant, *VATTEN 62*(2), 139-148.

　　以上數據皆顯示人類使用藥物或個人保健衛生用品物質之未來趨勢，因此有必要更瞭解其潛在環境衝擊。但因為目前吾人對 PPCP 各種化合物之環境宿命、濃度、藥物／毒物動力學與毒性（針對水生生物）、蓄積與放大作用、毒性混和效應、人體暴露狀況等相關資訊皆相當欠缺，因此無法進行全面性之危害評估，各國現階段僅能先從藥物使用管理，及妥善棄置宣導著手，以期減少環境衝擊。

7.10 內分泌干擾素的環境管理

　　有鑑於內分泌干擾素對環境、生態甚至於人類文明發展之潛在衝擊，各先進國家與國際組織或機構皆訂定因應對策，並積極推動相關的調查研究以期降低危害性。

　　美國國家科技委員會(National Science and Technology Council, NSTC)之環境自然資源小組(Environment and Natural Resources, ENR)於 1995 年認定此類物質對環境之衝擊，並成立一以環保署為主導，配合內政部、環境健康科學研究院(National Institute of Environmental Health Sciences, NIEHS)等其他部會的跨部會工作小組（內分泌干擾物篩選暨測試顧問委員會，Endocrine Disruptor Screening and Testing Advisory Committee，簡稱 EDSTAC），擬訂三大工作方針，包括：(1)發展相關工作藍圖；(2)統合聯

邦補助之相關研究計畫；(3)提出尚待研究之相關問題及未來工作方向。美國國會亦於 1996 年 8 月修訂食品品質保護法(Food Quality Protection Act)與安全飲用水法(Safe Drinking Water Act Amendments)，依法要求美國環保署在 2 年內開發篩檢環境荷爾蒙之測試方法（內分泌干擾物篩選計畫，Endocrine Disruptor Screening Program, EDSP），並在 3 年內開始執行篩檢工作。美國環保署於 2009 年公布了第一階段內分泌干擾素最終篩選清單作為未來測試對象，共有 67 種化合物列於其中。於 2010 年列出第二批第一階段篩選清單的 134 種包含前述一些 PFCs 及 PPCPs 化合物，並於 2011 年開始進行測試篩選，更於 2012 年提出第三批約一萬種化合物逐年評估。另美國國會亦於 2010 年提出「Endocrine Disruptor Screening Enhancement Act，內分泌干擾物篩選加強法」以更新 EDSP。

經濟合作暨開發組織(Organization for Economic Cooperation and Development, OECD)所屬的化學管理部暨殺蟲劑裁決庭也於 1996 年開始其內分泌干擾素計畫(Endocrine Disrupters Project)，成立特別工作小組(Joint Working Group on Endocrine Disrupters Testing and Assessment, EDTA)，訂定相關對策，其中包括：(1)進行風險評估與管理，整合各國及地區性的問題；(2)開發篩檢試驗法；(3)協助會員國間聯合管理策略的訂定。OECD 並於 1998 年 3 月設置專家諮詢小組，召開會議檢討環境荷爾蒙物質之相關問題與對策，以訂定標準之篩檢試驗法為目標。從 2007 年至目前針對內分泌影響新增或修改之試驗法包括 TG (test guidelines) 440、407、211、441、229、230、231、455、233、234、456 等。

日本環境廳於 1997 年 3 月設置一內分泌干擾素工作小組(Exogenous Endocrine Disrupting Chemical Task Force)，並於同年 7 月發表相關報告並列舉出 67 種（若包括汞、鎘、鉛則為 70 種）疑似 EDCs 作用之化學物質。於 1998 年 5 月發表一 EDCs 物質因應策略(Strategic Programs on Environmental Endocrine Disruptors, SPEED'98)的全國性報告。目前由 2010 年環境廳公布之因應策略(EXTEND 2010)為主要工作方針，並成立內分泌干擾物工作團隊針對相關研究成果、報告及策略進行評估及審核。

聯合國環境規劃署(United Nations Environment Programme, UNEP)在 1997 年的會議中決議 (Decision 19/13C) 成立一跨國協議委員會 (Intergovernmental Negotiating Committee, INC)，制定針對 12 種環境持久性有機汙染物之國際公約，以及處理相關的事宜。INC 並於 1998 年 6 月，於加拿大蒙特婁召開第一次會議。在 2001 年的 5 月，INC 主導 127 個國家於瑞典斯德哥爾摩簽署「**斯德哥爾摩公約**，Stockholm Convention on Persistent Organic Pollutants」的協定，其中各國同意全面禁用除 DDT 與 PCBs 的 10 種 POPs 物質。由此可見，國際間對內分泌干擾素之問題皆謹慎因應。斯德哥爾摩公約於 2004 年 5 月 17 日正式生效，第一次締約國大會則於 2005 年 5 月 2 日在烏拉圭的埃斯特角城(Punta del Este)舉行，會中並達成發展 DDT 替代品／技術、調查 POPs 於環境及人體中之含量做為公約推動績效之評估指標、協助各國擬定執行計畫、增加 POPs 管制清單、確定最佳環境措施及最佳可行技術之規範等共識與協議。目前斯德哥爾摩公約 POPs 清單之化合物已達 30 種（見前文），而對其之相關管制措施則列於附表一。

歐盟在 2007 年開始實施之**新化學品政策**(Registration, Evaluation, and Authorization of Chemical, REACH) 則依據 PBT **物質**（ persistant, bioaccumulative and toxic，見第三章）評估結果來判定其內分泌干擾效應。其主要是以 1999 年通過之「歐洲共同體對內分泌干擾物之對策，Community Strategy for Endocrine Disruptors」為依據，透過短、中、長程實施策略以進行管理工作。截至 2018 年止，歐盟所列出具高度暴露風險的內分泌干擾素共有 62 種，中度 4 種，低度 2 種。

國內於 2003 年開始積極關注環境荷爾蒙議題，訂定國際環保群組行動計畫之「斯德哥爾摩公約計畫」，並於 2010 完成訂定「環境荷爾蒙管理計畫」及修正「行政院環境保護署篩選認定毒性化學物質作業原則」，增列確認具有環境荷爾蒙特性之物質列入第四類毒性化學物質予以管理。透過跨部會之「環境荷爾蒙管理工作會議」以及工作推動小組，國內之環境荷爾蒙公部門管理工作亦同步於國際。目前已將日本環境廳列出的 70 種

「環境荷爾蒙」的部分物質公告為列管的毒性化學物質，其中包括斯德哥爾摩公約 POPs 清單的 30 種化合物。本章附表一列舉這些化合物在該公約中之相關管制措施以供參考。其他內分泌干擾素有些已列入環保署毒化物篩選列管名單中，未來將逐一列管。本章附表二列出目前美、日、歐盟環境荷爾蒙清單之我國管制現況。

目前全球的 POPs 汙染在各國的努力下已有成效，本文歸納以下幾點：

1. 傳統 POPs（最早限用或禁用的 12 種）含量在環境、野生生物以及人體內已逐漸減少，但仍存有地區、POPs 物種、含量高低之差異。例如圖 7.10 即顯示 DDT 在世界不同地區一般民眾或暴露族群體內含量皆有降低趨勢，但其濃度仍有差異。

2. 新興 POPs（較晚才列入 POPs 清單者）則依管制時間快慢，及不同 POPs 在各地的使用狀況，和本身環境或生物降解的速率等因素，其環境或人體含量的時間變化各有不同，部分 POPs 仍在持續累積中。例如圖 7.11 顯示傳統與新興 POPs 在瑞典女性母乳當中的含量，在同樣的期間有不同的變化；前者在近年已明顯地降地，反觀後者（圖 7.11B 的後三種化合物）有些卻也仍在增加。

3. POPs 公約名單會持續加入新的 POPs 並由公約予以管制。不具環境持久性之內分泌干擾物質（包括 PPCPs）尚須進行更多毒性、環境流布與汙染程度、影響衝擊等評估以作為未來立法管制依據。

內分泌干擾素或 POPs 並非過去或地域性的問題。由於其持久性與全球的分布，使其成為一超越時間、空間限制的環境汙染問題，再加上新興汙染物名單中之 PPCPs 物質殘留，使化學物質使用的安全性更為複雜化，而相關管制措施才剛起步；因此，未來吾人除了必須依賴全球的共識與努力，更需要透過全面與完整的科學、前瞻的管理方式（如歐盟的 REACH）和全球行動（如 POPs 國際公約、綠色化學 Green Chemistry），才能確保整體自然環境以及人類文明的永續發展。

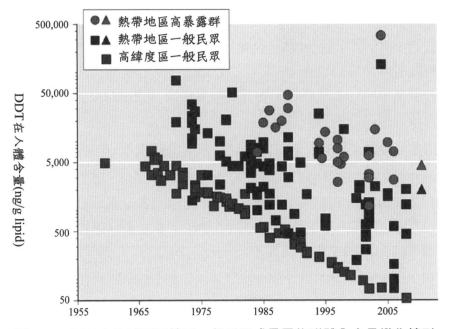

圖 7.10　DDT 在全球不同地區一般民眾或暴露族群體內含量變化情形
（圖修改自：Whitworth et al. (2014). Predictors of Plasma DDT and DDE Concentrations among Women Exposed to Indoor Residual Spraying for Malaria Control in the South African Study of Women and Babies (SOWB). Environmental health perspectives. 122. 10.1289/ehp.1307025）

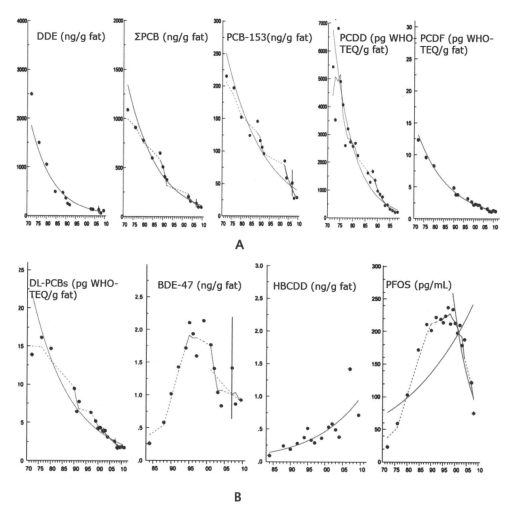

圖 7.11 傳統與新興 POPs 在瑞典女性母乳中含量之時間變化情形

（圖修改自 Fång et al.. (2015). Spatial and temporal trends of the Stockholm Convention POPs in mothers' milk-a global review. Environmental science and pollution research international. 22. 10.1007/s11356-015-4080-z）

附表一　斯德哥爾摩公約 POPs 清單 30 種化合物之相關管制措施

序號	中文名稱	英文名稱	化合物種類	公約附件	特定豁免
1	阿特靈	Aldrin	農藥	A	無
2	可氯丹	Chlordane	農藥	A	無
3	地特靈	Dieldin	農藥	A	無
4	安特靈	Edrin	農藥	A	無
5	飛佈達	Heptachlor	農藥	A	無
6	六氯苯	Hexachlorobenzene	農藥、無意排放	A,C	無
7	滅蟻樂	Mirex	農藥	A	無
8	毒殺芬	Toxaphene	農藥	A	無
9	多氯聯苯	Polychlorinated Biphenyls (PCB)	工業用、無意排放	A,C	A.使用放寬至 2025 年，2028 年前全面銷毀採。 C.最佳可行技術，以進行減量。
10	滴滴涕	DDT	農藥	B	用於瘧疾區控制。
11	多氯二聯苯戴奧辛	PCDD	無意排放	C	採最佳可行技術，以進行減量。
12	多氯二聯苯呋喃	PCDF	無意排放	C	採最佳可行技術，以進行減量。
13	商用五溴二苯醚	2,2',4,4'-tetrabromodiphenyl ether (BDE-47)	工業用		准許其回收利用和最終處理利用含有或可能含有六溴和七溴二苯醚、四溴二苯醚和五溴二苯醚的回收材料所生產之物品（如泡沫或塑膠產品），但條件是回收和最終處理應採無害環境方式進行，不能為再利用而回收六溴和七溴二苯醚、四溴二苯醚和五溴二苯醚。
	五溴二苯醚	Pentabromodiphenyl ether	工業用	A	

附表一 斯德哥爾摩公約 POPs 清單 30 種化合物之相關管制措施（續）

序號	中文名稱	英文名稱	化合物種類	公約附件	特定豁免
14	十氯酮	Chlordecone	農藥	A	無
15	六溴聯苯	Hexabromobiphenyl	工業用	A	無
16	靈丹	Lindane (γ-BHC, γ-HCH)	農藥	A	人類健康藥用，控制頭蝨及疥癬。
17	全氟辛烷磺酸與全氟辛烷磺醯氟	Pefluorooctane sulfonic acid(PFOA), Perfluorooctane sulfonyl fluoride(PFOSF)	農藥、工業用	B	(1)「可接受用途」包括：照相顯影、半導體、消光切某蟻餌劑、半導體光阻劑和防反射塗層、化合物半導體蝕刻劑和陶瓷過濾器、航空液壓油、只用於閉環系統之金屬電鍍（硬金屬電鍍）、某些醫療設備（如乙烯四氟乙烯共聚物 ETFE 層和無線電不透明 ETFE 之生產、體外診斷醫療設備和電離輻射偵檢器）；(2)「例外豁免」包括：金屬電鍍、皮革和服飾、紡織品和室內裝飾、造紙和包裝、與橡膠及塗膠、半導體和彩色複印機的墨水、某些彩色印刷機和白蟻和白蟻誘餌的電氣和電子元件、用罩、於控制紅火蟻和白蟻的殺蟲劑、利用化學品生產石油、地毯、塗料和塗料添加劑。
18	商用多溴二苯醚 2,2',4,4',5,5'-六溴二苯醚	2,2',4,4',5,5'-hexabromodiphenyl ether	工業用	A	准許其回收用途，並允許使用和最終處理利用含有或可能含有六溴二苯醚和七溴二苯醚、四溴二苯醚和五溴二苯醚的回收材料所生產之物品（如泡沫或塑膠產品），不能為再利用而回收六溴二苯醚和七溴二苯醚、四溴二苯醚和五溴二苯醚。但條件是回收和最終處理應採環境無害方式進行，
	2,2',4,4',5,6'-六溴二苯醚	2,2',4,4',5,6'-hexabromodiphenyl ether			
	2,2',3,3',4,5',6-七溴二苯醚	2,2',3,3',4,5',6-hepta bromodiphenyl ether			
	2,2',3,4,4',5',6-七溴二苯醚	2,2',3,4,4',5',6-hepta bromodiphenyl ether			

附表一　斯德哥爾摩公約 POPs 清單 30 種化合物之相關管制措施（續）

序號	中文名稱	英文名稱	化合物種類	公約附件	特定豁免
19	五氯苯	Pentachlorobenzene (PCB)	農藥、工業用	A,C	無
20	α-六氯環己烷	α-Hexachlorocyclohexane	農藥	A	無
21	β-六氯環己烷	β-Hexachlorocyclohexane	農藥	A	無
22	安殺番	Endosulfan	農藥	A	針對部分特定作物（包括棉花、咖啡、茶葉、菸草、豆角、番茄、洋蔥、土豆、蘋果、芒果、水稻、小麥、辣椒、玉米、黃麻等作物）之蟲害給予生產及使用之豁免。其餘禁止製造及使用。
23	六溴環十二烷及其異構物	Hexabromocyclododecane and isomers	工業用	A	附件 A 第七部分所註明之聚苯乙烯用於建築物使用，針對建築物中的發泡聚苯乙烯（Expanded Polystyrene，EPS）及擠出發泡成型聚苯乙烯（Extruded Polystyrene，XPS）的生產與使用提供特定豁免。其餘禁止製造及使用。
24	五氯酚及其鹽類和酯類	Pentachlorophenol, its salts and esters	農藥	A	電線桿與分線桿處理
25	六氯丁二烯	Hexachlorobutadiene	無意排放	C	無
26	氯化萘	Chlorinated naphthalene	工業用、無意排放	A,C	對於製造氟化素（包括八氟素）過程產生之氟化萘（包括八氟素）之製造給予製造豁免。其餘禁用於使用及製造使用。

附表一 斯德哥爾摩公約 POPs 清單 30 種化合物之相關管制措施（續）

序號	中文名稱	英文名稱	化合物種類	公約附件	特定豁免
27	短鏈氯化石蠟	Short Chain Chlorinated Paraffins, C10-13	工業用	A	對用於天然及合成橡膠產業之傳送皮帶、礦業及林業之橡膠輸送帶備品、皮革、潤滑油添加劑、室外裝飾燈管及燈泡、防水和防火塗料、黏合劑、金屬處理及增塑劑（玩具和兒童用品除外）提供特定豁免。其餘禁止製造及使用。
28	十溴二苯醚（商用混合物）	Decabromobiphenyl ether	工業用	A	對用於車輛零件、飛機、阻燃材質的紡織品（衣服及玩具除外）、塑膠外殼之添加劑及用於家用取暖電器、熨斗、風扇、浸入式加熱器的零件、包含或直接接觸陶磁電器零件、或需要遵守阻燃標準，按該零件重量百分比濃度低於 10% 者，及建築隔熱的聚氨酯泡沫提供特定豁免。其餘禁止製造及使用。
29	全氟辛酸	perfluorooctanoic acid (PFOA)	工業用	A	可接受用途：照相顯影、半導體光阻材層及防反射塗層、化合物半導體蝕刻劑及陶瓷過濾器、紡織業用以保護勞工之油或水防污劑、封閉系統之金屬電鍍（硬金屬電鍍）、製造氟化聚合物、部分醫學設備（侵入性或植入性）、製造車內塑膠配件及電線。
30	大克蟎	Dicofol	農藥	A	無

○ 說明：附件 A：「消除 (Elimination)」對象，其目的係希望採取禁用措施以「消除」表列化學物質。

作法另行規定於第二部分之外，其餘皆列為完全禁用對象，僅容許少數特別使用。

○ 附件 B：「限制 (Restriction)」對象，針對使用行為進行「限制」，允許物質有條件之使用，並列出其限制使用範圍。

○ 附件 C：「無意排放 (Unintentional production)」物質，指因非蓄意之特定因素使化學物質排放至環境境中，且目前暫無法禁止該運作行為，故僅致力於減少排放，無法採嚴格管制措施。

| 附表二 | 內分泌干擾素在美、日、歐盟以及我國之管制現況 |

編號	化學物質名稱	中文名稱	CAS No.	管制國家／地區
1	2,4-D	2,4-一氯苯氧乙酸	94-75-7	美、日
2	4,7 -Methano-lH -isoindole-l,3(2H)-dione,2-(2-ethylhexyl)-3a, 4,7,7a-tetrahydro-	己酸二乙氨基乙醇酯	113-48-4	美
3	Abamectin	阿巴汀	71751-41-2	美
4	Acephate	毆殺松	30560-19-1	美
5	Acetone	丙酮	67-64-1	美
6	Atrazine	草脫淨	1912-24-9	美、日
7	Benfluralin	倍尼芬	1861-40-1	美
8	Bifenthrin	畢芬寧	82657-04-3	美
9	Butyl benzyl phthalate	鄰苯二甲酸丁酯苯甲酯	85-68-7	美、日、我國(068-03)
10	Captan	蓋普丹	133-06-2	美、我國(028-01)
11	Carbamothioic acid, dipropyl-, S-ethyl ester	茵達滅	759-94-4	美
12	Carbaryl	加保利	63-25-2	美、日
13	Carbofuran	加保扶	1563-66-2	美
14	Chlorothalonil	四氯異苯	1897-45-6	美
15	Chlorpyrifos	陶斯松	2921-88-2	美
16	Cyfluthrin	賽扶寧	68359-37-5	美
17	Cypermethrin	賽滅寧	52315-07-8	美、日
18	DCPA (or chlorthal-dimethyl)	氯酸二甲酯	1861-32-1	美
19	Diazinon	大利松	333-41-5	美

附表二 內分泌干擾素在美、日、歐盟以及我國之管制現況（續）

編號	化學物質名稱	中文名稱	CAS No.	管制國家／地區
20	Dibutyl phthalate	鄰苯二甲酸二丁酯	84-74-2	美、日、我國(080-02)
21	Dichlobenil	二氯苯腈	1194-65-6	美
22	Dicofol	三氯殺蟎醇	115-32-2	美、日
23	Diethyl phthalate	鄰苯二甲酸二乙酯	84-66-2	美、我國(068-06)
24	Dimethoate	大滅松	60-51-5	美
25	Dimethyl phthalate	鄰苯二甲酸二甲酯	131-11-3	美、我國(080-01)
26	Di-sec-octyl phthalate	鄰苯二甲酸二（2-乙基己基）酯	117-81-7	美、日、我國(068-01)
27	Disulfoton	二硫松	298-04-4	美
28	Endosulfan	安殺番	115-29-7	美、日、我國(172-01)
29	Esfenvalerate	順式氰戊菊酯	66230-04-4	美、日
30	Ethoprop	普伏松	13194-48-4	美
31	Fenbutatin oxide	苯丁錫	13356-08-6	美
32	Flutolanil	福多寧	66332-96-5	美
33	Folpet	福爾培	133-07-3	美、我國(029-01)
34	Gardona (cis-isomer)	(Z)-2-氯-1－（2 ,4,5-三氯苯基）乙烯基二甲基磷酸酯	22248-79-9	美
35	Glyphosate	嘉磷塞	1071-83-6	美
36	Imidacloprid	益達胺	138261-41-3	美
37	Iprodione	依普同	36734-19-7	美
38	Isophorone	異佛爾酮	78-59-1	美

附表二	內分泌干擾素在美、日、歐盟以及我國之管制現況（續）			
編號	化學物質名稱	中文名稱	CAS No.	管制國家／地區
39	Linuron	理有龍	330-55-2	美
40	Malathion	馬拉松	121-75-5	美、日
41	Metalaxyl	滅達樂	57837-19-1	美
42	Methamidophos	達馬松	10265-92-6	美
43	Methidathion	滅大松	950-37-8	美
44	Methomyl	納乃得	16752-77-5	美、日
45	Methyl ethyl ketone	丁酮	78-93-3	美
46	Methyl parathion	甲基巴拉松	298-00-0	美
47	Metolachlor	莫多草	51218-45-2	美
48	Metribuzin	嗪草酮	21087-64-9	美、日
49	Myc1obutanil	邁克尼	88671-89-0	美
50	Norflurazon	氟草敏	27314-13-2	美
51	o-Phenylphenol	2-苯基苯酚	90-43-7	美
52	Oxamyl	毆殺滅	23135-22-0	美
53	Permethrin	百滅寧	52645-53-1	美、日
54	Phosmet	益滅松	732-11-6	美
55	Piperony1 butoxide	協力精	51-03-6	美
56	Propachlor	雷蒙得	1918-16-7	美
57	Propargite	毆蟎多	2312-35-8	美
58	Propiconazole	普克利	60207 -90-1	美
59	Propyzamide	戊炔草胺	23950-58-5	美
60	Pyridine, 2-(1-methy 1-2-(4-phenoxyphenoxy) ethoxy)-	百利普芬	95737-68-1	美
61	Quintozene	五氯硝苯	82-68-8	美、我國 (023-01)

附表二 內分泌干擾素在美、日、歐盟以及我國之管制現況（續）

編號	化學物質名稱	中文名稱	CAS No.	管制國家／地區
62	Resmethrin	苄呋菊酯	10453-86-8	美
63	Simazine	草滅淨	122-34-9	美、日
64	Tebuconazole	戊唑醇	107534-96-3	美
65	Toluene	甲苯	108-88-3	美
66	Triadimefon	三唑酮	43121-43-3	美
67	Trifluralin	三福林	1582-09-8	美、日、歐
68	1,1,1,2-Tetrachloroethane	1,1,1,2-四氯乙烷	630-20-6	美
69	1,1,1-Trichloroethane	1,1,1-三氯乙烷	71-55-6	美
70	1,1,2-Trichloroethane	1,1,2-三氯乙烷	79-00-5	美
71	1,1-Dichloroethane	1,1-二氯乙烷	75-34-3	美
72	1,1-Dichloroethylene	1,1-二氯乙烯	75-35-4	美、我國 (077-02)
73	1,2,3-Trichloropropane	1,2,3-三氯丙烷	96-18-4	美、我國 (155-01)
74	1,2,4-Trichlorobenzene	1,2,4-三氯苯	120-82-1	美、我國 (070-01)
75	1,2-Dibromo-3-chloropropane (DBCP)	二溴氯丙烷	96-12-8	美、日、歐、我國 (014-01)
76	1,2 Dichloroethane	1,2 二氯乙烷	107-06-2	美、我國 (075-01)
77	1,2-Dichloropropane	1,2-二氯丙烷	78-87-5	美、我國 (147-01)
78	1,3-Dinitrobenzene	間-二硝基苯	99-65-0	美
79	1,4-Dioxane	1,4-二氧陸圜	123-91-1	美、我國 (093-01)
80	l-Butanol	l-丁醇	71-36-3	美

附表二	環境荷爾蒙物質在美、日、歐盟以及我國之管制現況（續）			
編號	化學物質名稱	中文名稱	CAS No.	管制國家／地區
81	2,4,5-TP (Silvex)	2-（2,4,5-三氯苯氧基）丙酸	93-72-1	美
82	2-Methoxyethanol	乙二醇甲醚	109-86-4	美、我國(071-02)
83	2-Propen-l-ol	丙烯醇	107-18-6	美、我國(101-01)
84	4,4'-Methylenedianiline	4,4'-二胺基二苯甲烷	101-77-9	美、我國(118-01)
85	Acetaldehyde	乙醛	75-07-0	美、我國(104-01)
86	Acetamide	乙醯胺	60-35-5	美
87	Acetochlor	乙草胺	34256-82-1	美
88	Acetochlor ethanesulfonic acid (ESA)	乙草胺乙基磺酸	187022-11-3	美
89	Acetochlor oxanilic acid (OA)	乙草胺苯胺羧酸	194992-44-4	美
90	Acrolein	丙烯醛	107-02-8	美、我國(100-01)
91	Acrylamide	丙烯醯胺	79-06-1	美、我國(050-01)
92	Alachlor	拉草	15972-60-8	美、日
93	Alachlor ethanesulfonic acid (ESA)	甲草胺乙基磺酸	142363-53-9	美
94	Alachlor oxanilic acid (OA)	甲草胺苯胺羧酸	171262-17-2	美
95	alpha-Hexachlorocyclohexane	蟲必死	319-84-6	美、日、我國(012-01)
96	Aniline	苯胺	62-53-3	美、我國(038-01)

附表二 內分泌干擾素在美、日、歐盟以及我國之管制現況（續）

編號	化學物質名稱	中文名稱	CAS No.	管制國家／地區
97	Bensulide	地散磷	741-58-2	美
98	Benzene	苯	71-43-2	美、我國（052-01）
99	Benzo[a]pyrene (PAHs)	苯[a]駢	50-32-8	美、日
100	Benzyl chloride	苯甲氯	100-44-7	美、我國（106-01）
101	Butylated hydroxyanisole	丁基羥基甲氧苯	25013-16-5	美、歐
102	Carbon tetrachloride	四氯化碳	56-23-5	美、我國（053-01）
103	Chlordane	可氯丹	57-74-9	美、我國（002-01）
104	Chlorobenzene	氯苯	108-90-7	美、我國（090-01）
105	cis-1,2-Dichloroethylene	順-1,2-一氯乙烯	156-59-2	美
106	Clethodim	烯草酮	99129-21-2	美
107	Clofentezine	四蟎嗪	74115-24-5	美
108	Clomazone	異噁草酮	81777-89-1	美
109	Coumaphos	蠅毒磷	56-72-4	美
110	Cumene hydroperoxide	異丙苯化過氧化氫	80-15-9	美
111	Cyanamide	氰胺	420-04-2	美
112	Cyromazine	環丙氨嗪	66215-27-8	美
113	Dalapon	2,2-二氯丙酸	75-99-0	美
114	Denatonium saccharide	地那銨糖精	90823-38-4	美
115	Di(2-ethylhexy1) adipate	己二酸二（2-乙基己基）酯	103-23-1	美、日
116	Dichloromethane	二氯甲烷	75-09-2	美、我國（079-01）

附表二 內分泌干擾素在美、日、歐盟以及我國之管制現況（續）

編號	化學物質名稱	中文名稱	CAS No.	管制國家／地區
117	Dicrotophos	倍硫磷	141-66-2	美
118	Dimethipin	噻節因	55290-64-7	美
119	Dinoseb	達諾殺	88-85-7	美、我國 (018-01)
120	Diuron	3(3,4-二氯苯)-1,1-二甲基尿素	330-54-1	美
121	Endothall	草多索	145-73-3	美
122	Endrin	安特靈	72-20-8	美、日、我國(010-01)
123	Epichlorohydrin	環氧氯丙烷	106-89-8	美、我國 (072-01)
124	Erythromycin	紅黴素	114-07-8	美
125	Ethylbenzene	乙苯	100-41-4	美、我國 (116-01)
126	Ethylene dibromide	二溴乙烷（二溴乙烯）	106-93-4	美、我國 (060-01)
127	Ethylene glycol	乙二醇	107-21-1	美
128	Ethylene thiourea	乙硫脲（亞乙基硫脲）	96-45-7	美、歐
129	Ethylurethane	氮基甲酸乙酯	51-79-6	美
130	Etofenprox	醚菊酯	80844-07-1	美
131	Fenamiphos	苯線磷	22224-92-6	美
132	Fenarimol	氯苯嘧啶醇	60168-88-9	美
133	Fenoxaprop-P-ethy1	精惡唑禾草靈	71283-80-2	美
134	Fenoxycarb	苯氧威	72490-01-8	美
135	Flumetsulam	唑嘧磺草胺	98967-40-9	美

附表二 內分泌干擾素在美、日、歐盟以及我國之管制現況（續）

編號	化學物質名稱	中文名稱	CAS No.	管制國家／地區
136	Fomesafen sodium	氟磺胺草醚醚鈉	108731-70-0	美
137	Fosetyl-Al (Aliette)	三乙膦酸鋁	39148-24-8	美
138	Glufosinate ammonium	草銨膦	77182-82-2	美
139	HCFC-22	一氯二氟甲烷	75-45-6	美
140	Heptachlor	飛佈達	76-44-8	美、日、我國(011-01)
141	Heptachlor epoxide	環氧飛佈達	1024-57-3	美、日
142	Hexachlorobenzene	六氯苯	118-74-1	美、日、我國(058-01)
143	Hexachlorocyclopentadiene	六氯環戊二烯	77-47-4	美
144	Hexane	己烷	110-54-3	美
145	Hexythiazox	噻蟎酮	78587-05-0	美
146	Hydrazine	聯胺	302-01-2	美、我國(164-01)
147	Isoxaben	N-（3-（1-乙基-1-甲基丙基）-1,2-唑-5-基）-2,6 二甲氧基苯醯胺	82558-50-7	美
148	Lactofen	乳氟禾草靈	77501-63-4	美
149	Lindane	靈丹	58-89-9	美、我國(019-01)
150	Methanol	甲醇	67-56-1	美
151	Methoxychlor	甲氧滴滴涕	72-43-5	美、日
152	Methyl tert-butyl ether	甲基第三丁基醚	1634-04-4	美、歐、我國(160-01)
153	Metolachlor ethanesulfonic acid (ESA)	異丙甲草胺乙磺酸	171118-09-5	美

附表二			內分泌干擾素在美、日、歐盟以及我國之管制現況（續）	
編號	化學物質名稱	中文名稱	CAS No.	管制國家／地區
154	Metolachlor oxanilic acid (OA)	異丙甲草胺苯胺羰酸	152019-73-3	美
155	Molinate	禾草敵	2212-67-1	美
156	Nitrobenzene	硝基苯	98-95-3	美、我國 (129-01)
157	Nitroglycerin	硝化甘油	55-63-0	美
158	N-Methyl-2-pyrrolidone	N-甲基吡咯烷酮	872-50-4	美
159	N-Nitrosodimethylamine (NDMA)	N-亞硝二甲胺（二甲亞硝胺）	62-75-9	美、我國 (134-01)
160	n-Propylbenzene	丙苯	103-65-1	美
161	o-Dichlorobenzene	鄰-二氯苯	95-50-1	美、我國 (069-02)
162	o-Toluidine	鄰-甲苯胺	95-53-4	美、我國 (039-01)
163	Oxirane, methy1-	環氧丙烷	75-56-9	美
164	Oxydemeton-methy1	碸吸磷	301-12-2	美
165	Oxyfluorfen	乙氧氟草醚	42874-03-3	美
166	Paclobutrazol	多效唑	76738-62-0	美
167	p-Dichlorobenzene	1,4-二氯苯	106-46-7	美
168	Pentachlorophenol	五氯酚	87-86-5	美、日、我國(007-01)
169	Perchlorate	高氯酸鹽	14797-73-0	美
170	Perfluorooctane sulfonic acid (PFOS)	全氟辛烷磺酸	1763-23-1	美、我國 (169-01)
171	Perfluorooctanoic acid (PFOA)	全氟辛酸	335-67-1	美
172	Picloram	毒莠定	1918-02-1	美

附表二　內分泌干擾素在美、日、歐盟以及我國之管制現況（續）

編號	化學物質名稱	中文名稱	CAS No.	管制國家／地區
173	Polychlorinated biphenyls	多氯聯苯	1336-36-3	美、日、我國(001-01)
174	Profenofos	丙溴磷	41198-08-7	美
175	Propetamphos	胺丙畏	31218-83-4	美
176	Propionic acid	丙酸	79-09-4	美
177	Pyridate	噠草特	55512-33-9	美
178	Quinclorac	二氯喹啉酸	84087-01-4	美
179	Quinoline	奎喏林	91-22-5	美
180	Quizalofop-P-ethyl	精喹禾靈	100646-51-3	美
181	RDX	環三次甲基三硝胺	121-82-4	美
182	sec-Butylbenzene	仲丁基苯	135-98-8	美
183	Sodium tetrathiocarbonate	四硫代碳酸鈉	7345-69-9	美
184	Styrene	苯乙烯	100-42-5	美
185	Sulfosate	草甘膦三甲基硫鹽	81591-81-3	美
186	Temephos	雙硫磷	3383-96-8	美
187	Terbufos	特丁磷	13071-79-9	美
188	Terbufos sulfone	特丁磷碸	56070-16-7	美
189	Tetrachloroethylene	四氯乙烯	127-18-4	美、我國(063-01)
190	Thiophanate-methy1	甲基多保淨	23564-05-8	美
191	Toluene diisocyanate	二異氰酸甲苯	26471-62-5	美、我國(074-01)
192	Toxaphene	毒殺芬	8001-35-2	美、日、我國(006-01)
193	trans-l,2-Dichloroethylene	反-1,2-二氯乙烯	156-60-5	美

附表二	內分泌干擾素在美、日、歐盟以及我國之管制現況（續）			
編號	化學物質名稱	中文名稱	CAS No.	管制國家／地區
194	Trichloroethylene	三氯乙烯	79-01-6	美、我國 (064-01)
195	Triethylamine	三乙胺	121-44-8	美、我國 (121-01)
196	Triflumizole	氟菌唑	68694-11-1	美
197	Trinexapac-ethyl	4-環丙基甲基-3,5-二酮環己烷羧酸乙酯	95266-40-3	美
198	Triphenyltin hydroxide (TPTH)	氫氧化三苯錫	76-87-9	美、我國 (148-02)
199	Vinclozolin	免克寧	50471-44-8	美、日
200	Xylenes (total)	二甲苯	1330-20-7	美
201	Ziram	二甲基二硫胺基甲酸鋅	137-30-4	美、日
202	Dioxins and furans	戴奧辛	1746-01-6	日
203	Polybromobiphenyl (PBB)	多溴聯苯	67774-32-7	日
204	2,4,5-Trichlorophenoxyacetic acid	2,4,5-三氯酚氧乙酸	93-76-5	日
205	Amitrole	殺草強	61-82-5	日
206	Chlordane	可氯丹	12789-03-6	日
207	Oxychlordane	氧化可氯丹	27304-13-8	日
208	trans-Nonachlor	反九氯	5103-73-1	日
209	DDT	滴滴涕	50-29-3	日、我國 (005-01)
210	DDE and DDD	滴滴依及滴滴滴	72-55-9	日
211	Aldrin	阿特靈	309-00-2	日
212	Dieldrin	地特靈	60-57-1	日

附表二	內分泌干擾素在美、日、歐盟以及我國之管制現況（續）			
編號	化學物質名稱	中文名稱	CAS No.	管制國家／地區
213	Mirex	滅蟻樂	2385-85-5	日、我國 (167-01)
214	Nitrofen	護谷	1836-75-5	日、我國 (017-01)
215	Tributyltin	三丁基錫	688-73-3	日、我國 (148-07)
216	Triphenyltin	三苯基錫	892-20-6	日
217	Alkyl phenol (from C5 to C9) Nonyl phenol Octyl phenol	壬基酚	25154-52-3	日、我國 (165-01)
218	Bisphenol A	雙酚 A	80-05-7	日、我國 (166-01)
219	Dicyclohexyl phthalate	鄰苯二甲酸二環己酯	84-61-7	日、我國 (068-13)
220	Dichlorophenol	二氯酚	120-83-2	日、我國 (161-01)
221	Benzophenone	二苯甲酮	119-61-9	日
222	4-Nitrotoluene	4-硝基苯	99-99-0	日
223	Octachlorostyrene	八氯苯乙烯	29082-74-4	日
224	Aldicarb	得滅克	116-06-3	日
225	Benomyl	免賴得	17804-35-2	日
226	Kepone (Chlordecone)	十氯酮	143-50-0	日、我國 (168-01)
227	Manzeb (Mancozeb)	鋅錳乃浦	8018-01-7	日
228	Maneb	錳乃浦	12427-38-2	日
229	Metiram	免得爛	9006-42-2	日
230	Fenvalerate	芬化利	51630-58-1	日

附表二	內分泌干擾素在美、日、歐盟以及我國之管制現況（續）			
編號	化學物質名稱	中文名稱	CAS No.	管制國家／地區
231	Zineb	鋅乃浦	12122-67-7	日
232	Dipentyl phthalate	鄰苯二甲酸二苯酯	131-18-0	日、歐、我國(068-11)
233	Dihexyl phthalate	鄰苯二甲酸二己酯	84-75-3	日、歐、我國(068-12)
234	Dipropyl phthalate	鄰苯二甲酸二丙酯	131-16-8	日、歐、我國(068-09)
235	Cadmium	鎘	7440-43-9	日、我國(037-01)
236	Lead	鉛	7439-92-1	日
237	Mercury	汞	7439-97-6	日、我國(022-01)
238	4-Nonylphenol (4-NP)	4-壬基酚	104-40-5	歐
239	4-Nonylphenoldiethoxylate (NP$_2$EO)	4-壬基苯酚二乙氧基醇	20427-84-3	歐
240	n-Butyl p-Hydroxybenzoate	對羥基苯甲酸丁酯	94-26-8	歐
241	n-Propyl-p-Hydroxybenzoate	對羥基苯甲酸丙酯	94-13-3	歐
242	Methyl p-Hydroxybenzoate	尼泊金甲酯	99-76-3	歐
243	Ethyl-4-Hydroxy-Benzoate	對羥基苯甲酸乙酯	120-47-8	歐
244	p-Hydroxybenzoic Acid	對羥基苯甲酸	99-96-7	歐
245	2,4-Dihydroxy-Benzophenon = Resbenzophenon	2,4-二羥基二苯甲酮	131-56-6	歐
246	4,4'-Dihydroxybenzo-Phenon	4,4'-二羥基二苯甲酮	611-99-4	歐
247	4,4'-Dihydroxy-Biphenyl = 4,4'-Biphenol	4,4'-二羥基聯苯	92-88-6	歐
248	Omethoate	毆滅松	1113-02-6	歐

附表二 內分泌干擾素在美、日、歐盟以及我國之管制現況（續）

編號	化學物質名稱	中文名稱	CAS No.	管制國家／地區
249	Quinalphos - Chinalphos	拜裕松	13593-03-8	歐
250	Cyclotetrasiloxane	環四聚二甲基矽氧烷	556-67-2	歐
251	Boric Acid	硼酸	10043-35-3	歐
252	Chlordimeform	克死蟎	6164-98-3	歐
253	p-Cresol	對甲酚	106-44-5	歐
254	2,2-Bis(4-Hydroxypheny 1)-4-Methyl-n-Pentane	2,2-雙（4-羥基苯基）-4-甲基-n-戊烷	6807-17-6	歐
255	2-Hydroxy-4-Methoxy-Benzophenone	2-羥基-4-甲氧基二苯甲酮	131-57-7	歐
256	4-Nitrophenol	4-硝基苯酚	100-02-7	歐
257	Elsan = Dimephenthoate	稻豐散	2597-03-7	歐
258	PCB 1 (2-Chlorobipheny1)	2-氯聯苯	2051-60-7	歐
259	PCB 2 (3-Chlorobipheny1)	3-氯聯苯	2051-61-8	歐
260	PCB 3 (4-Chlorobipheny1)	4-氯聯苯	2051-62-9	歐
261	Pyrethrin	除蟲菊素	121-29-9	歐
262	4-sec-Butylphenol = 4-(1-Methylpropyl)Phenol	4-仲丁基苯酚	99-71-8	歐
263	4-Cyclohexylphenol	4-環己基苯酚	1131-60-8	歐
264	4-Nonylphenoxyaceticacid	（4-壬基苯氧基）乙酸	3115-49-9	歐
265	Phenol(1,1,3,3-Tetramethylbutyl) Octylphenol	4-（1,1,3,3-四甲基辛基）苯酚	27193-28-8	歐
266	Benzophenone-2, (Bp-2), 2,2' ,4,4' - Tetrahydroxybenzo-Phenon	2,2',4,4'-四羥基二苯甲酮	131-55-5	歐

附表二 內分泌干擾素在美、日、歐盟以及我國之管制現況（續）

編號	化學物質名稱	中文名稱	CAS No.	管制國家／地區
267	2,2'-Dihydroxy-4,4'-Dimethoxybenzophenon	2,2'-二羥基-4,4'-二甲氧基二苯甲酮	131-54-4	歐
268	2,2-Bis(4-Hydroxyphenyl)-n-Butan = Bisphenol B	雙酚 B	77-40-7	歐
269	4-Hydroxybiphenyl = 4-Phenylphenol	對苯基苯酚	92-69-3	歐
270	2,2'-Dihydroxybiphenyl = 2,2'-Biphenol	二羥基聯苯	1806-29-7	歐
271	3-Benzylidene Camphor (3-BC)	3-亞苄基樟腦	15087-24-8	歐
272	3-(4-Methylbenzylidene) Camphor	3-（對甲苯基亞甲基）樟腦	36861-47-9	歐
273	p-Coumaric Acid (PCA)	對香豆酸	7400-08-0	歐
274	2-Ethy1-Hexy1-4-Methoxyci nnamate	4-甲氧基肉桂酸-2-乙基己酯	5466-77-3	歐
275	p,p'-DDA	雙（4-氯苯基）乙酸	83-05-6	歐
276	Biochanin A	鷹嘴豆芽素 A	491-80-5	歐
277	Diisobutylphthalate	鄰苯二甲酸二異丁酯	84-69-5	歐、我國 (068-10)
278	Mono 2 Ethyl Hexylphthalate (MEHP)	鄰苯甲酸（2-乙基己基）酯	4376-20-9	歐、我國 (068-23)
279	Mono-n-Butylphthalate	鄰苯二甲酸正丁酯	131-70-4	歐、我國 (068-24)
280	2,6-cis-Diphenylhexamethyl-Cyclotetrasiloxane-2,6-cis [(PhMeSiO)$_2$(Me$_2$SiO)$_2$]	夸屈矽烷	33204-76-1	歐

附表二	內分泌干擾素在美、日、歐盟以及我國之管制現況（續）			
編號	化學物質名稱	中文名稱	CAS No.	管制國家／地區
281	3,3' -Bis(4-Hydroxyphenyl) Phthalid = Phenolphthalein	酚酞	77-09-8	歐
282	2-[Bis(4-Hydroxyphenyl)-Methyl]-Benzylalkohol = Phenolphthalol	2-二（4-羥基苯基）甲基苄醇	81-92-5	歐
283	2,2-Bis(4-Hydroxyphenyl)-n-Hexane	2-二（4-羥基苯基）-n-己烷	14007-30-8	歐
284	3-Methyl-4-Nitrophenol	3-甲基-4-硝基苯酚	2581-34-2	歐
285	Cyclophosphamide	環磷醯胺	50-18-0	歐

○ 資料來源：行政院環境保護署「毒性化學物質公告列管及評估計畫」期末報告，2011 年。

○ 表中所列我國後括號內之編號為「毒性化學物質管理法」列管編號及序號。

08

農藥篇

8.1　農藥的分類

8.2　有機氯類殺蟲劑

8.3　有機磷類殺蟲劑

8.4　氨甲基酸鹽類

8.5　除蟲菊精類

8.6　巴拉刈與大刈除草劑

8.7　2,4-D 與 2,4,5-T

8.8　五氯酚

8.9　其他農藥

8.10　農藥使用安全性與環境殘留問題

農藥(agro-chemicals)是人類與大自然之間戰爭的產物。人類為了維護食物來源與健康等自身的利益，不同種類、用途、毒效之農藥不斷的被發展、製造以及使用。從早期使用天然的化合物（如硫磺、尼古丁、砷、魚藤酮、無機金屬類），到 20 世紀中期大量使用的人工合成有機氯類與有機磷類，全球約有超過 2,000 種以上的農藥曾被使用，且隨著全球人口與對糧食需求的增加，農藥的使用量並無減少的趨勢。

就人類使用化學物質的管理而言，農藥之利與弊一直是兩難問題，此可由其被稱為「必要之惡」而知。農藥對人類的貢獻可從三方面探討：

（一）傳染病的控制

包括瘧疾、腦炎、鼠疫、傷寒、黃熱病、登革熱…等許多足以致命的傳染疾病，皆是藉由昆蟲為媒介(vector)所造成的流行病禍害；因此撲滅傳播媒介為控制傳染疾病的主要策略。DDT 在 1939 年被瑞士化學家 Paul Muller 發現具殺蟲效果後，開始被使用於控制黃熱病、瘧疾等傳染病，而此人也因此得到 1948 年的諾貝爾醫學獎。接著許多有機氯類殺蟲劑相繼被合成製造，使得西方國家在 1940~60 年代之間，在環境衛生與傳染病的控制有急遽之改善。雖然 DDT 已被先進國家證實其對環境生態及人類之毒害，但在今日較為落後的地區，由於貧窮及惡劣之衛生環境，瘧疾仍每年奪去至少百萬人之性命，而仍須使用廉價且有效的 DDT 做為控制用藥（見第七章）。

（二）增加農業生產力

據推估人類如果不使用農藥，則約有 30~50%的農作物將損失於蟲害，尤其在今日人口急速膨脹、食物需求相對增加的情況下，農藥的使用量更為大增。絕大部分的農藥是使用於此類的用途，約占所有使用量的 30~60%，視使用之地區與狀況而有所不同。在美國環保署的報告指出，在 2012 年，估計全球與美國所有**農藥有效成分**(active ingredient)的使用量分別約為 60 與 15 億磅，其中以除草劑之用量最多，約占全球用量之 49%，其次為殺蟲劑，約占 18%。隸屬於聯合國的世界糧農組織在 2016 年的統計數據則指出全球農藥用量更達 40 億公噸，農藥銷售量已達 300 億美元。

（三）人類居處的蟲害控制

此用途是指在一般人類居住之社區或住家中的少量使用，約只占不到百分之十的使用量。例如除蟻害、消滅蟑螂、蚊蠅、蜘蛛等。這些昆蟲大多不會對人類的健康造成危害，但卻因觀瞻或其他因素被人類列為「害蟲」而欲除滅之。

雖然人類不斷的發展效力更強的農藥，但從 20 世紀以來，由於化學合成技術之進步使得農藥的成本降低，加上人口的增加對農作物需要量的相對提升，以及因都市發展所造成與「自然爭地」的現象日趨嚴重，即使推出基因改造作物，農藥的使用量仍無明顯減少的趨勢。美國環保署在 2001 年的評估報告指出，其國內花費於購買農藥的金額約為 110 億美元，已將近於 1982 年 63 億美元的一倍，到 2005 年的統計還是超過 61 億美元，而到 2012 年時已達 90 億美元。中國大陸的消耗量在近 20 年也急速增加，1991 年的統計為 76 萬公噸，2016 年已達 177 萬公噸。

大量與廣泛地使用農藥，不僅對不當使用者產生毒害，也會造成一般環境的汙染。農藥被環境學家與環保人士稱為人類使用的化合物中，造成環境汙染最為嚴重的物質，因其使用處即是我們生存的環境。

有機氯對生態的危害，早在 1950 年代即被發現。1962 年，美國海洋生物學家卡爾森女士(Rachel Carson)在其驚世鉅作 *Silent Spring*（**《寂靜的春天》**，晨星出版社）中，即已描述人類毫無節制的大量使用殺蟲劑所造成的生態以及人體健康的殘害。從遍布各地的鳥類及野生動物屍體，到北美五大湖區漁獲量的銳減，四處可見人類因未謹慎使用化學物質的後果；而這些物質更透過食物鏈的方式，累積於人體內，進而產生毒害。Rachel Carson 在《寂靜的春天》中寫道：「……但是，很快就看出來顯然有些不對勁了！在校園裡開始出現了已經死去的和垂危的知更鳥。在鳥兒過去經常啄食和群集棲息的地方幾乎看不到鳥兒了。幾乎沒有鳥兒築建新窩，也幾乎沒有幼鳥的出現。在以後的幾個春天，這種情況重複地出現。噴藥區域已變成一個死亡的陷阱……」；「……在路易斯安那州，農場主人抱怨著農場池塘中的損失。在一條運河上，僅在不到四分之一英里的距離內就發

現了 500 條以上的死魚，它們漂浮在水面或躺在河岸邊。在另一個地區則死了 150 條翻車魚，占原有數量的四分之一。五種其他魚類則完全被消滅了……」《寂靜的春天》的出版，使得吾人開始重新評估使用農藥的觀念與方法，以及其安全性與對環境的危害性。許多人認為《寂靜的春天》啟動了農藥的環保革命，帶動民間環保意識的抬頭。

除了生態環境之破壞，人類本身也是農藥的受害者，畢竟在吾人所使用的農藥中，沒有一種是對人類或其他生物不會產生某些程度的毒害。聯合國在 2017 年的報告即指出全球每年約有 20 萬人是死於農藥中毒，而產生的慢性毒害以及健康影響與社會成本更無法估算。

在較不重視農藥使用安全的年代，全球各地皆曾發生大規模的人類集體中毒事件。1972 年的伊拉克曾發生**甲基汞**(methylmercury)意外混於食用麵粉，造成 321 人中毒與 35 人死亡之慘劇；而在 1958 年的印度也曾發生 300 多人因食用受巴拉松汙染的小麥而中毒的事件，其中約有 100 人死亡；在 1955~1959 年間，土耳其約有 3,000~4,000 人因食用含穀物防黴劑六氯苯(hexachlorobenzene)之麵粉或麵包中毒，而在此期間，中毒者與出生嬰幼兒之死亡率更高達 10%。由前述例子或數據可得知，人類不當或不慎使用農藥所造成後果的嚴重性。雖然近年來聯合國大力推廣農藥安全使用之相關措施及作為，但僅能有限地減少急性毒害發生案例，對人體慢性危害及環境長期影響之消減，仍須依賴更多科學研究配合有效之管理方式才能達成。

8.1　農藥的分類

　　農藥(agro-chemical)亦稱生害防除劑，英文較普遍的名稱為 pesticides（直譯應為殺蟲劑）。本文所指農藥是泛指所有對人類所認為有害或不必要的生物能產生防止、滅殺、驅除、減退等作用之化合物。農藥依其用途可分為殺蟲劑(insecticide)、除草劑(herbicide)、防黴劑(fungicide)、滅鼠劑(rodenticide)、燻煙劑(fumigant)、除蟎劑(acaricide; miticide)、滅菌劑

(bacteriostat)、昆蟲生長控制劑(insect growth regulator)、除幼蟲劑
(larvicide)、除軟體動物劑(molluscicide)、除線蟲劑(nematocide)、植物生
長控制劑(plant growth regulator)、驅除劑(repellant)、協力劑(synergist)等。
近年常使用之生物滅除劑(biocide)一詞通常是指非農業用途的農藥而言，
而生物類農藥(biopesticides)則是為了減少人工合成物質對環境之影響，所
發展出取自於不同生物體內（包括屬於微生物的細菌、藻類、真菌及病毒、
費洛蒙、化學信息素 semiochemicals、植物萃取物等）之特殊成分或者蟲
類（昆蟲、線蟲）以做為蟲害控制之用。本章最主要是針對一般人工合成
農藥之介紹。

　　農藥亦可依其急毒性之強弱來分類。世界衛生組織(World Health
Organization, WHO)曾以物質對大鼠(rat)之 LD_{50}（急毒性）為依據，將其
危險性分類為四等級，但此分類原則因聯合國於 2003 年啟動之 GHS（見
第二章）而有所修改（表 8.1）。本章末 BOX 另列出較常見農藥有效成分
之毒性分類，以及其對大鼠之 LD_{50} 等毒理相關資料。

表 8.1	WHO 農藥毒性等級的區分，以對大鼠(rat)之 LD_{50}(mg/kg)為依據	
級別	口服	皮膚接觸
(Ia)極度危害性 Extremely hazardous	< 5	< 50
(Ib)高危害性 Highly hazardous	5~50	50~200
(II)中度危害性 Moderately hazardous	50~2,000	200~2,000
(III)輕度危害性 Slightly hazardous	> 2,000	> 2,000
(U)極不可能產生急性危害 Unlikely to present acute hazard	≥ 5000	≥ 5,000

　　農藥亦可依使用的劑型分類。每年以粒劑的用量最大，其次為溶液、乳劑、可濕性粉劑及粉劑。一般市售的農藥其中可能含不同的化學藥劑，除**有效成分**（或**原體**，active ingredient）外，一般皆會加入輔助劑使其方便於使用，例如有機溶劑（甲苯、二甲基甲醯胺、甲醇、環己酮、異丙醇、環己醇、丙酮、三氯甲烷、二硫化碳、三氯乙烯、丁酮、正丁醇、鄰二氯苯及二甲苯等）、一些特定化學物質（三氧化二砷、硫酸二甲酯、氯、氨及硝酸等）或易生粉塵之物質（輕白土、滑石粉、矽藻土、矽酸鋁鈉、白土及紅土等）。

　　目前全球各地所使用的農藥有效成分多達 600 種，相較於在 1960 年代時的僅約 100 種已增加許多。本章僅就部分與環境汙染或人體健康較有關的化合物，依其化學結構為分類原則分別敘述其特性。

8.2　有機氯類殺蟲劑　

　　有機氯類殺蟲劑(organochlorines, OCs)屬於較早期合成殺蟲劑的其中一種，此類殺蟲劑的代表性化合物－DDT 早在 1874 年即被合成，但遲至 1940 年以後才被大量使用。有機氯類殺蟲劑的使用盛期為 1940~1970 年代，並可依其結構的相似性分為三大類別。第一類型為 DDT 型（為氯化乙烷的衍生物），包括 DDT(dichloro-diphenyl-trichloroethane)、大克蟎(dicofol)、甲氧基氯(methoxychlor)、methochlor、perthane 等；第二類型為**氯化環狀類**(cyclodienes)，包括可氯丹(chlordane)、飛佈達(heptachlor)、毒殺芬(toxaphene)、阿特靈(aldrin)、安特靈(endrin)、地特靈(dieldrin)、安殺番(endosulfan)、十氯丹(kepone; chlordecone)等；第三類型為六氯環己烷類，此類包括 α-與 β-hexachlorocyclohexane、靈丹（或稱蟲必死，lindane，為 γ-hexachlorocyclohexane）與六氯苯(hexachlorobenzene, HCB)。部分有機氯類的化學結構如圖 8.1 所示。

　　有機氯類殺蟲劑之毒性因其結構的差異而有不同，一般在高劑量之暴露下會產生急性神經毒性。DDT 型有機氯類產生之典型急毒性症狀包括

感覺異常、肌肉動作僵硬、腳步異常、頭痛、頭暈、神智不清、噁心、嘔吐、疲倦、手指顫抖、昏沉昏睡等，而長期暴露所造成之慢毒性症狀，則可能有體重減輕、輕微貧血、顫抖、食慾減退、肌肉無力、激躁、焦慮不安、緊張等症狀。氯化環狀類如安特靈、阿特靈等，也會產生相類似於 DDT 型的症狀。其典型的急性症狀包括頭痛、頭暈、噁心、嘔吐、肌肉及神經反應過度、普遍性的不舒服、痙攣、抽搐等，而慢性症狀則可能有頭痛、頭暈、激躁、間歇性肌肉抽動、焦慮不安、失眠、失去知覺等。前述的症狀皆因不同的殺蟲劑以及暴露量有關。許多有機氯也具有致癌性、生殖、免疫、內分泌毒性（環境荷爾蒙，見第七章）。

大部分的有機氯類殺蟲劑具有高脂溶性（高 K_{ow} 值），不易分解（長半生期）以及生物蓄積的特性（高生物濃縮係數），這些性質直接影響到其在環境中的宿命與傳輸，也因為這些特性，其多數皆被列入斯德哥爾摩公約最早的 POPs 名單（見第七章）。以 DDT 為例，其對土壤的親和力極強，且不易被微生物分解，在土壤中的半生期則因環境之不同可達約 2~15 年之久。DDT 能在生物體內被代謝為 DDE、DDD 或 DDA，但仍以 DDE 為主要的代謝物，並可再進一步的被轉化為其他次代謝物質。環境中的微生物亦能轉化 DDT，因此在環境中之 DDT 含量應以總 DDT（包括 DDD、DDE、DDA）表示。DDT 或其代謝物一旦進入生物體內，會累積於脂肪組織或脂肪含量較高的組織中，如肝臟，並以食物鏈傳遞的方式進入且累積於較高層次的消費者或人類。進入人體的 DDT，其半生期可達 5~8 年。因此，在其使用之年代甚至到禁用的數十年內，一般人體皆多少含有 DDT 或其代謝物。

DDT 與其他的有機氯殺蟲劑在全世界不同地區民眾之體內含量不盡相同（參見圖 7.10）。1998 年的調查指出北美五大湖區居民血清中的有機氯含量為 DDT 0.3 ppb (ng/g)、DDE 5.2 ppb、六氯苯 0.1 ppb、氧化可氯丹 0.3 ppb（對照組 0.2 ppb）、飛佈達 0.1 ppb、地特靈 0.2 ppb，在脂肪組織中的含量更高。但由於近年來全球對此類殺蟲劑之禁用或限用導致整體環境含量之降低，因此，其在人體之含量亦相對漸減。

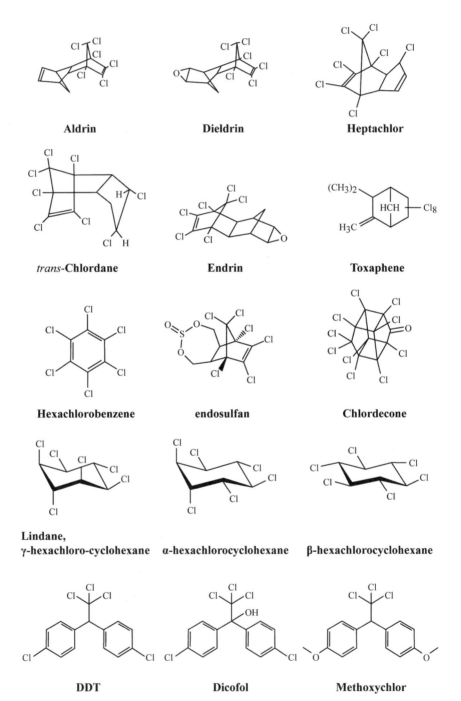

圖 8.1　不同類型之有機氯類殺蟲劑化學結構式

例如美國疾病控制與預防中心(CDCP)的國家生物監測計畫(National Biological Monitoring Program)，在其一般民眾體內特定環境汙染物含量之長期調查指出，目前雖然仍有部分民眾體內含有少量之 DDT，且多數仍有 DDE（其較 DDT 停留於人體內更久），但已較 70 年代減少 5~10 倍。有機氯殺蟲劑可藉由授乳之途徑排出人體，因此，母乳中的含量亦可做為體內含量多寡的指標。瑞典與德國之數據亦顯示在 1980 年代（DDT 已禁用超過 15 年）之兩國婦女乳汁內 DDT 含量仍皆超過 500 ng/g（脂質），但到 1990 年中期皆已降到 300 ng/g（脂質）以下（圖 7.11）。表 8.2 列出西元 2000 年前全球不同地區居民乳汁脂肪中 DDT 的含量。現今含量應更低。

有機氯類殺蟲劑對一般水中或野生動物的急毒性有相當大的差異性。表 8.3 列出幾種有機氯對不同種類生物的 LC_{50} 或 LD_{50}。DDT 最著名的動物毒害是造成鳥類生出的**蛋殼薄化**(egg-shell thinning)和容易破裂，並導致雛鳥未孵化即死亡。DDT 或 DDE 導致鳥類蛋殼變薄的原因可能與其母體內鈣的利用或代謝受抑制有關。DDT 也造成雛鳥的提早出生、夭折、成鳥生殖的障礙，以

圖 8.2　美國五大湖區所捕獲雛禿鷹的喙有明顯的交叉現象

🔴 取自：World Wildlife Fund－Chemicals That Compromise Life: A Call to Action 1998.

及生理、形態和行為的異常。在美國加州即發現鳥類有低生殖率、鳥喙交叉(crossed bill)（圖 8.2）、雄性過少與生殖器官不正常發育、雌鳥互配築巢等現象，而這些有機氯物質對鳥類的毒害已經影響到當地群落與生態系統的平衡（見第七章）。許多有機氯類殺蟲劑早已在美國禁用超過 30 年之久（DDT-1972 年、阿特靈與地特靈－1974 年、飛佈達－1976 年，可氯丹－1976 年，國內於 1973 年公告為禁用農藥），但由於其環境蓄積性，這些物質在一些野生動物、鳥類以及水中底泥和魚體內仍可被發現，再加上大氣長程傳輸效應，偏遠地區也無法倖免於難（見第七章）。不過，包括美國、加拿大、蘇俄、冰島、挪威…等北極區域數國長期監測該區之有機

汙染物，在野生動物及魚類體內含量之結果顯示，許多有機氯含量已大幅降低（見第七章）。這些物質在這些地區生物體內與在人體的狀況相同，亦是隨環境含量以及時間而逐漸降低。

表 8.2 不同國家居民母乳中的 DDT 含量（脂肪）

國家	年份	樣本數	p,p'-DDT	p,p'-DDE	DDT+DDE	DDT/DDE
Jordan	1992	59	2,522	5,680	8,202	44
Zimbabwe	1991	40	2,390	2,530	4,920	94
Mexico	1997~1998	60	651	3,997	4,648	16.3
Ukraine	1993~1994	197	336	2,457	2,793*	13.6
Jordan	1989~1990	59	700	2,040	2,740*	34.3
Kazakhstan	1997	76	300	1,960	2,260	15.3
Turkey	1997	104	106.5	2,055	2,161.5	5.2
Kuwait	2000	32	12.4	833	845.4	8
Greece	1995~1997	112	65.9	721.21	787.11	9.1
Mexico	1994~1996	50	162	594	756	27.2
UK	1997~1998	168	40	430	470	9.3
Japan	1998	49	17.8	270	287.8	6.6
Saudi Arabia	1998	115	64.5	183	247.5	35.2
Canada	1996	497	22.1	222	244.1	9.9
Egypt	1996	60	2.93	21.47	24.4	13.6
Uganda	1999	143	3510	NA	NA	NA
Germany	1995~1997	3,500	202*	NA	NA	NA
Holland	1997	89	NA	NA	330*	NA
Nicaragua	2000	52	NA	NA	7.12	NA

○ *代表 DDT 與 DDE 之濃度中值(median)；NA：無資料。

○ 數據來源：Jaga, K., & Dharmani, C. (2003). Global surveillance of DDT and DDE levels in human tissues. *International Journal of Occupational Medicine and Environmental Health*, *16*(1), 7-20.

表 8.3 常見殺蟲劑對不同動物的急毒性

殺蟲劑	水蚤 96 小時 LC50 (ppb)	淡水魚 96 小時 LC50 (mg/L)		鳥類口服 LD50 (mg/kg body wt.)		鳥類摻入食物中 LC50 (mg/kg diet)		哺乳類急性，口服 LD50 (mg/kg body wt.)
		藍鰓	彩虹鱒	北美鶉	野鴨	北美鶉	野鴨	鼠
阿特靈(aladrin)	32	0.013	0.0026	6.6	52	NA	155	20~70
atrazine	3,600	17	8.8	NA	NA	5,760	19,650	3,000
azinphos-methyl	NA	0.0046	0.02	90	136	488	1,940	NA
蓋普丹(captan)	9,960	0.111	0.08	NA	NA	NA	NA	8,000
加保利(carbaryl)	6.4	6.76	1.95	NA	2,179	5,000	5,000	40~540
可氯丹(chlordane)	590	0.0748	0.090	83	NA	331	858	280~500
DDT	0.36	0.008	0.002	NA	NA	245	NA	113
大利松(diazinon)	0.522	0.079	0.635	10	3.5	NA	191	75~120
芬殺松(fenthion)	4.0	NA	NA	5.9	NA	200	NA	250
飛佈達(heptachlor)	42	0.0026	0.0074	NA	>2,000	NA	480	100
理有龍(linurron)	4,000	16	16	NA	NA	NA	NA	4,000
馬拉松(malathion)	NA	NA	0.17	NA	1,485	981	NA	≥1,000
巴拉刈(paraquat)	4,000	NA	38.7	176	NA	NA	4,048	100~400
甲基巴拉松(parathion-methyl)	NA	5.72	4.74	NA	10	NA	NA	♀24; ♂14
巴拉松(parathion)	2.0	0.047	2.65	NA	2.0	NA	NA	♀13; ♂3.6
毒殺芬(toxiphene)	15	0.018	0.05	NA	70.7	834	536	90
2,4-D	>>1,000	NA	250	NA	NA	NA	NA	400

➊ NA：無資料。

8.3　有機磷類殺蟲劑

　　有機磷類殺蟲劑(organophosphate insecticide, OPs)是所有農藥中，最常發生中毒事件者，但由於其極佳的殺蟲效果及較微量的環境殘留性，一些有機磷至今許多地區仍大量的使用。美國每年有機磷的農業用量近幾年也逐漸減少，例如 2000 年還有 7000 萬磅的使用量，但到了 2012 年已減少 70%到約 20 萬磅，而占所有不同種類殺蟲劑用量的比例也從 2000 年的 71%到2012 年的 33%。這些數據顯示此類殺蟲劑漸被其他類所取代的趨勢。

　　在有機磷類殺蟲劑中，最早合成者為四乙基氧磷酸酯（或稱特普，TEPP, tetraethylpyrophosphate）。此物質是在第二次世界大戰時被用來取代尼古丁之殺蟲用途，以及做為神經化學戰劑。最著名的有機磷類殺蟲劑巴

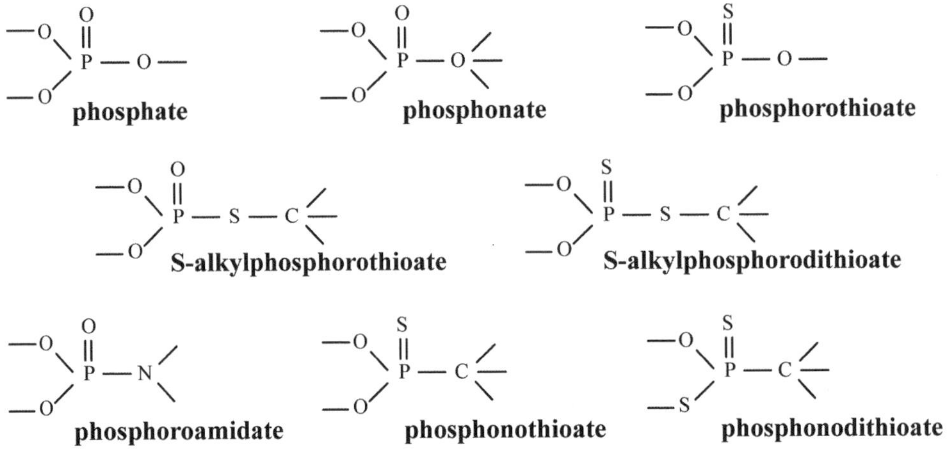

phosphate

phosphonate

phosphorothioate

S-alkylphosphorothioate

S-alkylphosphorodithioate

phosphoroamidate

phosphonothioate

phosphonodithioate

圖 8.3　不同類型有機磷類殺蟲劑的基本化學結構

拉松(parathion, *O,O*-diethyl-*O*-*p*-nitrophenyl phosphate)則在 1944 年被合成，並與其氧化物－巴拉歐龍(paraoxon)被用來取代 DDT。但由於其強急毒性和對一般昆蟲的非選擇毒性，其他的有機磷類化合物則陸續的被合成與使用。

　　有機磷類殺蟲劑可依其化學結構分為**單硫** (phosphorothioate; phosphonothioate; S-alkylphosphorothioate)、**雙硫** (phosphonodithioate; S-alkylphosphorodithioate)、**無硫**(phosphonate; phosphoroamidate)等三大類化合物（圖 8.3）。這三類化合物的結構共通處為含有一磷酸根(phosphate)，此磷酸根上的氧原子有時可被硫取代，而形成硫代磷酸根（thio 即指硫之意）的化合物。國內較常用的有機磷類殺蟲劑多以「××松」命名（有機氯多為「××靈」），包括谷速松(azinphos-methyl)、美文松(mevinphos)、滅賜松(demeton-S-Methyl)、普伏松(ethoprop)、亞素靈(monocrotophos)、福瑞松(phorate)、大滅松(dimethoate)、托福松(terbufos)、大利松(diazinon)、大福松(fonofos)、二硫松(disulfoton)、甲基巴拉松(methyl parathion)、亞特松(pirimiphos methyl)、撲滅松(fenitrothion)、馬拉松(malathion)、陶斯松(chlorpyrifos)、芬殺松 (fenthion)、巴拉松 (parathion)、甲基溴磷松(bromophos-methyl)、賽達松(phenthoate)、乙基溴磷松、(bromophos-ethyl)、滅大松(methidathion)、普硫松(prothiophos)、愛殺松(ethion)、三落松(triazophos)、加芬松(carbophenothion)、磷酸三苯酯(triphenyl phosphate)、一品松(EPN)、裕必松(phosalone)、二氯松(dichlorvos)等，其中部分化合物的化學結構列於圖 8.4。讀者可將其與圖 8.3 相互對照比較，以瞭解其類型。著名的神經瓦斯－沙林(sarin)亦屬於有機磷類的化合物。

　　一般而言，有機磷類的急毒性較有機氯類強。以巴拉松為例，其對老鼠的口服 LD_{50} 約為 10 mg/kg，屬於極度危險的農藥之一（見表 8.1），而其他有機磷則毒性不一。人類在有機磷中毒時，症狀常於半小時內即出現，但在少數情況下，仍可能延遲至數小時到 1 日後才產生，其急性中毒症狀可分為三類。第一類為**似蕈鹼**(muscarinic)中毒的症狀。此類症狀出現最早，主要是因副交感神經末梢興奮所致，類似於天然毒蕈鹼的中毒，其表現為平滑肌痙攣與腺體分泌增加，並有噁心、嘔吐、腹痛、多汗、流淚、流涕、流涎、腹瀉、頻尿、大小便失禁、心跳減慢、瞳孔縮小等症狀。另可能有支氣管痙攣、分泌物增加、咳嗽、呼吸急促等現象，嚴重患者則可能出現肺水腫。第二類為**似菸鹼**（nicotinic，似尼古丁）中毒的症狀，包

括血壓增高、心跳增快、四肢無力、肌肉抽動、高血糖、麻痺等。第三類為**中樞神經系統的作用**(central nervous system effect, CNS effect)，以焦慮、頭痛、眩暈、步態不穩、混亂不清、抽搐、低血壓、呼吸抑制或不規則等現象為主。

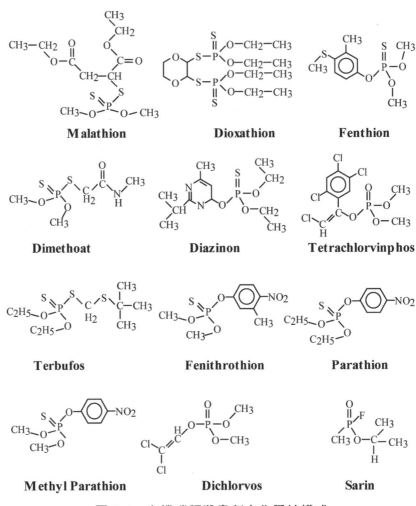

圖 8.4　有機磷類殺蟲劑之化學結構式

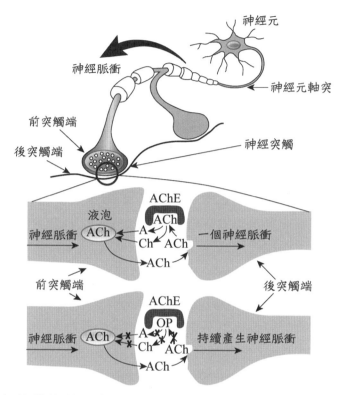

圖 8.5 神經傳導物質乙醯膽鹼(ACh)在神經元突觸的作用及乙醯膽鹼酯酶
(AChE)因有機磷(OP)而失去作用

💿 A: acetate，Ch: choline，×：無法作用。

　　有機磷類產生神經毒性的作用已相當明確，抑制體內**乙醯膽鹼酯酶**
(acetylcholinesterase, AChE)是其產生神經毒害的主要機制，故有機磷為一
種膽鹼酯酶抑制物(cholinesterase inhibitor)。**乙醯膽鹼**(acetylcholine, ACh)
是動物體內的神經傳導物質(neurotransmitter)的一種，存在於副交感神經
節後神經元、交感與副交感神經節前神經元、骨骼肌肌肉神經交接點、中
樞神經系統等處，並做為神經細胞在**突觸**(synapses)之間神經脈衝傳遞的
化學物質（圖 8.5）。當**前突觸端**(pre-synaptic terminal)接受神經脈衝的刺
激時，便將乙醯膽鹼釋出。此化合物接著進入**後突觸端**(post-synaptic
terminal)與**似蕈鹼**(muscarinic)或**似菸鹼**(nicotinic)受體(receptor)接合，並再
產生另一脈衝，而乙醯膽鹼則被乙醯膽鹼酯酶水解為乙酸(acetate)與膽鹼

素(choline)。有機磷類殺蟲劑能與乙醯膽鹼酯酶接合,使其失去水解乙醯膽鹼的作用,而使後突觸端持續的接受乙醯膽鹼的刺激,並不斷地產生神經脈衝,此也造成相對應的生理作用不停的發生(圖 8.5)。

在慢毒性方面,有機磷類化合物會造成長期神經纖維的受損,並產生周邊運動神經的毒害,以及產生四肢無力或麻痺等症狀。其他的神經毒性尚包括行為與心理上的影響。許多研究指出有些有機磷類可能對動物具有畸胎性(teratagenicity),但對人類幼體發展的影響尚未明確。除二氯松屬於疑似人類致癌物(IARC 為 2B,USEPA 為 B2 類)外,其他的有機磷類殺蟲劑目前並不被認為具有致癌作用或突變性。部分的有機磷類殺蟲劑也被證實具有內分泌干擾的效應(見第七章)。

有機磷類殺蟲劑可被人體以吸入、食入、皮膚接觸等方式所吸收。一般的職業暴露以皮膚的侵入為主要的途徑,但僅少部分能被吸入;然而一般人的暴露仍來自於食物或飲水中所含殘留量的攝取。

有機磷在人體內的代謝與**細胞色素 P450** (cytochrome P450)有關。經代謝的有機磷若其中的硫原子被氧原子取代,而由-thio形成-oxon的代謝物,即由 phosphorthioate變為phosphate,其毒性反而增強。此生物活化作用(bioactivation,見第三章)可以圖 8.6中巴拉松(parathion)轉換成 paraoxon加以說明。

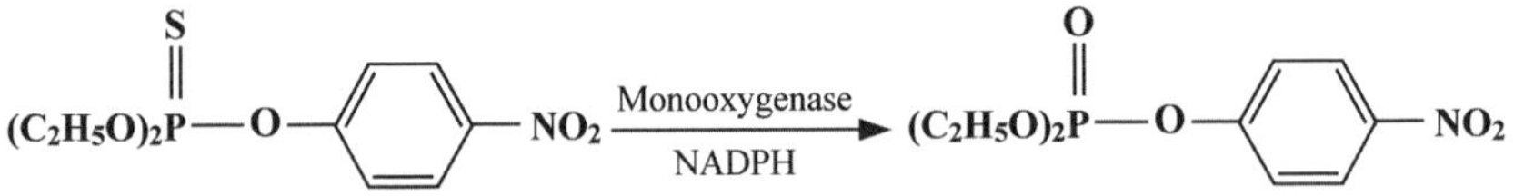

圖 8.6 **巴拉松經 P450 系統中單氧化酵素**(monooxygenase)**與 NADPH 的作用被轉換成** paraoxon

　　圖 8.7 為-oxon 化合物與前述乙醯膽鹼酯酶作用的示意圖。當-oxon 化
合物與乙醯膽鹼酯酶（圖 8.7 中的 Enz-OH）作用後，形成一結合體，此
過程為一可逆反應（圖 8.7 中 1）。但此結合體會脫去其部分結構（稱為
leaving group），使乙醯膽鹼酯酶無法與其他物質（包括乙醯膽鹼）作用（圖
8.7 中 2），而乙醯膽鹼酯酶仍可被水解作用恢復其正常功能（圖 8.7 中 3）。
在某些狀況下，當-oxon 結構中的其中一官能基（圖 8.7 中 R）脫離時（此
稱為 aging process 或**老化過程**），則乙醯膽鹼酯酶與-oxon 將無法被分
離，並使該酶無法再產生分解乙醯膽鹼的功能（圖 8.7 中 4）。paraoxon 形
成後，能再進一步的被代謝為無毒性的代謝物。不同生物對有機磷的活化
作用與第二階段的代謝不盡相同，這些差異使有些有機磷對特定的昆蟲
（或人類與其他動物）的毒性具有選擇性。圖 8.8 說明馬拉松(malathion)
對哺乳類動物之毒性較弱但對昆蟲毒性較強的原因。馬拉松在哺乳類動物
體內可被迅速水解為無毒的去乙基馬拉松代謝物，雖然此代謝物能被去硫
化而形成較毒的 malaoxon，但其速率較為緩慢；相對於哺乳類動物，昆蟲
則能較快速的形成 malaoxon，而其去毒化的水解過程卻較為緩慢（圖 8.8）。

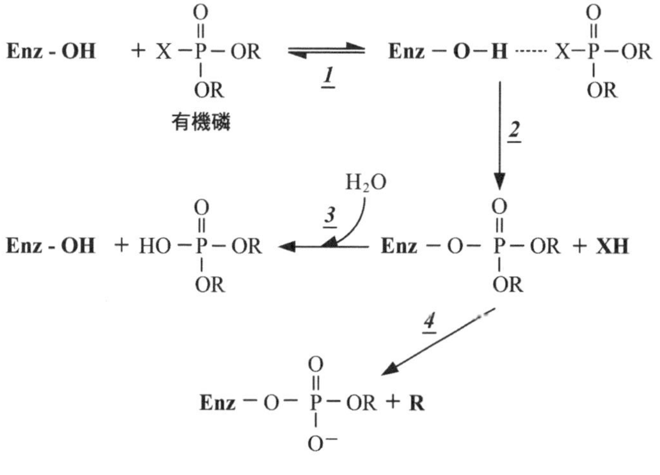

圖 8.7　-oxon 化合物與乙醯膽鹼酯酶上氫氧基(Enz-OH)的作用

● X 代表不同的化學結構。1~4 的過程在內文中有詳細敘述。

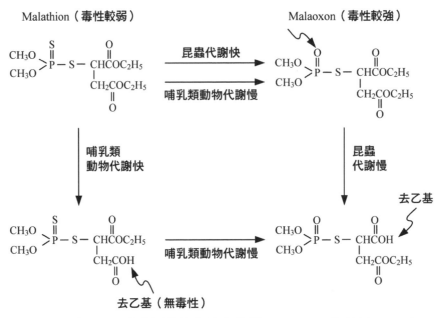

圖 8.8　哺乳類動物與昆蟲代謝 malathion 的差異

　　在環境中的有機磷易被水解、光解或被微生物分解，使其較不易殘留。例如馬拉松在水體中的半生期約僅有數小時到幾天，而大利松(diazinon)約為 14~70 天。此與有機氯長達數年的半生期相去甚遠。然而由於其大量的使用，一般環境亦能發現有機磷農藥的存在，尤其是使用於室內環境的蟲害控制，其環境含量有時可達到在短時間內產生毒害的程度。圖 8.9 為美國調查在 1992~2001 年與 2002~2012 年之間，一般河川檢驗出殺蟲劑（包括有機磷）濃度超過水生生物慢性基準值(chronic aquatic life benchmarks)之比例，顯見此類物質之使用與水體汙染之間的關聯性。有些亦能造成不同程度之地下水汙染。

　　有機磷對水生動物的急毒性較有機氯類強，但仍有部分例外（見表 8.3）。有機磷類殺蟲劑由於其較低的水中殘留性和在動物體內較快速的代謝率，因此其生態危害性較低，僅有在意外洩漏或使用量極高的情況下，此類物質才能對水中生物產生明顯的毒害。Fethion 曾被做為除鳥劑的使用，因其施撒於一般農田的土壤中時，能直接滲透進入鳥類的足部並產生

毒害。但由於其強急毒性，連同掠食性的鳥類，如老鷹、夜梟或陸上動物等，皆可因為食用受毒害的鳥類屍體而死亡。部分有機磷也被認定是具有內分泌干擾作用（環境荷爾蒙，見第七章）。

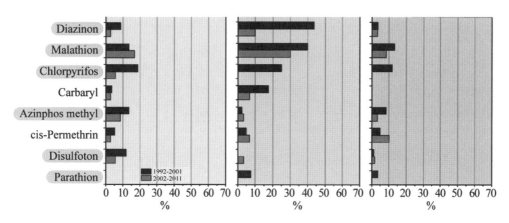

圖 8.9　美國調查在 1992~2001 年與 2002~2012 之間，在一般河川檢出殺蟲劑（包括有機磷）濃度超過水生生物慢性基準值(chronic aquatic life benchmarks)之比例

◎ 圖中左列（灰底）之殺蟲劑屬於有機磷類。數據與圖取自 Wesley et al., Pesticides in U.S. Streams and Rivers: Occurrence and Trends during 1992–2011, Environmental Science & Technology 2014 48 (19), 11025-11030

8.4　氨甲基酸鹽類

　　氨甲基酸鹽類(carbamates)是使用量相對較少的有機殺蟲劑。此類物質是繼有機磷之後所發展出的人工合成農藥。氨甲基酸鹽類是氨甲基酸(carbamic acid)的衍生物，最早合成的是加保利(carbaryl)（1956 年）（圖 8.10）。加保利目前仍是使用最廣泛以及用量最多的氨甲基酸鹽類殺蟲劑，主要原因是因為其較低的哺乳類動物急毒性與廣泛的除蟲效果。此類殺蟲劑的種類較有機磷類少，常見者包括殺丹(bendiocarb)、納乃得(methomyl)、安丹(propoxur)、加保扶(carbofuran)、滅必蝨(mipc)、丁基滅必蝨(bpmc)、比加普(pirimicarb)、加保利(carbaryl)、得滅克(aldicarb)、丁

基加保扶(carbosulfan)、滅賜克(methiocarb)、歐殺滅(oxamyl)等，其中部分化合物的結構式列於圖 8.10。氨甲基酸鹽類的除蟲效果較不廣泛，例如蒼蠅與德國蟑螂對此類殺蟲劑並無明顯的毒性反應。

　　氨甲基酸鹽類殺蟲劑的神經毒性作用原理與有機磷劑相同，亦是透過乙醯膽鹼酯酶的抑制作用所產生，因此中毒症狀也相似於有機磷；但由於其與乙醯膽鹼酯酶的結合多為可逆性且解離較有機磷快速，因此其藥效與持續性皆較有機磷弱。氨甲基酸鹽類不須經活化即能產生作用，但有些化合物的代謝物仍具有較強的乙醯膽鹼酯酶抑制作用。

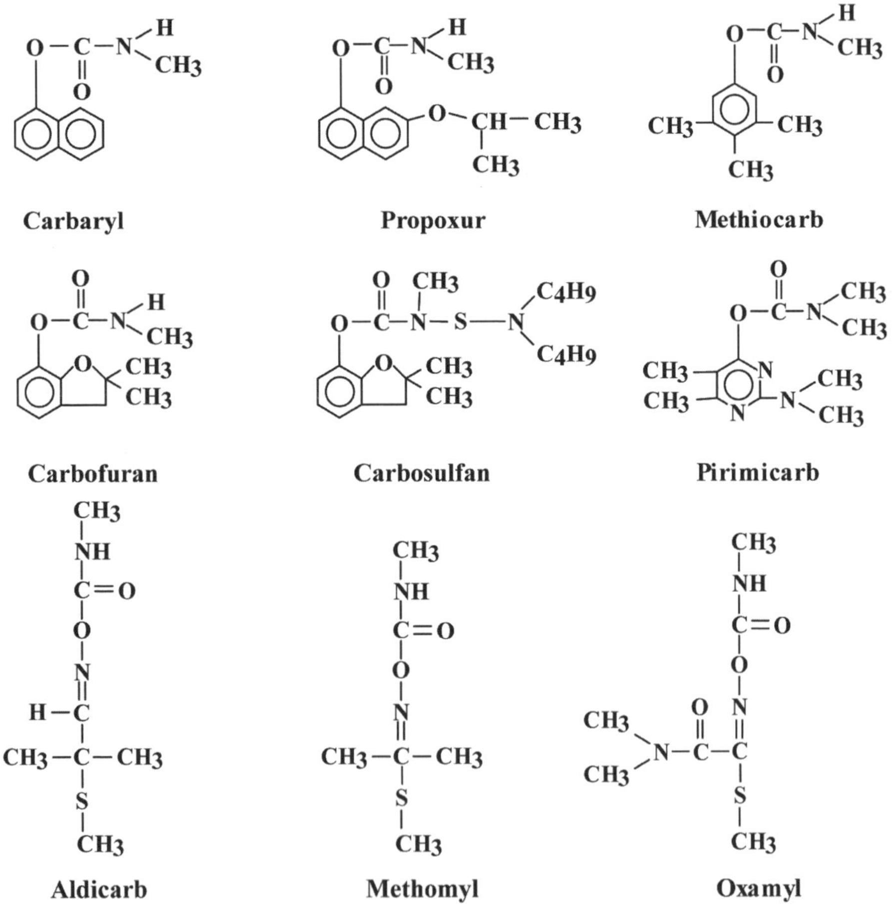

圖 8.10　氨甲基酸鹽類殺蟲劑之化學結構式

　　部分氨甲基酸鹽類殺蟲劑的慢毒性除了神經毒害外，尚包括畸胎性、生殖毒性與致癌性。例如常被使用於治頭蝨的加保利具微突變性，且被認定為一疑似的人類致癌物，並可影響內分泌的功能，進而導致生殖毒害。

　　氨甲基酸鹽類殺蟲劑的吸收途徑主要是吸入與食入，而皮膚接觸所產生的毒性較不顯著。此類化合物通常被肝臟的氧化酵素水解後，即可由腎臟或肝臟排出體外。氨甲基酸鹽類化合物在環境中的殘留時間不長，例如加保利在土壤與在水體中的半生期約為 7~30 天。氨甲基酸鹽類具弱水溶性（加保利 120 mg/L），其與土壤中有機物結合後，能被地表逕流帶至一般水體或滲入至地下水造成汙染（圖 8.9）。

　　有些氨甲基酸鹽類化合物雖然在環境中的殘留時間較長，但其低脂溶性使其不易累積於生物組織中。不過由於其強急毒性，即使在水體中含量較低，仍可造成一般野生動物或魚類的毒害。例如得滅克(aldicarb)曾在美國的一些地下水或地表水中被發現，而造成水井的關閉或藥劑在受汙染地區的停止使用。加保利與加保扶目前被懷疑具有環境荷爾蒙的作用（第七章）。

8.5　除蟲菊精類　

　　除蟲菊精類(pyrethroids)殺蟲劑是近代農藥合成工業的新產物。此類殺蟲劑乃仿自**除蟲菊**(*Chrysanthemum cinerariaefolium*)內所含之天然**除蟲菊精**(pyrethrum)，而其除蟲成分為 pyrethrin I 與 II。前者是殺蟲的主要成分，而後者則可產生一般昆蟲的昏厥效果。此類天然殺蟲劑可由除蟲菊花朵研磨成的粉末中萃取獲得，但由於提煉除蟲菊精之費用高、產量少以及其易被光解的特性，因此早期並未被大量的使用。約從 1950 年代開始，才有人工合成的除蟲菊精類被製造出來（包括亞列寧 allethrin），但一直到 1970 年代中期，較穩定且效果佳的除蟲菊精類才逐一上市（百滅寧 permethrin 與芬化利 fenvalerate）。目前較新的合成除蟲菊精類是屬於第四代，包括賽滅寧(cypermethrin)、第滅寧(deltamethrin)等。除蟲菊精則因結構上的不同而在藥效上有差異。圖 8.11 為不同類型除蟲菊精類的化學結構式。

　　除蟲菊精類殺蟲劑對哺乳類動物的急毒性較有機磷為低，但對昆蟲卻有極佳的滅殺效果。此種對不同動物的毒性選擇性，使其成為目前使用最為廣泛的一般室內殺蟲劑類，例如蚊香、速必落、滅飛、拜貢、克蟑等殺蟲劑中皆含有此類物質的成分。

　　除蟲菊精的毒性作用與 DDT 的神經毒性類似，其毒理機制為使神經細胞膜上鈉離子通道無法正常閉合。暴露於高劑量時會產生皮膚過敏、氣喘、周邊血管衰竭等症狀，而有部分患者會有皮膚針刺、麻痛、灼痛等感覺。此外，受害者也可能產生眼睛流血、眼瞼水腫、喉痛、胸悶、低血壓、腹痛、嘔吐、食慾不振、視覺模糊、顫抖、抽搐等症狀。誤食賽滅寧更可能造成呼吸麻痺、肺水腫、抽搐甚至死亡。

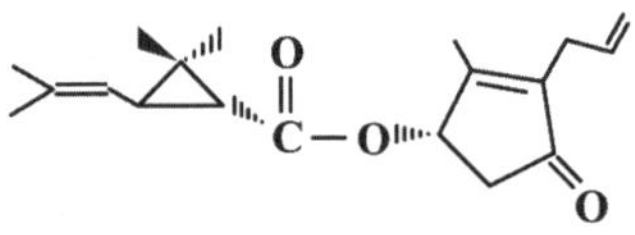

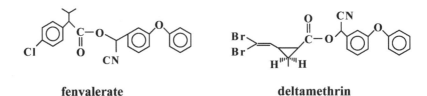

allethrin 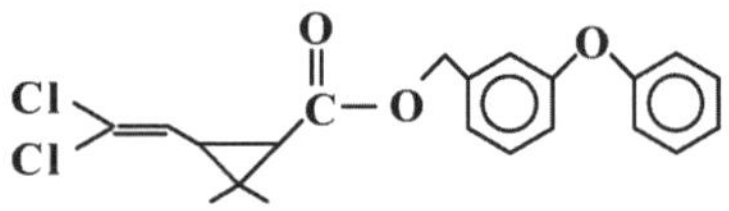　　　　　　　　　　　**permethrin**

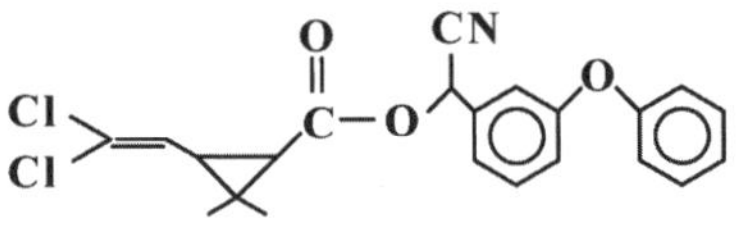

cypermethrin

fenvalerate　　　　　　　　　　**deltamethrin**

圖 8.11　不同類型除蟲菊精類的化學結構式

　　除蟲菊精類對人體的慢毒性並不明確，可能包括腦部與運動神經失常、免疫系統異常、產生對化學物品的過敏作用等。近年來有許多研究顯示，一些除蟲菊精類對動物具有致癌性與生殖毒性。賽滅寧被列為疑似的人類致癌物（USEPA C 類），且在在較高的暴露劑量下能影響幼體的腦部發展。一些除蟲菊精類則被認為是環境荷爾蒙物質（見第七章），如 permethrin 與 phenothrin。

　　一般哺乳類動物與鳥類皆能迅速代謝進入體內的除蟲菊精類化合物，因此其毒性較低。由於在較高等動物與昆蟲體內的單氧酵素系統是代謝此類物質的主要機制，因此在使用此類殺蟲劑時，會加入協助劑如 piperonyl butoxide 等，以抑制單氧酵素的作用，並增加其藥效。

　　所有除蟲菊精類皆為高脂溶性化合物，極不易溶於水。有些在環境中具弱殘留性（賽滅寧在土壤中的半生期約為 2~4 週）。除蟲菊精類化合物對土壤具有極強的親和力，不易被地表逕流或地下水傳遞。由於易被生物體代謝，因此此類殺蟲劑並無明顯的生物蓄積作用。

　　除蟲菊精類化合物的缺點是對蜜蜂與水中魚類的強急毒性；其對一般魚類的 LC_{50} 皆低於 1 ppb (μg/L)，而對蜜蜂的 LD_{50} 約在 0.03~0.12 μg/kg 之間。近年來，昆蟲學家發現許多昆蟲開始發展對此類化合物的抗藥性，且由於不同除蟲菊精類之間化學結構的相似性，因此無法以另類的除蟲菊精類做為替代物；再加上其危害性（致癌、內分泌影響、魚類毒性等）可能較科學家原先預期為高，此類物質在未來仍有可能被更新一代的殺蟲劑所取代。

8.6 巴拉刈與大刈特除草劑

巴拉刈(paraquat; 1,1'-dimethyl-4,4'-bipyridilium dichloride salt)與**大刈特**(diquat; 1,1'-ethylene-2, 2'-bipyridilium, dibromide salt)是屬於**聯吡啶**(bipyridyl)類的殺草劑（圖 8.12），也是兩種最常見的植物光系統第 I 類的除草劑（可抑制光合作用之反應者），效果迅速且方便。巴拉刈的使用量較多，全球約有 130 個國家使用它於田間雜草的控制。

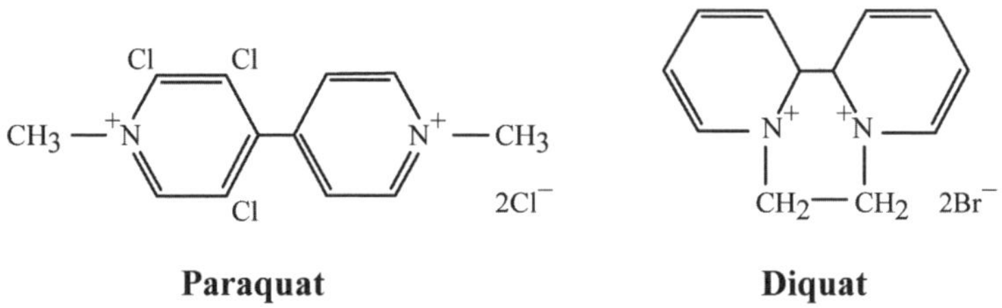

Paraquat　　　　　　**Diquat**

圖 8.12　巴拉刈與大刈

巴拉刈在 1882 年被合成，但直至 1955 年時才被發現其具有除草的效果，並於 1961 年開始使用。巴拉刈常被使用於穀物的乾燥、棉花和馬鈴薯蔓的落葉劑，亦可用於控制闊葉樹及雜草種子的萌發。使用於一般農耕用之巴拉刈有效成分含量約為 24~36%，而一般住家或花園之含量約僅有 2.5%。

雖然巴拉刈是除草劑，但其對人體或動物的急毒性仍相當強，對人體之 LD_{50} 約為 40 mg/kg。食入約 1 匙劑量的巴拉刈有效成分即可能致命，而對大鼠的 LD_{50} 約為 150 mg/kg。吸入或吞入巴拉刈可能會致命，且眼睛與皮膚接觸巴拉刈會有灼傷危險與流鼻血，因此有不少中毒的事件報告，有些國家甚至禁止其使用。在臺灣的農藥自殺中毒個案中，除草劑巴拉刈造成的死亡率最高，致死率可高達 50~60%，由此可見其強急毒性。

巴拉刈亦能產生延遲性的毒性(delayed toxicity)，食入後才死亡的時間可達 30 日之久。大刈特的急毒性相對較低，對大鼠的 LD_{50} 約為 231 mg/kg，因此被做為巴拉刈的替代物。巴拉刈較為特殊的作用為肺部組織的累積與

不可復原性的毒害。中毒者會因肺部組織功能的喪失而死亡，然而大刈特卻無類似累積於肺部的現象。巴拉刈與大刈特對心臟、皮膚、消化道、肝臟、腎臟等部位皆能產生不同程度的急性傷害，而大刈特亦能對中樞神經系統造成損傷。食入巴拉刈的急性中毒症狀包括口腔、喉、胸部與上腹部劇痛，此與其強腐蝕性有關；另有腹瀉、血便、頭痛、頭暈、昏迷或發燒等症狀的發生。大刈特所產生之神經毒害症狀較為明顯，包括緊張、焦慮、無法入眠、記憶喪失、無方向感、反應遲緩等，而其他症狀則與巴拉刈類似。

巴拉刈尚未被歸類其人類致癌性，USEPA 評估為應不具致癌性。巴拉刈對皮膚與指甲皆有毒性，並具有弱突變性和慢性的肺部毒害，但其他的影響並不明確；而大刈特對消化道、肝臟與腎臟皆能產生慢性毒害。巴拉刈與大刈特的毒理機制類似，皆與自由基的產生以及對細胞膜的破壞有關。

本類型藥劑極易溶於水，在水溶液中可解離成離子狀態，但相對的在體內則較不易被腸道或經皮膚吸收。進入體內的巴拉刈會累積於肺部，且在該處產生較有害的代謝物（生物活化作用）。巴拉刈與大刈特最後皆由糞便或尿液排出體外。

巴拉刈與大刈特在土壤中皆不易被分解，其半生期大於 1,000 日以上。雖然光線與微生物能對兩者產生降解的作用，但其速率有限。此類化合物的水溶性極低，對土壤或有機物具相當的親和力，但仍可能被帶入一般水體而沉積於底泥，不過其汙染地下水的可能性極低。在水中的巴拉刈與大刈特半生期約僅有數十小時到數日。

巴拉刈與大刈特對野生動物的毒性屬於中等；其對鳥類的 LD_{50} 約為數百 mg/kg，而對魚類之 LC_{50} 則在數十到數百 mg/L (ppm)之間。一般較高等的動物能快速的代謝此類物質，因此並無生物蓄積的現象，但部分陸生的植物仍可能將其蓄積於體內。巴拉刈已於 2019.2.1 在臺灣被禁止販賣與使用。

8.7 2,4-D 與 2,4,5-T

2,4-D (2,4-Dichloro phenoxyacetic acid)與 2,4,5-T (2,4,5-trichloro phenoxyacetic acid)是屬於**氯苯氧基類**(chlorophenoxy)的除草劑（圖 8.13）。氯苯氧基類除草劑在第二次世界大戰之後開始被大量使用，其中 2,4-D 與其衍生物至今仍是使用最為廣泛且用量最多的除草劑之一。2,4-D 被使用於一般農田、牧場、道路、林業、花園、住宅、水中等寬葉類雜草的去除。在越戰時期，美軍所使用俗稱為**橙劑**(Agent Orange)的**落葉劑**(defoliant)即含有各占 50%的 2,4-D 與 2,4,5-T。

2,4-D 具有弱急毒性，對不同試驗動物的口服 LD_{50} 約為數百 mg/kg。人體對 2,4-D 短期的大量暴露會產生嘔吐、腹瀉、頭痛、頭暈、行為異常、呼氣異味等症狀。2,4-D 亦對眼睛與黏膜組織具有刺激性。若長期吸入此物質，則會發生咳嗽、頭暈、肌肉協調性喪失、疲倦、體弱無力等症狀。2,4-D 具有急性與慢性的神經毒性，但僅在較高的劑量下才具有生殖毒性與畸胎性。IARC 將 2,4-D 歸類為疑似的人類致癌物(2B)。2,4-D 也被懷疑具有環境荷爾蒙的特性。

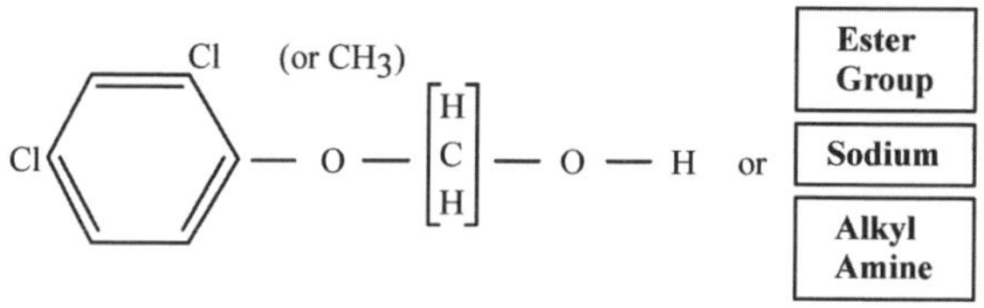

chlorophenoxy

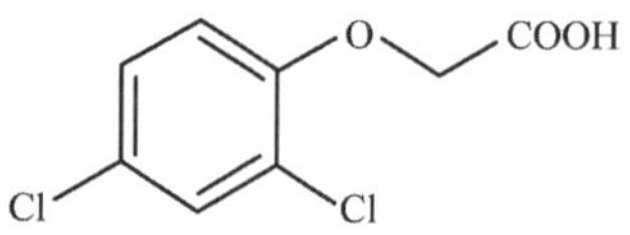

2,4-D 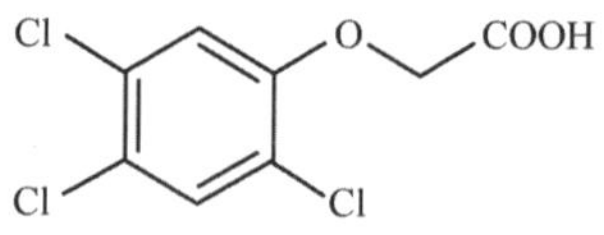　　　　　　　　　　**2,4,5-T**

圖 8.13　Chlorophenoxy 類與 2,4-D、2, 4, 5-T 的結構式

人體對 2,4-D 的吸收與排除皆相當快速，而無累積的現象。暴露後再經過 24 小時的時間，2,4-D 即可由人體完全排除，且僅有極少部分是被代謝的。2,4-D 可通過胎盤進入胎兒體內。

2,4-D 在環境中的停留時間不長，約僅有數日之久，主要是微生物的降解作用所致。雖然如此，一般的水體仍能發現 2,4-D 的存在，此應與其高使用量有關。

野生動物對 2,4-D 較不敏感，但水中生物的反應卻有相當大的差異。有些魚類能容忍高濃度的 2,4-D ($>100\,mg/L$)，且無任何影響，但有些物種的 LC_{50} 則小於 $10\,mg/L$。

2,4-D 與 2,4,5-T 最引人爭議之處是其在製程中所產生的微量副產物－戴奧辛，尤其是 2,4,5-T 因通常含有較高含量的戴奧辛而被禁用。在 2,4,5-T 製造工廠工作的工人曾被發現產生戴奧辛中毒的典型症狀－**氯痤瘡** (chloracne)，且有較高的致癌率。美軍在越戰所使用的橙劑也因為受戴奧辛的汙染，而危害了許多退伍軍人與越南當地居民的健康，然而此兩者之間的關聯性，至今仍議論紛紛（見第十章）。

8.8 五氯酚

五氯酚(pentachlorophenol, PCP)早期曾被使用做為殺蟲劑、除草劑、防黴劑，而以木材防腐、防蛀處理為其主要的用途。一般所使用的五氯酚(technical grade)的純度約僅有 86%，而其製程的副產物包括戴奧辛與六氯苯 (hexachlorobenzene)，此也是現今五氯酚在許多國家包括臺灣被禁用的主要原因。五氯酚在

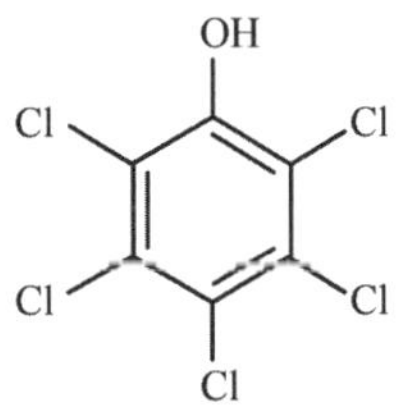

圖 8.14 五氯酚化學結構式

美國僅能使用於木材的處理，如電線桿或鐵道木枕。此物質已被列於斯德哥爾摩公約 POPs 名單（見第七章）並限制其用途。圖 8.14 為五氯酚的化

學結構式。

五氯酚對試驗動物的急毒性屬中等,對大鼠的口服 LD_{50} 為 27~211 mg/kg,而對小鼠則為 74~130 mg/kg。五氯酚對黏膜組織、眼睛、皮膚皆具有刺激性。在較嚴重的暴露狀況下,五氯酚能產生呼吸困難、胸悶、盜汗、體重減輕,以及包括發燒、肌肉痙攣、顫抖、腿痛、昏眩、行動不協調等之神經毒性症狀,不過這些影響極可能與其中的雜質有關。五氯酚能造成**氯痤瘡**(chloracne),應為內含的戴奧辛所致,因純化的五氯酚並未能產生相同的作用。

在流行病學的研究所觀察到五氯酚的慢毒性多與內含之戴奧辛有關。純化的五氯酚對人體長期暴露的影響則不明確,可能包括肺部血液循環受阻所致的心臟衰竭、視神經與中樞神經受損、腎臟與肝臟的毒害等。在一般低劑量的長期暴露狀況下,五氯酚並無生殖與畸胎毒性。USEPA將其列為可能的人類致癌物(B2),但 IARC 則列為 2B 類(疑似人類致癌物)。

經由不同的途徑,人體對五氯酚的吸收皆相當快速,此與其高脂溶性有關(水溶性:80 mg/L,log K_{ow}: 5.15),但其在體內的累積則較為有限,在人體內的半生期約僅有 30~50 個小時,而以尿液排除為主要的排出途徑。

在土壤中的五氯酚能停留較長的時間,其半生期約為 45 日,主要是依賴微生物的降解作用。五氯酚能在土壤中遷移並汙染地下水。在一般水體中,五氯酚較容易被降解,並吸附於水中底泥與懸浮的有機物質。

五氯酚對一般動物的急毒性並不強。對不同物種的 LD_{50} 大於 500 mg/kg,但相較之下,對水中魚類的毒性則較強。相關的研究調查所得之不同魚類 LC_{50} 皆小於 0.3 mg/L (ppm)。有些水中生物能在體內累積高濃度的五氯酚(BCF: 273~4760),但由於其在食物鏈中高層生物體內能被迅速的代謝,因此其生物放大的作用並不顯著。

8.9 其他農藥

在人類使用農藥的歷史上，有些農藥因一些不同的因素而不再被使用，包括環境汙染、強毒性、經濟效益低等因素。在早期，許多金屬的無機或有機化合物皆曾被大量的使用，但當有機合成的技術日趨成熟而將其製造成本降低，並同時增加其藥效且減少毒害時，此類物質的使用即被排除或逐漸減少。例如甲基汞曾被使用做為穀物的防黴劑、砷化合物目前僅在較落後的國家中被使用、三氯化碳與四氯化碳曾被做為煙燻劑、硫酸銅使用於除藻劑等。部分農藥由於對一般生態環境的破壞較有限，且使用量較少，因此本章僅略作介紹，其他的一些化合物在其他章節中亦有較詳加的說明（第七章內分泌干擾素與新興汙染物、第九章金屬、第十章戴奧辛）。本章末 BOX 亦包含許多有效成分的基本毒理資料以供讀者參考。

由菸葉提煉出的**尼古丁**(nicotine)俗稱菸鹼，早期曾被做為殺蟲劑使用，直至有機合成之殺蟲劑問世為止。尼古丁具神經毒性，但並無致癌性。其對老鼠的口服 LD_{50} 約為 10~60 mg/kg，而其毒理機制則與有機磷類相同，皆是透過對乙醯膽鹼酯酶的抑制作用而產生神經毒害(見本章 8.3 節)。

近年許多類尼古丁殺蟲劑(neonicotinoid)亦被合成並使用於做為神經毒殺作用之殺蟲劑，例如益達胺(Imidacloprid)、噻蟲嗪(Thiamethoxam)、可尼丁(Clothianidin)、啶蟲脒(Acetamiprid)、噻蟲啉(Thiacloprid)、呋蟲胺(Dinotefuran)、烯啶蟲胺(Nitenpyram)、諾普星(Capstar)等，但歐盟鑑於其可能導致全球近年議論紛紛的**蜂群崩壞異常**（Colony Collapse Disorder，簡稱 CCD），而於 2018 年禁止其用於戶外。亦有專家擔心此類殺蟲劑對鳥類及其他無脊椎動物的毒性，甚至影響族群與生態等多層面範圍，故此類物質的後續用途極可能更加受限。

魚藤酮(rotenone)是由兩種屬的植物（*Lonchocarpus* 與 *Derris*），如山芋 barbasoo、管花薯 tuba、魚藤 Jewelvine 等所提煉出的毒劑，可做為毒魚、殺蟲、除草之用。對人體的口服致死量約為 300~500 mg/kg。魚藤酮顯少發生人類中毒死亡事件，因其會產生強烈的嘔吐作用，但吸入高量的顆粒態時仍可能會致死。

滅鼠靈（warfarin 亦稱香豆素）是最常用的殺鼠劑成分之一，其對試驗動物之致死量約為 200~400 mg/kg，且具有延遲毒效。滅鼠靈也是一抗凝血劑，能造成動物或人類內出血。滅鼠靈被證實為一人類致畸物（見第六章），但也被使用做為治療或預防血栓之藥物。

蓋普丹(captan)是屬於 phthalimide 類的除黴劑，可做為控制植物的病害，最常使用於蘋果樹的栽種。蓋普丹具致癌性(USEPA B2)與免疫力抑制作用，且對魚類的急毒性極強。

亞脫淨(atrazine)是屬於三氮苯類除草劑(triazine)的一種，使用量相當多，但極易造成地下水的汙染，因此在美國被嚴格限制其使用於一般性的用途。亞脫淨具有動物致癌性，並被列為疑似的人類致癌物（USEPA C 類）與環境荷爾蒙。

一些無機化合物也曾被使用於不同的農業或防蟲用途，這些包括磷化鋅（滅鼠劑）、白磷或黃磷粉（滅鼠劑）、三氧化二砷（滅鼠劑）、石灰硫磺（殺蟲及滅菌劑）、砷酸鉛、碳酸鋇（滅鼠劑）、磷化氫（phosphine，煙燻劑）。其他一些被認為可能具有環境荷爾蒙作用的農藥有 amitrole, benomyl, propiconazole, diazinon, linuron, mancozeb, maneb, metiram, metribuzin, oxydemeton-methyl, phenylphenol, procymidone, thiram, tributyl tin (TBT), vinclozolin, zineb, ziram，而這些化合物目前正在接受環境荷爾蒙活性的測試，以評估其對環境生態及人體健康危害的可能性（見第七章）。

8.10 農藥使用安全性與環境殘留問題

使用農藥所產生的負面影響包括對使用或製造者的職業性暴露毒害，以及一般人體健康與環境生態的影響。職業性的毒害可藉由較完善的防護器具與預防措施等安全管理加以消滅。世界衛生組織(WHO)和其他機構皆積極的透過研究開發、教育宣導、訓練、訂定規範等方式推廣農藥的安全文化。雖然如此，據 WHO 的統計，全球每年仍有超過 3 百萬件

以上的農藥中毒案例，而有超過 25 萬人因此而死亡。雖然有些農藥中毒事件是因為自己服毒(self poisoning)，但意外案例之比例亦相當高，其中包括職業傷害、使用不慎及誤食。另外，在全球較落後地區因為知識水平且行政效率低落，這些統計數據不僅是較保守的估計，且尚未包括因長期接觸所造成的其他危害，如生殖、皮膚、神經、肝臟、呼吸系統等部位之慢性毒性，因此，若從不同角度而言，人類使用此「必要之惡」的代價其實相當大。

對一般人而言，在一般的狀況下，農藥的主要暴露途徑為攝取受汙染的食物、飲水以及吸入受汙染的空氣，而前者的暴露量通常遠高於後者。農藥汙染食物可包含兩種狀況；一為農藥施用後的殘留(residue)，另一為農藥經由不同的環境傳輸途徑進入飲用水或由食物鏈方式進入食物中（汙染）。無論是何種方式，農藥的使用既然是無法避免的，則一般人皆或多或少的會攝取某些劑量的農藥。因此，不同的規範則被訂定以確保吾人的健康。例如不同農藥的安全攝取量、農作物（食物）殘留標準、使用期限或禁止及限定用途等，或者可針對不同環境訂定標準，以降低人體暴露機會，例如飲用水標準、放流水排放標準、環境周界標準等。

全球不同的衛生組織或相關機構皆針對一些危害性較高的農藥訂定 ADI（Acceptable Daily Intake，**每日容許攝取量**，單位：mg/kg/d）或 TDI（Tolerable Daily Intake，**每日耐受量**，單位：mg/kg/d）標準。ADI 是指一般人對特定的化合物（如殺蟲劑在食物或在一般飲水中），每日可攝取來自不同暴露途徑的安全限量。若超過不同機構所訂定之 ADI 或 TDI 值，則有可能產生健康的危害。雖然 TDI 之定義與 ADI 相似，但前者乃是針對較廣泛的暴露途徑而言。無論如何，此兩類基準皆是針對長期的暴露，並不適用於短時間接觸的危害評估工作。不同物質的 ADI 值可參考本章末 BOX。另外，在食物中殘留標準的設立，亦可保障一般人不致於攝取過量的農藥。國內衛生福利部也公告不同化合物在肉類中的殘留標準，以及在不同農作物的殘留安全容許量。除此之外，許多農藥也因不同的理由在國內或其他較先進國家被禁用（表 8.4），其目的在於消弭其流入環境或造成人體健康的可能性與危害性。

　　農藥對生態環境之危害亦是值得高度關切的。許多選擇性不高之殺蟲劑會殘害非目標生物(non-targeted species)，進而造成生態失衡，如近年學界特別專注的是蜜蜂及水中無脊椎生物與魚類（類尼古丁殺蟲劑）。除此之外，許多農藥之生態慢性及混合毒性效應並未明確，且難評估。未來農藥在生態安全性上仍有還多值得探究之處。

表 8.4　國內被禁用的農藥及其原因

農藥名稱	英文名稱	禁止銷售／使用日期（民國）	禁用原因
有機水銀劑	Organic mercury	61 年 10 月 25 日	持久性環境汙染
安特靈	Endrin	61 年 1 月 1 日	持久性環境汙染
滴滴涕	DDT	63 年 7 月 1 日	持久性環境汙染
飛佈達	Heptachlor	64 年 10 月 1 日	持久性環境汙染
阿特靈	Aldrin	64 年 10 月 1 日	持久性環境汙染
地特靈	Dieldrin	64 年 10 月 1 日	持久性環境汙染
蟲必死	BHC	64 年 10 月 1 日	持久性環境汙染
福賜松	Leptophos	67 年 6 月 1 日	劇毒性
護谷類	Nitrofen	72 年 1 月 1 日	致畸胎性
二溴氯丙烷	DBCP		生殖毒性
克氯苯	Chlorobenzilate	72 年 9 月 21 日	致癌性
毒殺芬	Toxaphene	73 年 1 月 19 日	致畸胎性
五氯酚鈉	PCP-Na	73 年 1 月 19 日	含不純物 dioxin 具致癌性
保無根	PAMCON	73 年 1 月 19 日	五氯酚混合劑
草敵克	PCP-Na + CPH	73 年 1 月 19 日	五氯酚混合劑
益必田	EDIDEN	73 年 1 月 19 日	五氯酚混合劑
必脫草	PCP-Na + Phenothiol	73 年 1 月 19 日	五氯酚混合劑
二溴乙烷	EDB		致癌性
靈丹	r-BHC(Lindane)	74 年 2 月 1 日	致腫瘤性
蕉特靈	Lindane-C	74 年 2 月 1 日	靈丹混合劑
抑芽素 30%S	MH-30	74 年 5 月 1 日	不純物致癌性

表 8.4	國內被禁用的農藥及其原因（續）		
農藥名稱	英文名稱	禁止銷售／使用日期（民國）	禁用原因
達諾殺	Dinoseb	75 年 12 月 20 日	畸胎性
達得爛	Naptalam + Dinoseb	75 年 12 月 20 日	達諾殺混合劑
氰乃淨	Cyanazine	76 年 7 月 1 日	畸胎性
滴滴	Dichloropropane/Dichloropropene	76 年 7 月 9 日	致癌性
滴滴滅	VORLEX	76 年 7 月 9 日	滴滴混合劑
樂乃松	Fenchlorphos	76 年 9 月 2 日	致畸胎性
四氯丹	Captafol	77 年 10 月 1 日	致癌性
鋅銅四氯丹	Captafol + Zn + Cu	77 年 10 月 1 日	四氯丹混合劑
保粒四氯丹	Polyoxins + Captafol	77 年 10 月 1 日	四氯丹混合劑
安殺番 35%乳劑	Endosulfan	79 年 1 月 15 日	劇毒及殘留
亞拉生長素	Daminozide	79 年 1 月 1 日	致腫瘤性
福爾培	Folpet	79 年 7 月 1 日	致腫瘤性
錫蟎丹	Cyhexatin	79 年 7 月 1 日	致畸胎性
五氯硝苯	PCNB	79 年 7 月 1 日	致腫瘤性
福爾本達樂	Folpet + Benalaxyl	79 年 7 月 1 日	福爾培混合劑
福賽培	Folpet + Fosetyl-Al	79 年 7 月 1 日	福爾培混合劑
白粉克	Dinocap	79 年 12 月 31 日	致畸胎性
白克滿	Dinocap + Dicofol	79 年 12 月 31 日	白粉克混合劑
鋅錳粉克	Dinocap + Mancozeb	79 年 12 月 31 日	白粉克混合劑
大脫蟎	Dinobuton	80 年 12 月 1 日	代謝物為達諾殺
得滅克	Aldicarb	81 年 1 月 1 日	極劇毒
全滅草	Chlornitrofen, CNP	86 年 1 月 1 日	致腫瘤性
丁拉滅草	Butachlor + CNP	86 年 1 月 1 日	全滅草混合劑
殺滅丹	Benthiocarb + CNP	86 年 1 月 1 日	全滅草混合劑
得滅草	Molinate + CNP	86 年 1 月 1 日	全滅草混合劑
滅草	CNP + MCPA	86 年 1 月 1 日	全滅草混合劑

表 8.4	國內被禁用的農藥及其原因（續）		
農藥名稱	英文名稱	禁止銷售／ 使用日期（民國）	禁用原因
醋錫殺滅丹	Fentin acetate + Benthiocarb + CNP	86 年 1 月 1 日	全滅草混合劑
得脫蟎	Tetradifon	85 年 7 月 1 日	致腫瘤性及致畸胎性
得克蟎	Tetradifon + Chloropropylate	85 年 7 月 1 日	得脫蟎混合劑
大克脫蟎	Tetradifon + Dicofol	85 年 7 月 1 日	得脫蟎混合劑
必芬得脫蟎	Tetradifon + Pyridaphenthion	85 年 7 月 1 日	得脫蟎混合劑
巴拉松 47%乳劑	Parathion	86 年 1 月 1 日	極劇毒，致癌性 C 類
巴拉松 47%乳劑	Parathion	86 年 1 月 1 日	極劇毒，致癌性 C 類
巴馬松 50%乳劑	Parathion + Malathion	86 年 1 月 1 日	極劇毒，致癌性 C 類
飛克松 40%乳劑	Prothoate	86 年 1 月 1 日	極劇毒，致癌性 C 類
亞特文松 50%乳劑	Pirimiphos-Methyl + Mevinphos	86 年 1 月 1 日	極劇毒，致癌性 C 類
能死蟎	MNFA	88 年 11 月 1 日	致腫瘤性
能殺蟎	MNFA + Bromopropylate	88 年 11 月 1 日	能死蟎混合劑
加保扶 85%可濕性粉劑	Carbofuran	88 年 1 月 1 日	劇毒
得氯蟎	Dienochlor	87 年 8 月 1 日	持久性環境汙染
一品松	EPN	87 年 8 月 1 日	極劇毒 遲發性神經毒
甲品松	Methyl parathion + EPN	87 年 8 月 1 日	一品松混合劑
二氯松原體 二氯松 50%乳劑	Dichlorvos, DDVP	87 年 8 月 1 日	致腫瘤性
益穗	Thiram + Ziram +Urbacid	86 年 3 月 7 日	不純物致癌性
鎳乃浦	SANKEL	87 年 7 月 1 日	致癌性

表 8.4	國內被禁用的農藥及其原因（續）		
農藥名稱	**英文名稱**	**禁止銷售／使用日期（民國）**	**禁用原因**
益地安	ETM	87 年 7 月 1 日	不純物致癌性
三苯羥錫	TPTH	88 年 1 月 1 日	畸形性
三苯醋錫	Fentin acetate, TPTA	88 年 1 月 1 日	畸形性
亞環錫	Azocyclotin	88 年 1 月 1 日	代謝物為錫蟎丹
鋅乃浦	Zineb	88 年 1 月 1 日	致大鼠畸形
銅鋅錳乃浦	Copper oxychloride + Zineb + Maneb	88 年 1 月 1 日	鋅乃浦混合劑
銅合浦	Basic copper sulfate + Cufram Z	88 年 1 月 1 日	致腫瘤性
加保扶 75%可濕性粉劑	Carbofuran	88 年 1 月 1 日	劇毒
大福松 47.3%乳劑	Fonofos	88 年 1 月 1 日	極劇毒
美文松 25.3%乳劑	Mevinphos	88 年 1 月 1 日	極劇毒
福文松 70%溶液	Phosphamidon + Mevinphos	88 年 1 月 1 日	極劇毒
福賜米松 51%溶液	Phosphamidon	88 年 1 月 1 日	極劇毒
普伏松 70 6%乳劑	Ethoprop	88 年 1 月 1 日	極劇毒
普硫美文松 45.3%乳劑	Prothiophos +Mevinphos	88 年 1 月 1 日	極劇毒
鋅錳波爾多	Basic coppersulfate + Maneb + Zineb	88 年 1 月 1 日	鋅乃浦混合劑
亞素靈 55%溶液	Monocrotophos	89 年 9 月 1 日	對鳥類高毒性、呼吸極劇毒及農民暴露風險
百蟎克	Binapacryl	90 年 7 月 1 日	具生殖毒性

| 表 8.4 | 國內被禁用的農藥及其原因（續） | | |

農藥名稱	英文名稱	禁止銷售／ 使用日期（民國）	禁用原因
溴化甲烷	Methyl bromide	92 年 4 月 1 日	UN 臭氧層管制物質
西脫蟎	Benzoximate	92 年 6 月 3 日	國際上已淘汰使用
溴磷松	Bromophos	92 年 6 月 3 日	國際上已淘汰使用
得滅多	Buthiobate	92 年 6 月 3 日	國際上已淘汰使用
加芬松	Carbophenothion	92 年 6 月 3 日	國際上已淘汰使用
加芬丁滅蝨	Carbophenothion +BPMC	92 年 6 月 3 日	國際上已淘汰使用
加芬賽寧	Carbophenothion + Cypermethrin	92 年 6 月 3 日	國際上已淘汰使用
加滅蝨	Carbophenothion + MIPC	92 年 6 月 3 日	國際上已淘汰使用
克氯蟎	Chloropropylate	92 年 6 月 3 日	國際上已淘汰使用
可力松	Conen	92 年 6 月 3 日	國際上已淘汰使用
甲基滅賜松	Demephion	92 年 6 月 3 日	國際上已淘汰使用
得拉松	Dialifos	92 年 6 月 3 日	國際上已淘汰使用
普得松	Ditalimfos	92 年 6 月 3 日	國際上已淘汰使用
繁福松	Formothion	92 年 6 月 3 日	國際上已淘汰使用
美福松	Mephofolan	92 年 6 月 3 日	國際上已淘汰使用
殺蟎多	PPPS	92 年 6 月 3 日	國際上已淘汰使用
亞殺蟎	PPPS + azoxybenzene	92 年 6 月 3 日	國際上已淘汰使用
殺力松	Salithion	92 年 6 月 3 日	國際上已淘汰使用
托美松	Terbufos + mephofolan	92 年 6 月 3 日	國際上已淘汰使用
福木松	Fomothion	95 年 1 月 1 日	國際上已淘汰使用
大福松	Fonofos	95 年 1 月 1 日	國際上已淘汰使用
大福丁滅蝨	Fonofos + BPMC	95 年 1 月 1 日	國際上已淘汰使用
大福賽寧	Fonofos + cypermethrin	95 年 1 月 1 日	國際上已淘汰使用
福保扶	Fonofos + Carbofuron	95 年 1 月 1 日	國際上已淘汰使用
福滅蝨	Fonofos + MIPC	95 年 1 月 1 日	國際上已淘汰使用

表 8.4	國內被禁用的農藥及其原因（續）		
農藥名稱	英文名稱	禁止銷售／使用日期（民國）	禁用原因
滅加松 35%乳劑	Mecarbam	95 年 1 月 3 日	劇毒性
普伏瑞松 10%粒劑	Ethoprophos +phorate	95 年 1 月 3 日	劇毒性
裕馬松 40%乳劑	Phosalonemethamidophos	95 年 1 月 3 日	劇毒性
普硫美文松 30%乳劑	Prothiofos + mevinphos	95 年 1 月 3 日	劇毒性
加護松 50%乳劑	Propaphos	95 年 1 月 3 日	劇毒性
芬保扶 50%可濕性粉劑	Carbofuroncarbophenothion	95 年 1 月 3 日	劇毒性
氯化苦 99%溶液	Chloropicrin	95 年 1 月 3 日	劇毒性
納乃得 90%可濕性粉劑 90%水溶性粒劑	Methomyl	95 年 6 月 1 日	劇毒性成品農藥
覆滅蟎 50%水溶性粉劑	Formetanate	96 年 12 月 31 日	劇毒性成品農藥
毆殺滅 24%溶液	Oxamyl	96 年 12 月 31 日	劇毒性成品農藥
二氯松 30%煙燻劑	Dichlorvos	97 年 12 月 31 日	致腫瘤性
普滅蝨 40%乳劑	Ethoprop + MIPC	97 年 12 月 31 日	劇毒性成品農藥
普二硫松 10%粒劑	Ethoprop +Disulfoton	97 年 12 月 31 日	劇毒性成品農藥
谷速松 20%乳劑	Azinphos methyl	97 年 12 月 31 日	劇毒性成品農藥
普伏松 45%乳劑	Ethoprop	97 年 12 月 31 日	劇毒性成品農藥
雙特松 27.4%溶液	Dicrotophos	97 年 12 月 31 日	劇毒性成品農藥
益保扶 50%可濕性粉劑	Phosmet + Carbofuran	97 年 12 月 31 日	劇毒性成品農藥
福賜米松 25%溶液 50%可濕性粉劑	Phosphamidon	97 年 12 月 31 日	劇毒性成品農藥

表 8.4 國內被禁用的農藥及其原因（續）

農藥名稱	英文名稱	禁止銷售／使用日期（民國）	禁用原因
福文松 35%溶液	Phosphamidon + Mevinphos	97 年 12 月 31 日	劇毒性成品農藥
毆滅松 50%溶液	Omethoate	97 年 12 月 31 日	劇毒性成品農藥
甲基巴拉松 50%乳劑	Methyl parathion	97 年 12 月 31 日	劇毒性成品農藥
滅大松 40%乳劑	Methidathion	101 年 12 月 31 日	劇毒性成品農藥
安殺番	Endosulfan	103 年 01 月 01 日	持久性有機汙染物
美文松 10%乳劑	Mevinphos	103 年 1 月 1 日	劇毒性成品農藥
美文松 10%溶液	Mevinphos	103 年 1 月 1 日	劇毒性成品農藥
二硫松 5%粒劑	Disulfoton	103 年 1 月 1 日	劇毒性成品農藥
谷速松 25%可溼性粉劑	Azinphos methyl	103 年 1 月 1 日	劇毒性成品農藥
雙特氯松 50%溶液	Dicrotophos + Trichlorfon	103 年 1 月 1 日	劇毒性成品農藥
達馬芬普寧 45%乳劑	Fenpropathrin + Methamidophos	103 年 1 月 1 日	劇毒性成品農藥
巴達刈 42.5%水懸劑	Paraquat + Diuron	103 年 1 月 1 日	劇毒性成品農藥
巴達刈 60%可溼性粉劑	Paraquat + Diuron	103 年 1 月 1 日	劇毒性成品農藥
滅賜松 25%乳劑	Demeton-S-methyl	105 年 1 月 1 日	劇毒性成品農藥
達馬松 50%溶液	Methamidophos	105 年 1 月 1 日	劇毒性成品農藥
福賽絕 75%乳劑	Fosthiazate	104 年 1 月 1 日	劇毒性成品農藥
納乃得 24%溶液	Methomyl	106 年 1 月 1 日	劇毒農藥、有效成分含量高
加保扶 37.5%水溶性袋裝可濕性粉劑	Carbofuran	106 年 1 月 1 日	劇毒性成品農藥
加保扶 44%水懸劑	Carbofuran	106 年 1 月 1 日	劇毒性成品農藥

表 8.4	國內被禁用的農藥及其原因（續）		
農藥名稱	英文名稱	禁止銷售／使用日期（民國）	禁用原因
加保扶 40.64%水懸劑	Carbofuran	106 年 1 月 1 日	劇毒性成品農藥
芬普尼 4.95%水懸劑	Fipronil	106 年 9 月 6 日	高風險
巴達刈 33.6%水懸劑	Paraquat + Diuron	108 年 2 月 1 日	劇毒農藥
巴拉刈 24%溶液	Paraquat	109 年 2 月 1 日	劇毒農藥
大克蟎	Dicofol	107 年 8 月 1 日	持久性有機汙染物
芬佈克蟎	Fenbutatin-Oxide + Dicofol	107 年 8 月 1 日	持久性有機汙染物
滅紋 6.5%乳劑	MALS	107 年 8 月 1 日	含砷農藥、致癌風險
甲基砷酸鈣 8%可濕性粉劑	Calcium Methylarsonic Acid	107 年 8 月 1 日	含砷農藥、致癌風險
鐵甲砷酸銨 1%粒劑	NEO ASOZIN	107 年 8 月 1 日	含砷農藥、致癌風險
鐵甲砷酸銨 6.5%溶液	NEO ASOZIN	107 年 8 月 1 日	含砷農藥、致癌風險
禾爾邦砷 42.3%乳劑	NOREA + MSMA	107 年 8 月 1 日	含砷農藥、致癌風險
嘉賜蒙 0.49%粉劑	Kasugamycin + MON SAN	107 年 8 月 1 日	含砷農藥、致癌風險
甲基砷酸鐵	Ferric Methyl Arsonate	107 年 8 月 1 日	含砷農藥、致癌風險
甲基砷酸鈉 35.2%溶液	MSMA	108 年 2 月 1 日	含砷農藥、致癌風險
甲基砷酸鈉 45%溶液	MSMA	108 年 2 月 1 日	含砷農藥、致癌風險
普硫松	Prothiofos	108 年 2 月 1 日	高風險

BOX 農藥類有效成分及其毒性

（僅包含 WHO 毒性分級為 II 以上者）

英文縮寫說明：

用途類別：A = Acaricide; **Adj** = Adjuvant; **Alg** = Algicide; **At** = Attractant; **Av** = Avicide; **B** = Bactericide; **D** = Defoliant; **Des** = Desiccant; **F** = Fungicide; **Fum** = Fumigant; **H** = Herbicide; **HS** = Herbicide Safener; **I** = Insecticide; **IGR** = Insect Growth Regulator; **M** = Molluscicide; **Mit** = Miticide; **N** = Nematicide; **O** = Ovicide; **PGR** = Plant Growth Regulator; **R** = Rodenticide; **Rep** = Repellent。

急毒性分級：Ia = Extremely hazardous; **Ib** = Highly hazardous; **II** = moderately hazardous; **OBS** = obsolete，停止使用。

ADI：acceptable daily intake，每日容許劑量(mg/kg/d)，此值為 WHO 依照化合物的慢毒性所訂定。

致癌性分級（參考第五章化學致癌物）：EU 2 = European Union Category 2，代表可能會致癌。**EU 3** = European Union Category 3, possible risk of irreversible effects (cancer)。

LD$_{50}$：造成試驗所用老鼠(rat) 50％死亡率的劑量，單位為 mg/kg。

內分泌干擾素與新興汙染物請參見第七章。

有效成分	化合物種類	用途	LD50 (mg/kg)	WHO 分級	ADI	急性毒害	致癌性分級	生殖及其他慢性毒害
1,2-dibromo-3-chloropropane		N	170	OBS			EU 2 IARC 2B EPA B2	環境荷爾蒙 突變性 Category2
1,2-dichloropropane	organochlorine	Fum N	140	OBS		眼嚴重刺激性 皮膚嚴重刺激性 皮膚嚴重過敏		
2,4,5-T	phenoxyacetic acid derivative	H	500	OBS			IARC 2B	環境荷爾蒙
2,4-D	aryloxyalkanoic acid	H	375	II	0.3	眼刺激性 皮膚刺激性	IARC 2B	環境荷爾蒙
2-methoxyethylmercury acetate	organomercury	F		OBS				
2-methoxyethylmercury chloride	organomercury	F		OBS				
3-chloro-1,2-propanediol		R	112	Ib				
8-hydroxyquinoline sulfate		F B	1,250	OBS			IARC 3	
acrolein		H	29	Ia			EPA C IARC 3	
acrylonitrile		Fum		OBS		皮膚刺激性	IARC 2B EPA B1	
alachlor	substituted acetanilide	H	930	Ia			EU3 EPA L1	環境荷爾蒙 基因毒性
alanycarb	oxime carbamate	I	330	II		cholinesterase inhibitor 輕微眼刺激性		
aldicarb	carbamate	I	0.93	Ia	0.003	cholinesterase inhibitor	IARC 3	
aldoxycarb	carbamate	I	27	OBS		cholinesterase inhibitor		環境荷爾蒙

有效成分	化合物種類	用途	LD50 (mg/kg)	WHO 分級	ADI	急性毒害	致癌性 分級	生殖及其他 慢性毒害
aldrin	organochlorine	I	98	OBS			EPA B2 IARC 3	環境荷爾蒙
allidochlor		H	700	OBS		眼刺激性 皮膚刺激性		
allyl alcohol		H	64	Ib		眼嚴重刺激性 皮膚嚴重刺激性		
alpha cypemethrin	synthetic pyrethroid	I	79	II				環境荷爾蒙
aminocarb	carbamate	I	50	OBS		cholinesterase inhibitor		
anilazine	triazine derivative	F	2,710	OBS	0.1	眼刺激性 皮膚刺激性		
anilofos		H	472	II				其中雜質具致癌性
antu		R	8	OBS		引發狗的嚴重嘔吐作用		
arsenous oxiee	inorganic	R	180	Ia		強急毒性		
azaconazole	azole	F	308	II	0.03			
azinphos-ethyl	organophosphate	I	12	Ib	0.0002	cholinesterase inhibitor		
azinphos-methyl	organophosphate	A	16	Ib	0.005	cholinesterase inhibitor		
aziprotryne	triazine derivative	H	3,600	OBS		輕微眼刺激性		
azocyclotin	organotin	A	80	II	0.001	強眼刺激性及腐蝕性		
barban		H	1,300	OBS		輕微眼刺激性 皮膚過敏		
bendiocarb	carbamate	I	55	II	0.004	cholinesterase inhibitor		
benfuracarb	carbamate	I	205	II		輕微眼刺激性 cholinesterase inhibitor		

有效成分	化合物種類	用途	LD$_{50}$ (mg/kg)	WHO 分級	ADI	急性毒害	致癌性 分級	生殖及其他 慢性毒害
benodanil		F	6,400	OBS				
bensulide	organophosphorous herbicide	H	270	II		輕微眼刺激性		
benzoylprop-ethyl		H	1,555	OBS		輕微皮膚刺激性		
benzthiazuron		H	1,280	OBS				
beta cyfluthrin	synthetic pyrethroid	I	450	II	0.02	輕微眼刺激性		環境荷爾蒙
beta cypermethrin	synthetic pyrethroid	I	166	II	0.05	輕微眼刺激性 輕微皮膚刺激性		環境荷爾蒙
bifenthrin	synthetic pyrethroid	I A	55	II	0.02		EPA C	環境荷爾蒙
bilanafos		H	268	II				
binapacryl		A	421	OBS				
bioallethrin	synthetic pyrethroid	I	700	II				環境荷爾蒙
bioallethrins-cyclopentenyl		I	700	II				環境荷爾蒙
bisthiosemi		R	150	OBS		引發嘔吐		
blasticidin-s	antibiotic	F	16	Ib		眼嚴重刺激性		
brodifacoum	coumarin anticoagulant	R	0.3	Ia				
bromadiolone		R	1.12	Ia				
bromethalin		R	2	Ia				
bromocyclen		I	10,000	OBS				
bromophos	organophosphate	I	1,600	OBS		cholinesterase inhibitor		
bromophos-ethyl	organophosphate	I	71	OBS		cholinesterase inhibitor		

有效成分	化合物種類	用途	LD₅₀ (mg/kg)	WHO 分級	ADI	急性毒害	致癌性 分級	生殖及其他 慢性毒害
camphechlor	organochlorine	I	80	OBS			IARC 2B	
captafol	N-trihlomethylthio	F	5,000	Ia		可造成皮膚過敏	EU2 EPA B2 IARC 2A	
carbaryl	carbamate	I PGR L	300	II	0.01	cholinesterase inhibitor	EU 3 EA C IARC 3	環境荷爾蒙
carbofuran	carbamate	I	8	Ib	0.01	輕微眼刺激性 輕微皮膚刺激性 cholinesterase inhibitor		環境荷爾蒙
carbon disulfide		Fum		OBS				
carbophenothion	organophosphate	I	32	OBS		cholinesterase inhibitor		
carbosulfan	carbamate	I	250	II	0.01	輕微眼刺激性 中度皮膚刺激性 cholinesterase inhibitor		
cartap	2-dimethylaminopropane-1,3 dith	I	325	II	0.1			
chloralose		R	400	II		毒品類毒性		
chlorbufam	carbamate	H	2,500	OBS		cholinesterase inhibitor		
chlordane	organochlorine	I	460	II	0.0005	眼嚴重刺激性 輕微眼刺激性	EU 3 EPA B2 IARC 2B	環境荷爾蒙 造成嚴重之腎、肝累積毒害

有效成分	化合物種類	用途	LD₅₀ (mg/kg)	WHO 分級	ADI	急性毒害	致癌性 分級	生殖及其他 慢性毒害
chlordecone		I					EU 3 IARC 2B	環境荷爾蒙
chlordimeform	organochlorine	A	340	OBS		皮膚接觸相當危險	EU 3 IARC B2 IARC 3	環境荷爾蒙
chlorethoxyfos	organophosphate	I	1.8	Ia		cholinesterase inhibitor		
chlorfenac	organochlorine	H	575	OBS				
chlorfenapyr	pyrazole(acaracide) analogue	I	441	II		中度眼刺激性	EPA S	
chlorfenethol	organochlorine	A	930	OBS				
chlorfenprop-methyl	organochlorine	H	1,190	OBS				
chlorfenson	organochlorine	A	2,000	OBS		皮膚刺激性		環境荷爾蒙
chlorfenvinphos	organophosphate	I	31	Ib	0.002	cholinesterase inhibitor		
chlorflurenol	organochlorine	PGR	10,000	OBS				
chlormephos	organophosphate	I	7	Ia		cholinesterase inhibitor		
chlornitrofen	diphenyl ether	H	10,000	OBS				
chlorobenzilate	organochlorine	A	700	OBS	0.02	眼刺激性	IARC 3	
chlormethiuron	organochlorine	A	2,500	OBS				
chloroneb	organophosphate	H	10,000	OBS				
chlorophacinone	organochlorine	R	3.1	Ia		可經皮膚吸收少量		
chloropropylate	organochlorine	A	5,000	OBS				
chloroxuron	urea	H	3,000	OBS		輕微眼刺激性 中度皮膚刺激性		

有效成分	化合物種類	用途	LD₅₀ (mg/kg)	WHO 分級	ADI	急性毒害	致癌性分級	生殖及其他慢性毒害
chlorphonium		PGR	178	II		眼刺激性 皮膚刺激性		
chlorphoxim	organophosphate	I	2,500	OBS		cholinesterase inhibitor		
chlorpyrifos	organophosphate	I	135	II	0.01	cholinesterase inhibitor		
chlorthiophos	organohposphate	I	9.1	OBS		cholinesterase inhibitor		
cloethocarb	carbamate	I	35	OBS		cholinesterase inhibitor		
clofop		H	1,208	OBS				
clomazone		H	1,369	II				
copper sulfate	inorganic	F	300	II				失重、肝腎毒害
coumachlor		R	33	OBS				
coumaphos	organophosphate	I	7.1	Ia		cholinesterase inhibitor		
coumatetralyl	coumarin anticoagulant	R	16	Ib				
credazine		H	3,090	OBS				
crimidine		R	1.25	OBS				
crotoxyphos	organophosphate	I	74	OBS		cholinesterase inhibitor		
crufomate	organophosphate	I	770	OBS		cholinesterase inhibitor		
cuprous oxide	inorganic	F	470	II				
cyanazine	triazine derivative	H	288	II			EPA C	環境荷爾蒙
cyanofenphos	organophosphate	I	89	OBS		cholinesterase inhibitor		

有效成分	化合物種類	用途	LD$_{50}$ (mg/kg)	WHO 分級	ADI	急性毒害	致癌性 分級	生殖及其他 慢性毒害
cyanophos	organophosphate	I	610	II		cholinesterase inhibitor		
cycloheximide		F	2	OBS				
cycluron		H	2,600	OBS				
cyfluthrin	synthetic pyrethroid	I	250	II	0.02	中度眼刺激性 中度皮膚刺激性	EPA C	環境荷爾蒙
cyhalothrin	synthetic pyrethroid	I	144	II	0.02			環境荷爾蒙
cyometrinil		H	2,277	OBS				
cypendazole		F		OBS				
cypermethrin	synthetic pyrethroid	I	250	II	0.05	中度眼刺激性 中度皮膚刺激性 造成皮膚過敏		環境荷爾蒙
cyphenothrin [(1r)-isomers]	synthetic pyrethroid	I	318	II				環境荷爾蒙
cyprofuram		F	174	OBS				
cypromid		H		OBS				
DDT	organochlorine	I	113	II	0.02		EU 3 EPA B2 IARC 2B	環境荷爾蒙
delachlor		H		OBS				
deltamethrin	synthetic pyrethroid	I	135	II	0.01	中度眼刺激性	IARC 3	環境荷爾蒙
demephion-O	organophosphate	I	15	OBS		cholinesterase inhibitor		環境荷爾蒙
demephion-S	organophosphate	I	15	OBS		cholinesterase inhibitor		環境荷爾蒙
demeton-O	organophosphate	I A	1.7	OBS		cholinesterase inhibitor		
demeton-S	organophosphate	I	1.7	OBS		cholinesterase inhibitor		

有效成分	化合物種類	用途	LD₅₀ (mg/kg)	WHO 分級	ADI	急性毒害	致癌性 分級	生殖及其他 慢性毒害
demeton-S-methylsulphon	organophosphate	I	37	OBS		cholinesterase inhibitor		
demeton-S-methyl	organophosphate	I A	40	Ib	0.0003	中度皮膚刺激性 cholinesterase inhibitor		環境荷爾蒙 可能具胚胎毒性
di-allate	thiocarbamate	H	395	OBS			EU 3 IARC 3	
dialifos	organophosphate	I	145	OBS		cholinesterase inhibitor		
diamidafos		N		OBS				
diazinon	organophosphate	I	300	II	0.002	中度眼刺激性 中度皮膚刺激性 cholinesterase inhibitor		環境荷爾蒙
dibromochloro-propane		Fum	170	OBS			EU 2 EPA B2 IARC 2B	
dichlofenthion	organophosphate	I N	270	OBS		cholinesterase inhibitor		
dichlorvos	organophosphate	I A	56	Ib	0.004	cholinesterase inhibitor 眼刺激性 皮膚刺激性	EPA S IARC 2B	環境荷爾蒙
diclobutrazol	triazine derivative	F	4,000	OBS				
dicrotophos	organophosphate	I	22	Ib		若吸入則極危險 輕微眼刺激性 輕微皮膚刺激性 cholinesterase inhibitor	EPA S	

有效成分	化合物種類	用途	LD₅₀ (mg/kg)	WHO 分級	ADI	急性毒害	致癌性 分級	生殖及其他 慢性毒害
dieldrin	organochlorine	I	37	OBS			EPA B2 IARC 3	環境荷爾蒙
diethatyl		H	2,300	OBS				
difenacoum	coumarin anticoagulant	R	1.8	Ia				
difenoxuron		H	7,750	OBS				
difenzoquat		H	470	II		輕微眼刺激性 輕微皮膚刺激性		
difethialone	anticoagulant	R	0.56	Ia		輕微眼刺激性 強吸入毒性		
dimefox		I	1	OBS		cholinesterase inhibitor		
dimethoate	organophosphate	I A	150	II	0.01	cholinesterase inhibitor	EPA C	環境荷爾蒙
dimetilan	carbamate	I	47	OBS		cholinesterase inhibitor		
dimexano		H	140	OBS				
dinobuton		A		II				
dinoseb	phenol derivative	H	58	OBS			EPA C	環境荷爾蒙
dinoseb acetate	phenol derivative	H	60	OBS				
dinoterb	dinitrophenol	H	25	Ib				
dioxabenzofos	organophosphate	I	125	OBS		cholinesterase inhibitor		
dioxacarb	carbamate	I	90	OBS		cholinesterase inhibitor		
dioxathion	organophosphate	I	23	OBS		cholinesterase inhibitor		
diphacinone	indadione anticoagulant	R	2.3	Ia				

有效成分	化合物種類	用途	LD$_{50}$ (mg/kg)	WHO 分級	ADI	急性毒害	致癌性 分級	生殖及其他 慢性毒害
dipropetryn	triazine derivative	H	4,050	OBS		眼刺激性		
diquat	bipyridylium	H	231	II	0.002	皮膚刺激性 damages nails		
disul		H	730	OBS		吸入具毒性		
disulfoton	organophosphate	I A	2.6	Ia	0.0003	cholinesterase inhibitor		
ditalimfos		F	5,660	OBS		cholinesterase inhibitor 皮膚刺激性 過敏反應		
ditalimfos	organophosphate	F	5,660	OBS		cholinesterase inhibitor 皮膚刺激性 過敏反應		
DNOC	dinitrophenol	I A H	25	1b		easily absorbed through skin		powerful cumulative metabolic poison
drazoxolon		F	126	OBS		輕微皮膚刺激性		
edifenphos	organophosphate	F	150	1b	0.003	輕微皮膚刺激性 cholinesterase inhibitor		
eglinazine		H	10,000	OBS				
endosulfan	organochlorine	I	80	II	0.006	對魚類極毒		環境荷爾蒙
endothal-sodium		H	51	II				
endothion	organophosphate	I		OBS		cholinesterase inhibitor		

有效成分	化合物種類	用途	LD50 (mg/kg)	WHO 分級	ADI	急性毒害	致癌性分級	生殖及其他慢性毒害
endrin	organochlorine	I	7	OBS			IARC 3	環境荷爾蒙
EPBP	organochlorine	I	275	OBS				
EPN	organophosphate	I	14	Ia		cholinesterase inhibitor		
epoxyethane		Fum		OBS				
EPTC	thiocarbamate	H	1,652	II		輕微眼刺激性		
erbon		H		OBS				環境荷爾蒙
esfenvalerate	synthetic pyrethroid	I	87	II				
ESP(oxydeprofos)	organophosphate	I	105	OBS		cholinesterase inhibitor		
etacelasil		PGR	2,065	OBS				
etaconazole		F	1,340	OBS				
ethidimuron		H	5,000	OBS				
ethiofencarb	carbamate	I	411	II	0.1	cholinesterase inhibitor		
ethion	organophosphate	A / I	208	II	0.002	cholinesterase inhibitor		
ethohexadiol		Rep	2,400	OBS				
ethoprophos	organophosphate	I	26	Ia	0.0003	cholinesterase inhibitor 可能眼刺激性 可能皮膚刺激性	EPA B2	
etrimfos	organophosphate	I	1,800	II		cholinesterase inhibitor		
famphur	organophosphate	I	48	Ib		cholinesterase inhibitor 眼刺激性 皮膚刺激性		

有效成分	化合物種類	用途	LD50 (mg/kg)	WHO 分級	ADI	急性毒害	致癌性分級	生殖及其他慢性毒害
fenaminosulf		F	60	OBS				
frnamiphos	organophosphate	N	15	Ia	0.0005	cholinesterase inhibitor 輕度眼刺激性 輕度皮膚刺激性		
fenazaquin		A	50	II	0.005	輕度眼刺激性		
fenchlorphos	organophosphate	I	1,740	OBS		cholinesterase inhibitor		
fenitropan		F	3,230	OBS				
fenitrothion	organophosphate	I	503	II	0.005	cholinesterase inhibitor		環境荷爾蒙
fenobucarb	carbamate	I	620	II		cholinesterase inhibitor		
fenoprop (silvex)		H	650	OBS		眼刺激性		
fenoxaprop-ethyl		H	2,350	OBS				
fenpropathin	synthetic pyrethroid	A I	70	II				環境荷爾蒙
fenpropidin		F	1,440	II				
fenson		A	1,550	OBS				
fensulfothion	organophosphate	I	3.5	OBS		cholinesterase inhibitor		
fenthiaprop		H	915	OBS				
fenthion	organophosphate	I F	271	II	0.001	cholinesterase inhibitor		
fentin acetate	organotin	AI M	125	II	0.0005			環境荷爾蒙
fentin hydroxide	organotin	F	108	II	0.0005		EPA B2	
fenvalerate	synthetic pyrethroid	I	450	II	0.02	輕度眼刺激性 輕度皮膚刺激性	IARC 3	環境荷爾蒙
fipronil	phenyl pyrazole	I A	92	II		輕度眼刺激性	EPA C	

有效成分	化合物種類	用途	LD₅₀ (mg/kg)	WHO 分級	ADI	急性毒害	致癌性 分級	生殖及其他 慢性毒害
flamprop	arylalanine	H	1,210	OBS				
flocoumafen	coumarin anticoagulant	R	0.25	Ia				
flourodifen		H	9,000	OBS				
fluazifop	pyridyl derivative	H	3,330	OBS		輕度皮膚過敏 輕度皮膚刺激性		環境荷爾蒙
flubenzimine		A	3,000	OBS				
flucythrinate	synthetic pyrethroid	I	67	Ib	0.02	眼刺激性 皮膚刺激性		環境荷爾蒙
fluoroacetamide		R	13	Ib				
fluoromide		F	10,000	OBS				
fluotrimazole	triazine derivative	F	5,000	OBS				
fluvalinate		I	282	OBS		皮膚刺激性		
fluxofenim		HS	670	II				
fonofos	organophosphate	I	8	Ia		吸入毒性極強 cholinesterase inhibitor		
formetanate	carbamate	A I	21	Ib	0.037	cholinesterase inhibitor		
formothion	organophosphate	I A	365	II	0.02	cholinesterase inhibitor 眼刺激性 皮膚刺激性		環境荷爾蒙
fosmethilan	organophosphate	I	49	OBS		cholinesterase inhibitor		
fosthietan	organophosphate	I N	5.7	OBS		cholinesterase inhibitor		

有效成分	化合物種類	用途	LD50 (mg/kg)	WHO 分級	ADI	急性毒害	致癌性 分級	生殖及其他 慢性毒害
furathiocarb	carbamate	I	42	Ib		cholinesterase inhibitor		
furconazole		F	450	II		輕度眼刺激性		
furconazole-cis		I	450	OBS		輕度皮膚刺激性		
furmecyclox		F	3,780	OBS			EU 3 EPA B2	
gamma-HCH		I	88	II			IARC 2B	
glyphosine		PGR	3,920	OBS				
guazatine	guanadine	F Av	230	II	0.03	黏膜組織嚴重刺激性 可能眼刺激性		
haloxyfop	2-(4-aryloxyphenoxy)propioric	H	393	II		中度眼刺激性	EPA B2	
HCH	organochlorine	I	100	II			IARC 2B	
heptachlor	organochlorine	I	100	II			EU 3 EPA B2 IARC 2B	環境荷爾蒙
heptenophos	organophosphate	I	96	Ib	0.005	cholinesterase inhibitor		
heptopargil		PGR	2,100	OBS				
hexachlorobenzene	organochlorine	F	10,000	Ia			EU 2 EPA B2 IARC 2B	環境荷爾蒙 胎兒毒性 畸胎性

有效成分	化合物種類	用途	LD₅₀ (mg/kg)	WHO 分級	ADI	急性毒害	致癌性 分級	生殖及其他 慢性毒害	環境荷爾蒙
imazalil	azole	F	320	II	0.03		EPA L2		環境荷爾蒙
imidacloprid		I	450	II	0.057				
iminoctadine	guaridine	F	300	II		輕度眼刺激性 輕度皮膚刺激性			
ioxynil	hydroxybenzonitrile	H	110	II					
IPSP		I		OBS					
isazofos	organophosphate	N I	60	Ib		cholinesterase inhibitor 輕度眼刺激性 輕度皮膚刺激性			
isocarbamid		H	2,500	OBS					
isofenphos	organophosphate	I	28	Ib	0.001	cholinesterase inhibitor 輕度眼刺激性			
isomethiozin		H	10,000	OBS					
isoprocarb	carbamate	I	403	II		輕度眼刺激性 輕度皮膚刺激性 cholinesterase inhibitor			
isopropalin		H	5,000	OBS					
isoxapyrifop	2-(4-aryloxyphenoxy) propioric	H	500	OBS		輕度眼刺激性			
isoxathion	organophosphate	I	112	Ib		cholinesterase inhibitor			
jodfenphos	organophosphate	I	2,100	OBS		cholinesterase inhibitor			
karbutilate		H	3,000	OBS					

有效成分	化合物種類	用途	LD₅₀ (mg/kg)	WHO 分級	ADI	急性毒害	致癌性 分級	生殖及其他 慢性毒害
kinoprene		IGR	4,900	OBS				
lambda-cyhalothrin	synthetic pyrethroid	I	56	II		輕度眼刺激性		環境荷爾蒙
lead arsenate	Inorganic	I	10	Ib				
leptophos	organophosphate	I	50	OBS		cholinesterase inhibitor		
lindane	organochlorine	I	88	II	0.008	年輕人較敏感 眼刺激性 皮膚刺激性	EU 3 EPA B2 IARC 2B	環境荷爾蒙
mecarbam	carbamate	I A	36	Ib	0.002	cholinesterase inhibitor		
mecurous chloride		F	210	II				
menazon	organophosphate	I	1,950	OBS				
mephosfolan	organophosphate	I A	9	OBS				
mercuric chloride	inorganric	F F	1	Ia				
mercuric oxide	inorganric	OTH ER	18	Ib		動物口服具極度危險		
mercurous chloride	inorganric	F I	210	II				
metaldehyde		M	630	II		對哺乳類動物毒性極強 消化道刺激性		
metam-sodium		Fum F I	285	II		眼腐蝕性 皮膚腐蝕性	EPA B2	環境荷爾蒙 可能具畸胎性

有效成分	化合物種類	用途	LD50 (mg/kg)	WHO 分級	ADI	急性毒害	致癌性 分級	生殖及其他 慢性毒害
methacrifos	organophosphate	I A	678	II	0.006	cholinesterase inhibitor 輕度皮膚刺激性		
methamidophos	organophosphate	I A	30	Ib	0.004	輕度皮膚刺激性 對使用者毒性強		
methasulfocarb		F PGR	112	II				
methazole		H	4,543	OBS		輕度眼刺激性		
methidathion	organophosphate	I	25	Ib	0.004	cholinesterase inhibitor 輕度皮膚刺激性	EPA C	
methiocarb	carbamate	M I A	100	II	0.001	cholinesterase inhibitor		
methomyl	oxime carbamate	I	17	Ib	0.03	cholinesterase inhibitor 眼刺激性		環境荷爾蒙
methoprotryne		H	5,000	OBS				
methoxyphenone		H	4,000	OBS				
methyl isothiocyanate		Fum	72	II		皮膚嚴重刺激性 眼嚴重刺激性		
metolcarb	carbamate	I	268	II		cholinesterase inhibitor		
metsulfovax		F	3,929	OBS				

有效成分	化合物種類	用途	LD₅₀ (mg/kg)	WHO 分級	ADI	急性毒害	致癌性 分級	生殖及其他 慢性毒害
mevinphos	organophosphate	I	4	Ia	0.0015	cholinesterase inhibitor 輕度眼刺激性 輕度皮膚刺激性		環境荷爾蒙
mirex		I		OBS			IARC 2B	
molinate	thiocarbamtae	H	720	II		中度眼刺激性 輕度皮膚刺激性		環境荷爾蒙
monocrotophos	organophosphate	I A	14	Ib	0.0006	cholinesterase inhibitor 吸入極毒		
monuron		H	3,600	OBS			EU 2 IARC 3	
monuron-tca		H	3,700	OBS			EU 3	
myclozolin		F	5,000	OBS				
nabam	alkylene-bis (dithiocarbameate)	F AI	395	II		對鼠類甲狀腺腫大 黏膜組織刺激性 皮膚刺激性		
naled	organophosphate	I A	430	II		cholinesterase inhibitor 眼灼傷 皮膚刺激性		
naphthalene		F	2,200	OBS				
naphthalic anhydride		PGR	10,000	OBS				
nicotine	botarical	I	50	Ib	0.0003	皮膚接觸具毒性 吸入具毒性		環境荷爾蒙
nitralin		H	2,000	OBS				

有效成分	化合物種類	用途	LD$_{50}$ (mg/kg)	WHO 分級	ADI	急性毒害	致癌性 分級	生殖及其他 慢性毒害
nitrilacarb	carbamate	I	9	OBS		cholinesterase inhibitor		
nitrofen		H	3,000	OBS			EU 2 IARC 2B	
norbormide		R	52	OBS				
omethoate	organophosphate	I A	50	Ib		cholinesterase inhibitor 輕度眼刺激性		
oxamyl	oxime carbamate	I A N	6	Ib	0.03	cholinesterase inhibitor		
oxydemeton-methyl	organophosphate	I	65	Ib	0.0003	cholinesterase inhibitor		環境荷爾蒙
paraquat	bipyridylium	H	150	II	0.004	對哺乳類動物極毒 眼刺激性 皮膚刺激性 指甲傷害		
parathion	organophosphate	I A	13	Ia	0.005	cholinesterase inhibitor 對哺乳類動物極毒	EPA C IARC 3	
parathion-ethyl			13	Ia			EPA C	環境荷爾蒙 胚胎毒性
parathion-methyl	organophosphate	I A	14	Ia	0.02	cholinesterase inhibitor 對哺乳類動物極毒	IARC 3	環境荷爾蒙 胚胎毒性

有效成分	化合物種類	用途	LD₅₀ (mg/kg)	WHO 分級	ADI	急性毒害	致癌性 分級	生殖及其他 慢性毒害
paris green	Inorganic	I F	22	Ib		極毒、眼睛刺激性 黏膜組織刺激性 皮膚刺激性		
pebulate	thiocarbamtae	H	1,120	II				
pentachlorophenol	phenol derivative	F I H	80	Ib		眼刺激性 皮膚刺激性 黏膜組織刺激性	EU 3 EPA B2	胎兒毒性
perfluidone		H	920	OBS		輕度眼刺激性		
permethrin	synthetic pyrethroid	I	500	II	0.05	輕度皮膚刺激性 皮膚過敏	EPA C IARC 3	環境荷爾蒙
phenisopham		H	4,000	OBS				
phenthoate	organophosphate	I A	400	II	0.003	cholinesterase inhibitor		
phenylmercury acetate		F	24	Ia		對哺乳類動物極毒 皮膚滲透 皮膚炎		畸胎性
phenylmercury nitrate	inorganric	F		OBS				
phorate	organophosphate	I A N	2	Ia	0.0002	cholinesterase inhibitor 吸入極毒 口服劇毒		
phosalone	organophosphate	I A	120	II	0.001	cholinesterase inhibitor		
phosdiphen	organophosphate ester	F	6,200	OBS				
phosfolan	organophosphate	I	9	OBS				

有效成分	化合物種類	用途	LD50 (mg/kg)	WHO 分級	ADI	急性毒害	致癌性分級	生殖及其他慢性毒害
phosmet	organophosphate	I A	230	II	0.02	cholinesterase inhibitor 輕度眼刺激性 輕度皮膚刺激性	EPA C	胚胎毒性 畸胎性
phosphamidon	organophosphate	I A	7	Ia	0.0005	cholinesterase inhibitor 吸入極毒 皮膚接觸極毒	EPA C	
phoxim	organophosphate	I	1,975	II	0.001	cholinesterase inhibitor		
pindone	indandione anticoagulant	R	50	II		對哺乳類動物有毒		
Piperophos		H	324	II		輕度眼刺激性		
piproctanyl		PGR	820	OBS				
pirimicarb	carbamate	I	147	II	0.02	cholinesterase inhibitor 輕度眼刺激性		
pirimiphos-ethyl	organophosphate	I	140	Ib		cholinesterase inhibitor 眼刺激性		
prallethrin	synthetic pyrethroid	I	460	II				
profenofos	organophosphate	I A	358	II	0.01	cholinesterase inhibitor 中度眼刺激性 輕度皮膚刺激性		
profluralin		H	10,000	OBS				
proglinazine		H	8,000	OBS				

有效成分	化合物種類	用途	LD₅₀ (mg/kg)	WHO 分級	ADI	急性毒害	致癌性 分級	生殖及其他 慢性毒害
promacyl	carbamate	I	1,220	OBS		cholinesterase inhibitor		
promecarb	carbamate	I	74	OBS		cholinesterase inhibitor		
propaphos	organophosphate	I	70	Ib		cholinesterase inhibitor		
propetamphos	organophosphate	I A	106	Ib		cholinesterase inhibitor		
propiconazole	azole	F	1,520	II	0.04		EPA C	
propoxur	carbamate	I	95	II	0.02	cholinesterase inhibitor 口服劇毒 輕度眼刺激性 輕度皮膚刺激性	EPA B2	胎兒毒性
prosulfocarb	thiocarbamtae	H	1,800	II				
prothiocarb			1,300	OBS				
prothiofos	organophosphate	I	925	II	0.0001	cholinesterase inhibitor		
prothoate	organophosphate	A	8	OBS		cholinesterase inhibitor		
pyracarbolid		F	10,000	OBS				
pyraclofos	organophosphate	I	237	II		cholinesterase inhibitor		
pyrazophos	organophosphate ester	F	435	II	0.004	cholinesterase inhibitor 口服劇毒 輕度眼刺激性		
pyrethrins	botarical	I A	750	II	0.04	輕度眼刺激性 輕度皮膚刺激性	EPA B2	

有效成分	化合物種類	用途	LD$_{50}$ (mg/kg)	WHO 分級	ADI	急性毒害	致癌性 分級	生殖及其他 慢性毒害
pyroquilon		F	320	II	0.015	輕度眼刺激性 輕度皮膚刺激性		
quinalphos	organophosphate	I A	62	II		cholinesterase inhibitor		
quinonamid		AI	10,000	OBS				
quizalofop-P	2-(4-aryloxyphenoxy) propioric	H	1,012	II	0.01	輕度眼刺激性		
rotenone		I A	1,500	II		吸入極毒 對豬劇毒		
ryania		I	750	OBS				
salithion	organophosphate	I	125	OBS		cholinesterase inhibitor		
SAP		H	270	II				
schradan	organophosphate	I	9	OBS		cholinesterase inhibitor		
scilliroside		R	0.5	OBS				
secbumeton	triazine derivative	H	2,680	OBS				
sesamex		OTH ER	2,000	OBS				
sodium arsenite		R	10	Ib				
sodium cyanide		R	6	Ib		可燃性 眼刺激性 吸入致命		
sodium fluoride		I	180	II		極毒		
sodium fluoroacetate	inorganric	R	0.2	Ia		對所有脊椎動物極毒		
sodium hexafluorosilicate		I	125	II				

有效成分	化合物種類	用途	LD₅₀ (mg/kg)	WHO 分級	ADI	急性毒害	致癌性 分級	生殖及其他 慢性毒害
spiroxamine		F	500	II	0.025	皮膚嚴重刺激性 眼睛嚴重傷害 吞入危險		
strychnine	plant extract	R	16	Ib		對人類劇毒		
sulfallate		H	850	OBS		眼刺激性 皮膚刺激性	EU 2 IARC 2B	
sulfotep	organophosphate	I A	5	Ia	0.001	cholinesterase inhibitor		
sulfoxide		OTH ER	2,000	OBS				
sulprofos	organophosphate	I	130	II	0.003	cholinesterase inhibitor		
tebupirimfos	organophosphate	I	1.3	Ia	0.000 2	cholinesterase inhibitor 皮膚接觸極危險		
tefluthrin	synthetic pyrethroid	I	22	Ib		輕度眼刺激性		環境荷爾蒙
TEPP	organophosphate	I	1.1	OBS		cholinesterase inhibitor		
terbufos	organophosphate	I N	2	Ia	0.000 2	眼刺激性 皮膚刺激性 cholinesterase inhibitor 對所有哺乳類動物極毒		
terbumeton	triazine derivative	H	483	II		輕度眼刺激性		
tetraconazole	azole	F	1,031	II			EPA B2	
tetrasul		A	6,810	OBS				

有效成分	化合物種類	用途	LD$_{50}$ (mg/kg)	WHO 分級	ADI	急性毒害	致癌性 分級	生殖及其他 慢性毒害
thallium sulfate		R	11	Ib				
thiazafluron		H	278	OBS				
thicyofen		F	368	OBS				
thiobencarb	thiocarbamate	H	1,300	II		眼刺激性 皮膚刺激性		
thiocyclam	2-dimethylaminopropane-1,3 diol	I	310	II				
thiodicarb	carbamate	I M	66	II	0.003	cholinesterase inhibitor 眼刺激性 皮膚刺激性	EPA B2	
thiofanox	carbamate	I A	8	Ib		cholinesterase inhibitor 極毒		
thiometon	organophosphate	I A	120	Ib	0.003	cholinesterase inhibitor		
thionazin	organophosphate	N	11	OBS		cholinesterase inhibitor		
thiophanate		F	10,000	OBS				
toxaphene	organochlorine	I	80	OBS			EU 3 EPA B2 IARC 2B	環境荷爾蒙
tralomethrin	synthetic pyrethroid	I	85	II	0.0075	輕度眼刺激性 中度皮膚刺激性		
triamiphos		F	20	Ib				
triapenthenol		PGR	5,000	OBS				環境荷爾蒙

有效成分	化合物種類	用途	LD$_{50}$ (mg/kg)	WHO 分級	ADI	急性毒害	致癌性 分級	生殖及其他 慢性毒害
triazamate		I	50	II		中度眼刺激性（兔）吸入及吞入危險		
triazophos	organophosphate	I A N	82	Ib	0.0002	cholinesterase inhibitor		
triazoxide		F	150	II				
tributyltin oxide	organotin	F	194	OBS		皮膚刺激性		
trichlamide		F	5,000	OBS				
trichloronat	organophosphate	I	16	OBS		cholinesterase inhibitor		
tricyclazole		F	305	II		輕度眼刺激性		
tridemorph	morpholine	F	650	II		眼嚴重刺激性 皮膚嚴重刺激性		
tridiphane		H	1,740	OBS			EPA C	
trifenmorph		M	1,400	OBS	.			
trimethacarb	carbamate	I M	130	OBS		cholinesterase inhibitor		
vamidothion	organophosphate	I A	103	Ib	0.008	cholinesterase inhibitor		
vernolate	thiocarbamate	H	1,780	II				
warfarin	coumarin anticoagulant	R	10	Ib		highly toxic		
xylylcarb	carbamate	I	380	II		cholinesterase inhibitor		
zeta cypermethrin	synthetic pyrethroid	I	86	Ib				
zinc phosphide		R	45	Ib				

CH**09**

[　　　金屬篇　　　]

　　金屬是自然界的物質之一，且與人類文明的發展息息相關。在一般狀況下，金屬既無法被產生也無法被消滅，此特性使金屬成為一特殊類型的環境汙染物－**持久性汙染物**(persistent pollutants)。在自然界中的金屬皆來自於地殼中（包括岩礦石、土壤），並藉由不同的地質、風化、生物或其他的天然作用，不斷地由**地質圈**(geosphere)中被釋出進入一般環境中，也同時不斷被形成礦物並回歸於大地；而在此「**生物地化循環**(biogeochemical cycle)」作用的過程中，金屬也同時分布於一般水體、土壤、空氣與生物體內（圖 9.1）。然而在近兩百年來，人類的活動已經破壞此一自然規律。金屬或其他礦物的大量開採、冶煉與使用，不僅使地貌景觀因開採而改變，欠缺適當的環境管理同時也使吾人的環境遭受嚴重的金屬汙染。化石燃料(fossil fuel)的燃燒、金屬類農藥的使用、含金屬廢棄物的不當處理或棄置、拋棄式的消費行為等更加速金屬汙染狀況的惡化。由於人類大幅地增加金屬釋出於地殼的速率，但其返回自然的速率仍維持不變，其結果則是一般環境中金屬含量因蓄積作用而開始增加。例如在格陵蘭冰層中的鉛含量，在 1900 年僅為 0.06 ppb，但到 1970 年時已經增加至 0.22 ppb，而類似相同的現象也發生在全球其他的地區以及不同的環境介質中。

　　許多金屬與生物的生存有關。這些稱為**必需元素**(essential element)的金屬在生物體內具有不同的生理功能，例如人體需要大量的鐵、鈣、鋅，少量的硒與銅等，而需微量者則包括鈷、鉻、錳、鎳、鉬、錫等。若生物體內缺乏這些金屬，則會產生特定的生理障礙並導致疾病的發生；但當其含量超過生物體能夠負荷的程度時，毒性也可能產生。本書在第二章基本毒理學即討論過此類物質的劑量與反應關係曲線呈一 U 型。本章的重點是探討個別金屬在環境中的宿命，以及其對人體或其他生物的毒性影響。

　　在週期表的元素中，共有 80 種是屬於金屬類，但其中僅有約 30 種（或其化合物）可能會對人體產生毒害。不同化學型態之同種金屬，由於其化學或物理性質不盡相同，因此其毒性亦有差異，而其在生物體內與環境中的分布、傳輸、蓄積等作用亦不同。例如甲基汞具有畸胎性，但無機汞卻

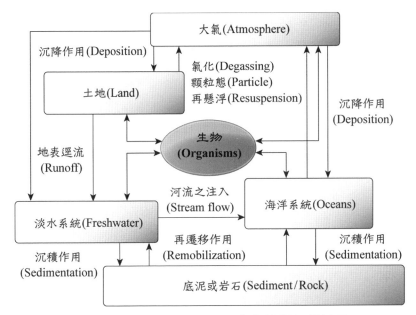

圖 9.1　金屬在自然界中的生物地質化學循環

無法經由胎盤／臍帶傳至胎兒，因此無法對發育中的胎兒產生毒害；甲基汞較易累積於生物體的脂肪組織內，但無機汞則因不易被吸收而不易累積。由於金屬的種類眾多，本章僅針對與環境汙染、人體健康或生態危害較有關的金屬加以介紹。

9.1　砷

砷(arsenic, As)屬於類金屬，亦是常見的汙染物。砷在環境中的含量並不高，而一般皆以化合物的形態存在，其化性則與磷相似。屬於正 3 價的無機砷化合物有 As_2O_3（三氧化二砷或砒霜）、Na_3AsO_3、$AsCl_3$ 等；正 5 價則有 H_3AsO_4（砷酸）、As_2O_5、砷酸鹽類（鉛、鈣）等；而有機類的砷化合物包括對氨基苯砷酸、甲基砷酸鹽(methane arsenic acid)、雙甲基砷酸鈣(calcium acid methane arsenate)等。這些化合物大部分被使用做為木材處理、殺蟲劑、滅菌等農藥，而其他用途包括添加於船底處理劑、防腐劑、顏料、染料、肥皂、合金、藥物等。

（一）環境特性與流布

在一般環境中砷主要來自於銅、鉛或鋅礦的精煉作業，部分則來自於燃煤，而以三氧化二砷化合物形態的含量最多。砷的自然排放量通常不及人類活動之三分之一，據估計在美國每年因燃燒化石燃料所釋出的砷至少4萬噸以上，而全球來自不同人類活動相關之汙染源排放量應超過 7 萬噸以上。空氣中砷的含量一般皆低於 $0.01\,\mu g/m^3$。WHO 建議在郊區之空氣砷濃度應在 $1\sim10\ ng/m^3$，而在無明顯汙染源之都市應在 $3\sim30\ ng/m^3$。但如果有特定之汙染源（如燃煤火力發電廠、金屬冶煉場等），砷在空氣中之濃度亦有可能達到危害之程度，USEPA 估計超過 $0.75\ mg/m^3$ $(750\ \mu g/m^3)$可能會增加肺癌罹患率，且與 WHO 都將砷列為具**危害性之空氣汙染物**（hazardous air pollutants, HAPs，見第十一章）。國內環保署於 2007 年進行中部地區大氣砷濃度調查之結果皆未超過 $10\ ng/m^3$。

如果無明顯釋放源，砷在一般地表水體濃度應在 $0.1\sim100$ ppb $(\mu g/L)$的範圍，而在地下水的背景濃度應低於 $10\ \mu g/L$，有些地區甚至低於 $1\ \mu g/L$。不過砷在地下水的濃度有時因為地質關係會有極大差異，最高可能超過 $5,000\ \mu g/L$。

砷的化合物種類繁多且與不同環境介質的作用複雜，因此也具有多樣化的環境宿命。砷的化合物不具有揮發性，一般易溶於水中。雖然砷化合物類殺蟲劑的使用量已經大幅減少，其早期大量的使用仍造成許多地區的土壤含高量的砷。在土壤中的砷會被微生物作用轉換為不同的化合物，並隨化合物的特性而定，進入地表水體、地下水或空氣中。環境中的砷大部分皆累積於水中底泥與土壤。

（二）人體暴露與毒物動力學

一般人對砷的暴露主要來自於食物的攝取與飲水。魚體內的砷是人類經由食物攝取砷的最主要來源，但大都以毒性較小的有機態存在；相對地是飲水中的含砷量雖然不高，但卻可能產生較大的危害，因其多為正 3 價的無機類型態。在一些特殊的場所，如礦區或與使用砷農藥作業區的暴露

是砷造成人體毒害的主要發生之處。人體對食入砷的吸收可達 90%以上，而吸入砷的吸收率則與其所附著之微粒物質粒徑大小和吸入深度有關。被吸收的砷會蓄積在肺臟、肝臟、腎臟、心臟、肌肉、神經等處，並集中於皮膚、指甲與毛髮，而其半生期約為 7~10 小時。砷在體內可被氧化或還原為不同形態，而主要的代謝物為雙甲基砷酸(dimethyl arsenic acid)，且可被快速的排出體外。砷的主要排除路徑為大小便與汗液。母乳也是其排除方式之一，通常一般的含量約為 3 μg/L。砷的急性暴露可以驗尿的方式加以證實，而長期暴露者則以頭髮或指甲的檢驗為主要方法。

（三）人體危害性

砷至今尚未被證實為人體的必需元素，但對鳥類或其他哺乳類動物則是不可或缺的。人體可暴露於少量的砷而不致於產生毒害。砷的急毒性因其化合物的種類而異；氧化數正 3 價形態之砷化合物毒性較強，而正 5 價的有機砷毒性最弱。砷化合物的急毒性包括呼吸、血管、心臟、周邊神經、胃腸、血液等，而可能產生的症狀包括發燒、食慾減退、肝腫大、黑色素累積、心律不整、呼吸有特殊氣味、腹痛、腹瀉、頭痛、昏沉、意識不清，而嚴重時則可能導致肌肉無力、痙攣、抽搐、休克或死亡。As_2O_3 對人體的致死量約為 1~2.5 mg/kg。在砷化合物中，以砷化氫(AsH_3)的急毒性最強。

砷的慢性毒害包括肝臟、皮膚與周邊微血管的病變、致癌性（肝、皮膚、肺）、周邊與中樞神經受損、增加罹患糖尿病機率等。肝臟病變會產生黃疸、肝硬化、腹水等症狀，而周邊神經毒害則包括感覺異常、肌肉鬆弛無力或麻痺、疼痛等，而中樞神經的影響則導致言語困難或意識不清。受砷的長期毒害者通常會產生手與足部皮膚的過度角質化(hyperkerotosis)，另常見者尚包括色素累積、皮下水腫及小肉瘤狀疹。砷也會破壞末梢微血管的管壁結構，進而影響離心臟較遠部位（如足部）的血液循環，而導致組織壞死，此也是發生在全球不同地區「**烏腳病**(blackfoot disease)」的致病機制（圖 9.2）。砷的其他毒理機制尚包括抑制含硫酵素的功能與抑制產生高能磷酸鹽的磷化作用(phosphorylation)，後者則與細胞的呼吸作用有關。

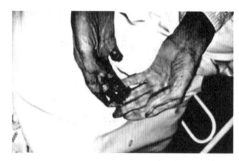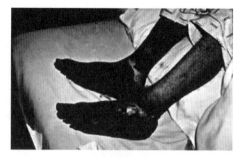

圖 9.2　　烏腳病患者之手與腳因組織壞死而呈黑色，並可因外傷而產生潰爛、壞疽

　　臺灣西南沿海地區曾發生烏腳病的流行病，主要以嘉義縣布袋鎮、義竹鄉以及臺南縣學甲鎮、北門鄉等地居多，並與該地區居民長期飲用含砷與特殊螢光腐植質的井水有關。自 1911~1997 年年底止，該地區所發現的病例累計約有近 3,000 人。烏腳病早期的主要症狀包括腳末端麻痺、腳底刺痛、發冷及發紺等；病情惡化時，腳趾開始變黑、潰爛、發炎並向上擴散，最後則需截肢。目前在全球自來水未普及而飲用地下水盛行的地區，仍有烏腳病及其他四肢末端病變案例的報告；有記錄者總計超過 20 個地區，包括泰國、臺灣、智利、阿根廷、巴格達、中國大陸等。在 2007 年的統計指出全球仍有超過 70 個國家以及 1 億 3 千 7 百萬民眾因飲用受砷汙染地下水而遭毒害，而單在恆河三角洲地區就可能有超過約有 4,000 萬人口可能受影響，其地下水源的砷含量可達 2,000~3,000 μg/L。美國環保署於 2001 年將砷在地下水的安全標準從 50 ppb（μg/L）降到 10 ppb，以保護更多民眾免於受害。WHO 的**飲用水品質規範**(guidelines for drinking-water quality)也採用 10 ppb，並估計其將造成人類終生罹患皮膚癌之機率為每十萬人增加 6 人，同時也將砷列為飲用水源汙染之第二重大議題。圖 9.3 顯示全球目前地下水受砷汙染的國家，若屬於發展程度較落後而大眾供水系統尚未普及化者，則該地區之民眾飲用水汙染產生毒害之機率就相當高。聯合國之 WHO/FAO（Food and Agriculture Organization，糧食與農業組織）訂定無機砷的**暫訂可容許每週攝取量**（provisional tolerable weekly intake, PTWI，類似 ADI 之汙染物攝取限值標準，請參見第八章）為 7 μg/kg/week（ADI 值即為 1 μg/kg/day），但此作法與數值已

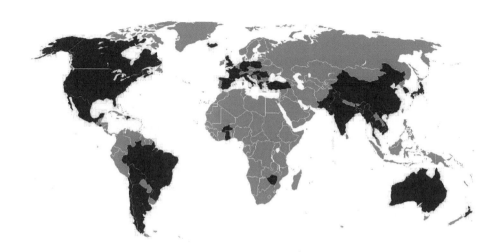

圖 9.3　全球地下水受砷汙染的國家（深色地區）

於 2011 年取消。美國環保署所訂定危害物質之每日攝取的安全值稱為**參考劑量**(reference dose, RfD)，砷為 0.0003 mg/kg/day（即 0.3 µg/kg /day）。USEPA 的飲用水中**最高汙染物限值**(Maximum Contaminant Level, MCL)則訂為 0.01 mg/L。

　　流行病學的證據顯示砷亦為一人類致癌物。IARC 將其歸類為第 1 類的致癌因子（確認之人類致癌物），並能產生皮膚、肺及肝癌；USEPA 亦將其列為 A 類之致癌物，一般砷的化合物雖然並無遺傳基因毒性，但其主要的代謝物－雙甲基砷酸，卻能造成 DNA 受損以及染色體的異常。

（四）生態危害性

　　砷對野生生物的毒性因物種而異。一般而言，其急毒性並不高，以雙甲基砷酸為例，其對藍鰓魚(*Lepomis macrochiru*s)的 LC_{50} 為 1,000 mg/L，但暴露於亞砷酸鹽 12,307 µg/L 96 小時的鮭魚(*Oncorhynchus gorbuscha*)死亡率卻可達 100%；正 5 價無機砷對彩虹鱒之毒性要比正 3 價砷強，但對鱅魚(fathead minnow)和水蚤(daphnia)的毒性卻相反。正 3 價砷化合物對海洋動物的致死濃度則在 200~20,000 µg/L 之間，而對淡水生物則為 800~97,000 µg/L。魚貝類能累積砷於體內，但其生物放大作用(biomagnification)並不顯著，且所蓄積砷種類的毒性較小。

9.2 鎘

　　鎘(cadmium, Cd)是使用量較多的重金屬之一,而多以元素或正 2 價化合物的形態存在,主要有硫化鎘、氯化鎘、硫酸鎘、氧化鎘、碳酸鎘等。鎘的使用量於近 50 年來才開始漸增,其用途包括油漆或顏料色素、電池、塑膠添加劑、合金、電鍍等,早期以電鍍業與鎳鎘電池製造業的使用量最多,目前則以後者與塗漆之使用量占各半。鎘通常與鋅和鉛同時由礦石中開採和提煉。

(一) 環境特性與流布

　　據估計全球每年約有 25,000~30,000 公噸的鎘進入環境中。這些鎘由採礦、工業、煤及木材燃燒、廢棄物、焚化爐、火山爆發等排放源進入空氣中,並可被長程的傳輸。在所有的排放源中,與人類活動有關者約占 1/5~1/6,在 1990 年代約為 3,000 公噸,但估計到了 2003 年,此排放量在已開發地區應減少一半以上,而主要的排放還是與化石燃料燃燒及非鐵類金屬礦開採有關。

　　鎘進入水體後會沉積於底泥及生物體內。有些鎘化合物的水溶性較佳,有些卻對土壤的親和力極強,此與環境介質中的 pH 值或其他可鍵結物質（如腐植酸）的存在有關;而這些因素也同時影響到生物對鎘的**生物可利用性**(bioavailability)。一般而言,鎘在酸性環境中的水溶性會增加。

　　鎘在大氣中的濃度差異極大,在郊區約為 0.1~5 ng/m^3,在都會區為 2~15 ng/m^3,而在工業區則可達 15~150 ng/m^3。水體中鎘背景含量的變化頗鉅;海水中鎘的濃度在 < 5~100 ng/L 之間,而淡水系統則為 10~4,000 ng/L。這些環境含量其實也反應不同地區使用量的多寡,就趨勢而言,已開發地區其濃度將會逐漸下降,但開發中地區則會漸增。

(二) 人體暴露與毒物動力學

　　一般動物、魚類、人類及一些植物會累積由環境中所吸收的鎘,因此其屬於具有生物蓄積性的物質之一,但其生物放大現象的效應並不明顯,

此乃因一些生物對鎘的食入吸收率較低之故。一般人暴露於鎘的主要來源為食物的攝取與吸菸。許多蔬菜或水果皆含有不等量的鎘，如馬鈴薯（平均 0.042 mg/kg）、葉類蔬菜(0.033 mg/kg)、穀物類(0.024 mg/kg)、地下莖類蔬菜(0.016 mg/kg)、水果(0.017 mg/kg)等，而鎘在肉類與內臟（如肝和腎臟）的含量更高；在肉牛肝臟的鎘濃度為 0.05~1.13 mg/kg，而在腎臟為 0.2~1.6 mg/kg。美國人平均每人每日接受來自於食物的鎘約為 30 μg，但其中僅有 1~3 μg 能被吸收進入體內；而 WHO 估計一般人的平均每月劑量約為 2.2~12 μg/kg。專家評估每日吸一包香菸所接受鎘的劑量可達 1~3 μg。因此，一吸菸者累積在體內的鎘可能有 50% 是來自於吸菸。在一般的飲用水源中鎘濃度通常小於 1 ppb。WHO/FAO 訂定鎘的暫訂可容許每週攝取量(PTWI)為 7 μg/kg /week（ADI 值為 1 μg/kg/day）。USEPA 所訂定鎘由飲用水吸收的參考劑量(RfD)為 0.0005 mg/kg/day（即 0.5 μg/kg /day）、由食物攝入RfD 為 0.003（即 3 μg/kg /day）。WHO 對鎘的飲用水品質規範(guidelines for drinking-water quality)為 0.003 mg/L，USEPA 的最高汙染物限值(MCL)則訂為 0.005 mg/L。

人體對鎘的吸收與暴露途徑、生物因素以及其他同類金屬的存在有關。由吸入途徑進入人體的鎘約有 20~50% 的吸收率，但由食入途徑者則僅有 2~6%。皮膚的吸收率可能較高，但此途徑的暴露卻不易發生，且其相對於整體的暴露量而言極不顯著。如果人體內缺乏鈣或鐵，則對 Cd 的吸收會因此而增加。一旦進入體內，約有 50~75% 的鎘會累積於肝臟與腎臟。許多生物體內皆含有一些特殊的蛋白質能與鎘（或其他金屬）結合，其中一類稱為**金屬硫蛋白**(metallothionein)。金屬硫蛋白的結構能提供最多 7 個鍵結位置與正 2 價的鎘結合，並可做為儲存體內過多金屬的場所，而減少其毒害。由於金屬硫蛋白能被不同的金屬（或其化合物）所誘發(induction)，而導致其在生物體內的含量增加，因此吾人可將其視為一金屬的解毒機制（結合量增加，毒性降低）。鎘在人體的排除是藉由糞便與尿液，但速率極慢，其生物半生期可達 10~30 年之久。鎘在其他哺乳類動物的排除較快，如老鼠的體內半生期則小於 1 年。

（三）人體危害性

　　鎘並非一營養必需元素，其毒性與化合物的種類、暴露途徑、劑量皆有關聯。人體在短時間內吸入高濃度的含鎘空氣可能導致肺衰竭或死亡。急性暴露於鎘的空氣中最低致死量約為 $39\,mg/m^3/20\,min$。鎘對人體的主要急毒性反應，包括頭昏、嘔吐、腹痛、腹瀉、肺炎、肺積水、胸痛等。慢性吸入或食入鎘所產生的毒性，包括：肺氣腫症狀（吸入）以及腎（近端腎小管）的病變。若長期累積過量的鎘，則尚可能產生心臟血管病變（高血壓）與骨痛、骨質疏鬆的症狀（痛痛病，見下文），其主要原因為鎘能加速體內對鈣之排除。吸入性的鎘及其化合物被 IARC 列為人類致癌物（第 1 類），但 USEPA 則僅將其列為一可能致癌因子（B1 類），其致癌部位包括肺臟、其他呼吸系統組織及前列腺。鎘也被證實具有生殖毒性（環境荷爾蒙，見第七章）、遺傳毒性與畸胎性。鎘的毒理機制包括對暴露部位的刺激性、抑制與肺氣腫有關的α_1-antitrypsin 蛋白作用、近端腎小管細胞受損造成β_2-macroglobulin 與其他蛋白的再吸收。

　　痛痛病(Itai-Itai disease)是鎘所造成聞名全球的公害事件。此事件最初是發生在日本富山縣(Toyama Prefecture)神通川(Jinzu)的下游地區。約從 1912 年開始，該地區水體即受附近的金屬礦業者 Kamioka 公司作業所釋出的鎘汙染，而以受汙水灌溉所產出的稻米也因此含高量的鎘（鎘米）。在事發當地附近土壤的鎘含量可高達 4.85 ppm (mg/kg)，而平均亦可達 1.12 ppm（背景濃度約為 0.34 ppm），在未經處理的稻米中，鎘的含量最高為 4.23 ppm（平均為 0.99 ppm，我國食用標準為 0.5 ppm）。此特殊的汙染事件也造成受汙稻米食用者體內對鎘的蓄積與病變的發生，產生包括腎小管蛋白尿、骨質疏鬆、變形彎曲及容易骨折等症狀。由於患者全身痛楚不已，故人稱之為「痛痛病」（圖 9.4）。此病症亦好發於停經後之婦人。此事件遲至 1955 年才受當地政府的重視並展開調查，而至 1968 年才正式宣布其為一慢性鎘中毒事件。從 1967 年開始，日本官方認定的受害者總計有 187 位。臺灣桃園縣觀音鄉附近在 1984 年也曾發生高銀化工與基力化工的硬脂酸鎘製造工廠排放含鎘廢水，並造成約 67 公頃農地受鎘汙染（鎘田），

且同時也生產含鎘量過高的稻米（臺灣鎘米事件）。相關的調查曾檢測出米粒中含鎘的平均濃度為 3.36 ppm，而範圍自 1.51~5.5 ppm。不過事發至今，此汙染事件對附近居民的健康影響仍不明確，目前並無相關的病例發生。臺灣的雲林虎尾、彰化市、臺中大甲等地區也曾在 2001 年，陸續發現鎘田與鎘米。

（四）生態危害性

　　鎘對野生動物具有強急毒性。金屬對水中生物的毒性與硬度有關，因其會影響金屬在水中的溶解性以及生物可利用性。鎘在一般硬度的水中對水蚤(*Daphnia magna*)的 48 小時 LC_{50} 為 34~60 μg/L，而當硬度增加時，其毒性則降低。在水中硬度為 23 mg/L $(CaCO_3)$ 時，鎘對彩虹鱒的 96 小時 LC_{50} 為 1.0 μg/L，但對其他物種的 LC_{50} 則有相當大的差異，約在 ppb 至 ppm 範圍。鎘也可對水中生物造成不同的慢性毒害，包括影響存活率、生殖障礙、產生畸形等。

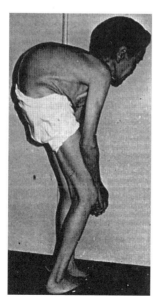

圖 9.4　痛痛病患者有嚴重的脊椎彎曲現象

9.3　鉻

　　鉻(chromium, Cr)是地殼中蘊藏量較豐富的金屬之一，其形態包括元素 Cr、CrO_2、Cr_2O_3、$Na_2Cr_2O_7$、$K_2Cr_2O_7$、$FeCr_2O_4$、$PbCrO_4$、$Cr(OH)SO_4$、$CrCl_3$、$NaCrO_4$ 等，而氧化數在正 2~6 價之間。正 2 價鉻極易被氧化，而自然界中以正 3 價的形態存在較多，但在一般產業上使用較多者則是屬於正 6 價的鉻化合物（鉻酸鹽）。正 3 價與正 6 價鉻的化合物與一般生物較有關聯。環境中的鉻來自於鉻鐵礦，其可被提煉成為不同的鉻鐵化物，以及含其他金屬之鉻酸鹽或亞鉻酸鹽化合物，以做為不同用途的原料。鐵鉻(ferrochrome)可做為不鏽鋼，而其他鉻化合物的用途則包括電鍍、製革、油漆顏料、染料，木材防腐處理、防鏽處理、合金等。全球多使用鉻於皮革業，約占總使用量之 30~40% (1995)。鉻黃漆早期使用於警示用黃漆($PbCrO_4$)，但目前此用途已相對較少（被鎘黃取代）。

（一）環境特性與流布

　　美國估計在 1995 年因人類活動而釋出於環境中的鉻約有 30,000 公噸，其中有大部分來自於煉鋼、金屬冶煉、石油煉解及水泥製造，而其他則為燃煤、火力發電、一般木材燃燒、製造加工業、汙泥與其他廢棄物的棄置等釋出。鉻的天然排放源包括火山爆發與風化作用。全球因人為作用所釋出的鉻量據估計約為 94,000 公噸，而因自然作用者約有 58,000 公噸。進入大氣中的鉻約有 60~70%是源自於人類活動。

　　大氣中的鉻在數日內即會沉降於地表。鉻容易吸附於水中的懸浮固體物、土壤顆粒及有機物質，少部分（包括正 3 價及正 6 價鉻）則會溶於水中，並能滲透至地下水而造成汙染。鉻在土壤中的遷移與其形態、土壤的成分與一些性質（如 pH 值）有關。在土壤中的正 3 價鉻通常會以碳酸鹽或氧化物的形態存在，因此其遷移性較差；但如果與有機物形成可溶性的複合物(complex)，其遷移性則會大增。正 6 價鉻在水體的停滯時間極長，但最終將被還原成為正 3 價的化合物。若以總鉻而言，其在淡水的停留時間可達 4.6~18 年之久。

1977~1984 年間的調查指出，在美國不同地區空氣中鉻的背景濃度範圍在 0.005~0.525 μg/m³ 之間，在一般水體為 <1~30 μg/L（平均為 10 μg/L），在飲用水則為 0.4~8.0 μg/L（平均為 1.8 μg/L），在海水中鉻的濃度較低，平均僅為 0.3 μg/L。鉻在土壤中的背景含量範圍為 1.0~2,000 mg/kg，平均為 37.0 mg/kg (1984)。植物對土壤中鉻的吸收並不佳，而環境中的鉻也不易蓄積於一般生物體內。鉻在一般食物中的含量皆低於 50 μg/kg，但在水產、肉類或乳製品中可能較高。香菸的菸草中也含有少量的鉻，其濃度為 0.24~14.6 mg/kg。

（二）人體暴露與毒物動力學

一般人對鉻的暴露主要是來自於飲食的攝取與空氣的吸入，據估計的每日接受量仍以食用含鉻食物為主，每人約為 60 μg，其次為飲水(2 μg)，最少者為空氣的吸入(0.3 μg)；而鉻經由皮膚的暴露與接受量並不顯著。然而因職業或意外所造成鉻暴露的接受劑量可能高於一般人的數倍之多。

人體對鉻的吸收與其氧化數有直接的關係，此也相對的影響其毒性。正 6 價鉻因其較容易通過細胞膜之故，而較容易被吸收。經食入後的正 6 價鉻，其吸收率並不高，至多達 10%。進入體內的鉻可隨循環系統分布至各處，然而大部分將會集中於紅血球與血漿中，最後再經由尿液排除。鉻酸鈉的人體半生期約為 40 小時，但若吸入含鉻的顆粒，則其在肺部可停留長達數年之久。在體內的正 6 價鉻會被依序的還原為正 5 價與正 4 價，最終成為較穩定之正 3 價化合物。

（三）人體危害性

鉻是人體生理必需的微量元素之一。正 3 價的有機鉻可藉由對胰島素合成所產生的作用來控制體內對碳水化合物之代謝。美國所提出飲食中對鉻的「**建議每日攝取量**(recommended daily intake, RDI)」為每日 120 μg。WHO/FAO 未訂定鉻的 ADI 或其他攝取限值標準。USEPA 所訂定正 6 價鉻（可溶解性鹽類）攝取的**參考劑量**(RfD)為 0.003 mg/kg/day（即 3 μg/kg/day），而對正 3 價鉻（不可溶解性鹽類）的參考劑量(RfD)為 1.5 mg/kg/day。

WHO 對總鉻的**飲用水品質規範**(guidelines for drinking-water quality)為 0.05 mg/L，USEPA 的總鉻**最高汙染物限值**(MCL)則訂為 0.1 mg/L。

人體內若缺乏鉻會影響醣類之代謝並造成體重減輕、生長異常、神經系統功能異常，以及類似於糖尿病的症狀，但暴露於過量的鉻仍會產生毒性。一般而言，正 6 價鉻通常是產生毒害的主要形態，但過量的正 3 價鉻也同樣有害。由於鉻對黏膜組織具有刺激性，吸入高劑量或長期性的暴露皆可能造成鼻部或呼吸道病症與流鼻血，嚴重者會發生潰爛及鼻中隔穿孔的現象，此常被發現在通風不良之鉻作業環境。鉻的其他毒性影響包括氣喘、氣管炎、肺氣腫等；皮膚和眼部亦會受鉻的侵害。食入高量鉻會造成消化道的腐蝕與出血，並產生強烈腹痛、嘔吐、休克、死亡等現象。鉻對人體的致死劑量約為 50 mg/kg。鉻能造成腎小管細胞死亡與肝臟受損，也會對皮膚及呼吸組織產生嚴重的過敏反應。

鉻的慢性毒害主要是皮膚與黏膜組織的刺激、呼吸道與肺部的腐蝕作用，並導致肺癌。正 6 價鉻化合物為已知的人類致癌物（吸入途徑，USEPA A 類，IARC 第 1 類），且對試驗動物具有突變性（改變 DNA 與染色體的結構）、生殖毒性與畸胎性，但對人體是否產生類似的影響則尚未明確。鉻的毒理機制與其強氧化性和其在生物體內代謝時產生的自由基所造成的傷害有關。

（四）生態危害性

鉻對水中生物的影響差異極大，而與環境溫度、pH 值、鹽度、硬度、暴露時間、試驗物種、其他物質的存在等因素皆有關聯。大部分的魚類可容忍超過 10,000 ppb 的鉻；以藍鰓魚(*Lepomis macrochirus*)為例，其最高的忍受程度為 213,000 ppb（硬度 120 ppm CaCO$_3$），但海水螃蟹(*Callinectes sapidus*)則僅為 320 ppb。鉻會影響魚卵的孵化及幼魚的發育，且對蛙類具有畸胎性。

9.4 鉛

　　鉛(lead, Pb)被認為是在人類文明發展歷史中最重要的毒物之一，也與汞同稱為因人類使用而造成最嚴重環境汙染問題的金屬。其開始使用的時間也可回溯至古中國、希臘、羅馬時代甚至更早。鉛在地殼中含量相對較少，在環境中可以不同的化合物種類存在。純鉛為灰色且不溶於水，其他較重要的有機或無機化合物包括 $PbCl_2$、$PbHAsO_4$（砷酸鉛，殺蟲劑）、$PbCrO_4$（鉻酸鉛，色素）、$PbC_4H_6O_4$（醋酸鉛）、Pb_3O_4、$PbCO_3$（白鉛）、$Pb(C_2H_5)_4$（四乙基鉛，汽油添加劑）、PbO_2 等。純鉛具有質地軟、可塑性佳、熔點低、抗酸、化性穩定等特性，其用途也相當廣泛，包括使用於蓄電池、油漆、彈藥、色料、合金製品等的製造，而四甲基鉛與四乙基鉛亦被添加於汽油中以增加辛烷值(octane rating)與引擎效率，以及減少引擎的震動（此為抗震劑，antiknock agent 名稱的由來，此用途在先進國家皆已禁止，截至 2018 年止全球尚有 3 個國家仍使用含鉛汽油）。鉛也使用於電子業、醫藥、陶瓷、玻璃、軍事等多方面的用途。

（一）環境特性與流布

　　在全球未對鉛的使用進行管制之前，其用量相當驚人。美國在 1970 年的所有用量中，蓄電池的製造消耗 1,186 百萬磅、汽油添加 556 百萬磅、彈藥製造 144 百萬磅、焊錫製造 138 百萬磅、顏料製造 96 百萬磅、純鉛使用 48 百萬磅、其他用途 436 百萬磅。美國在 1988 年總計生產 394,000 噸的鉛，而全球為 3,381,300 噸；同年的全美消耗量為 1,201,000 噸，而全球則為 5,665,400 噸。美國在 1996 年開始全面禁止含鉛汽油之販賣（臺灣地區於 1999 年禁用），然而鉛的使用並未因此而減少。目前全球的鉛最主要的用途仍為製造蓄電池（超過 80%）。美國在 1996 年所製造的蓄電池已達每年 1 億顆，總計消耗約 1 百萬噸的鉛。全球的鉛產量在 2004 年已達 7 百萬噸，而在 2017 年更達約 1 千 2 百萬噸。其中約有 4.95 百萬噸是來自於礦場。不過鉛也是所有金屬中回收率最高的，在 2017 年的數據指出

全球回收鉛量（次級鉛產量，主要來自鉛蓄電池）約為 7 百萬噸之多，占總產量的 58%。

　　環境中鉛的來源最主要是來自於人類的活動，其釋出量約為自然作用的 300~400 倍，此比例為所有金屬中最高者。據估計在 1970 年大氣中鉛的含量，其中有 95%是來自汽車燃燒含鉛汽油所致，而當時汽油的含鉛量約為 2.6g／加侖（1986 年為 0.44g／加侖，現今許多國家規定不得超過 0.005g／升）。全球估計在 1990 年代的鉛大氣排放總量約為 12 萬噸，其中有 8 萬 9 千噸是源自於汽油添加劑之使用，但已較先前的 33 萬噸減少許多。聯合國統計數據顯示從 1982 年到 2002 年的鉛，人為釋放量已減少將近 95%（每年 5 萬 5 千噸到 1,552 噸）。目前美國主要的排放源是非鐵類礦物的冶煉、電池與化學工廠、含鉛油漆的釋出。在早期所使用的油漆乾燥後的含鉛量可高達 40%。美國在 1996 年的**毒物排放清冊**(Toxics Release Inventory)中所統計的全國排放量約為 1500 萬磅，而 2017 年則為 9.5 億磅，主要還是進入棄置場址。不過，由於近數十年對鉛的許多管制措施，鉛在全球各地的環境汙染逐漸減緩。

　　在空氣中的鉛通常吸附於懸浮物質，然後經乾或濕沉降落於地面，而通常後者之作用較為明顯。鉛的大氣傳輸則與附著顆粒之大小有關，小粒徑者則有可能被長程傳送至人類活動較稀少之地區，如南北極，因此其在大氣中的停留時間不等。有些有機鉛可以氣態存在於大氣中，但停留時間較短。例如具揮發性的四甲基鉛與四乙基鉛僅停留數小時既被氧化為其他形態，進而被吸附與沉降。鉛的水溶性不佳，一般約在 30~500 μg/L 之間，且視硬度、pH 值、溫度與其他物質的存在而定。在水中的鉛也極易與一些陰離子（氫氧基、碳酸基、硫酸基、磷酸基等）形成可沉澱的化合物。因此，鉛在水體的傳輸通常也是以非溶解、附著態的形式進行，而最後終將沉積於底泥中或被生物體吸收並累積。pH 值會影響鉛在土壤中的遷移。在酸性環境中，鉛的水溶性會增加，因此也較易被轉移至地下或地表水。一般土壤對鉛皆有相當的吸附能力，並可與有機物質形成特殊的複合物。有機與無機鉛在環境中的宿命具有明顯的差異性，通常有機鉛最終將被光、化學、微生物等作用轉化為無機形態。植物與動物皆有蓄積鉛（尤

其是有機鉛）的能力，但鉛的生物放大現象並不明顯，尤其在水體中，底棲性的生物與藻類的鉛含量通常反而會較高於食物鏈上層的動物。一般動物對鉛的排除較為快速，例如四甲基鉛對彩虹鱒的半生期僅有 35~40 小時，但其他化合物則有不同的停留時間。

由於鉛的排放源眾多，進而影響其在不同環境的濃度，且隨時間變化而有差異。一般都市空氣的平均鉛濃度應小於 $1\mu g/m^3$。美國在 1988 年的數據顯示，都市空氣中的平均背景濃度為 $0.1\,\mu g/m^3$，遠低於 1979 年的 0.8 $\mu g/m^3$。此現象與含鉛汽油的停用有關。歐洲與北海地區在 2003 年的調查也顯示空氣中鉛背景濃度在 $5\sim15\,ng/m^3$，而在中歐地區的降雨鉛含量則從 $2\sim5\,\mu g/L$ (1990)降到 $1\sim3\,\mu g/L$ (2003)。鉛亦能透過大氣進行長程傳輸被運送之偏遠地區或極地。圖 9.5 為格陵蘭(Greenland)冰層所含鉛濃度之變化趨勢，同時也反應近幾世紀人類使用鉛之狀況。但值得一提的是：因考量鉛之毒性，美國除將鉛列為**危害性空氣汙染物**（HAPs，見第十一章）外，並於 2008 年將空氣周界品質標準從原有之 $1.5\,\mu g/m^3$ 降低 10 倍而訂為 0.15 $\mu g/m^3$（一般民眾連續三個月之暴露平均值）。WHO 與歐盟則訂 $0.5\,\mu g/m^3$ 為年平均暴露標準。

鉛也普遍的存在於一般水體中，濃度範圍為 $5\sim30\,\mu g/L$，平均為 $3.9\,\mu g/L$（美國，1988 年）。由於早期鉛也使用於水管製造及焊接的材料，因此有些地區的自來水含鉛量可高達 $500\,\mu g/L$。美國約在 1950 年代開始停止使用鉛水管。USEPA 在 1991 年的調查報告指出，全美自來水的平均含鉛量為 $13\,\mu g/L$，而有 90%的水樣濃度低於 $33\,\mu g/L$。不過在 2001 年，美國華盛頓特區有超過一半以上住戶的的自來水含鉛量超過 USEPA 規定的標準 $15\,\mu g/L$，並因此造成當地居民之恐慌及嚴重抗議以及國會的調查。美國在 2016 年的調查指出仍有 30%的自來水是透過鉛管線運送。土壤與水中底泥是鉛在環境中的蓄積場所，但其含鉛量差異極大，而與汙染源有直接的關係。美國一般河川底泥的平均含鉛量為 $23\,mg/kg$，而海岸底泥為 $87\,mg/kg$。未受汙染土壤的鉛含量通常在$<10\sim30\,mg/kg$ 之間，但由於空氣沉降或附近汙染源之故，有些地區土壤的含鉛量可高達數萬 ppm 以上。在公路旁的土壤中鉛濃度也較高，在 $30\sim2,000\,mg/kg$ 之間。

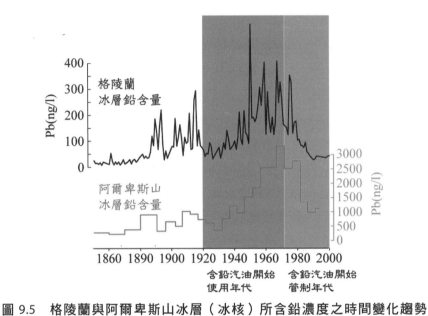

圖 9.5 格陵蘭與阿爾卑斯山冰層（冰核）所含鉛濃度之時間變化趨勢

◯ 圖重製：https://lindseynicholson.org/2018/04/are-the-snows-of-greenland-pristine-or-polluted/

（二）人體暴露與毒物動力學

美國總膳食調查(1999~2008)指出一般食物的平均含鉛量如下：乳製品 0.001 (μg/g)、一般魚肉 0.001 (μg/g)、肉類 0.001 (μg/g)、穀物類 0.0004 (μg/g)、蔬菜 0.003 (μg/g)、水果類 0.003 (μg/g)、乾燥水果 0.006(μg/g)、植物油脂 0.001 (μg/g)、醣類未檢出、果汁 0.003 (μg/L)。該國亦估算出的一般美國民眾（2004~2008 的總膳食調查）每日鉛自飲食攝取量約為 0.03 μg/kg。

不過每個地區也因為食物種類及含鉛量之不同而有差異，例如日本在 2005 年的估算其國民由食物中每日攝取鉛量約為 26.8μg/人/d，其中米占 25%，其次為蔬菜與海帶 20%，再其次為調味料與飲料 18%以及水產 4%；但對芬蘭民眾的 17 μg/人/d，其中卻有約 23%是來自於罐頭魚類。WHO 報告提出其他地區之成人數據如下：澳洲 0.06~0.4μg/kg/d（男性 25~34 歲），澳洲女性 0.02~0.35μg/kg/d（25~34 歲），加拿大 0.11μg/kg/d，中國大陸 0.9μg/kg/d，歐洲 0.36~1.24μg/kg/d，印度孟買 0.44μg/kg/d，紐西蘭

0.13μg/kg/d。不同年齡層之孩童則因飲食種類亦與成人不同，如在歐洲孩童 1~3 歲為 1.1~3.1μg/kg/d，4~7 歲則為 0.8~2.61μg/kg/d，美國 1~3 歲孩童為 0.31μg/kg/d。

一般環境中皆含有鉛，而人體對鉛的主要暴露來源為多種途徑，早期為食物攝取，但近 20 年的數據顯示，全球有些地區民眾的鉛暴露來自飲食的比例已漸降低。例如紐西蘭 19~24 男性在 1982 年的飲食鉛每日暴露劑量推估約為 3.6μg/kg/d，但該國在 2003~2004 年已減到 0.13μg/kg/d，降幅達 75%。英國 1980 與 2006 年的比較也顯示有 95%的降幅(0.12 vs. 0.006 mg/kg/d)。另外，由於食物中鉛含量的減少，對某些地區的孩童或一般民眾體內的鉛可能有較高的比例是來自於其他途徑，而並非是來自飲食途徑(75~95%)。

鉛的其他的暴露來源尚有小孩誤食剝落的含鉛油漆或受汙土壤、粉塵的吸入、特殊職業（電池、玻璃、水晶製造、加油站）、使用含鉛容器（罐頭、塗釉瓷或陶、有含鉛焊錫的金屬）、鉛管輸送的自來水與受汙地下水的飲用等。一般人體所暴露的鉛以無機的形態居多。WHO/FAO 原訂定鉛的暫訂可容許每週攝取量(PTWI)為 25 μg/kg/week（ADI 值約為 3.5 μg/kg/day），但考量鉛對智商的影響，已於 2010 年取消此標準，並正研擬新的標準。WHO 對鉛的**飲用水品質規範**(guidelines for drinking-water quality)為 0.010 mg/L，USEPA 的最高汙染物限值(MCL)亦訂為 0.015 mg/L。

人體對不同形態鉛的吸收有明顯的差異，而吸收率也與年齡、性別、生理與健康狀態、暴露途徑等有關。由空氣吸入的鉛一旦進入肺部，絕大部分將會很快的進入血液中，但如果是經由食入的途徑，則其吸收率會因前述的一些因素而有極大的差異，可從 5~80%不等，孩童一般約為 30~40%，而成人約為 5~15%；這些鉛其中有一半會儲存在體內。皮膚對有機鉛的吸收則遠高於無機鉛。在體內缺乏鐵及鈣的狀況下，人體對鉛的吸收會增加，而懷孕也有同樣的現象。剛被吸收的鉛主要會集中分布在體內的紅血球(96~99%)，接著則分布在軟組織、腎臟、肝臟、腦、骨骼／牙齒等處，而骨骼／牙齒為鉛在體內的最終儲存之處，約占所有體內鉛的

90%以上，此乃因為鉛的化性與鈣類似之故。儲存在骨骼中鉛的半生期可達 20~30 年之久。

血鉛(blood lead)含量通常可做為體內含鉛量及暴露狀況的指標，並也同時反應環境中的鉛含量。在工業革命之前的人類體內血鉛含量相當低，應不會超過 0.02 μg/dL (deciliter, 1 dL = 100 mL)，但目前一般人的血鉛濃度約為 1~10 μg/dL。美國**全國健康及營養調查**(National Health and Nutrition Examination Survey, NHANES)報告指出一般美國民眾平均血鉛濃度由 1976 年的 12.8 μg/dL 降低到 1991 年的 2.8 μg/dL，而超過 10 μg/dL 的人數比例也由 77.8%降至 4.3%，造成此現象的主要原因是因為含鉛汽油與含鉛油漆的使用量減少，以及罐頭含鉛焊接材料的停用；NHANES 於 2009~2010 年的調查數據顯示一般大眾平均血鉛濃度更降至 1.12 μg/dL，而 1~5 歲孩童則為 1.17 μg/dL，比 1999~2000 之平均值 2.23 μg/dL 相差將近一倍，但值得注意的是，血鉛濃度超過 5 μg/dL 的 1~5 歲孩童比例仍有 2.5%（此比例之孩童數約仍有 45 萬）。最新的 2015~2016 數據指出全美 1~5 歲孩童的平均血鉛濃度已低於 0.9μg/dL。在較落後的國家情況則更值得關切，WHO 在 2004 年統計數據顯示全球約有 16%孩童之血鉛濃度超過 10 μg/dL，其中約有 90%以上是居住在低收入落後地區。近年中國大陸亦爆發數件孩童血鉛過高並產生中毒事件，皆肇因於環境汙染，其中陝西省鳳翔縣的 731 名孩童中至少有 615 人血鉛超出 10 μg/dL，且當中的 163 名孩童更高達 25.0~44.9 μg/dL，有 3 名高達 45.0 μg/dL 以上。其他地區包括湖南省武岡市、福建省上杭縣、河南省濟源市等皆有發生類似事件的報導。

臺灣在 1997 年的調查指出，各地區民眾的平均血鉛濃度在 5.44~10.68 μg/dL 之間；而在 2011 年調查全國共 934 名孩童血鉛含量約在 1~3 μg/dL 之間。表 9.1 列出聯合國調查全球不同地區之民眾與孩童血鉛之平均濃度。

許多生理狀態的變化會使儲存在骨骼的鉛再度釋出至血液中進而排除至體外。例如懷孕婦女的骨鉛會被釋出，而由胎盤或授乳進入胎兒或嬰兒體內，停經的婦女也會有骨鉛減少而血鉛增加的現象。血液中的無機鉛可能會與一些蛋白質形成複合體，而有機鉛則會被代謝為無機的形態。人體排除鉛的主要路徑是透過糞便的排出，而鉛也可以經由母體之乳汁排出。

| 表 9.1 | 全球不同地區之民眾與孩童血鉛之平均濃度 | | |

區域	國家	血鉛濃度(μg/dL)	
		孩童	成人
非洲	奈及利亞	11.1	11.6
	南非	9.8	10.4
美洲	加拿大、美國	2.2	1.7
	阿根廷、巴西、智利、牙買加、墨西哥、烏拉圭、委內瑞拉、厄瓜多爾、尼加拉瓜、祕魯	7.0	8.5
東地中海區域	沙烏地阿拉伯	6.8	6.8
	埃及、摩洛哥、巴基斯坦	15.4	15.4
歐洲	丹麥、法國、德國、希臘	3.5	3.7
	土耳其、南斯拉夫	5.8	9.2
	匈牙利、俄羅斯	6.7	6.7
東南亞	印尼、泰國	7.4	7.4
	孟加拉、印度	7.4	9.8
西太平洋	澳大利亞、日本、紐西蘭、新加坡	2.7	2.7
	中國、菲律賓、韓國	6.6	3.6

○ 數據取自：Fewtrell, L., Kaufmann, R. & Prüss-Üstün, A. (2003). Lead. Assessing the environmental burden of disease at national and local levels. Geneva, World Health Organization (Environmental Burden of Disease Series, No. 2).

（三）人體危害性

　　鉛的急毒性並非極強。不同鉛化物對不同試驗動物的最低致死劑量在 300~30,000 mg/kg 之間，而醋酸鉛對人體的口服致死量約為 700 mg/kg。短時間內暴露於高劑量的鉛可能會產生頭暈、嘔吐、口渴、腹瀉、腹痛、便秘、血尿、糖尿、休克等症狀。低劑量的鉛會對人體內不同的部位或功能產生慢性、不可逆的毒害，而受影響者包括神經系統的發展與功能（神經毒性）、血紅素的生成（血液毒性）與心臟血管、生殖及發育、腎臟等，

其中較受毒理學家重視的是其對幼體神經系統發展的影響，因為一般孩童對鉛的反應通常較成年人敏感。

暴露於高劑量鉛會產生感覺遲鈍、昏睡、無力、嘔吐、激躁、無食慾、頭昏、貧血、記憶力喪失、幻覺等中毒症狀，進而有口齒與意識不清以及昏迷現象，嚴重者可能死亡，此時孩童的血鉛含量應超過 100 μg/dL 以上，而成人的含量則更高，而當血鉛含量降低後，仍可能產生癲癇、精神異常、視覺受損等後遺症；但一般人較常發生的狀況主要仍是較低劑量的長期暴露。

母體若含鉛量較高（血鉛含量 10~15 μg/dL），則嬰兒會有早產或出生時體重較輕的現象。孩童長期暴露於低劑量的鉛，並不見得會產生明顯的症狀（血鉛含量 8~10 μg/dL），但鉛仍有可能影響其心智與周邊神經的正常發育，而產生智商(IQ)降低、行為異常、協調性、記憶力減退、聽讀能力不佳、反應時間延長、注意力無法集中(Attention deficit hyperactivity disorder，ADHD) ，以及成年之後的行為制約失常等現象。鉛對孩童神經系統發育的影響是近年來相關研究的重點之一。研究顯示當幼童或幼兒血鉛量達 10 μg/dL，其 IQ 或學習能力即有可能受影響。新的研究調查更指出對孩童 IQ 的影響可能在更低的血鉛濃度(1~3 μg/dL)就可能產生，若血鉛濃度從低於 1 μg/dL 增加到 10 μg/dL，則相對地會降低 IQ 可達 6 點的差異。WTO 則指出一 20kg 的孩童每增加 0.6 μg/kg/d 的鉛劑量即會降低 1IQ 點。已有許多報告指出人體對鉛所產生的主要毒害可能沒有所謂的閾值(threshold)。

低劑量的鉛暴露對成人可能產生與高劑量暴露後相同的神經毒害。**腕垂症**(wrist drop)是鉛中毒所造成的職業傷害。患者因周邊神經受損而造成腕部無法施力，使其無法平舉或維持該姿勢稱之。這些職業病害者在其牙齦上可能會出現紫藍色**鉛線**(lead line; Burton's line)。此類鉛線也可能出現在嚴重鉛中毒，並產生腦部病變的孩童身上。

鉛亦會影響血紅素中血基質(heme)的合成，或者是縮短紅血球的壽命，進而產生貧血的症狀，此時的血鉛含量約為 50~100 μg/dL。鉛影響紅血素中血基質的主要機制是抑制血基質合成過程中δ−aminolevulinic acid dehydratase (δ–ALAD)與 ferrochelatase 兩種酶的作用。當體內血基質的含量因鉛而減少時，δ–aminolevulinic acid synthetase (δ–ALAS)的含量則因負迴饋的作用而增加，並導致δ–aminolevulinic acid (δ–ALA)與其他形成血基質的先驅物（coproporphyrin、protoporphyrins，原紫質）在體內紅血球的累積或尿液含量的增加。量測尿液中δ–ALA 或紅血球中 protoporphyrins 的含量可做為人體暴露於過量鉛的**生物標記**(biomarker)。

許多研究的證據顯示高血鉛含量與中年男性的高血壓有關。在女性或其他年齡族群中，也有類似的現象。吾人推估造成高血壓的血鉛含量約為 10 µg/dL。高血壓會導致心臟病或中風，進而減短壽命。近年的調查更指出血鉛在 5 µg/dL 的含量，就可能會增加心血管疾病之死亡率。WTO 報告指出成人每增加 1.3 µg/kg/d 的劑量即會升高 1 mmHg 的血壓。

鉛對婦女的生殖毒害早已被證實（環境荷爾蒙，見第七章）。在鉛作業環境工作的婦女有較高的死產與流產率，以及不孕，而產生此類影響的血鉛含量可能範圍較廣(20~50 µg/dL)。鉛也會影響到男性精子的品質，其相對應的血鉛含量約為 40 µg/dL。動物試驗的結果則指出，鉛會降低雄性老鼠的精子數、造成前列腺增重、睪丸受損，以及影響雌性的月經週期與生殖力等。

鉛對腎臟細胞的傷害會導致腎功能的異常，並產生蛋白尿、糖尿、減少尿酸排除等症狀。鉛對孩童造成腎小管損害的相對應血鉛含量可能小於 40 µg/dL。圖 9.6 為孩童與成人的血鉛含量及預估產生的鉛毒害。

鉛可能會造成細胞染色體的損害，但造成染色體異常的人體相對血鉛含量尚未明確。口服醋酸鉛對試驗動物具有致腎臟癌的能力，但對人體是否產生同樣的影響仍有待證實。IARC 與 USEPA 目前皆將無機鉛列為可能的人類致癌物（possible human carcinogen, 2A 或 B2）， IARC 則將有機鉛列為為第 3 類。

鉛的毒理機制可能包括增加自由基的產生（抑制消除自由基的酵素活性，如 superoxide dismutase、catalase、glutathione peroxidase、glucose

6-phosphate dehydrogenase 等）、細胞凋零（自毀，apoptosis）、影響粒線體、產生氧化壓力、影響鈣離子的平衡及其對細胞之正常作用，其中最後者與病理上觀察到之毒害（除貧血外）應有最直接地關聯性。

（四）鉛之健康風險管理

據聯合國統計，全球的疾病發生率其中有 0.6%是與人類暴露於鉛的環境中有關，特別是在發展中的地區。鉛對一般大眾的危害主要是發生在低劑量的暴露所產生的影響。對孩童最主要的影響是在智力與行為表現上，但對成年人則是血壓升高及心血管疾病罹患率的增加。早期研究指出這些影響所相對應的血鉛含量約在 10 μg/dL 左右，此值也是**美國疾病防治中心**(Centers for Disease Control and Prevention, CDC)在 1991 年所訂定的「**行動值**(action level)或**關切值**(level of concern)」。CDC 規定超過血鉛行動值者(10 μg/dL)，必須做進一步的環境檢驗、追蹤、危害控制與家庭教育等，若超過 45 μg/dL 者，則必須進行醫治。但在近年許多研究指出鉛可能對孩童並無安全劑量，且對心血管疾病之影響可能低於血鉛濃度 10 μg/dL 之下，因此 CDC 於 2012 年將行動值（包含成人）降為 5μg/dL，並將名稱更改為**參考限值**(reference level)。此值也是目前美國 2.5%之 1~5 歲孩童之血鉛含量下限值（2.5%孩童血鉛超過 5μg/dL）。不過，值得關切的是此血鉛超過 5μg/dL 的 2.5%美國孩童估計約有 50 萬，其平均的 IQ 降低可能達到 6 點，而這些孩童有絕大部分是居住在環境較差、低收入地區。WHO 對一般大眾的血鉛關切值從 1980 年訂為 20 μg/dL，到 1995 年改為 10 μg/dL，但 WHO 也表示全球仍有 15%孩童的體內血鉛是超過此值，其中 90%是住在低收入地區。

針對鉛對一般大眾之危害管理，國內目前有水產動物之食用標準（魚類 0.3 mg/kg，2009 年）以及針對作業環境勞工之相關危害防治措施，後者規定為若檢出血鉛濃度男性 20~40 μg/dL；女性 20~30 μg/dL 則事業單位須定期實施健康追蹤檢查，並進行鉛危害防護計劃。作業環境之鉛暴露 8 小時日時量平均值為 0.1 mg/m^3。

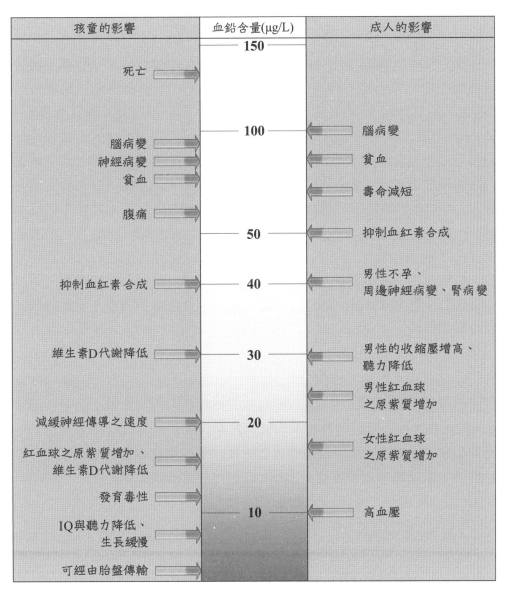

圖 9.6　孩童與成人的血鉛含量及預估產生的鉛毒害

（五）生態危害性

鉛對水中生物的毒性與硬度有關，此水的化學特性主要是影響生物對鉛的吸收能力（生物可利用性，bioavailability）。有研究顯示在硬度較低的水中，鉛對魚類 96 小時的 LC_{50} 約為 1~27 mg/L，但在硬度較高的環境，其 LC_{50} 則增加至 440~540 mg/L。其他因素如 pH 值、鹽度、有機成分、溫度等也會影響鉛的水溶性、生物可利用率以及最終所產生的毒性。鉛對魚類的慢性毒害包括形態的改變、血基質合成酵素的抑制、行為與生殖的影響，而其水中可溶解性濃度須達到 10~100 mg/L 的程度方能產生前述之毒害。鉛對幼魚的影響較其對成魚者為大，但由於鉛能被魚卵卵膜所吸附，而不易進入胚胎內，因此魚卵期的幼體反比孵化後之幼魚較具容忍性。鉛對淡水無脊椎動物的急性致死濃度約在 0.1~40 mg/L 的範圍，對海水者約為 2.5~500 mg/L。表 9.2 列出鉛對水中不同類生物產生慢性毒害的**無影響濃度值**（No Observed Effect Concentration, NOEC，見第二章）以供參考。

鳥類能夠容忍高口服劑量的鉛鹽類(> 100 mg/kg)，因此一般環境所含的鉛濃度應對其影響不大，而金屬鉛亦須相當高的口服劑量才能對鳥類致命；但仍有許多文獻記載在北美地區的鳥類有因誤食鉛彈或吞入漁用鉛垂而致命者，或掠食性鳥類食用體內含鉛量較高的捕獲獵物而造成中毒。一般而言，水鳥類血鉛濃度達 0.5 ppm 以上可能就會產生毒性。

表 9.2 鉛對水中不同類生物產生慢性毒害的無影響濃度值(NOEC)

| 物種 | NOEC (μg/L) | | 毒性作用 |
	平均值±SD	範圍	
淡水			
細菌	1,183 ± 683 (3)	450~1,800	生長
單細胞藻類	10,005 ± 55,744 (15)	10~200,000	生長
多細胞藻類	1,033 ± 945 (3)	300~2,100	生長
原生動物	403 ± 604 (4)	20~1,300	生長、生殖
軟體動物	204 ± 317 (3)	12~570	孵化、存活率
甲殼類動物	502 ± 913 (8)	1~2,500	生長、生殖、存活率
魚類	77 ± 74 (17)	7~250	生長、生殖、存活率、畸形發育、孵化
海水			
藻類	23 ± 32 (3)	0.1~60	生長、生殖
原生動物	150 (1)	無資料	族群密度
腔腸動物	300 (1)	無資料	生長
環節動物	3,833 ± 5,346 (3)	50~10,000	生長、生殖
軟體動物	1,400 ± 2,400 (4)	200~5,000	生長、存活率
甲殼類動物	269 ± 487 (4)	10~1,000	生長、胚胎發育、發育、生殖

○ 資料取自：Tukker, A., Buijst, H., van Oers, L. and van der Voet, E. (2001): Risks to health and the environment related to the use of lead in products. TNO Report STB-01-39 for the European Commission. Brussels, Directorate General Enterprise.

○ 平均值之括號內數字為樣本數。

9.5 汞

汞(mercury, Hg)亦稱為**水銀**，是地球上較為稀少的金屬之一，其元素態（金屬態）為銀色液體，且在室溫下能昇華為氣態。汞在汞礦中多以硫化汞(HgS)存在，而在自然界中的其他化合形態尚包括屬於無機鹽類的氯化汞、氫氧化汞、鹽酸汞、氰酸汞、硫酸汞、硫酸亞汞等，以及屬於有機類之甲基汞、雙甲基汞、苯基汞等。汞的主要氧化價數有 0（金屬汞，metallic）、正 1（亞汞，mercurous）與正 2 (mercuric)價。

汞的用途相當廣泛，包括使用於氣壓表、壓力計、溫度計、汞真空泵、日光燈、整流器、電池、苛性鹼製造、汞觸媒、汞消毒劑（紅藥水）、軟膏、雷汞（雷酸汞、炸藥起爆劑）、顏料（如朱砂、辰砂即硫化汞紅色顏料、印泥）、農藥（甲基汞做為穀物防黴劑）、鞣皮（硝酸汞）、紙漿製造、船底防藻處理等。汞與銀的合金稱為「**汞齊**」(amalgam)，是填補牙洞的主要材料。

（一）環境特性與流布

汞的一些用途因為環境汙染或人體健康危害之故而被停止，但目前在全球許多地區，汞仍被大量使用做為礦砂中金元素的提煉，並造成嚴重的環境汙染。中國大陸目前是全球汞產量最多之處。近幾年在部分地區，包括廣東佛山和廣州以及貴州等地，汞礦又再度被開採以因應全球對日光燈需求量之增加而備受關注，尤其對礦工健康之影響及環境衝擊。

汞會經由不同的人為排放源進入一般環境中，其中則以與燃燒有關的釋放源最為重要。美國在 2000 年估計全國排入大氣中的汞每年約有 144 公噸，其中有 33%是來自於燃煤電力鍋爐、19%垃圾焚化爐、18%一般鍋爐、10%醫療廢棄物焚化爐，但在其後則逐年明顯遞減，例如 2017 年的排放量已不到 5 萬磅。其他汞的排放源尚包括廢棄水銀電池洩漏、製程廢水、破裂日光燈管、水泥製造、礦冶、造紙與紙漿等。圖 9.7 顯示不同人類活動排放汞之比例，不過全球不同區域也因生活習性與產業類別會造成

汞排放來源及比例之差異（圖 9.8）。自然界的風化、火山爆發或其他地質作用亦能將汞於岩礦中釋出。雖然在一些地區，人為作用的釋出遠較自然者為多，但全球環境中目前的汞來自於自然作用約等同於人類釋放總量。聯合國環境規劃署(UNEP)在 2015 年估計全球大氣汞的人為排放量約為 2,220 公噸／年（2010 年約為 1,800 公噸／年），而自然的排放量也高達 2,100 公噸（火山 500 公噸，生物質燃燒 600 公噸，土壤與植被 1000 公噸，圖 9.8）。近十幾年來，雖然一些地區汞的人為排放量因為不同環境管理措施的實施而逐漸減少，但全球的排放量卻並未減少，主要原因與亞洲地區新興國家的發展有關，目前其占全球總釋放量的 2/3。中國大陸也已成為全球最大的汞排放者，雖然美國及印度分居第二及第三，但其總量也僅達大陸排放量之 1/3。圖 9.8 也顯示全球在 2010 與 2015 年各地區汞釋出量變化情形。

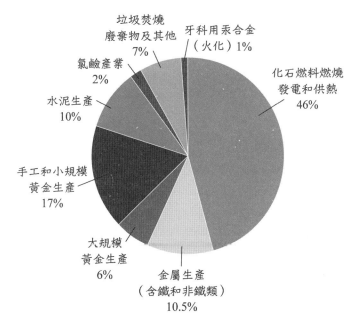

圖 9.7 顯示不同人類活動排放汞之比例

💿 資料來源：AMAP Assessment 2011: Mercury in the Artic.

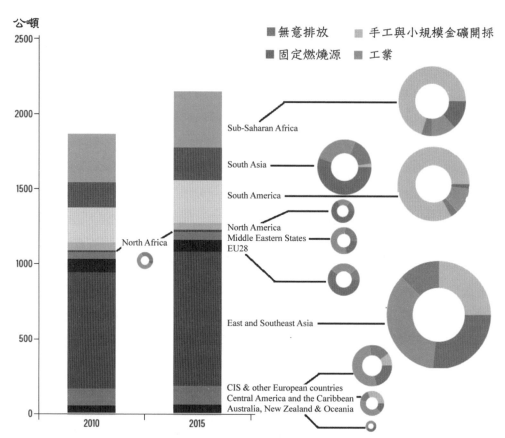

圖 9.8　全球各地區 2010 與 2015 年汞排放量比對（柱狀圖）以及不同排放源比例（圓餅圖）

◯ 資料來源：UNEP, The Global Mercury Assessment: Sources, 2018.

　　汞一旦進入大氣中，可能以元素氣態的形式存在或吸附於懸浮微粒物質，然後再經由沉降作用落至地表。大氣中的汞則以金屬態(Hg^0)居多，且能進行長程傳輸，而其停留時間可達 2 年之久。近年極區的調查結果也顯示汞透過長程傳送造成該地環境水體、土壤及底泥甚至生物體的普遍汙染。在土壤與水中的汞多以正 1 或正 2 價的氧化態居多，並能與其他的化合物形成錯合物。不同的化合物型態具有不同的環境宿命。金屬與雙甲基汞能由水中揮發並返回大氣中，而固態之汞化合物則通常較易沉降於水體底部而累積於底泥中。環境中的一些生物及非生物的作用能將汞轉換成不

同的氧化態,這些包括厭氧性硫還原菌與一些酵母菌類能將無機汞甲基化(methylation)形成甲基汞、有機汞的光解、金屬汞被臭氧氧化為正 2 價汞、與其他元素的結合等。汞在不同環境介質之間以及在其中的遷移與轉化作用皆顯示於圖 9.9。

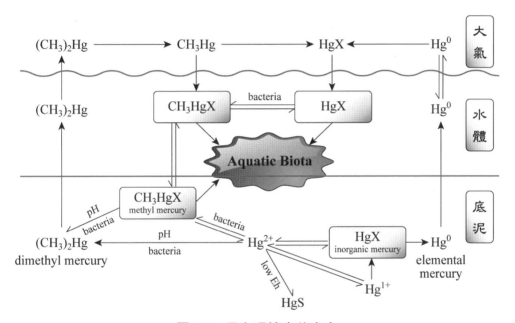

圖 9.9　汞在環境中的宿命

取自:NOAA Technical Memorandum NOS ORCA 100-Contaminants in Aquatic Habitats at Hazardous Waste Sites:Mercury, NOAA, 1996.

　　與一些重金屬相較之下,汞的生物蓄積性是較為顯著的,其中又以甲基汞的生物蓄積與放大現象特別明顯。在水體中的甲基汞能被快速的蓄積在水中生物體內。在食物鏈上層的動物能夠累積高達 10,000~100,000 倍於水中濃度的甲基汞。甲基汞對北美淡水肥頭鰷魚(fathead minnow)的**生物濃縮因子**(bioconcentration factor, BCF)估計約為 40,000~80,000 L/kg,而對屬於濾食性動物的牡蠣,其甲基汞生物濃縮因子亦可達 40,000 L/kg。對魚類而言,汞能經由食物或直接由水中進入體內,但以前者較為重要。甲基汞對生物的蓄積作用與水中 pH 值有關;在酸性狀態下則有較強的蓄積作用。食用受汙染魚類已被證實是一般人體內累積汞的最主要來源。在一般

陸地上的食物鏈，汞的生物放大現象並不明顯，主要原因是因為植物不易吸收土壤中的汞，但是一些與土壤接觸較為頻繁的動物如蚯蚓等，其體內也能夠累積相當量的汞，進而將其傳遞至食物鏈中較高層的動物體內。

在過去的 100 年中，大氣中汞的平均濃度約增加了 3~4 倍，然而有些地區空氣中汞的濃度仍低於一般的檢測極限（約為 1 pg/m³）。汞在空氣中的一般背景濃度範圍約為 1~20 ng/m³，但在工業化程度較明顯之地區卻仍可能高達 10 μg/m³。圖 9.10 顯示全球不同地區在 2013 與 2014 年之大氣氣態汞濃度。圖 9.11 為汞在冰層核芯裡濃度的時間變化與人類活動及特定的火山活動之間的關聯性。

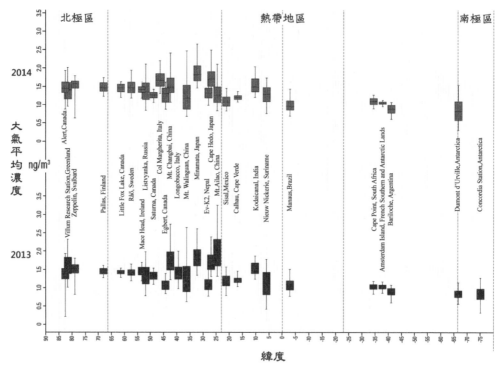

圖 9.10　全球不同地區在 2013 與 2014 年之大氣氣態汞濃度

◎ 圖片修改自：UNEP, The Global Mercury Assessment: Sources, 2018.

空氣中汞能被濕沉降作用帶至地面，而一般在雨水或降雪中汞的濃度應小於 200 ng/L。在一些水體中亦能發現汞，即使在沒有人為的因素存在

下，其濃度亦有可能高達至 5 ng/L。在一般未受汙染的海水中，汞的濃度
應不會超過 2 ng/L。底泥為水中汞的最終蓄積場所，其含量則受水體附近
地表狀態的影響。在美國威斯康辛州一湖中較表層的底泥曾被檢出含
0.09~0.24 μg/g 的汞，但附近並無汙染源，因此可推斷其來源應來自於空
氣中的沉降作用。在美國一些地區的底泥皆含有高量的汞。1991 年的數
據顯示美國沿岸與河口區的 175 處檢測地區中，有 38 處的底泥中汞濃度
超過 0.41 μg/g（乾重），而有 6 處是超過 1.3 μg/g（乾重）。汞在一般土壤
中的濃度約在數十至數百 ng/g (ppb) 之間，但在工業活動較多的地區則可
高達數 ppm，而汙染區更可達數千甚至於上萬 ppm 的濃度。

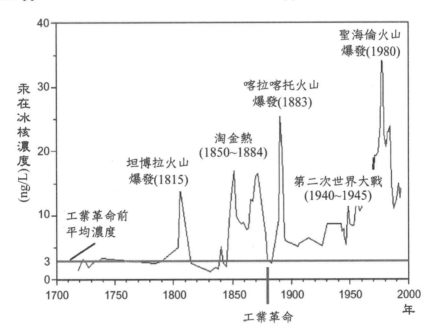

**圖 9.11　汞在美國懷俄明州 Upper Fremont Glacier, Wind River Mountain 冰層核芯裡
　　　　濃度的時間變化**

◎ 圖片修改自：Gaffney, J. (2014). In-depth review of atmospheric mercury: Sources,
transformations, and potential sinks. Energy and Emission Control Technologies. 2. 1-21.
10.2147/EECT.S37038.

（二）人體暴露與毒物動力學

一般人可能經由吸入大氣氣態汞、食入受汙食物或水，以及醫療行為（補牙或含汞藥膏）等而接觸汞，其中以魚貝類的攝取為進入人體的最主要途徑，且多以甲基汞形態為主。一般在魚貝類汞濃度皆高於其他類食物 10~100 倍以上，尤其是掠食性的魚類，因食物鏈生物放大作用之故。圖 9.12 列出不同掠食性的魚類體內汞的含量。

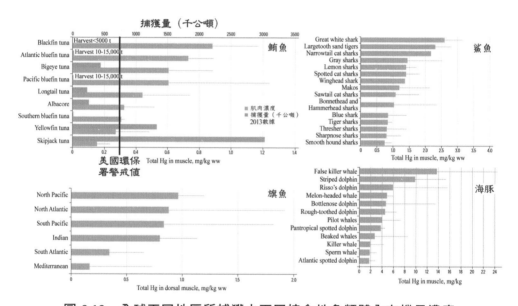

圖 9.12　全球不同地區所捕獲之不同掠食性魚類體內有機汞濃度

◎ 圖片修改自：UNEP, The Global Mercury Assessment: Sources, 2018.

表 9.3 顯示聯合國在 1990 年與 1991 年所推估一般成年人每日接受不同形態汞的劑量，其中除甲基汞主要由對魚類的攝取累積外，來自於補牙銀粉所釋出而被人體所攝取的汞量（無機汞型態）亦相當顯著。美國在 1986~1991 年的調查指出一般民眾對總汞的每日攝取量約為 8.4 μg/day，世界其他地區則約在 1~20 μg/day 的範圍。雖然近年的研究指出一般人的汞攝取量已逐漸減少，但對某些地區居民（如掩埋場或含汞產品製造或處理場所）或特殊狀況暴露者（使用汞齊之牙醫人員或患者）、或魚類攝取較多者的汞攝取量可能仍有風險。AMAP (Artic Monitoring and Assessment

Programme)的報告指出在北極區的原住民（愛斯基摩人／依努特人）因食用較多含脂肪量高及高食物鏈動物肉類（如鯨魚、海豹、鱈魚等），也因此相對地有較高的汞暴露量及危害性，甚至極高比例的居民超過 WHO 所訂定之甲基汞的暫訂可容許每週攝取量(PTWI) 1.6 µg/kg/week（ADI 值約為 0.2 µg/kg /day），以及 USEPA 之 RfD (0.1 µg/kg /day)。

表 9.3　一般成年人每日接受汞的劑量(µg/day)

暴露來源	元素汞（氣態）	無機類汞	甲基汞
空氣	0.030 (0.024)	0.002 (0.001)	0.008 (0.0064)
食物			
魚類	0	0.600 (0.042)	2.4 (2.3)
非魚類	0	3.6 (0.25)	0
飲水	0	0.050 (0.0035)	0
汞齊（補牙銀粉）	3.8~21 (3~17)	0	0
總計	3.9~21 (3~17)	4.3 (0.3)	2.41 (2.31)

◯ 括號中數據為體內累積量(µg)。

◯ 資料來源：IPCs vol. 101-methyl mercury 與 118-inorganic mercury, WHO。

　　人體對汞的吸收主要與暴露途徑以及化合物形態有關，且差異極大。經由呼吸道所吸入的汞蒸氣，其中有 70~80%能被吸收，但如果是食入液態金屬汞，則其吸收量極微量(<0.01%)，幾乎全由消化道排出。因此，若僅考慮食入金屬汞的量，則對人體產生危害的可能性極低。人體對不同汞鹽的吸收則不等，約在 2~38%之間，但對有機類汞的吸收卻可達 95%以上。金屬類與無機類汞不易滲透進入皮膚，因此不易被吸收，但有機類汞卻有相當高的滲入與被吸收能力。

　　不同類型的汞一旦被吸收後，大多累積於體內的腎臟。脂溶性較高的金屬汞與有機汞則能透過血／腦或血／胎盤障壁進入腦神經系統或胎兒並累積於該處（參見第三章）；相對的，脂溶性較低的無機類汞雖然能分布於體內其他部位，但卻不易通過血／腦或血／胎盤障壁而產生該部位的

毒害。汞能被體內不同的機制轉換為不同形態。例如金屬態能被氧化為正2價的無機汞或反之。在蛋白質中含硫氫基的狀況下,亞汞離子(mercurous)並不穩定,並容易產生兩個汞離子轉換為一個金屬汞與一個正2價汞的現象。另外,人體內對汞的**生物轉化作用**(biotransformation)也相對複雜,例如一般而言,無機汞在腸道內被細菌轉化為甲基汞是影響其在體內吸收的重要機制,但人體內部分酵素則能將有機汞轉換為無機汞,並影響其吸收或再吸收(re-absorption)的作用。

在人體內的金屬態汞能經由尿液、糞便或呼氣排除,但有機汞卻可被轉換為無機態再經腸道隨糞便排出體外。若不被轉化,則腸道內有機汞將再被吸收進入體內,此也是有機汞在體內的半生期較長的主要原因。體內無機汞主要是依賴尿液與糞便的排除。母體乳汁亦是排除體內脂溶性較高的金屬汞與有機汞的重要途徑之一。金屬汞在人體內的半生期約 58 天,正2價離子汞為 30~60 天,而甲基汞則約為 70~80 天。

人體內的汞含量一般可以尿液、血液、頭髮的檢驗得知。WHO 的調查指出一般人血液與尿液中總汞的平均背景濃度分別為 1~8 μg/L 與 4~5 μg/L。美國的 NHANES 調查指出 2003~2004 年美國一般民眾血總汞平均濃度為 0.8 μg/L 而尿液中則為 0.45 μg/L。圖 9.13 為各國一般民眾之血汞濃度以及 WHO 調查汞在尿液、血液、頭髮含量之間的關聯性。不過個體飲食差異對其體內汞負荷(body burden)有時會有極大影響,例如不吃魚者的血液平均背景濃度約為 2 μg/L,而長期食用高量魚貝類者的血中濃度卻可能高達 200 μg/L,而導致此體內高汞含量的相對每日攝取量約為 200 μg/d。一般而言,頭髮與血液中的汞含量比值約為 250 (μg/g):1 (mg/L),而前者所含汞的平均背景濃度約為 2 μg/g。另有學者估算若一成年婦人每日的甲基汞攝取量為 0.1 μg/kg(單位體重),其頭髮含汞量將可達 1 μg/g、臍帶血之汞濃度可達 5~6 μg/L、血中汞含量亦可達 4~5 μg/L。臺灣環保署在 2005 年的報告指出,臺灣民眾頭髮樣本之含汞量在 0.012~18.9 mg/kg 之間,而平均值為 2.4 mg/kg,男性平均值 2.92 mg/kg,女性平均值 1.84 mg/kg。較新的調查分析也指出對成人而言,每 10 處的汞齊使用於蛀牙,就可使尿液中汞濃度含量增加 1~1.8 μg/L。

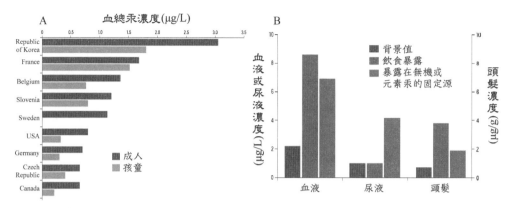

圖 9.13　各國一般民眾在 2003~2014 年期間之血總汞濃度範圍(A)以及 WHO 調查汞在尿液、血液、頭髮含量之間的關連性(B)

⊙ 圖片修改自：UNEP, The Global Mercury Assessment: Sources, 2018. B 圖數據來自 265 不同研究調查以及包含 73 個國家的數據彙整。

（三）人體危害性

　　汞並非人體內必需之元素，其毒性在不同時代和地區的歷史文獻中皆有記載。羅馬帝國時代的汞礦區，是當年重刑犯的充軍處，而在相關的文獻中即有對礦區工人因暴露汞所產生病害的描述。英國電學家法拉第因暴露於實驗室水銀蒸氣，而造成神經受損與產生雙手顫抖的中毒症狀。在 1800 年代中期，英國人發現製帽業以硝酸汞做為兔皮毛之鞣皮溶液，而導致工人雙手顫抖與瘋癲（**瘋帽工病**，mad hatter disease），也因此而有了「mad as a hatter（就像製帽工人一樣的瘋癲）」的說法。在著名的「愛麗絲夢遊記」中瘋帽商(mad hatter)人物的典故即緣自於此。

　　食入金屬汞通常是無害的，但食入無機類汞鹽則會造成嚴重的腸胃不適症狀與腎臟衰竭，而接受量在 1~4g 時即可致死。甲基汞的人體致死劑量約為 10~60 mg/kg。在 1996 年 8 月，美國一位任教於 Dartmouth 學院(Hanover, New Hampshire)的化學教授在實驗進行中，戴有乳膠手套的手部不慎滴到 2~3 滴的雙甲基汞(dimethyl mercury)，但直到同年的 11 月時，才被發現受毒害而產生明顯的神經毒性，但為時已晚，在隔年的 6 月即死亡。皮膚接觸汞亦能產生嚴重的過敏與發炎反應。吸入具腐蝕性的汞蒸氣

有可能造成對呼吸道的刺激、急性氣管炎或肺炎、腎病變、神經系統受影響所引發的行為改變、精神錯亂、周邊神經受損及死亡。一般所產生的汞中毒症狀有咳嗽、呼吸困難、呼吸急促、發燒、嘔吐、胸悶、肌肉僵硬、手腳麻痺、胃痛、消化道出血、休克等，而這些症狀會因汞的種類及暴露途徑而異。氧化數為正 1 價的亞汞鹽化合物是造成**粉紅症**(pink disease; acrodynia)的物質。亞汞鹽早期被使用做為減輕嬰兒長牙時不適症狀的藥物(teething powder)，但被發現會造成皮膚過敏、泛紅（故稱粉紅症）、過角質化與脫皮，以及發燒、畏光、呼吸困難、大量流涎等症狀，嚴重者死亡，此用途目前已禁止。前述交感／副交感神經毒性的機制應與汞抑制體內分解兒茶酚胺（catecholamines，為體內的神經傳導物質，包括多巴胺、腎上腺素、去甲腎上腺素等）的酵素有關。

　　汞對人類的慢性毒害主要包括神經與腎臟的影響，這些影響主要是來自於吾人對汞中毒受害者的臨床觀察。在不同汞毒害事件的受害者所表現的慢性神經系統中毒症狀包括：手腳麻痺與顫抖、說話異常或發音困難(dysarthria)、四肢協調性不佳(ataxia)、痙攣、失聰(deafness)、視野縮小等，嚴重者甚而死亡，而其中手指、腳趾、唇有麻痺與輕微刺痛的感覺異常(paresthesia)通常為最早出現的症狀，據推估此時成人的血汞含量約為 200 µg/L，頭髮濃度約為 50 µg/g，而相對的汞劑量則約為每日攝取 3~7 µg/kg/d。汞所造成在行為上的異常有焦慮、暴躁、呆滯、疲倦、嗜眠、失眠等。這些腦部神經毒性的機制則是因為汞會與硒元素(selenium)結合，進而影響含硒酵素(selenoenzymes)的作用並造成組織內之自由基累積。汞亦會影響神經元軸突外部的髓磷脂(myelin)的形成。

　　汞的腎臟毒性包括產生蛋白尿與腎炎，而其他症狀尚有腹痛、腰痛、肌肉萎縮、僵硬或無力等。有機汞也可經臍帶由母體傳至胎兒體內造成出生嬰兒的神經障礙（畸胎性），其影響包括智能受損、開始走路或說話時間的延遲、運動神經功能、注意力較差及過動(attention deficit and hyperactivity disorder, ADHD)、肌肉發育不正常、失聰或失明等。近年學界對汞（特別是甲基汞）的神經與行為毒性又有更多的瞭解，包括一般人

的甲狀腺分泌影響、低劑量／低體內負荷與慢性毒害以及增加心血管疾病
罹患率（包括高血壓、心肌梗塞、心悸）之關聯性。除此之外，汞對孩童
行為發育的影響更受關注，亦導致先進國家呼籲孕婦、孩童、青少年要減
少高汞含量魚類之攝食。汞也被許多環境衛生機構或組織列為重大金屬類
汙染物以及內分泌干擾素之一。

目前吾人可將汞在血、尿液或頭髮之濃度做為推估毒害之指標依據
（圖 9.13），主要來自許多歷史上發生多次汞中毒事件的流病調查結果（見
下文）。圖 9.14 表示尿液含汞量與產生毒性之關係。由此圖可知產生神經
毒性的發生時間最早，而當體內含汞量（或攝取量）逐漸升高時，不同症
狀則陸續產生。

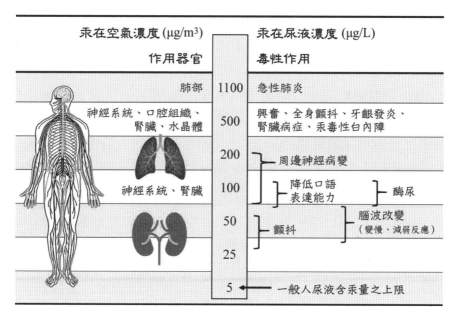

圖 9.14 尿液含汞量與產生毒性之關係圖

汞也具有生殖毒害，長期暴露於汞蒸氣可能會擾亂婦女月經週期以及
增加流產率。汞的種類與暴露途徑皆會影響其產生慢性毒害或症狀。IARC
將甲基汞歸類為疑似人類致癌物(2B)，但其他類汞則列為第 3 類（尚未確
定者）。USEPA 則將氯化汞與甲基汞皆被列為 C 類的疑似人類致癌物，而

金屬汞則被列為 D 類。甲基汞也被證實能影響 DNA 的結構及 RNA 的合成，因此也具有遺傳毒性(genotoxicity)，但其並非一突變物。汞產生毒害的毒理機制部分是與其和生物體內含硫基生化分子的結合有關，如金屬硫蛋白(metallothionein)；其他的機制包括：改變細胞膜的滲透性、免疫蛋白沉積於腎絲球基底膜、影響細胞微小管的作用進而造成細胞分裂與遷移的正常進行、影響粒線體的電子傳輸（細胞呼吸作用）等。

（四）汞汙染事件

在人類歷史上曾發生數起大規模的汞中毒事件，其一為 1960 年的伊拉克民眾誤食汞劑(ethylmercury p-toluene sulfonanilide)處理過的小麥種子所製成之麵粉，而導致上千人中毒送醫與上百人死亡的慘劇。在 1972 年的伊拉克，類似事件又再度發生（但為甲基汞），總計有 6,500 人因產生神經中毒症狀而送醫，其中有 459 人死亡。在 1960 年的事件中，調查報告指出，在母體內即暴露於汞的 30 位嬰孩中，其中有 9 位於 3 歲以前即夭折，10 位患有腦性麻痺，而有 3 位患有小腦症；在 1972 年的事件中，產生汞中毒症狀的孕婦其所產出嬰兒的死亡率經估計有 45%，而部分嚴重中毒的嬰兒體內血汞濃度更可高達 500~1,000 µg/L，當時有服用汙染麵粉的成人體內血汞及頭髮平均濃度約為 34 µg/L 及 136 µg/g，而一般人約為 7 µg/L 及 5µg/g。

在 1950 年代的日本也曾發生著名的中毒事件，即**水俁病**(Minamata Disease)。「水俁病」事件起因為一製造乙醛工廠(Chisso Co.)排放含無機汞廢水進入日本熊本縣之**水俁灣**（Minamata Bay，故有水俁病之稱）。無機汞被水中底泥之細菌轉化成為甲基汞，再經生物蓄積於水中魚貝類，進而經食物鏈方式回到陸地，並進入食用受汙食物的人體或動物體內（貓與海鳥）。從 1950 年開始，水俁灣附近居民陸續發現水中魚貝類及鳥類死亡，以及貓的行為異常及死亡。約從 1956 年開始，村民開始發生神經症狀，孕婦也生出智能不足或其他神經障礙之嬰兒。直至 1966 年，日本政府的相關單位才證實該事件為甲基汞所引起之中毒。至 1997 年止，官方記錄

的受害人數有 2,262 人，但實際因汞中毒而死亡者則不可考，估計至少有 60 人，另外孕婦生出智能不足兒也至少有 64 例。村民頭髮汞濃度有些可高達 200 ppm (µg/g)以上。日本本州島的 Agono 在 1965 年以及加拿大 Ontario 省在 1970 年也發生類似於水俣灣的甲基汞中毒事件。

除前述事件外，目前在全球一些較為落後地區仍使用大量的汞以提煉金元素，但也面臨嚴重的環境汙染問題與健康危害。在巴西一金礦區附近河流下游食用魚類的居民體內血汞平均含量高達 31.3 µg/L，而在新幾內亞也發現類似的情形，在該區礦場附近食用魚類居民的頭髮含汞量平均為 1.20 µg/g，高於上游居民的 0.55 µg/g。聯合國據估計目前全球有超過 50 個國家地區、1,000~1,500 萬人仍從事於小規模的金礦開採與冶煉（見圖 9.9），占全球產金量的 20~30%，而此作業的危害性亟待探究。

臺灣塑膠公司(台塑)曾於 1998 年 11 月委託一清運廠商處理汞汙泥，該廠商卻以建築水泥塊名義運送至柬埔寨施亞努市並隨意棄置而造成工作人員死亡以及當地民眾多人身體不適，事件並引起國際重視。本國環保署後來查驗結果證明台塑汞汙泥有害，其汞溶出試驗值為 284ppm，超過我國溶出毒性事業廢棄物溶出試驗標準之 0.2ppm，且總汞之檢測值為 346ppm。此事件嚴重影響台塑公司之運作及國際形象，事發後隔年該批汞汙泥即被送回國內處理，期間不僅引發環保抗爭也同時發現國內數處亦受汞汙泥非法棄置而受汙染。台塑於 2002 年將輸至柬埔寨之汙泥完全處理完畢，並回收將近有 400 kg 之金屬汞。

（五）汞之健康風險管理

汞與鉛相同的是：其對人體的慢性危害一直是環保與衛生機構或團體所關注的焦點。美國 EPA 在 1995 年提出甲基汞的**每日安全劑量**(RfD)為 0.1 µg/kg/d，此時相對的血汞及頭髮濃度分別約為 5 µg/L 與 1 µg/g，而於 2001 年之討論亦維持原訂之 RfD 值(無機汞為 0.3 µg/kg/d)。另美國 ATSDR 曾於 1999 年提出更高的有機汞**每日安全劑量**（或最低危害值，Minimal Risk Level, MRL，長期神經行為毒害）為 0.3 µg/kg/d。由於食用魚類是一

般人攝取汞的主要來源，美國食品藥物管理局訂定汞在魚體濃度（魚肉部分）的**行動值**(action level)為 1 µg/g (ppm)，其並與 USEPA 共同於 2001 發布**食魚警訊**(fish consumption advisory)呼籲一般適產年齡和已懷孕的婦女（15~44 歲）或孩童（小於 14 歲）應減少對一些高有機汞含量魚類的攝取，婦女食用魚類最好是一個月不要超過一次，有些州則是建議每週食用罐頭旗魚的量不要超過 7 盎司（約 31.1g）。此食魚警訊並於 2004 年修正為每週最多食用 12 盎司含低量汞之魚貝，且勿食用鯊魚、旗魚、鯖魚、馬頭魚。各國或機構亦訂定不同之含汞魚貝類之食用標準，如 EU: 0.5 或 1 總汞 mg/kg（濕重）（視魚種而定）、英國 0.3 總汞 mg/kg（濕重）、美國：1 甲基汞 mg/kg（濕重）、WHO: 0.5 甲基汞 mg/kg（濕重）。本國標準則將鯨、鯊、旗、鮪魚、油魚等魚類訂為 2 mg/kg (ppm)，其餘則為 1 或 0.5 mg/kg。

WHO 對汞的飲用水品質規範為 0.001 mg/L，USEPA 訂定無機汞的**最高汙染物限值**(MCL)亦訂為 0.002 mg/L，而飲用含氯化汞的水的 RfD 為 0.0003 mg/kg/d。針對汞對一般大眾之危害管理，國內目前有水產動物之食用標準（見前文）、飲用水標準(0.002 mg/L)、相關環境標準（如固定汙染源排放標準）等，以及針對作業環境勞工之相關危害防治規定。

就目前而言，一般人體內血汞含量應低於 20 µg/L，若於 20~100 µg/L 之間則有風險增加之虞，若大於 100 µg/L 則有毒害風險的存在。若針對孩童或孕婦，有學者建議血汞應低於 8 µg/L，以免產生神經發育毒害。

（六）生態危害性

汞對生態的危害與其蓄積性有關，通常有機汞的危害性較高。甲基汞能蓄積於植物或動物體內並產生毒害。汞能抑制植物的光合作用與生長，並對其葉片及根部組織造成損傷。汞能影響野生動物生長、發育、生殖，並產生肝臟、腎臟或神經與行為的毒害。對一些野生動物，汞劑量在 0.1~0.5 µg/kg（體重）/d 之間即可產生毒害，而對較敏感者，劑量在 0.25 µg/kg（體重）/d 時即可能致死。一般而言，汞在硬度低的淡水中毒害較大，因為其在鹽水中是以還原態為主。在水中的汞仍然是以有機汞的毒性較高。總汞

在水中的濃度一般在 1~10 μg/L 即能對水中非魚類動物產生急毒性。氯化汞對一般魚類的 96 小時 LC_{50} 約為 33~400 μg/L，而發展的幼魚或魚卵對汞的耐受性特低。汞也能影響魚類的行為與生殖能力，並造成幼體發育不正常，一般無機與有機汞慢性毒害之 NOEC（**無作用濃度**）皆低於 1 ppb (μg/L)。近年來許多汞之危害影響之研究特別針對極地物種，因為汞之大氣長程傳輸以及生物放大作用特性之故。許多證據顯示該區高等生物（包括人類）之汞暴露量可能已達產生危害之程度。圖 9.15 為近年北極地區哺乳動物（包含依努特人）血汞濃度之調查數據以及一些標準參考值。

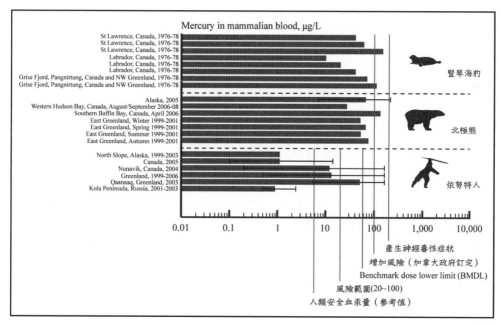

圖 9.15 北極地區哺乳動物（包含依努特人）血汞濃度之調查數據以及其與標準參考值之比較

○ 圖取自：AMAP Assessment 2011: Mercury in the Artica. Oslo, 2011。其中縱軸為不同調查地區與年份之數據，橫軸為血鉛濃度(μg/L)。BMDL 為基準劑量下限，是指毒性試驗中所觀察到產生不良慢性作用劑量(benchmark dose, BMD)之下限值。

9.6 其他金屬

在自然界中其他金屬對人體或環境的危害性雖然不如前述的幾種，但卻不容忽視，而其中尤以重金屬類較受一般人的重視。重金屬是指原子量在 63.546~200.590 之間，比重超過 5 g/cm³ 者，除了之前所介紹的幾種外，較常見的重金屬尚有屬於必需元素的鈷(cobalt)、銅(copper)、鐵(iron)、錳(manganese)、鉬(molybdenum)、釩(vanadium)、鍶(strontium)、鋅(zinc)等，以及非必需元素的銻(antimony)。由於金屬種類繁多，本章以下僅針對其中幾種略為介紹。

(一) 鋁

不屬於重金屬類的**鋁**(aluminum, Al)是自然界中含量相當豐富的元素之一，也是含量最多的金屬，約占地殼含量的 8%。一般的鋁來自於鋁礬土(bauxite)的提煉，而在其中的鋁主要是以三氧化二鋁(Al_2O_3)（alumina，明礬）的型態存在，其含量最高可占 55%。雖然純鋁質地輕柔且富延展性、抗腐蝕性，但其合金仍具相當的硬度。由於其耐久性，鋁的使用相當普遍，其用途包括運輸和建築業材料、日常生活用品、玻璃或陶瓷或化學藥品製造、混凝劑、澄清劑等。

一般環境中鋁的濃度並不低。人類活動如汽油燃燒是環境中鋁的重要來源之一。在一些地區空氣中的微粒物質含鋁量可能高達 10 µg/kg，而空氣濃度可超過 1,000 ng/m³。一般在水中環境的鋁水溶性不佳(1~50 µg/L)，但可因 pH 值的降低而升高至 500~1,000 µg/L 或更高。

食物的攝取是一般人暴露於鋁的最主要來源。估計每人每日食入鋁的量約為 2.5~13 mg。一般人鮮有發生鋁之急性中毒，因其急毒性低與人體吸收不易之故，即使不幸發生中毒，其復原及預後皆佳。鋁的口服 LD_{50} 約在數百至 1,000 mg/kg 之間。飲水中含鋁被懷疑與阿茲海默氏症（Alzheimer's disease，老年失智症）或失憶症有關，但尚未被證實。鋁對人體其他可能的慢性危害包括降低認知能力、軟骨症、協調性不佳、貧血、

氣喘、肺部纖維化、消化道發炎與腹痛等，但通常須在高劑量的暴露下才會發生。鋁並不具有致癌性、突變性或畸胎性。一般環境中的鋁對人體應不致於產生任何危害。

鋁對水中生物的影響與其溶解態的濃度（與水中 pH 值有關）有關。其對不同魚類的 96 小時 LC_{50} 在 0.095~235 mg/L 之間，在酸性狀態下其毒性則會增加，而其毒理機制為影響魚類鰓的呼吸及滲透壓的調節。

（二）鎳

鎳(nickel, Ni)是屬於生物體內必需元素之一，但其在自然界中含量並不高，而在地殼中含量約僅有 0.008%，而大部分是與鐵結合，並被認為與鐵是地球內部核心的主要成分。從礦石開採出的鎳被人類使用於製造不鏽鋼、其他鎳合金製品、錢幣、電池、家電用品等，鎳也被運用做為色料與觸媒。

鎳並不被認為是一全球性的環境汙染物，空氣中鎳通常與其他金屬相同的會吸附於懸浮顆粒物質之上，其在較偏遠地區的濃度約在 < 0.1~3 ng/m^3 的範圍，都會區則較高，並可達 5~35 ng/m^3。一般淡水水體鎳的濃度為 2~10 µg/L，海水則為 0.2~0.7 µg/L。在環境中常見的鎳化合物包括純金屬、硫酸化物與氧化物等。鎳能蓄積於一些生物體內，但並無生物放大的作用。

鎳是人體必需元素之一。一般人暴露於鎳的主要途徑為吸入含鎳的空氣，此攝取量可達 0.1~0.7 µg/d。飲用水可能也含微量的鎳，有時可因自來水管連接元件的釋出，而增加其在飲水中的濃度。 般食物的含鎳量皆低於 0.5 mg/kg，此途徑的平均攝取量約在 100~300 µg/d。其他人體的暴露途徑尚有吸菸、使用含鎳之廚房器具、皮膚接觸含鎳製品等。吸菸者的鎳攝取量可高達 2~23 µg/d。

四羰基鎳對人體的吸收遠高於其他不同的鎳化合物，而其急毒性也最強，對不同動物的 LD_{50} 約為 13~65 mg/kg。人體在急性吸入四羰基鎳的數小時內會產生肺水腫。慢性吸入其他鎳化合物也能造成呼吸道的病症，包

括肺炎、肺纖維化、氣喘、鼻腔潰瘍與鼻中隔穿孔、鼻炎等。其他的暴露途徑也會產生不同部位的危害。長期之皮膚接觸會造成過敏、發炎、濕疹等症狀，食入鎳則可能會造成腎毒害並產生該部位水腫或充血的症狀。鎳化合物能造成肺癌及鼻癌，IARC 將其認定為一人類致癌物（1 類），但金屬鎳與其合金則被歸類為 2B 類的疑似人類致癌物。鎳具有微突變性且能造成染色體的變異與影響 DNA 的合成。WHO 對鎳的飲用水品質規範為 0.07 mg/L，而 USEPA 所訂之口服 RfD 為 0.02 mg/kg/d。

一般環境中的鎳應對生物不致於產生毒害。魚類對鎳的 96 小時 LC_{50} 在 4~20 mg（溶解態鎳）/L，但鎳在較低的濃度下仍可能對其幼體的生長及發育產生慢性的影響。陸地上一些昆蟲或無脊椎動物對鎳皆具有較高的耐受性，但在一些鎳釋放源的附近地區，仍可發現當地的生態受到影響。

（三）鋅

鋅(zinc, Zn)是普遍存在於一般自然環境的重金屬之一，其在地殼中約占 0.027%，但皆以正 2 價化合物的形態存在。在所有金屬中，鋅的使用量排名為全球第四，僅次於礬石、初級鋁和銅，其用途相當廣泛，最常使用於金屬表面處理與合金製造，其他用途包括農藥、觸媒、橡膠、紡織、色料、電池、藥物、肥料等的製造或添加。

環境中的鋅主要是來自於人類活動的釋放，在較為偏遠的地區空氣中含鋅量約 < 0.003~0.027 $\mu g/m^3$，但在都會區卻可高達 0.16 $\mu g/m^3$。一般水體及飲用水的鋅濃度則分別為 0.02~0.05 mg/L 與 0.01~0.1 mg/L。鋅能由地表經滲透作用而汙染地下水。有些動物能累積鋅於體內，但鋅在食物鏈中並無放大作用。

鋅是人體內含量相對較高的必需元素之一，一位 70 kg 的成人體內約含 2g。鋅被發現存在於生物體內超過 200 種以上的酵素中，並與核酸合成、荷爾蒙代謝、免疫反應、核糖體與細胞膜之穩定度有關。人體缺乏鋅則會造成生長遲緩、生殖能力減低、貧血、食慾不振、皮膚炎、傷口癒合不良、味覺降低、免疫力下降、產出畸形兒等危害。鋅的飲食**建議每日攝取量**(RDI)為男性每日 15 mg/d、女性 12 mg/d、懷孕婦女 15 mg/d。鋅普遍

的存在於一般食物中，含量最高的牡蠣體內含鋅量可達 1,000 ppm (0.1%)，其他則含 1~30 ppm 不等，並以肉類及穀類含量較高。在飲食攝取均衡的狀態下，一般人每日的攝取量約為 14~20 mg/d。在人體內的鋅累積於生殖腺體居多。

由於鋅為一必需元素，一般生物對其耐受性皆高，但攝取過量的鋅同樣會造成毒害。不同鋅化合物對一般試驗動物的 LD_{50} 皆超過 500 mg/kg，人體飲水含硫酸鋅 450 mg 以上會產生嘔吐的現象，而致死量則更高。食入高量（300 mg 以上）的鋅會產生腐蝕作用而造成胃腸不適、頭痛、視覺受影響等症狀，嚴重者可能會休克。氯化鋅或醋酸鋅對皮膚具有刺激性，短時間內吸入大量含氧化鋅粉塵會產生**金屬煙塵熱**(metal fume fever)以及**鋅顫抖症**（zinc shakes 或 zinc chill），造成呼吸道不適及體溫的升高。鋅的攝取量若超過約千倍於 RDI 的劑量，對試驗動物會產生貧血、胰臟與腎臟的傷害、不孕等毒害，但對人體的影響則不明確。無論如何，一般環境或食物中的鋅造成人體或其他生物危害的可能性並不高（除磷化鋅外），但接觸受汙染的飲用水或食物仍可能產生不良的影響。

鋅對水中生物的毒害與硬度有關，硬度增加則毒性降低，而對水中節肢動物的無影響劑量約為 15 μg/L（硬度 90 mg/L），但魚類則有較高的容忍力。鱒魚的 96 小時 LC_{50} 為 66 mg/L（硬度 9.5 mg/L），但仍有低於 1 mg/L 者。由於磷化鋅或其他鋅化合物常被使用做為滅鼠劑之用，因此一些野生動物或鳥類也可能因誤食而產生毒害或死亡。最敏感的野雁對磷化鋅的 LD_{50} 約為 7.5 mg/kg。

（四）銅

銅(copper, Cu)也是屬於人類必需金屬之一，雖在地殼中含量僅有 0.005%，但卻是人類使用量相當高的金屬之一，估計每年有超過 1,500 萬噸的產出量及 2,381 萬的消耗量(2017)。金屬銅具有極佳的導電性、塑造性、耐久性、熱導性，因此用途相關廣泛。大部分的銅使用於電線或電路材料，其他則使用於機械、建材、運輸、製藥、化學、日常生活器皿或用

具、農業等不同用途。在自然界的銅一般以金屬或正 2 價氧化態存在居多，但仍有可能與其他元素形成正 1 或正 3 價之化合物。

銅普遍的存在於一般環境中，而其來源約有一半是來自於人類的活動。礦冶與化石燃料的燃燒是主要的釋出源。空氣中的含銅量不等，約在數個 ng/m^3 到 200 ng/m^3 之間，但在已知的空氣汙染源附近，其濃度可達到 5000 ng/m^3。在一般自來水中銅的濃度約為 20~75 µg/L (ppb)，但如果為銅製的輸送水管，則有時濃度可高達 1 ppm。一般水體或地下水含銅量約為 1~10 ppb，但受汙水體的含量可能超過一般背景值的數十倍以上。水中的銅易吸附於懸浮固體物之上或與其他離子形成複合物，但卻不易被生物吸收進入體內。淡水系統的底泥含銅量約在 16~5,000 mg/kg（乾重）之間。一般土壤含 2~250 ppm 的銅，而平均約為 30 ppm。銅具有生物蓄積性，有些貝類或植物能累積大量的銅於體內，但由於其具有調節銅含量的功能，因此有時並無明顯的毒性反應。

銅與人體內的一些生理作用有關，包括鐵的吸收與利用、維生素 C 的代謝、肌肉纖維的成分、紅血球的生成、骨骼的形成與維護等。人體欠缺銅的攝取會導致貧血、結締組織與神經系統異常、生長減緩、體重減輕，而心臟與血管也可能會因缺銅而受損。由於一般人每日皆可由正常的飲食攝取足夠量的銅以供代謝所需，因此甚少發現體內缺銅而產生毒害的案例。在不同的食物中，含銅量較高者有動物肝臟、牡蠣、螃蟹、花生醬、穀類、巧克力、蕈類等。每人每日經由飲食所攝取的銅約為 1 mg，其他途徑則相對的微量。針對一般人而言，銅的飲食建議攝取量 (RDI) 為 2 mg/d。人體內累積銅的部位則以肝臟與腎臟居多。

銅並非屬於強毒性的金屬，對不同試驗動物的口服 LD$_{50}$ 在 15~1,664 mg/kg 之間，而人體的安全劑量應超過 20 µg/kg/d。食入過量的銅也會造成急性的肝及腎臟毒害，並產生嘔吐、腹痛、頭痛、暈眩、呼吸困難、胃出血、血尿等症狀，嚴重者也可能會死亡。經由飲水或食物長期的攝取較高劑量的銅會造成肝臟衰竭，但較低劑量則無危害。皮膚接觸銅（除硫酸銅外）並不會產生毒性，僅少數人會產生過敏的現象。吸入含銅煙氣若濃度

達到 $0.075 \sim 0.12\,mg/m^3$ 曾被發現會產生金屬煙塵熱之症狀。銅並不具有致癌性、突變性或生殖毒害，但在高劑量下，銅對試驗動物具有畸胎性。WHO 對銅的飲用水品質規範為 $2\,mg/L$，而 USEPA 所訂之標準則為 $1.3\,mg/L$。

銅會影響不同水中生物的生殖、生理、行為等作用，產生影響的濃度最低為 $1 \sim 2\,\mu g/L$。淡水的無脊椎動物對銅的 48 小時 LC_{50} 介於 $5 \sim 5,300\,\mu g/L$ 之間，而魚類則為 $3 \sim 7340\,\mu g/L$，此顯示不同物種對銅耐受性的差異頗鉅。銅對野生生物的毒害以其做為除黴劑或其他農藥用途化合物（例如硫酸銅）的影響較大。累積於土壤中的銅會影響一些地表植物、昆蟲或蚯蚓等生物的生長、繁殖或存活，進而改變土壤的整體生態環境。硫酸銅對鳥類的 LD_{50} 在數百至數千 mg/kg 之間，野生哺乳類動物也能容忍高劑量的銅。

臺灣在 1986 年曾發生牡蠣受銅汙染的**綠牡蠣事件**(Green Oyster)。當時位於高雄縣與臺南縣二仁溪流域附近的兩岸廢五金業者曾以露天焚燒廢五金，並利用鹽酸、硫酸、硝酸等強酸洗滌廢五金的方式以回收貴重金屬，而使用過的廢酸洗液中含有高濃度的重金屬（銅、鋅、鉛等），並未經處理即排入溪中，導致出海口附近養殖的牡蠣大量吸收水中的銅離子，並蓄積於體內，導致體色轉變成氧化銅的綠色，此汙染事件也因此被稱之為綠牡蠣事件。類似汙染事件也曾在臺灣桃園大園、新竹香山、福建等地發生。

（五）錫

錫(tin, Sn)的化合物可分為有機錫類與無機錫類（含金屬態），而氧化數可為 0 價、正 2 價或正 4 價。錫的化合物至少有 30 種以上，其物化、用途、毒性、環境等特性皆不盡相同。有機錫類主要是做為生害防除劑與塑膠添加劑的使用。使用量較多的三丁基錫於本書的第七章中已作介紹，本節主要是針對金屬錫與無機類錫加以說明。

金屬錫為銀白色且質地柔軟，較常使用於罐頭（馬口鐵）與焊錫的製造，並以合金方式存在於不同的金屬用具、容器或材料裡。無機類的錫化合物包括氯化錫、硫化錫、氧化錫，並添加於玻璃、肥皂、香水、牙膏、色料、染劑、牙齒填充物之中。

地殼中僅含極少量的錫(0.0006%)，若相較於其他金屬，環境中的錫含量也較低，一般空氣的含錫量極低(0.2~0.3 μg/m³)或無法檢測出；土壤中的含量則通常低於 200 mg/kg。金屬錫的水溶性不佳，在一般水體的濃度應低於 1μg/L，但在飲用水的濃度曾被發現高達 30μg/L。水體中的底泥或底棲生物是環境中錫的主要蓄積庫。一般錫與有機錫皆能蓄積於一些生物體內，但其在食物鏈中的放大作用尚未明確。一般環境中的錫濃度應不致於對人體或生態造成影響，但在一些特殊的水體，有機錫（如三丁基錫，TBT）所產生的生殖、發育與影響內分泌的毒害卻受極大關注（見第七章）。

錫非生物體必需之元素，但人體內皆可發現含有少量的錫，主要來源為來自於食物的攝取。一般含穀物、肉類、蔬菜的餐食中的平均含錫量約為 1 mg/kg，但罐頭食物中有時可含高達 100 mg/kg 濃度的錫。有機錫在食物中的含量通常小於 2 mg/kg。據估計人體每日攝取錫的量為 0.2~17 mg。相對於一些重金屬，錫在人體的蓄積作用並不顯著。

錫對人體的毒性因其形態而有差異。吸入金屬錫與氧化錫（正 4 價）應未必產生明顯的毒害，然後者會造成特殊的粉塵症稱為 **錫肺**(stannosis)，但此現象並不會影響肺部的正常功能。食入大量的無機錫會產生頭昏、嘔吐、腹瀉、腹痛、貧血、疲倦及頭痛等症狀，以及肝、腎、皮膚、眼睛等部位的傷害，而人體產生此類症狀的劑量應須超過 4 mg/kg 以上。無機錫對人體的慢性毒害尚未明確，但可能會產生神經毒害，卻不具有致癌性、突變性或畸胎性。氯化錫（正 2 價）的水合物對大鼠的口服 LD_{50} 可高達 3,190 mg/kg。

有機類錫的毒性一般較無機類高，因其較易被人體所吸收之故。皮膚接觸或吸入高劑量的三苯基醋酸錫會造成全身不適、頭暈、腹痛、口乾、視覺受影響、呼吸急促等症狀。有機錫會影響神經系統、行為、呼吸系統與免疫能力，但不同官能基有機錫的毒性具有明顯差異，其中尤以含碳數較高者毒性較強。有些有機錫對眼睛與皮膚具刺激性，並能產生肝臟與腎臟的毒害。三丁基錫(TBT)對試驗鼠類的口服 LD_{50} 在 50~300 mg/kg 之間。

低劑量的三丁基錫對哺乳類動物可能具有微突變性，但不具有致癌性或畸胎性。

有機錫對生態的毒害是近 30 年來相當重要的環境議題之一。針對急毒性而言，TBT 對牡蠣幼蟲的 48 小時 LC_{50} 為 $1.6\,\mu g/L$，但對成體的 LC_{50} 則高至 $1,800\,\mu g/L$，可見動物不同發育期的敏感度具有極大之差異。一般海水節肢動物的 96 小時 LC_{50} 為 $1{\sim}41\,\mu g/L$。TBT 對魚類的急毒性也有相當的差異性，LC_{50} 在 $1.5{\sim}240\,\mu g/L$ 之間。TBT 的慢性毒害包括影響生殖、荷爾蒙失調、發育毒性、畸胎性等，也由於其在水中底泥的降解作用相當有限，更增加其危害時間。有關其他有機錫化合物對野生生物的毒性研究則較為欠缺，一般認為其毒性應較 TBT 低，但可能具有與 TBT 類似的生態毒害作用。

一般無機錫對水中生物的 LC_{50} 在 $0.3{\sim}50\,mg/L$ 之間，其急毒性遠較有機錫為低。正 4 價無機錫的慢毒性若以 NOEC 表示，則對不同水中生物的數值約在 $0.09{\sim}7.8\,mg/L$ 間。無機錫對水中或野生生物的慢性毒性尚未明確，但其危害性應遠較有機錫類為低，因此類物質的生物可利用性 (bioavailability) 並不高。

地球上許多物質皆含有不等量之各種金屬，人體內也不例外，但不可避免的是吾人在日常生活中所接觸之物質皆可能是金屬的汙染或暴露來源。生物體本身為金屬**生物地化循環**的其中一環節（見圖 9.1），這些物質不斷地進出於人體，有些金屬雖然是生物體內的必需元素，然過量亦會造成危害。一般人對金屬的吸收是以食物的攝取為主要途徑，但是一些作業場所的職業暴露（例如電池工廠操作人員暴露於鉛）與特定人類族群的過量攝取（例如水俁病），如果缺乏適當的風險管理，往往會造成極大的毒害。人類文明的發展早已註定與金屬息息相關，即使未來科技如何的進步與發達，吾人仍將無法完全的不使用金屬，唯有正確與適度的使用，才能使此大地所提供的資源對人類的貢獻常存，並同時的消滅其危害性。

CH **10**

[戴奧辛與多氯聯苯]

　　戴奧辛(dioxins)是 20 世紀爭議性最大的環境汙染物之一，其不僅是生態環保或人體健康的問題，也同時涉及社會、經濟、政治等各類層面。從早期越戰所使用的橙劑含戴奧辛到比利時雞禽與乳製品受汙染，以及近年來臺灣的毒鴨蛋事件，此化合物似乎一直都是眾人矚目的焦點。從 1960 年初被發現至今，戴奧辛與致命汙染物之間已被畫上等號。在人類歷史上，似乎沒有一種化合物是如此的引人注目與擔憂，再加上環境荷爾蒙議題的漸受重視，此物質仍受關注。**多氯聯苯**(polychlorinated biphenyls, PCBs)是屬於持久性有機汙染物（POPs，見第七章）之一，其對環境生態的影響也是人類未謹慎使用化學物質並造成嚴重後果的另一例子。多氯聯苯的慢毒性、環境蓄積性與分布、使用量，以及與戴奧辛之間的關聯，使其成為一環境汙染研究的重點物質，在早期並與有機氯農藥、戴奧辛被併列為全球性的有機汙染物。本章將介紹戴奧辛化合物與多氯聯苯的一些基本特性、使用、環境汙染狀況，以及其對人類健康與生態環境的影響。

10.1　戴奧辛與多氯聯苯的結構與命名　

　　一般人所稱之**戴奧辛**(dioxin)是兩大類含氯化合物家族的統稱，即**氯化戴奧辛**(polychlorinated dibenzo-*p*-dioxins, PCDDs) 與**氯化呋喃**(polychlorinated dibenzofurans, PCDFs)（圖 10.1）。兩大類化合物的苯環上 8 個氫原子皆可被氯（或其他鹵元素）原子所取代，因此各有 8 種**同族物**(homologue)。因為氯化位置及數量之不同，氯化戴奧辛共有 75 種**同類異構物**(congeners)，而氯化呋喃則有 135 種同類異構物（表 10.1），故總計氯化戴奧辛物質（包括戴奧辛及呋喃）應有 210 種可能之氯化組合（除特別說明外，本章以下所稱戴奧辛是指所有異構物而言）。

　　不同戴奧辛異構物的命名可參考圖 10.1 的化學結構圖。以 **2,3,7,8-四氯戴奧辛**(2,3,7,8-tetrachlorodibenzo-*p*-dioxin, TCDD)為例，在苯環上 2、3、7、8 位置的氫分別被四個氯原子取代後，形成含四個氯的戴奧辛（圖 10.1）。如果在 1、2、3、7 與 8 的位置有氯的結合，此化合物則稱為 1,2,3,7,8-**五氯戴奧辛**(1,2,3,7,8-pentachlorodibenzo-*p*-dioxin, 1,2,3,7,8-PeCDD)。氯化

喃 異 構 物 也 採 用 同 樣 的 命 名 方 式 ， 如 2,3,7,8-四 氯 喃（2,3,7,8-tetrachlorofuran, TCDF)即是在苯環上 2、3、7、8 的位置上有氯原子的結合（圖 10.1）。

多氯聯苯亦是一氯化有機物家族的統稱，其基本化學結構與戴奧辛相近，為兩苯環中間由一單鍵連接，而在苯環上的氫能被氯或其他鹵素（如溴）所取代，因此，不同含氯數及氯化位置的組合，使多氯聯苯有 10 種**同族物**(homologue)（1~10 氯），而其**同類異構物**(congeners)共有 209 種（表 10.2），其命名則依氯原子在苯環上的鍵結位置不同而定。例如在 3,3',4 及 4' 有 氯 鍵 結 的 多 氯 聯 苯 則 稱 為 3,3',4,4'-四 氯 聯 苯(3,3',4,4'-tetrachlorobiphenol)（圖 10.2）。另外，氯所占的位置亦可以**鄰位**(ortho)、

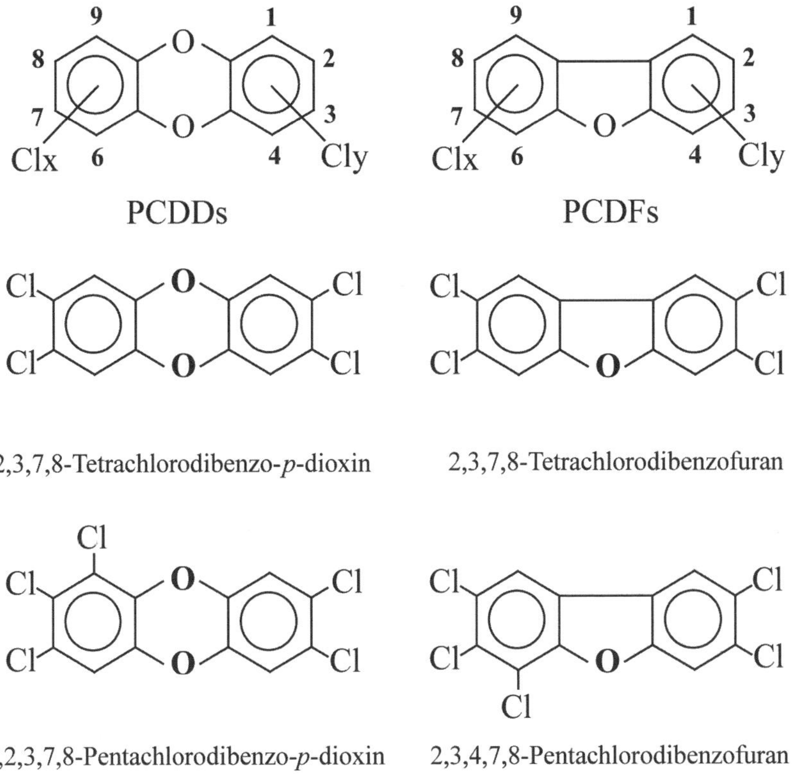

PCDDs PCDFs

2,3,7,8-Tetrachlorodibenzo-*p*-dioxin 2,3,7,8-Tetrachlorodibenzofuran

1,2,3,7,8-Pentachlorodibenzo-*p*-dioxin 2,3,4,7,8-Pentachlorodibenzofuran

圖 10.1 PCDDs 與 PCDFs 的化學結構式

表 10.1　戴奧辛異構物的種類及數量

氯原子數目 （同族物）	氯化戴奧辛異構物(congeners) 的數目(-chloro-*p*-dioxin)	氯化呋喃異構物的數目 (-chlorofuran)
1 (mono-)	2	4
2 (di-)	10	16
3 (tri-)	14	28
4 (tetra-)	22	38
5 (penta-)	14	28
6 (hexa-)	10	16
7 (hepta-)	2	4
8 (octa-)	1	1
總計 congener 數	75	135

間位(meta)、對位(para)來區分。不同多氯聯苯的異構物已由 IUPAC（International Union of Pure and Applied Chemistry，國際純理與應用化學協會）加以編號，讀者可至相關網站參考。

　　最早的多氯聯苯產品是美國孟山多(Monsanto)公司以 Aroclor 的商品名稱推出市場，不同多氯聯苯異構物的組成（配方）有不同 Aroclor 的產品代號，並使用於不同的用途上。Aroclor 的產品代號為四碼，通常前二碼皆為 12（除 Aroclor 1016 之外），而後兩碼則代表該產品的含氯重量百分比。例如 Aroclor 1016 含氯量為 16%，而 Aroclor 1248 則為 48%。不同產品代碼也同時代表內含異構物種類的不同。表 10.3 列出不同 Aroclor 所含不同多氯聯苯的組成。

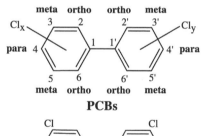

PCBs

3,3'4,4'-Tetrachlorobiphenyl

3,3',4,4',5,5'-Hexachlorodiphenyl

圖 10.2　多氯聯苯的化學結構

表 10.2	多氯聯苯異構物的種類及數目		

多氯聯苯之同族物(Homologue)	含氯數	異構物(congeners)數目
Mono-chlorobiphenyl	1	3
Di-chlorobiphenyl	2	12
Tri-chlorobiphenyl	3	24
Tetra-chlorobiphenyl	4	42
Penta-chlorobiphenyl	5	46
Hexa-chlorobiphenyl	6	42
Hepta-chlorobiphenyl	7	24
Octa-chlorobiphenyl	8	12
Nona-chlorobiphenyl	9	3
Deca-chlorobiphenyl	10	1
同類異構物(congener)之總數		209

表 10.3	不同 Aroclor 之多氯聯苯同類物的組成(%)								

Homolog	Aroclor								
	1016	1221	1232	1242	1248	1254	1254	1260	1262
$C_{12}H_9Cl$	0.70	60.06	27.55	0.75	0.07	0.02	—	0.02	0.02
$C_{12}H_8Cl_2$	17.53	33.38	26.83	15.04	1.55	0.09	0.24	0.08	0.27
$C_{12}H_7Cl_3$	54.67	4.22	25.64	44.91	21.27	0.39	1.26	0.21	0.98
$C_{12}H_6Cl_4$	22.07	1.15	10.58	20.16	32.77	4.86	10.25	0.35	0.49
$C_{12}II_5Cl_5$	5.07	1.23	9.39	18.85	42.92	71.44	59.12	8.74	3.35
$C_{12}H_4Cl_6$	—	—	0.21	0.31	1.64	21.97	26.76	43.35	26.43
$C_{12}H_3Cl_7$	—	—	0.03	—	0.02	1.36	2.66	38.54	48.48
$C_{12}H_2Cl_8$	—	—	—	—	—	—	0.04	8.27	19.69
$C_{12}H_1Cl_9$	—	—	—	—	0.04	0.04	0.70	1.65	

○ 資料來源：ATSDR-Toxicological Profile for Polychlorinated Biphenyls (PCBs), 2000.

不同製造商或國家所生產的多氯聯苯混合物產品皆有不同的名稱與產品代碼，以代表不同的 PCB 異構物組成。不同的產品名稱包括 Phenoclor (France)、Pydraul (US)、Pyralene (France)、Fenclor (Italy)、Pyranol (US, Canada)、Pyroclor (Great Britain)、Inerteen (US, Canada)、Santotherm FR (Japan)、Chlophen (Germany)、Kanechlor (Japan)、DK Decachlorobiphenyl (Italy)、Sovol (USSR)。

在多氯聯苯的化學結構上，由於氯原子較大，若在同邊的鄰位（2 與 2'或 6 與 6'）上有兩個氯原子，則會造成互相排擠，並使兩個苯環中間的單鍵旋轉，且不再位於同一平面之上；而無氯或僅單氯位於鄰位上者，能維持平面的結構，因此有「**共面式多氯聯苯**(co-planar PCBs)」之稱。在 209 種不同 PCBs 的異構物中，有 68 種為共面式 PCBs，而其中有 20 種的氯原子皆在**非鄰位**（non-ortho，即間或對位）的位置上，其餘的 48 種則僅有一個氯原子是在**鄰位上**(ortho-substituted)。

10.2 戴奧辛與多氯聯苯的特性

不同氯化戴奧辛異構物之化學、物理及生物特性皆不盡相同，但一般而言，其化學上的共通特性包括高化學安定性、結構穩定、不易起化學作用、抗酸鹼性佳、水溶性低（**疏水性**，hydrophobic）、低揮發性、不易水解等；在物理上的共通特性包括不易被熱解（> 700°C 以上）與不易被光解。屬於 POPs 的戴奧辛物質（見第七章）不易被微生物分解，因此在環境中有極佳的穩定性。例如 TCDD 在土壤中的半生期可達 12 年之久。大部分的戴奧辛在生物體內不易被代謝，因此具有**生物蓄積**(bioaccumulation)與**生物放大**(biomagnification)作用，TCDD 在人體的生物半生期($t_{1/2}$)約有 7 年之久。表 10.4 列舉出一些戴奧辛異構物的物理與化學性質以茲比較。

表 10.4 不同戴奧辛異構物之物理化學特性

化合物	CAS Reg. No.	分子量	熔點 (°C)	沸點 (°C)	蒸氣壓 (mmHg at 25°C)	溶解性	其他化學／物理性質
dibenzo-p-dioxin	262-12-4	184.2	122~123	NA	4.125×10^{-4}	1 ppm at 25°C	NA
2,3,7,8-TCDD	1746-01-6	321.9	305~306	NA	7.4×10^{-10}	1.4 g/L o-dichlorobenzene 0.72 g/L chlorobenzene 0.57 g/L benzene 0.37 g/L chloroform 0.11 g/L acetone 0.048 g/L n-octanol 0.01 g/L methanol 2×10^{-7} g/L water	可由 sodium (2,4,5-trichloro-phenoxy) proprionate 於 500°C、5hrs 中熱解形成
1,2,3,7,8-PeCDD	40321-76-4	356.5	240~241	NA	NA	NA	NA
1,2,3,6,7,8-HxCDD	57653-85-7	390.9	285~286	NA	3.6×10^{11}	NA	NA
1,2,3,7,8,9-HxCDD	19408-74-3	390.9	243~244	NA	NA	NA	NA
OCDD	3268-87-9	459.8	330	NA	NA	1.83g/L o-dichlorobenzene 0.56 g/L chloroform 0.38 g/L dioxane	NA
Dibenzofuran	132-64-9	168.2	86~87	287	4.41×10^{-3}	10 ppm in H_2O (25°C) Soluble in hot benzene, alcohol, acetone, ether, acetic acid	NA
2,3,7,8-TCDF	51207-31-9	306.0	226~228	NA	2.0×10^{-6}	4.38 µg/L (H_2O)	2,3,7,8-TCDF 在 309 及 316 nm 之波長有最大之吸收度
2,4,6,8-TCDF	NA	306.0	198~200	NA	2.5×10^{-6}	NA	NA
OCDF	39001-02-0	443.8	253~254	NA	0.19×10^{-6}	NA	NA

資料取自：USEPA-Locating and estimating air emissions from sources of dioxins and furans, 1997.

　　不同 PCBs 異構物的物理及化學性質不盡相同，此差異性也影響這些異構物在自然界中之分布、分解、傳輸，以及其在生物體內之代謝、排除、蓄積、毒害作用等特性。一般而言，多氯聯苯與戴奧辛的物化特性相似，包括不易導電、熱導性佳、不可燃、化學穩定性、不易被氧化、還原或水解、揮發性低、抗強酸鹼等特性。多氯聯苯異構物的水溶性極低，且與含氯數呈負相關之關係。多氯聯苯多為可燃性的液體，而含氯數愈多，則黏稠度增加，而經燃燒後，會產生毒性強的氯化氫以及氯化戴奧辛與呋喃。表 10.5 列舉出幾種較為常見或毒性較強的多氯聯苯與其物化特性。Aroclor的物化特性則與其組成有關，但由於製程條件的差異，即使代碼相同的 Aroclor 並不全然有完全相同的組成，此現象也影響其特性，但一般應相差不大。表 10.6 為不同 Aroclor 的物化特性。

表 10.5　不同多氯聯苯異構物之基本物化特性

IUPAC No.	化合物	沸點 (°C)	熔點(°C)	蒸氣壓 Torr, 25°C	水溶解度 (ppm)
PCB77	3,3',4,4'	360	173	2.3×10^{-6}	0.175
PCB105	2,3,3',4,4'	NA	101~105	6.8×10^{-6}	NA
PCB118	2,3',4,4',5'	195~220	105~107	9.0×10^{-6}	NA
PCB138	2,2',3,4,4',5	400	78.5~80	4.0×10^{-6}	0.0159
PCB153	2,2',4,4',5,5'	NA	103~104	3.8×10^{-7}	0.00086
PCB169	3,3',4,4',5,5'	NA	201~202	4.02×10^{-7}	0.000036~0.0123
PCB170	2,2',3,3',4,4',5	NA	134.5~135.5	6.3×10^{-7}	NA
PCB180	2,2',3,3',4,4',5,5'	240~280	109~110	9.7×10^{-7}	0.00023

表 10.6　不同多氯聯苯混合物 Aroclor 之基本特性

Aroclor	含氯量 (%)	平均含氯數	平均分子量	密度 (g/cm³)	蒸氣壓 25°C (Torr)	溶解度 (mg/L)	Log K_{ow}	實驗室半生期 (年)
1016	16	—	262	1.37	4×10^{-4}	0.42	5.6	9.9
1221	21	1.15	206	1.18	6.7×10^{-3}	15	4.7	—
1232	32	2.04	240	1.26	4×10^{-3}	1.45	5.1	—
1242	42	3.10	272	1.38	4×10^{-4}	0.1~0.3	5.6	12.1
1248	48	3.09	300	1.41	4.9×10^{-4}	0.054	—	9.5
1254	54	4.96	334	1.54	7.7×10^{-5}	0.01~0.06	6.5	10.3
1260	60	5.30	378	1.62	4×10^{-5}	0.0027	6.8	10.2
1262	62	—	395	1.64	—	0.052	—	—
1268	68	—	453	1.81	—	0.3	—	—

10.3 戴奧辛毒性當量

　　環境中所含的戴奧辛皆以異構物的混合物存在，而一般人或其他生物的暴露也是同時接觸多種的戴奧辛異構物。為了簡化評估不同戴奧辛混合毒性的複雜程序，「**戴奧辛毒性當量**(toxic equivalent, TEQ)」的觀念在 1970 年代晚期時被學者提出。戴奧辛毒性當量的主要概念是將不同異構物的毒性以毒性最強的 2,3,7,8-TCDD 來表示，並將其加總而得一總濃度，即 TEQ。其作法是將氯化於 2、3、7 及 8 位置的 17 種不同異構物之毒性與 TCDD 做比較，並給予其一小於或等於 1 的「**毒性當量係數**(toxic equivalency factor, TEF)」（TCDD 為 1），而戴奧辛混合物的總濃度即可以 TEQ 來表示。TEQ 等於不同異構物的濃度與其 TEF 乘積的總和，其公式如下：

$$TEQ = \sum_{i}^{n}（TEF \times 異構物之濃度）=（異構物_i TEF \times 異構物_i 濃度）+（異構物_j TEF \times 異構物_j 濃度）+（異構物_k TEF \times 異構物_k 濃度）+ \cdots\cdots +（異構物_n TEF \times 異構物_n 濃度）$$

　　TEQ 的作法包括兩個主要的基本假設，其一為不同異構物的毒性具有**相加性**(additivity)，另一為具有相同的毒理機制（見 10.11 節）的異構物才列入 TEQ 計算中。

　　許多國家或不同組織機構所採用之 TEF 值不盡相同。以前較常用的是 NATO/CCMS (North Atlantic Treaty Organization/Committee on Challenges of Modern Society)於 1988 年所提出之 **I-TEF** (International TEF)，而世界衛生組織(WHO)於 1998 年則依據最新的科學證據，提出較新的修正值 (WHO$_{98}$-TEF)，也由於不同動物對戴奧辛物質的反應不同，WHO 也同時提出針對魚類及鳥類的當量係數值，以做為評估這些生物受危害時之用。WHO 更於 2005 年對部分之異構物提出修正數值(WHO$_{2005}$-TEF)。表 10.7 列舉出不同戴奧辛異構物的 WHO-TEF 數值。一般而言，WHO-TEQ 會高

於由 I-TEQ 值的 10~20%。雖然 TEQ 的作法有其限制與缺點，但已普遍的被運用於有關戴奧辛的相關課題上，包括環境濃度、暴露量、毒性與風險評估等各方面。本章以下的許多數據除特別說明外，皆以 TEQ（I-TEQ 或 WHO-TEQ）表示，但其中 WHO-TEQ 多採用 WHO_{98}-TEF 計算之結果。

　　前述共面式多氯聯苯的立體結構除了與 TCDD 相似外（請對照多氯聯苯與戴奧辛的化學結構式），亦產生**類似於戴奧辛的毒性**(dioxin-like PCBs)。由於其相同的毒理機制（見後文之**芳香烴受體**，AhR），部分的共面式多氯聯苯也依其相對於 TCDD 的毒性，被賦予不同的戴奧辛毒性當量係數並也採用**戴奧辛毒性當量**(TEQ)的計算方式，評估此類物質所產生的危害。各多氯聯苯異構物的 WHO-TEF 值皆列於表 10.7。就毒性觀點而論，其中較重要的多氯聯苯為 TEF 值較高者，包括 PCB 77、126 與 169。

表 10.7 戴奧辛／呋喃以及多氯聯苯的毒性當量係數 WHO_{2005}-TEF

戴奧辛	人／哺乳類	魚	鳥
2,3,7,8-TCDD	1	1	1
1,2,3,7,8-PeCDD	1	1	1
1,2,3,4,7,8-HxCDD	0.1	0.5	0.05
1,2,3,6,7,8-HxCDD	0.1	0.01	0.1
1,2,3,7,8,9-HxCDD	0.1	0.01	0.01
1,2,3,4,6,7,8-HpCDD	0.01	0.001	< 0.001
OCDD	0.0003 (0.001)	—	—
2,3,7,8-TCDF	0.1	0.05	1
1,2,3,7,8-PCDF	0.03 (0.05)	0.05	0.1
2,3,4,7,8-PCDF	0.3 (0.5)	0.5	1
1,2,3,4,7,8-HxCDF	0.1	0.1	0.1
1,2,3,6,7,8-HxCDF	0.1	0.1	0.1
1,2,3,7,8,9-HxCDF	0.1	0.1	0.1
2,3,4,6,7,8-HxCDF	0.1	0.1	0.1

表 10.7 戴奧辛／呋喃以及多氯聯苯的毒性當量係數 WHO$_{2005}$-TEF（續）			
戴奧辛	人／哺乳類	魚	鳥
1,2,3,4,6,7,8-HpCDF	0.01	0.01	0.01
1,2,3,4,7,8,9-HpCDF	0.01	0.01	0.01
OCDF	0.0003 (0.0001)	0.0001	0.0001
多氯聯苯化合物	人／哺乳類	魚	鳥
3,3',4,4'-TCB (PCB 77)	0.0001	0.0001	0.05
3,4,4',5-TCB (PCB 81)	0.0003 (0.0001)	0.0005	0.1
2,3,3',4,4'-PeCB (PCB 105)	0.00003 (0.0001)	< 0.000005	0.0001
2,3,4,4',5-PeCB (PCB 114)	0.00003 (0.0005)	< 0.000005	0.0001
2,3',4,4',5-PeCB (PCB 118)	0.00003 (0.0001)	< 0.000005	0.00001
2',3,4,4',5-PeCB (PCB 123)	0.00003 (0.0001)	< 0.000005	0.00001
3,3',4,4',5-PeCB (PCB 126)	0.1	0.005	0.1
2,3,3',4,4',5-HxCB (PCB 156)	0.00003 (0.0005)	< 0.000005	0.0001
2,3,3',4,4',5'-HxCB (PCB 157)	0.00003 (0.0005)	< 0.000005	0.0001
2,3',4,4',5,5'-HxCB (PCB 167)	0.00003 (0.00001)	< 0.000005	0.00001
3,3',4,4',5,5'-HxCB (PCB 169)	0.03 (0.01)	0.00005	0.001
2,3,3',4,4',5,5'-HpCB (PCB 189)	0.00003 (0.0001)	< 0.000005	0.00001

○ Berg, M. V. D., Birnbaum, L. S., Denison, M., Vito, M. D., Farland, W., Feeley, M. et al. (2006). The 2005 World Health Organization Re-evaluation of Human and Mammalian Toxic Equivalency Factors for Dioxins and Dioxin-like Compounds. *Toxicological Sciences, 93*(2), 223-241.

○ 括號內數據為 WHO$_{98}$-TEF，請參考內文說明。

10.4 戴奧辛的產生與排放

　　在所有毒性物質的管理上，戴奧辛物質是最棘手的化合物之一，最主要原因為戴奧辛並非單一之化合物，且無任何工業的用途。因此，除研究外，無人刻意製造此類化合物。環境中發現之戴奧辛多為天然生成，尤其

在一些燃燒或高溫的條件下，只要有適當的先驅物質（precursor，包括含苯環與氯的物質）的存在，戴奧辛即可能形成。綜合許多研究之結果，有利於戴奧辛形成的環境條件包括：高溫(250~400℃)、強鹼狀態、紫外線暴露、自由基物質的存在等。

戴奧辛之產生源相當眾多，但吾人可將其歸納為以下五大類別：

（一）特殊化合物的製造(Chemical Manufacturing)

戴奧辛在一些氯化合物的合成過程中以雜質的形態被產生。例如製造多氯聯苯、氯酚類（1~5 氯酚）、氯苯類（如 3 氯苯）、氯苯氧基醋酸類除草劑 2,4-D (2,4-dichlorophenoxyacetic acid) 及 2,4,5-T (2,4,5-trichlorophenoxyacetic acid)等化合物時，皆能產生不等量的戴奧辛。表 10.8 列舉出一些化合物中所含戴奧辛的濃度，而目前多數皆已停止生產。

（二）造紙及紙漿製程(Paper and Pulp Process)

植物組織經氯化漂白後，形成氯酚物質，再經高溫氧化之作用而形成氯化戴奧辛。目前歐美一些先進國家已要求造紙業不能使用氯氣漂白，而須以二氧化氯或其他漂白劑代替，以減少戴奧辛之產生。

（三）燃燒(Incineration)

只要所燃燒之物質含有氯、酚類或苯類化合物，且燃燒條件適當，則可能產生戴奧辛物質，而已證實之燃燒產生源包括：焚化爐、香菸、食物燒烤、塑膠或多氯聯苯或木柴（森林火災）之燃燒，引擎燃燒汽、柴油等。在自然界中，燃燒為戴奧辛最主要產生的來源。

（四）金屬冶煉(Metallurgical Processes)

戴奧辛可在不同的金屬煉製過程中產生，這些包括金屬礦提煉、廢金屬回收、煉鋼等，而一些金屬本身即為戴奧辛合成反應的良好觸媒。

表 10.8	戴奧辛在不同化合物中之濃度（以 TEQ 表示）

化合物	濃度(μg I-TEQ/kg)
Pentachlorophenol（PCP 五氯酚）	2,320（最高值）
PCP-Na（五氯酚－鈉鹽）	450（最高值）
PCB-Clophen A 30 (Aroclor 1242)	11
PCB-Clophen A 60 (Aroclor 1260)	2,179
2,4,6-Trichlorophenol	680
Trichlorobenzene	0.023
ρ-Chloranil	376
o-Chloranil	63
Hostaperm Violet RL	1.2
Violet 23	69
Blue 106	56

⬤ Chloranil 為 2,3,5,6-tetrachloro-2,5-cyclohexadiene-1,4-dione，為一般蟲劑及染劑原料。

⬤ 數據來源：UNEP-Dioxin and furan inventories, National and regional emissions of PCDD/PCDF, 1999.

（五）生物與光化學合成(Biological and Photochemical Synthesis)

　　相關的研究發現細菌或實驗室培養之人體細胞可將氯酚物質藉由酵素作用合成戴奧辛。此類產生源包括堆肥與廢水處理所產生的汙泥。另外，紫外線也具有將含氯數較多的酚類物質光解後重組而產生戴奧辛的能力，但與其他產生源相較之下，此類作用之戴奧辛產量應不顯著。

　　由於戴奧辛包括 210 種不同的異構物，不同排放源所產生戴奧辛異構物的種類與濃度也不盡相同，此特殊的異構物混合**形式**（pattern，包括種類與濃度）如同人類的指紋一般，可做為鑑定汙染源的依據。例如使用五氯酚所造成戴奧辛汙染的環境樣本中，通常可發現含有較高濃度的 1,2,3,4,6,7,8-七氯呋喃與八氯呋喃，而以氯氣漂白的造紙作業所產生的戴奧辛則以 2,3,7,8-四氯戴奧辛與四氯呋喃為主。圖 10.3 顯示出不同戴奧辛產生源的異構物形式皆有明顯的差異。

　　表 10.9 列舉出環境中戴奧辛的主要排放源，而圖 10.4 為不同國家在不同年份所推估戴奧辛釋放至環境的總量。UNEP 在其 1999 年之調查推估全球 15 個主要排放國家每年所釋出的戴奧辛總量應在 8,300~36,000g／年之間，而中間值約為 10,514g／年，其中廢棄物焚化爐的燃燒約占總產生量的 50%。圖 10.4 同時比較不同國家近年與較早（UNEP 的 1999 年報告之基準年為 1995 年）之數據。隨著各國對戴奧辛汙染的重視及實施管制措施，不僅總排放量減少，且不同排放源對總釋出量之貢獻程度也跟著改變。以美國為例，在 1987 年的排放量清冊(release inventory)數據是 13,965.3g，而在 1995 年則降為 3,444.2g，2000 年更降到 1,440.2g；而日本也從 1995 的將近 4,000g 降至 372g（2003 年）。臺灣環保署以 2002 年為基準估計排放入大氣的戴奧辛總量為 327.5g，到了 2008 年則已降至 58g，相對地，來自廢棄物焚化爐的戴奧辛排放比例也從 1995 年的 58%降到 2000 年的 32%，而日本則從超過 90%降到 61%。圖 10.5 顯示歐洲地區戴奧辛的排放量已逐年減少。不過，值得一提的是，中國大陸及其他部分亞洲新興國家由於經濟開發（增加燃燒）之故，其排放量應有增加之趨勢。中國大陸在 2004 年推估的排放量中間值即達到 10,236g (7,144~13,575g)，而實際上，此對全球總量上之貢獻是相當可觀。

　　從不同汙染源被釋出的戴奧辛絕大多數是進入大氣中，以美國為例，通常會超過 90%，日本則超過 99%，但中國估計大陸地區環境僅有約 50% 的戴奧辛是釋出於大氣，另約有 49%則進入土地中，可見不同地區由於汙染源的不同型態與狀況，會影響其釋出形式，進而衍生出不同類型的汙染問題。

　　戴奧辛產生源相當眾多且複雜。雖然美國及其他先進國家在近 50 年來已投入龐大人力、財力及物力於戴奧辛之研究，但仍有許多未明之處。例如美國在 1997 年發生魚類及蛋類製品遭受戴奧辛汙染之事件，雖已追查出汙染源為添加於動物飼料的黏土（ball clay，屬於高嶺土 kaolin 的一種，在許多地區作為添加於食物或飼料中抗凝劑－anticaking agent 的使用），但戴奧辛如何存在於這些由礦場開採出之黏土中，至今仍未釐清。

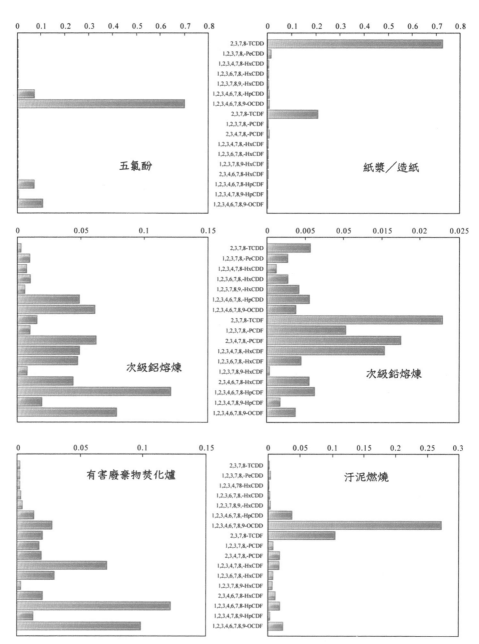

圖 10.3　不同戴奧辛產生源的異構物形式（所有數值為該異構物濃度與所有 4~8 氯異構物濃度總和的比值，燃燒源數據為煙道的濃度）

○ 取自：Congener profiles of anthropogenic sources of PCDDs and PCDFs in the US Dioxin 97, 17th International Symposium on Chlorinated Dioxins and Related Compounds, 1997.

表 10.9 環境中戴奧辛的主要產生來源

戴奧辛主要產生來源	
1. 廢棄物焚化(Waste Incineration)	
1a 都市廢棄物焚化爐	1e 汙水汙泥
1b 有害廢棄物焚化爐	1f 廢木材燃燒
1c 醫療廢棄物	1g 動物屍體
1d 輕質骨材	
2. 鐵金屬和非鐵金屬(Ferrous and Non-ferrous Metals)	
2a 鐵礦石燒結	2g 鋅生產
2b 焦炭生產	2h 銅生產
2c 鋼鐵生產	2i 鎂生產
2d 銅生產	2j 破碎機（例如汽車）
2e 鋁生產	2k 電線回收之燃燒
2f 鉛生產	
3. 發電和供熱(Power Generation and Heating)	
3a 化石燃料電廠（煤，石油，天然氣，泥炭，混合燃燒）	3d 家庭取暖和煮食（生質能）
3b 生質能發電廠	3e 家用加熱（煤，石油，天然氣，泥炭）
3c 垃圾掩埋場，沼氣燃燒	
4. 礦物產品的生產(Production of Mineral Products)	
4a 水泥窯	4d 玻璃
4b 石灰	4e 陶瓷
4c 磚	4f 瀝青混合料攪拌
5. 運輸(Transport)	
5a 四行程引擎	5c 柴油引擎
5b 二行程引擎	5d 重油引擎（船隻等）

表 10.9	環境中戴奧辛的主要產生來源（續）
戴奧辛主要產生來源	

6. 不受控制的燃燒過程(Uncontrolled Combustion Processes)

6a 火災／燃燒－生物體	6b 火災－廢棄物焚燒、掩埋場火災、意外

7. 化學品和消費品生產(Production of Chemicals and Consumer Goods)

7a 紙漿廠	7d 石油行業（煉油）
7b 造紙廠	7e 紡織工廠
7c 化工	7f 皮革工廠

8. 其他(Miscellaneous)

8a 乾燥生物體	8d 乾洗殘留物
8b 火葬場	8e 吸菸
8c 煙燻屋	

9. 棄置(Disposal)

9a 垃圾掩埋場和垃圾場	9d 開放水域傾倒
9b 汙水／汙水處理	9e 廢油處理
9c 堆肥	

○ 依據 UNEP 的「Standardized Toolkit for Identification and Quantification of Dioxins and Furan Releases」所列之分類，UNEP Chemicals, Geneva, Switzerland, 2005.

近年來有人提出特殊的地質活動可形成戴奧辛的論點(geological formation)，也有可能是古代火山活動或森林大火所產生而遺留在土層造成的。無論如何，環境中的戴奧辛主要皆來自於人類的活動（燃燒），天然生成的戴奧辛量相較之下應相當微量。

戴奧辛物質一旦進入一般環境中，則可能累積於特定的**蓄積庫**（reservoirs 或 depot），並再藉由不同的自然作用或人類活動而被再度釋出。前述之戴奧辛產生源可視為**初級產生源**(primary sources)，而蓄積庫則可視為是**次級產生源**(secondary sources)，而由蓄積庫釋出之戴奧辛並非是被重新製造出來的。許多物質或環境介質皆是自然界中戴奧辛之蓄積庫，

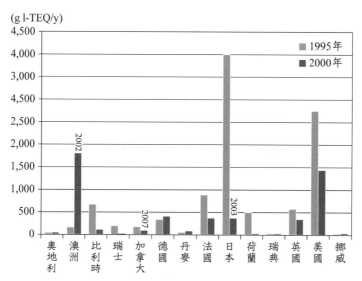

圖 10.4　不同國家之戴奧辛釋放量(1995 VS. 2000)

◉ 數據來源：1995 年之數據取自 UNEP (1999): Dioxin and Furan Inventories, National and Regional Emissions of PCDD/PCDF，2000 年及其他年份的同國家的數據取自 " Emissions of persistent organic pollutants and eight candidate POPs from UNECE–Europe in 2000, 2010, and 2020 and the emission reduction resulting from the implementation of the UNECE POP protocol. 2007. *Atmospheric Environment, 41*(40), 9245–9261."以及" An Inventory of Sources and Environmental Releases of Dioxin-Like Compounds in the United States for the Years 1987, 1995, and 2000, USEPA/600/P-03/002F".

◉ 澳洲、加拿大及日本之數據之基準年標示於條狀圖上方。

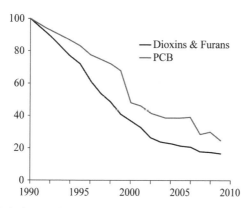

圖 10.5　歐洲地區戴奧辛與多氯聯苯的推估排放量（1990 年的排放量設定為 100）

◉ 數據來源：Emission trends 1990-2009 for the persistent organic pollutants: HCB - hexachlorobenzene, HCH - hexachlorocyclohexane, PCBs - polychlorinated biphenyls; dioxins & furans; and PAHs - polyaromatic hydrocarbons. European Environment Agency, 2011.

例如經五氯酚處理的木材、含 PCBs 之變壓器、廢水處理場所產生之汙泥、堆肥、牛糞等；後三者則在施用至土壤做為肥料時，再度的進入環境中。環境中較大的蓄積庫則有垃圾掩埋場、廢棄物棄置場、受汙染之土壤或底泥；前兩者則在不當之處理時，易造成戴奧辛的二次汙染。

10.5 多氯聯苯的使用與排放

多氯聯苯從 1930 年開始大量並廣泛地被使用於一般工業上，包括做為電容器及變壓器之絕緣油（用量最多），以及無碳影印紙與塑膠之添加物。其他的用途尚有潤滑油、油墨、塗漆、黏著劑、油蠟、除塵劑、接合劑、阻火劑、浸潤油、水泥添加劑、殺蟲劑等。表 10.10 列出多氯聯苯的不同用途。

美國製造 PCBs 的期間約從 1929 年開始直到 1977 年為止。美國估計在產量最多的 1970 年時共製造了 39,000 公噸的 PCBs（Monsanto 公司為唯一的製造商），而資料顯示從 1930~1975 年之間，在其境內共製造 635,000 公噸，另有 1,400 公噸從日本、義大利與法國進口，而其國內銷售量為 568,000 公噸，出口則有 68,000 公噸。全世界多氯聯苯的產量集中於約 10 個國家，約為 1.5 百萬公噸（不含前蘇聯），推估年產量大約是每年 26,000 公噸。即使美國從 1976 年開始禁止多氯聯苯使用於一般的開放用途，全球在 1980~1984 年間，每年仍生產約 16,000 公噸，而在 1984~1989 年為每年 10,000 公噸。但由於在許多國家限用或禁用後，其他國家仍有產出，因此實際的產量或使用量實難正確地估算。

臺灣早期所使用的多氯聯苯主要是由日本進口。日製 PCBs 之商品名為 Kanechlor（代碼 200~600）。據臺灣環保署數年前清查的結果，臺灣地區的多氯聯苯主要是使用於做為電容器與變壓器的絕緣油，而含多氯聯苯的設備計有 88,445 台，總重量（含電器設備或外殼在內）可達 5,200 公噸，而仍在使用者計有 4,000 餘台（已於 2001 年停用），已廢棄之數量達 4,400 公噸，其中有 93%是屬台電公司及其他製造廠（大同、士林電機等），而

表 **10.10** 多氯聯苯的各種不同用途

用途類別	用途	製品及使用場所
密閉式	絕緣油	各種大小型變壓器與電容器用於螢光燈、水銀燈、冷氣、洗衣機、乾燥機、馬達等
	熱媒油	化學工業、食品工業、製紙工業、藥品工業、塑膠工業
開放式	潤滑油	高溫用潤滑油、潤滑油、真空幫浦油、切削油、油壓添加劑
	增韌劑	電線包覆、絕緣膠帶
	添加劑	樹脂、接著劑、PVC 及水泥塑化劑、顯微鏡油、紙張或毛織物、農藥效力延長劑及防濕劑
	塗料	阻燃劑、耐酸性塗料、印刷油墨
	其他	地板光亮劑、防塵油、防水劑、無碳複寫紙油

總計 PCBs 的重量約為 1,467 公噸。台電公司從 1987 年開始陸續將含 PCBs 之廢棄電容器及變壓器送至法國、芬蘭、美國處理。按環保署截至 2006 年的統計臺灣已將超過 6,700 公噸的 PCBs 以符合巴賽爾公約（見第 12 章）的處理原則送至境外處理。臺灣廠商約於 2000 年開始以焚化方式處理部分含多氯聯苯事業廢棄物，而於 2006 年已處理累積超過 1,300 公噸之 PCBs。

據估計在 PCBs 使用的年代，全世界每年可能至少約有 2,500 公噸流入一般環境中；其中有 80%應是經由燃燒含 PCBs 之紙張、塑膠物質、潤滑油及塗漆等的釋出；而 20%則是以洩漏或大氣蒸散之方式進入環境中。在所有釋入環境中的多氯聯苯，約有超過 95%最終將流布於陸地系統的土壤或底泥。汙染據統計自 1929 年至今，至少有超過 200 萬公噸的 PCBs 被生產，其中的 10%應該還滯留在我們的一般環境裡。

先進國家由於透過法令對 PCBs 的管制措施（如禁止使用於開放用途等，可稱為後 PCB 時代），目前 PCBs 要進入環境中較可能的途徑主要來自於環境**蓄積庫**(reservoir)的再釋出，而其量應遠高於由其他不同產生源所排入環境中的量。除環境蓄積庫外，目前較重要的多氯聯苯排放源尚有：

（一）多氯聯苯處置／焚化設施

這些包括處理含多氯聯苯廢棄物的焚化爐、高效率鍋爐、化學廢棄物掩埋場等。另外，其他熱解、水泥窯、化學去氯、物理／化學萃取、生物還原等過程中，微量多氯聯苯的排放是無法避免的。USEPA 以高效率鍋爐處理 PCBs 為例，若假設美國境內所有待處理的 PCBs 皆以此方式燒燬，則以 99.99% 的摧毀去除率估算 1993 年之 463,505 kg 處理量經燒燬後仍有 46.35 kg 會排放於大氣中。若以 1988 年之 2,642,246 kg 處理量來推算，則應有 264.22 kg 之 PCBs 釋放於環境中。歐盟曾估算此類排放源於 2000 年之釋放量應超過當時總量 133 公噸的 33%，約 44 公噸。

（二）PCBs 之意外釋出

包括含 PCBs 設備，如變壓器、電容器損壞後的洩漏，以及涉及這些設備的意外火災等。一般含 PCBs 的變壓器可使用 30~40 年之久。然而，這些所謂封閉系統(closed system)的使用，仍有其隱憂。美國在 1981 年估計其設備的洩漏最多可達 177 公噸。這些洩漏的 PCBs 則可能進入空氣中、水體及土壤等一般環境中。USEPA 由其**毒物排放清冊**(Toxics Release Inventory, TRI)制度估計，在 1988 年以洩漏方式進入空氣中之 PCBs 量約為 2.7 kg。若僅計算共面式的 PCBs，則在 1988 年釋入空氣中之 PCB-TEQ 量約為 0.2 g-TEQ、水體 0.4 g-TEQ、一般土地 29 g-TEQ。另外含 PCBs 變壓器或電容器的火災所釋出多氯聯苯的量甚難評估。英國在其 2006 年的排放清冊報告指出約有 1,337 kg 的 PCBs 是由洩漏之變壓器與電容器釋出至土地的，而當年總量為 5,261 kg。

（三）都市廢水處理廠

USEPA 曾對一般都市廢水處理廠之汙泥進行 PCBs 之檢測，並指出 19%（總計 175 座）的汙泥可檢出 Aroclor 1248、1254 或 1260。針對在汙泥中共面式 PCBs (77、126、169)的調查，美國發現其境內 75 座廢水處理廠所產生的汙泥中可測得之平均含量為 47.5 ng-TEQ/kg－乾重（假設 ND＝0）或 48.1 ng-TEQ/kg－乾重（假設 ND＝檢測極限）。USEPA 以此濃度及

全國的汙泥量 4,156 公噸／年（不包括焚化及海洋棄置）來推估此排放源
的產生量為 200g-TEQ/year，其中有 101.3g-TEQ 是做為肥料，而施於一般
農地或園圃，有 94.8g-TEQ 是以掩埋處理，剩餘者則成為一般商品。若汙
泥不再利用做為肥料或土地用途，則可能採用海洋或淡水水體棄置，進而
造成 PCBs 進入水體環境。目前許多國家也早已禁止海洋棄置作法了，因
此也減少此一 PCBs 進入水體之量。

　　戴奧辛的一些產生源也會同時產生多氯聯苯。這些與高溫燃燒環境有
關的產生源包括：都市及醫療廢棄物焚化爐、工業木料燃燒、廢輪胎燃燒、
汙泥焚化、香菸燃燒等。

　　美國於 1974 年禁止使用多氯聯苯於開放系統之用途（封閉系統包括
電容器、變壓器、真空幫浦、渦輪機），並於 1976 年禁止買賣及生產（1979
年才完全停產），而於 1988 年禁用其使用於公共場所之電容器或變壓器。
臺灣則於 1988 年禁止製造、輸入、販賣，並於 2000 年底全面禁止其使用。
由於 2004 年的 UNEP 提出的「斯德哥爾摩 POPs 公約」（見第七章）正式
執行，許多尚未禁用多氯聯苯國家，也相繼訂出逐步限用與禁用的時間
表，以期將多氯聯苯的使用量與環境排放量降至最低的程度，並達最終消
除汙染源的目的。故整體而言，多氯聯苯的釋入一般環境的量應逐漸減
少。圖 10.5 顯示歐洲地區多氯聯苯的排放量也已逐年減少。

10.6　戴奧辛／多氯聯苯的環境傳輸與宿命

　　戴奧辛與多氯聯苯皆屬於 UNEP 定義的持久性有機物染物（POPs，
見第七章），可藉不同的釋出方式由產生源排入一般環境中，並藉由揮發、
長程傳輸、乾／濕沉降、光解、生物蓄積與放大、生物降解等不同的自然
作用散布於不同的環境介質或生物體內。由於這兩環境特性相近的合成有
機物在環境中的特殊遷移現象，其已構成其獨特的**生物地化循環**
(biogeochemical cycle)（其他持久性有機汙染物也有類似的現象），與自然
界中的金屬相同的是皆可在循環中分布與再分布(re-distribution)。不僅如

此，透過**蚱蜢效應**(grasshopper effect)，此兩類化合物更造成偏遠極地區的生態環境汙染及毒害。

由於其物化特性的差異，不同戴奧辛／多氯聯苯的異構物皆有不同的環境宿命。圖 10.6 為由一汙染源（焚化爐）所排放的戴奧辛／多氯聯苯在環境中的傳輸路徑示意圖。

焚化爐或不同形式的燃燒是環境中戴奧辛的主要來源。戴奧辛由這些排放源的煙道排出後，將直接進入大氣中，其中大部分會吸附於懸浮微粒上，其他則以氣態形式散布於空氣中。大氣中的戴奧辛可被紫外線或一些自由基以去氯作用(dechlorination)轉換為氯數較少的異構物，而其在大氣中的停留時間則不等，推估約為 0.5 天（單氯）至 9.6 天（8 氯），而 TCDD 約為 0.8~2 天。

多氯聯苯含 0~1 氯數者多停留於空氣中，1~4 氯者可再揮發／再沉降，而 4~8 氯的多氯聯苯多分散於中緯度地帶，而 8~9 氯者，則較常被發現在鄰近於排放源之附近地區。多氯聯苯與氫氧自由基的作用為其在大氣中最主要的去除機制，其半生期則因異構物而異，從數日（低氯數）至數百日以上（高氯數）不等。多氯聯苯雖能被光解，但作用並不顯著。表 10.11 列出不同戴奧辛及共面式多氯聯苯之異構物在不同環境介質(environmental media)之半生期。

乾或濕沉降是戴奧辛／多氯聯苯被帶至地表水體或土壤的最主要機制。由於強疏水性（高脂溶性）之故，在水體中的戴奧辛皆附著於懸浮固體物質、溶解性有機物質或生物體內，或沉降於底泥，其中僅有少部分可被光解，而揮發回大氣或生物降解的作用則相當不顯著。一般而言，含氯數較少或氯化於 2、3、7 或 8 位置的戴奧辛異構物較易被光解。戴奧辛對底泥的吸附力極佳，除因擾動作用而被再懸浮(re-suspend)或被底棲生物吸收外，絕大部分將停留於底泥中。厭氧性的微生物作用僅能相當有限的去除少部分累積於底泥中的戴奧辛，而其降解半生期可能長達數年之久。通常含氯數較少的多氯聯苯較易揮發，而較多氯者則易附著於水中有機物質或蓄積於生物體內。水中多氯聯苯的降解主要是靠去氯反應為主的光解作

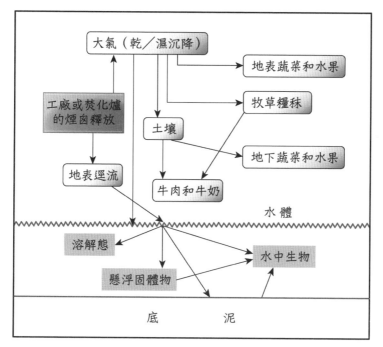

圖 10.6 由煙道排放的戴奧辛經由不同途徑進入一般環境介質或生物體

⊙ 取自：USEPA-Exposure and Human Health Reassessment of 2,3,7,8-Tetrachlorodibenzo -*p*-Dioxin (TCDD) and Related Compounds, 2000.

表 10.11 不同戴奧辛及共面式多氯聯苯之異構物在波羅地海地區不同環境介質之推估半生期（天）（年平均溫度為 7°C）

Compound	Air	Water	Soil	Sediment
Dioxins and Furans				
2,3,7,8-TCDD	8.3	166.7	37,500.0	37,500.0
1,2,3,7,8-PeCDD	15.0	300.0	41666.7	41,666.7
1,2,3,4,7,8-HxCDD	30.8	616.7	100,000.0	100,000.0
1,2,3,6,7,8-HxCDD	30.8	616.7	22,916.7	22,916.7
1,2,3,7,8,9-HxCDD	30.8	616.7	29,166.7	29,166.7
1,2,3,4,6,7,8-HpCDD	62.5	1,250.0	37,500.0	37,500.0
OCDD	164.6	3,291.7	54,166.7	54,166.7
2,3,7,8-TCDF	13.3	266.7	22,916.7	22,916.7

表 10.11 不同戴奧辛及共面式多氯聯苯之異構物在波羅地海地區不同環境介質之推估半生期（天）（年平均溫度為 7℃）（續）

Compound	Air	Water	Soil	Sediment
1,2,3,7,8-PeCDD	27.5	550.0	18,750.0	18,750.0
2,3,4,7,8-PeCDD	27.5	550.0	22,916.7	22,916.7
1,2,3,4,7,8-HxCDF	58.3	1,166.7	25,000.0	25,000.0
1,2,3,6,7,8-HxCDF	58.3	1,166.7	29,166.7	2,9166.7
1,2,3,7,8,9-HxCDF	58.3	1,166.7	20,833.3	20,833.3
2,3,4,6,7,8-HxCDF	58.3	1,166.7	18,750.0	18,750.0
1,2,4,6,7,8-HxCDF	58.3	1,166.7	20,833.3	20,833.3
1,2,3,4,6,8-HxCDF	58.3	1,166.7	18,750.0	18,750.0
1,2,4,6,8,9-HxCDF	58.3	1,166.7	6,250.0	6,250.0
1,2,3,4,6,7,8-HpCDF	133.3	2,666.7	14,583.3	14,583.3
1,2,3,4,7,8,9-HpCDF	133.3	2,666.7	12,500.0	12,500.0
1,2,3,4,6,8,9-HpCDF	133.3	2,666.7	8,333.3	8,333.3
OCDF	400.0	8,000.0	10,416.7	10,416.7
PCBs				
2,4,4'-trichloro (PCB 28)	3.0	60.4	1,083.3	1,083.3
2,2',5,5'-tetra (PCB 52)	62.5	1,250.0	3,650.0	3,650.0
3,3',4,4'-tetra (PCB 77)	62.5	1,250.0	3,650.0	3,650.0
2,2',4,5,5'-penta (PCB 101)	125.0	2,500.0	3,650.0	3,650.0
2,3,3',4,4'-penta (PCB 105)	125.0	2,500.0	3,650.0	3,650.0
2,3',4,4',5-penta (PCB 118)	125.0	2,500.0	2,500.0	2,500.0
3,3',4,4',5-penta (PCB 126)	125.0	2,500.0	3,650.0	3,650.0
2,2',4,4',5-hexa (PCB 138)	250.0	5,000.0	6,875.0	6,875.0
2,2',4,4',5,5'-hexa (PCB 153)	250.0	5,000.0	6875.0	6875.0
3,3',4,4',5,5'-hexa (PCB 169)	250.0	5,000.0	6875.0	6875.0
2,2',3,4,4',5,5'-hepta (PCB 180)	500.0	10,000.0	13,750.0	13,875.0

○ 數據來源：Sinkkonen, S., & Paasivirta, J. (2000). Degradation half-life times of PCDDs, PCDFs and PCBs for environmental fate modeling. *Chemosphere, 40*(9–11), 943-949.

用，但速率卻相當緩慢，半生期長者亦能達數百日以上。不論是在厭氧或好氧狀態下，多氯聯苯在水中的微生物降解並不顯著（見表 10.11）。

　　戴奧辛／多氯聯苯對土壤的親和力也極強，因此也不易進行垂直的遷移，而土壤中有機質的含量會影響其對兩者的吸附能力。在土壤中的戴奧辛，僅有極微量會揮發返回大氣，而有些附著於表面土壤顆粒者則可能會被風力或地表逕流傳至他處。光解與微生物作用是土壤中戴奧辛降解的主要機制，但仍相當緩慢。戴奧辛在接近地表土壤中的半生期約為 9~15 年、在地表下可能高達 25~100 年，而在底泥厭氧的狀態下之半生期也可達 100 年之久（見表 10.11）。

　　一般而言，多氯聯苯之揮發性高於戴奧辛物質，而由土壤揮發至空氣中反而是較為顯著的傳輸路徑。多氯聯苯在大氣（或一般環境）含量較高的時期約在 1960~1970 年代的初期，但由於人為釋放量的逐漸減少，現在空氣中的多氯聯苯反而多來自於土壤的揮發。

　　生物降解作用是多氯聯苯在土壤與底泥中去除的最主要機制，其中厭氧狀態下的分解僅侷限於去氯作用，而好氧反應則可將其分解為氯苯化合物。通常含氯數較少者易被分解而無蓄積的現象，但含氯數高於 5 者被生物降解的程度則較有限，而此類異構物也較易累積於自然界中有機汙染物的兩大蓄積庫裡－底泥與土壤。據推估，一般多氯聯苯在河川底泥中的平均半生期可長達 10 年之久（見表 10.11）。

　　戴奧辛的環境持久性與高脂溶性使其能蓄積於生物體內，並產生生物放大作用。文獻中所記載戴奧辛的 $\log K_{ow}$ 值在 4（單氯）至 12（8 氯）之間，並與含氯數呈正比之關係，但對水中動物的生物濃縮係數(BCF)則以 TCDD 為最高，而當含氯數再增加時，其值反而變小，此現象可能因為含氯數高者的分子過大而不易被吸收，或者是其對水中懸浮固體物質的吸附較強而相對減少生物的可利用性(bioavailability)之故。相關研究指出，TCDD 對不同魚類的 BCF 在 2,500~128,000 L/kg (log BCF: 3.4~5.1)之間。戴奧辛進入水中生物體的途徑包括由水體直接滲入（例如魚類的鰓）、食物攝取（包括水中懸浮固體物）、飲水、底泥接觸（底棲生物）等，而不

| 表 10.12 | 不同戴奧辛／多氯聯苯對魚類的 Log K$_{ow}$ 與 Log BCF 推估值 |

Compound	Log K$_{ow}$	Log BCF
Dioxins and Furans		
2,3,7,8-TCDD	7.02	4.06
1,2,3,7,8-PCDD	6.64	4.50
1,2,3,4,7,8-HxCDD	7.79	3.54
1,2,3,4,6,7,8-HpCDD	8.20	3.16
OCDD	8.60	2.76
2,3,7,8-TCDF	6.53	3.53
2,3,4,7,8-PCDF	6.92	4.03
1,2,3,4,6,7,8-HpCDF	7.92	3.62
OCDF	8.20	2.94
PCBs		
2,4,4'-trichloro (PCB 28)	5.62	4.63
2,2',5,5'-tetra (PCB 52)	6.10	4.87
3,3',4,4'-tetra (PCB 77)	6.36	3.90
2,2',4,5,5'-penta (PCB 101)	6.38	5.40
3,3',4,4',5-penta (PCB 126)	6.89	5.81
2,2',4,4',5,5'-hexa (PCB 153)	6.92	4.83
3,3',4,4',5,5'-hexa (PCB 169)	7.42	5.97

○ 數據來源：Lu, X. X., Tao, S., Hu, H. Y. & Dawson, R. W. (2000). Estimation of bioconcentration factors of nonionic organic compounds in fish by molecular connectivity indices and polarity correction factors. *Chemosphere, 41*(10), 1675-1688.

同生物則有不同的主要暴露途徑。對掠食性或在食物鏈較上層的魚類而言，食物鏈的傳遞是戴奧辛進入其體內的主要途徑。另外，水中植物也被證實能夠累積水中的戴奧辛。表 10.12 列出一些戴奧辛／多氯聯苯對魚類的 log BCF 與 log K$_{ow}$ 推估值或實驗值以供參考。

　　陸地上的動物也能經由食物鏈與水體或土壤的接觸而累積戴奧辛於其體內。此環境傳輸作用造成一些汙染區的鳥類也受戴奧辛的毒害（見第

7 章）。鳥類與野生動物也同樣的較易累積氯化於 2,3,7,8 位置的戴奧辛，而生物放大作用也在其所屬之食物鏈中被發現。一般而言，這些動物體內戴奧辛的含量可高於其所食用的魚類體內含量達 10~100 倍。對一些陸地上的動物而言，戴奧辛也可來自於空氣的沉降與陸上食物鏈的傳遞而進入其體內。例如食草性的動物所攝取的戴奧辛最主要是沉降於植物葉面上的部分；另外有些則是經由與土壤的直接接觸所吸收而進入體內。

多氯聯苯的生物濃縮／蓄積與生物放大作用是其遭禁用的最主要原因之一。不同生物對多氯聯苯的蓄積具有差異，並與其體內脂質含量、攝食性與異構物種類有關。含氯數較低的多氯聯苯在水中生物的 BCF 約為 5×10^2~4×10^4 (L/kg)，而含 4~6 氯者約為 1×10^3~3×10^5 (L/kg)；有些平面式或含氯數更高多氯聯苯的 BCF 更可達 2×10^6 (L/kg)，但含氯數過高(7~10)者，由於其分子過大而較不易被生物體吸收，反而不易蓄積於體內，而含氯數為 5~7 者則具有較佳的生物可利用性(bioavailabilty)，以及較長的體內停留時間。不同多氯聯苯對魚類的 log BCF 值及 log K_{ow} 請見表 10.12。

10.7 戴奧辛與多氯聯苯的環境含量

戴奧辛與多氯聯苯皆為全球性有機汙染物，在不同的環境介質與生物體內皆可發現其存在。一般而言，工業化或較進步國家／地區的環境中戴奧辛含量較高並可以戴奧辛毒性當量(TEQ)之方式表示。另一種表示戴奧辛濃度的方法為將所有異構物濃度的加總(PCDDs + PCDFs)。有關環境中多氯聯苯的調查約從 1950 年代開始，但最初並未以個別的異構物（一般或共面式的 PCBs）進行分析檢測，而皆以總 PCBs 濃度來表示，例如以 Aroclor 1242、1254 或 1260 等 PCBs 混合物之當量來表示，此稱為**韋伯－麥考法**(Webb-McCall method)。但近年來，由於分析技術的進步以及對似戴奧辛的多氯聯苯的瞭解與重視，有些調查則僅針對共面式的 PCBs 異構物，而亦以 TEQ 表示。就毒理或風險評估而言，以 TEQ 所表示的 PCBs 濃度較具有實質的意義。

在一般都市空氣中的戴奧辛以 7 氯與 8 氯者居多，而 2,3,7,8-四氯戴奧辛(TCDD)的相對含量則最少。TCDD 在一般郊區的空氣中則鮮少被檢測出。含氯數較高的戴奧辛通常是最常發現且濃度較高的異構物，八氯戴奧辛(OCDD)最高可達 0.1 ppq（千兆分之一）。室內空氣中戴奧辛背景濃度的數據甚少，但除非有特殊的汙染源，否則一般應低於室外的濃度，而在小於 1 pg/m³ 的範圍。多氯聯苯在一般環境中的含量有時會有極大的差異。一般而言，都會區的含量通常較高於郊區。多氯聯苯之高穩定性及揮發性有利於其遠程之大氣傳輸。因此，除一般文明地區外，此類物質可在偏遠的兩極環境裡被發現，其背景含量約為 0.02 ng/m³ (20 fg/m³)。圖 10.7 顯示不同國家之近年空氣中戴奧辛濃度的變化。

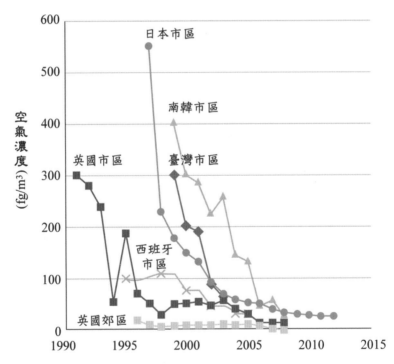

圖 10.7 不同國家之近年空氣中戴奧辛濃度的變化(fg WHO-TEQ/m³)

資料取自：Miguel Dopico & Alberto Gómez (2015) Review of the current state and main sources of dioxins around the world, Journal of the Air & Waste Management Association, 65:9, 1033-1049, DOI: 10.1080/10962247.2015.1058869

　　戴奧辛也被發現存在於不同水體，且包括一般的飲用水中，並以 OCDD 為最常檢出之異構物，其在水源區的水中濃度曾被發現在 9~175 ppq (pg/L)之間，但在一般飲用水中濃度應低於 ppq 的範圍。一般經過處理的水中戴奧辛含量較低於未經處理的水。TCDD 在一般水中的背景濃度約在數個 ppq 的範圍，但在飲用水中幾乎未被檢出。USEPA 在一些已知的汙染源附近發現戴奧辛在放流水或其下游水域的濃度可能遠高於背景值；這些包括使用氯或亞硫酸鹽漂白的紙漿／造紙廠、木材處理場或特殊的化學工廠。雖然戴奧辛具有極低的水溶性，但也曾在美國幾座超級基金場址 (Superfund site)的地下水中被檢出，而在一廢棄的木材處理場（使用五氯酚）附近的地下水中，OCDD 的濃度曾被檢出高達 3,900 ppt (ng/L)。北美

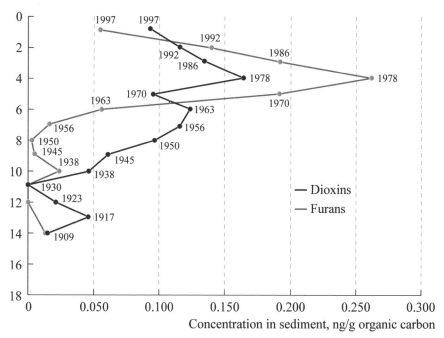

圖 10.8　北極區加拿大境內 Nunavut 之湖泊(DV09)底泥之戴奧辛含量之時間變化情形（縱軸為底泥層切片編號）

◎ 資料取自：AMAP, 2004. AMAP Assessment 2002: Persistent Organic Pollutants (POPs) in the Arctic. Arctic Monitoring and Assessment Programme (AMAP), Oslo, Norway.

五大湖區為許多包括多氯聯苯的氯化有機化合物汙染較為嚴重的水體,其在 1990 年代的濃度則在低於 2 ng/L 的範圍,其他地區如舊金山海灣的汙染仍嚴重,在 1993~1995 年間的水中濃度仍可高達 1,600 ng/L。相較之下,海水的濃度較低,例如北海 0.04~0.59 ng/L、北大西洋 0.02~0.2 ng/L、南極海 0.035~0.069 ng/L,這些數據皆是在 1980 年代間所量測的。

水中底泥是許多有機汙染物在環境中的主要天然蓄積場所,其含量的變化亦能提供其在環境中沉降量趨勢變化的重要訊息。戴奧辛在底泥的含量通常與當地地表的排放源有關。若一般含氯數較高(6~8)的戴奧辛濃度較高,則表示此為地表之工業活動所致。在接近北美紐約上州的五大湖區水中的底泥戴奧辛總濃度超過 900 pg/g (ppt),其中有 75% 是 OCDD。在美國許多河流流域與出海口區的底泥中 TCDD 濃度有些皆已超過 50 pg/g,但大都在數個 ppt 的範圍。圖 10.8 顯示因為近年全球對戴奧辛減量策略的實施,在北極區湖泊底泥之含量已逐漸減少。

在底泥中的多氯聯苯含量由全球的相關調查數據顯示:一般環境中多氯聯苯的底泥含量最高時期約在 1970 年,之後則逐漸遞減,但北極地區的高峰時間卻約在 1980 年代(圖 10.9)。底泥的多氯聯苯背景含量應在數十至數百 ppb (ng/g)的範圍,而其來源主要應來自於大氣的沉降。例如越南北部沿海底泥為 0.00047~0.0281 μg/g－乾重、香港維多利亞港 0.0032~0.016 μg/g－乾重、廈門港水域底泥 0.00005~0.00724 μg/g－乾重 (1993)與 ND~0.00032 μg/g－乾重(1998)。在嚴重汙染區所發現的多氯聯苯底泥濃度有些可高達 5.7 mg/g。

在土壤中 TCDD 的背景含量約在數個 ppt 的範圍,但包含所有戴奧辛的總毒性當量值則在數百至數千 ppt 的範圍。在已開發國家工業區或都會區的土壤中戴奧辛濃度皆較鄉間為高。此較高的背景含量應源自於附近排放源的釋出與大氣短程傳輸與沉降所造成。一般而言,含氯數高者其濃度也相對較高。TCDD 在幾個發生嚴重汙染事件地區的土壤中含量皆相當高,文獻所記載的最高汙染濃度如下:義大利 Seveso-580 μg/m^2、美國密蘇里州 Times Beach-0.13 μg/g(見後文)、美國新澤西州 Newark-2.28 μg/g。

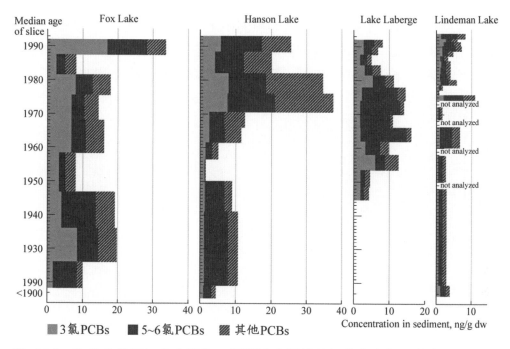

圖 10.9 取自北極區加拿大境內四個湖泊底泥核芯切片中多氯聯苯之不同年代含量變化情形

⊙ 資料取自：AMAP, 2004. AMAP Assessment 2002: Persistent Organic Pollutants (POPs) in the Arctic. Arctic Monitoring and Assessment Programme (AMAP), Oslo, Norway.

PCBs 在一些地區土壤中的含量與附近的排放源以及短程的大氣傳輸有關。在已知汙染源附近的土壤含量有時可超過 100 μg/m²，而在高汙染區的濃度更可達 41,500 ppm（μg/g，紐約州哈德遜河上游的通用電子 GE 工廠附近）。近年來的一些背景調查數據，包括在泰國一般稻田土壤 PCBs 含量為 1.2~6.2 ng/g (1993)、越南的 0.61~320 ng/g (1993)、英國不同地區土壤總濃度為 0.33~8.7 ng/g (1993)、挪威為 5.3~30 ng/g (1990)。圖 10.10 顯示全球不同緯度地區在 1998 年所測之土壤總 PCBs 濃度以及 1930~2000 年各地區之 PCB 總使用量之關聯性。

戴奧辛也可在不同食物鏈層次的生物體內被發現。一般魚體內戴奧辛的濃度與物種、習性、暴露量、脂肪含量、遷徙性等因素有關。一般而言，接近汙染源、底棲性或脂肪含量高的魚類其戴奧辛含量較高。有調查報告

指出在美國幾條主要河川所捕獲的魚體中，有 31%的樣本內所含 TCDD 的含量超過 1 pg/g，而其中則有 32%樣本的濃度是大於 5 pg/g，但小於 25 pg/g 或超過 25 pg/g 者，則占 1%。TCDD 也普遍存在於五大湖區的魚體內，

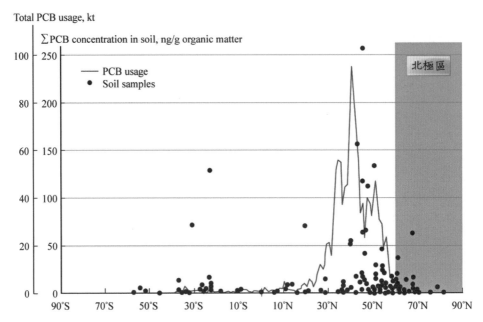

圖 10.10　全球不同緯度地區在 1998 年所測土壤總 PCBs 濃度（ng/g 有機碳）與 1930~2000 年各地區之 PCB 使用量（1,000 公噸）

◎ 資料來源：Meijer, S. N., Ockenden, W. A., Sweetman, A., Breivik, K., Grimalt, J. O., & Jones, K. C. (2003). Global Distribution and Budget of PCBs and HCB in Background Surface Soils: Implications for Sources and Environmental Processes. *Environ Sci   Technology, 37*(4), 667–672.

最高可達 41 pg/g，而其他異構物的濃度則在 1~300 pg/g 範圍之間。在相關文獻中所記載戴奧辛於水中生物體內濃度最高者為美國新澤西州 Newark 灣所捕獲螃蟹的內臟，其所含 TCDD 可達 6,200 pg/g－濕重。由於生物放大作用，一些水中哺乳類動物體內也含不等量的戴奧辛。在北極圈所捕獲之海豹、北極熊、鯨魚體內的脂肪與肝臟皆含有不等量的戴奧辛，被檢測出的 TCDD 最高含量值可達 47 ppt。由於北極圈並無相關的戴奧辛排放源，因此這些生物體內的戴奧辛應來自於文明地區所產生，而經由大氣的

長程傳輸，以及當地食物鏈的累積與傳遞所致（見第七章）。圖 10.11 為戴奧辛物質（以毒性當量表示）在北極區哺乳動物體內的含量以及不同戴奧辛物質混合物（包括多氯聯苯）可能產生免疫力抑制作用的最高濃度。

　　一般水中魚類體內的多氯聯苯含量不等，最常發現於魚體內的異構物是 PCB138、153、180、118、110、101 與 95，而共面式的 PCB77、126、169 的濃度通常小於總量的 1%。在 1990 年代，在一些高汙染區之魚類體內多氯聯苯濃度可達到 ppm（μg/g）之範圍，而一般背景值則約在 ND-ppb（ng/g）範圍。其他水生生物與野生動物體內多氯聯苯的含量則因地區、種類、食物來源等而有差異；通常食物鏈愈上層的動物體內含量愈高。圖 10.12 為北極地區不同動物體內可食用部位的多氯聯苯含量（ng/g 濕重）。

　　臺灣目前較多的環境資料仍以臺灣幾處著名的戴奧辛汙染區為主，例如二仁溪及臺南安南區之安順臺鹼五氯酚廠。由於在 1970~1980 年間，臺灣廢五金熔煉回收業皆集中於二仁溪流域附近，在業者露天燃燒、酸洗回收金屬、隨意排放廢水及棄置廢料等無任何環境管理之行為下，使其承受大量的金屬及有機物的負荷，至今仍為全國汙染最嚴重的河川。有關戴奧辛在此地區的研究最初開始於 1990 年代初期。早期調查的數據皆顯示此地區戴奧辛汙染的嚴重性。另外，在臺南安順臺鹼五氯酚工廠蓄水池及附近水體捕獲之不同魚貝類亦曾檢出戴奧辛含量相對較高（見後文）。

　　臺灣環保署從 1999 年開始進行特定毒性化學物質之環境流布調查已有相當成果。在臺灣的一般水體環境中，淡水河、朴子溪與頭前溪之底泥戴奧辛濃度皆高於 1 ng-TEQ/g－乾重，而最高可達 9.634 ng-TEQ/g－乾重，但在淡水河流域較上游的水中底泥皆低於 1 ng-TEQ/g－乾重。在水中生物方面，臺灣地區各水域之魚體內戴奧辛濃度皆不等，最高可達 3.8 pg-TEQ/g－濕重（淡水河中正橋下），最低則為 0.036 pg-TEQ/g－濕重（頭前溪舊港大橋下）。戴奧辛在沿海地區牡蠣的含量為 0.042~0.447 pg-TEQ/g－濕重。此含量則相當於韓國不同地區所捉取牡蠣或貽貝之含量（0.05~0.8 pg-TEQ/g－濕重），但高於日本在 1993 年所報導的不同水域貽貝濃度（0.006~0.1 pg-TEQ/g－濕重）。由於牡蠣為底棲濾食性生物，故為極佳之底泥汙染指標生物，而其體內戴奧辛含量則可以反應沿海地區汙染的程度。

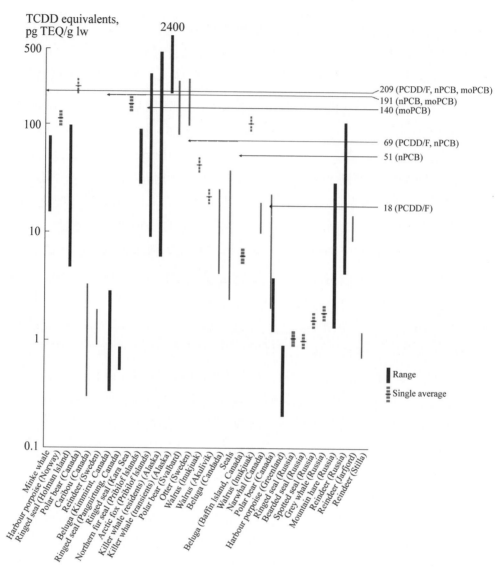

圖 10.11　在北極區哺乳動物體內的戴奧辛含量以及文獻所記載不同戴奧辛物質
混合物（包括多氯聯苯）可能產生免疫力抑制作用的最低濃度

○ 資料取自：AMAP, 2004. AMAP Assessment 2002: Persistent Organic Pollutants (POPs) in the
Arctic. Arctic Monitoring and Assessment Programme (AMAP), Oslo, Norway.

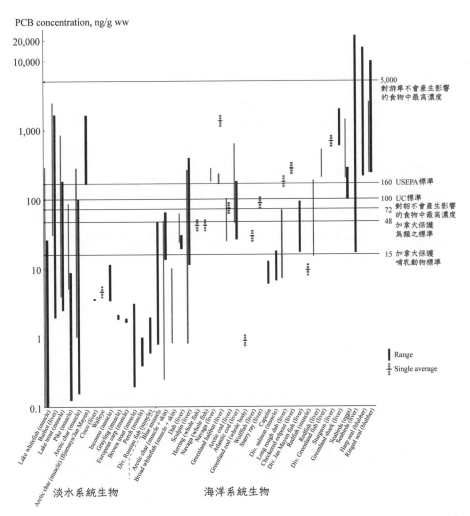

圖 10.12　北極地區不同動物體內可食用部位的多氯聯苯含量（ng/g 濕重）

🔵 資料取自：AMAP, 2004. AMAP Assessment 2002: Persistent Organic Pollutants (POPs) in the Arctic. Arctic Monitoring and Assessment Programme (AMAP), Oslo, Norway. IJC: International Joint Commission.

　　既然戴奧辛／多氯聯苯的產生大都與工業活動有關,其環境中的含量也應該隨著人類社會結構與文明的變遷而有所變動。以美國為例,其環境中的戴奧辛在 1930 年以前並無明顯的變化,但隨即有逐年增加的現象,然約從 1970 年開始,則有減少的趨勢。許多證據也來自於河川或湖泊底泥的調查結果,因為底泥為環境中戴奧辛的最終蓄積庫,其含量的降低也反映出大氣中戴奧辛的沉降量以及相對的排放量的減少(見圖 10.9、圖 10.10、圖 10.11)。

10.8 一般食物與其他物品中的戴奧辛與多氯聯苯

　　戴奧辛／多氯聯苯普遍的存在於一般食物中,但由於其高脂溶性之故,脂肪含量高的食物如肉類、魚類、乳製品或肝臟等,這些物質的含量通常較高。這些食物中的戴奧辛背景含量通常在數百 ppq (pg/kg)到數個 ppt (ng/kg)之間,且主要仍以 7 與 8 氯的戴奧辛含量較高,但是 5 氯異構物對總 TEQ 含量所占的比例通常較高。若比較不同類型食物中戴奧辛的含量,則牛肉及魚貝類的濃度較高。由於經由食物的攝取是戴奧辛物質進入人體的最主要途徑,因此瞭解食物中戴奧辛的含量將有助於減少人體的暴露與相對的風險。雖然許多地區已禁用多氯聯苯,但類似於戴奧辛,其進入人體的主要途徑也是經由食物的攝取。目前對多氯聯苯的人類暴露及毒害評估主要是針對 dioxin-like(**似戴奧辛**)之共面式多氯聯苯異構物,並可以 PCB-TEQ 方式來表示。表 10.13 列出不同地區或國家一般食物不同類別中戴奧辛及多氯聯苯之背景含量以供讀者參考。

表 10.13　不同地區或國家不同類別食物中戴奧辛／多氯聯苯背景含量 (pg WHO$_{98}$-TEQ/g)

地區或國家	類別	PCDDs/PCDFs		Coplanar PCBs	
		平均值	中間值	平均值	中間值
北美	乳製品	0.10	0.07	0.02[a]	0.01[a]
	蛋類	0.17	0.14	0.04[a]	0.02[a]
	魚類	0.56	0.28	0.13[a]	0.08[a]
	肉類	0.13	0.10	0.14[a]	0.05[a]
西歐	乳製品	0.07	0.04	0.08	0.07
	蛋類	0.16	0.15	0.07	0.06
	魚類	0.47	0.31	2.55	0.90
	肉類	0.08	0.06	0.41	0.08
	蔬菜類	0.04	0.03	0.04	LOD
日本	乳製品	0.06	0.04	0.04	0.02
	蛋類	0.07	0.03	0.06	0.04
	魚類	0.37	0.11	0.69	0.19
	肉類	0.09	0.01	0.04	0.009
	蔬菜類	0.003	0.002	0.02	0.003
紐西蘭	乳製品	0.02	0.02	0.01	0.008
	魚類	0.06	0.05	0.09	0.07
	肉類	0.01	0.01	0.02	0.01
	蔬菜類	0.008	0.008	<LOD	<LOD
所有地區	油脂類產品	0.21	0.10	0.07[a]	0.02

◯ LOD：檢測極限(limit of detection)。

◯ 數據來源：Evaluation of certain food additives and contaminants (Fifty-seventh report of the Joint FAO/WHO Expert Committee on Food Additives). WHO Technical Report Series, No. 909, 2002.

　　在一般日常生活所接觸的物品當中，有些也含有微量的戴奧辛，這些包括香菸、紙類製品、染料、紡織品、乾洗用溶劑等，但除了香菸外，在一般狀況下，這些戴奧辛對人體的危害性仍相當有限，因其含量極低或者其不易由這些物質中釋出之故。一項針對全球不同品牌香菸所進行戴奧辛含量的調查曾發現，一臺灣製香菸中所含之戴奧辛濃度（未點燃）約為9.3 pg-TEQ／包，其他國家不同品牌的濃度則在 1.4~12.6 pg-TEQ／包之間。一些紙類製品包括咖啡濾紙、報紙、衛生紙、回收紙、牛奶盒、肉類包裝紙、紙餐具等皆可能含不同量的戴奧辛，此現象可能與紙類成品製程中使用氯漂白有關。一般而言，多氯聯苯除特殊汙染事件外，較不易在物品中被檢出。

10.9 戴奧辛與多氯聯苯的人體暴露與體內負荷

　　戴奧辛／多氯聯苯一旦由不同的產生源釋放進入一般環境中，則可能經由不同的途徑進入人體。這些物質會直接被人體呼吸道吸入，但也有部分會蓄積在不同環境介質或食物中，然後再經由食入的途徑進入人體，此為一種間接的暴露途徑，但也是人類接受戴奧辛／多氯聯苯物質的最主要方式，且占所有攝取量的90%以上，此顯示此類物質經由食物鏈傳輸的顯著性。由於劑量決定毒性，因此要瞭解戴奧辛／多氯聯苯對人體的危害性，則必須先評估其暴露量，此可以每日接受量來表示。由於不同地區民眾的飲食與生活習慣並不盡相同，此差異性也影響到其對此類物質的攝取量或攝取來源的不同。如表 10.14 中所示，芬蘭人的戴奧辛食物暴露來源有 63%來自於魚貝類的攝取，但丹麥與荷蘭人的主要接受量則來自於乳製品（如起司與乳酪等）的攝取，皆為 39%，但魚貝類的來源僅分別占 11%與 2%。

表 10.14　歐盟不同國家民眾因攝食所接受之戴奧辛量(pg I-TEQ/d)與之貢獻量百分比

國家	芬蘭	法國	丹麥	義大利	荷蘭	挪威	瑞典	英國
調查年份	1991 ~ 1999	1998 ~ 1999	1995 ~ 1998	1995	1990 ~ 1991	1989 ~ 1996	1996 ~ 1999	1992
戴奧辛暴露量 pg/d	61	97	51	45	82	29	68	88
不同食物類別貢獻量(%) 乳製品	16	33	39	26	39	22	19	25
肉類	6	13	30	32	20	14	31	20
蛋類	4	2	11	7	4	12	2	4
魚類	63	26	11	35	2	46	34	6
其他	11	26	9	—	35	6	14	45

⬤ 其他包括：穀類、蔬菜、水果、蔬菜脂肪與油等。
⬤ 資料來源：European Commission, Health & Consumer Protection Directorate-General, Assessment of dietary intake of dioxins and related PCBs by the population of EU Member States, 2000.

表 10.15　不同國家居民接受來自食物中戴奧辛及多氯聯苯的平均每月暴露量(pg/kg/month)

國家／年份	PCDD/Fs	Coplanar PCBs	總 WHO$_{98}$-TEQ
澳洲，2005	0.9~10.2 (24~65%)	2.8~5.4 (76~35%)	3.7~15.6
紐西蘭，1998, 2001	6.6 (59%)	4.5 (41%)	11.1
英國，2003	9~9 (60%~43%)	9~12 (60%~57%)	15~21
美國，2000	16.7 (62%)	10.1 (38%)	26.8
歐洲，2000	12~45 (33%~50%)	24~45 (67%~50%)	36~90
加拿大，2003	24 (75%)	7.8 (25%)	31.8
荷蘭，2001	20.7 (53%)	18.6 (47%)	39

⬤ 數據彙整於：National Dioxin Program, Human Health Risk Assessment. Technical Report No. 12. Department of the Environment and Heritage, Australia. 2004.
⬤ 括號內數據為占總 TEQ 之百分比，部分數據百分比總和可能會超過 100。

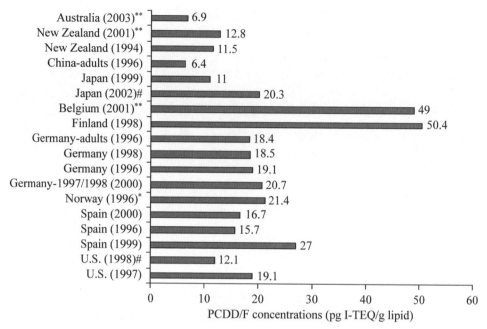

圖 10.13　比較不同國家民眾血液戴奧辛濃度

○ *為 I-TEQ, **為 WHO-TEQ，＃無法確認。

○ 數據整理於：Dioxins in the Australian population: levels in blood. Technical Report No. 9. Department of the Environment and Heritage, Australia. 2004.

　　WHO 曾在 1998 年指出當時工業化國家人民的每日戴奧辛背景暴露量約為 50~200 pg-TEQ/day。若假設平均體重為 60 kg 的話，則每日的背景暴露劑量應為 1~3 pg-TEQ/kg/d；但若將共面式多氯聯苯一併計算，則其每日劑量有可能為原數值的 2~3 倍。一調查曾估算英國人暴露於戴奧辛物質之每日平均劑量，其中共面式多氯聯苯約為 0.9 pg-TEQ/kg/d，約占總毒性當量劑量 2.4 pg-TEQ/kg/d 的 38%。若以總多氯聯苯計算，工業化國家一般民眾之每日劑量約在 5 至 100 μg/day 之間。表 10.5 列舉出一些國家之居民接受來自食物中戴奧辛及多氯聯苯的平均每月暴露量；其中後者對總 TEQ 的貢獻至少都超過 25%。

　　由於戴奧辛／多氯聯苯的生物蓄積作用，而人類又位於食物鏈的頂端，因此一般人每日皆會或多或少的吸收不等量的這些 POPs，並將其蓄積於體內（尤其是脂肪組織中），而隨著年齡的增長，體內累積的含量亦日漸增加。WHO 以前述之日平均攝取量推估在工業化國家，一般民眾**戴奧辛的體內負荷**(dioxin's body burden)約為 2~6 ng-TEQ/kg－體重（或 10~30 pg-TEQ/g－脂肪），若加上多氯聯苯，可能總 TEQ 亦會再增加 2~3 倍。另外一些特殊暴露族群，也可能因較高的暴露量使其體內所累積的量高於一般的平均值；這些族群包括常吃魚類或高脂肪食物攝取者、因工作而接觸戴奧辛者、食母乳的嬰兒、住處附近有顯著的汙染源者、北極圈原住民（因食用當地哺乳類動物的脂肪）等。例如格陵蘭(Greenland)一般民眾內的多氯聯苯濃度即高於加拿大人體內的 15~18 倍，因其常攝取相對脂肪含量高的肉類食物。

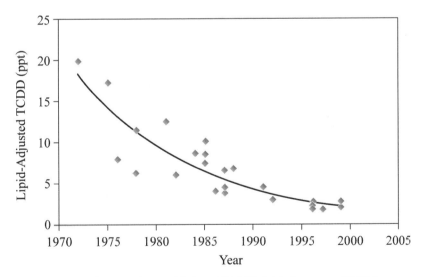

圖 10.14　美國、加拿大、德國、法國四國民眾血液中 TCDD 濃度在 1970~2000 年間的變化情形

⬤ 資料取自：Aylward, L. L., & Hays, S. M. (2002). Temporal trends in human TCDD body burden: decreases over three decades and implications for exposure levels. *J Expo Anal Environ Epidemiol.* 12(5), 319-28.

戴奧辛／多氯聯苯可在人體的脂肪組織、血液、乳汁或其他不同的組織中被發現。由於微量分析技術的進步，目前由血液中檢測人體內戴奧辛的含量為最普遍的方法。圖 10.13 比較不同國家民眾血液戴奧辛濃度。圖 10.14 為美國、加拿大、德國、法國四國民眾血液中 TCDD 濃度在 30 年之間(1970~2000)的變化情形，並顯示各國的濃度已有明顯的下降，此為各國對戴奧辛排放管制所驗收之成果。

臺灣行政院衛生福利部藥物食品檢驗署從 2001 年開始進行較大規模之一般民眾檢驗，經過七年(2001~2006)之調查結果為六個地區（臺北、新竹、臺中、臺南、高雄、花蓮），年齡為 18~65 歲，共 430 個調查對象血液中戴奧辛濃度中間值為 12.2 pg WHO98-TEQ/g－脂質。韓國 1998 年調查的數據則指出，其血清中戴奧辛濃度亦不高，從 7.90~33.89 pg-TEQ/g－脂質(n = 10)，而平均值為 16.62 pg-TEQ/g－脂質。在戴奧辛汙染較嚴重的日本，1998 年的一般民眾血液的戴奧辛濃度為 7~49 pg-TEQ/g－脂質，而平均為 23 pg-TEQ/g－脂質。

由於環境中的多氯聯苯逐漸的減少，人體內的含量也較以前低。北美一般民眾在 1990 年前的多氯聯苯血清含量皆高於 1 ppb (ng/mL)以上，但目前已在 0.1~1 ppb 的範圍。體內多氯聯苯的含量與飲食習慣有密切的關係。例如居住在北美五大湖區且常攝食魚類的民眾，通常有較高於常人的體內含量。臺灣地區一般民眾體內之多氯聯苯平均含量為 9.4 ppb (1983)，新竹與臺北地區分別為 2.6 ppb (1985)與 1.6 ppb (1983)。此濃度範圍與同年代日本一般民眾的體內含量 1~5 ppb 相當，但低於 1980 年代美國密西根州不食用魚類居民的 6.6 ppb 及一般美國人的 3.1 ppb。

然而對多氯聯苯的人體危害性而言，較為重要的是共面式異構物的體內含量，而非所有異構物的總含量。以下數據曾在不同文獻中報告：臺灣地區 17 位油症患者血液中共面式多氯聯苯的平均含量為 10 pg-TEQ/g－脂質（5~19 pg-TEQ/g－脂質，1993）；一般德國孩童的血液含量在都會區為 9.6~12 pg-TEQ/g－脂質、工業區為 9.1~11 pg-TEQ/g－脂質、鄉村為 12.8~13.5 pg-TEQ/g－脂質，而成人為 9.1 pg-TEQ/g－脂質；西班牙民眾

血清中濃度為 7.03 pg-TEQ/g－脂質（僅包含 PCB-126 及 PCB-169）；日本(2000)與韓國(1997)一般人血中含量皆約為 15 pg-TEQ/g－脂質；美國民眾血清含量為 6.6 pg-TEQ/g－脂質。多氯聯苯由於其蓄積特性，年齡愈大者的體內含量也可能愈高。前述臺灣衛生福利部針對國民血液含量調查之結果為共面式 PCBs 濃度中間值為 6.52 pg WHO98-TEQ/g－脂質，不過此濃度亦占 TEQ 總濃度（戴奧辛加上多氯聯苯）之 35%。另外，胎兒或嬰兒也可因母體的臍帶／胎盤或授乳的傳輸，而在出生後卻未直接接觸受汙食物的狀況下，其體內即含有多氯聯苯（及戴奧辛）。

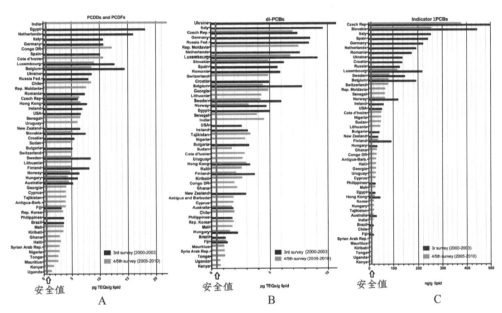

圖 10.15　不同國家婦女母乳中在兩段不同調查期間(2000~2003 vs. 2005~2010)
的戴奧辛(A)、共面式多氯聯苯(B)、總多氯聯苯(C)之含量

⊙ 原圖片取自於：van den Berg et al. WHO/UNEP global surveys of PCDDs, PCDFs, PCBs and DDTs in human milk and benefit–risk evaluation of breastfeeding. Arch Toxicol (2017) 91: 83. https://doi.org/10.1007/s00204-016-1802-z。各圖另標示出對攝取母乳的嬰兒之化合物含量安全值。

　　母乳中含量是人體暴露於戴奧辛的良好指標，而新生兒則會再經由授乳的途徑，接受甚至比成人食用一般食品更高的戴奧辛劑量，因此，各國亦對母乳中戴奧辛的含量皆積極的展開調查的工作，以確保較易受毒害的幼兒不受戴奧辛的影響，而在未來產生生長發育、生殖及神經行為發展上的缺陷。圖 10.15 為 WHO/UNEP 針對全球不同國家婦女母乳中在兩段不同調查期間(2000~2003 vs. 2005~2010)的戴奧辛與多氯聯苯含量。全球不同地區之相關數值，則因開發程度之不同而有明顯的差異。共面式 PCB 異構物之 TEQ 濃度則在 10~100 pg-TEQ/g 脂質之範圍。值得注意的是，部分地區共面式 PCB 異構物的 TEQ 值是超過戴奧辛的 TEQ，此也反應不同地區民眾對此兩類物質之暴露是有差異的。

10.10　戴奧辛的毒物動力學與毒性

　　戴奧辛能經由吸入、食入或皮膚接觸等途徑進入人體內，但以前兩者的吸收率最佳，可達 80% 以上，此也因不同異構物而有差異，而主要的影響因素為分子的大小與溶解性；例如含 7 與 8 氯異構物吸收率較差的原因即為分子過大。戴奧辛被吸收後進入血液中，則與其中之脂質結合並分布至體內不同的部位。在哺乳類動物體內，肝臟與脂肪為戴奧辛蓄積的主要場所，並以氯化於 2、3、7 或 8 位置的異構物較具蓄積性。戴奧辛物質能被肝臟的「**混合功能單氧酵素系統** (mixed-function monooxygenase), cytochrome P450」（見第三章）轉化為水溶性較高的代謝物，並再進一步進行第二階段的代謝作用如與 glucuronic acid 或 glutathione 的結合，而由膽汁與腸道排出體外，僅極少量能由腎臟／尿液排除。另一較為顯著的排除途徑為授乳，但此路徑卻能將母體內的戴奧辛傳遞給嬰兒，並增加其體內之負荷（母體的含量反而降低）。TCDD 在人體內的半生期據推估約為 7~9 年。如果持續的暴露於戴奧辛，當人類年齡漸增時，體內的含量也逐漸的增加。圖 10.16 為不同文獻所記載不同戴奧辛異構物在人體之半生期。

戴奧辛雖有「世紀之毒」之稱，但並非所有異構物的毒性皆相當，此可從不同異構物具有不同的毒性當量係數得知。毒性當量係數為 1 的 2,3,7,8-TCDD 是所有戴奧辛異構物中毒性最強者，但其對不同實驗動物之 LD_{50} 差異頗鉅；從最敏感之天竺鼠（LD_{50} 為 0.6 µg/kg）至反應最弱之大頰鼠（LD_{50} 為 1,157 µg/kg），其中差距可達約 2,000 倍。實驗動物急性暴露於高劑量的戴奧辛所產生之影響包括：體重減輕、胸腺萎縮、肝毒性、免疫功能退化、皮下水腫與出血、胃功能障礙等。大部分的戴奧辛毒性試驗僅針對其中少數幾種異構物，並仍以 TCDD 的研究為主。

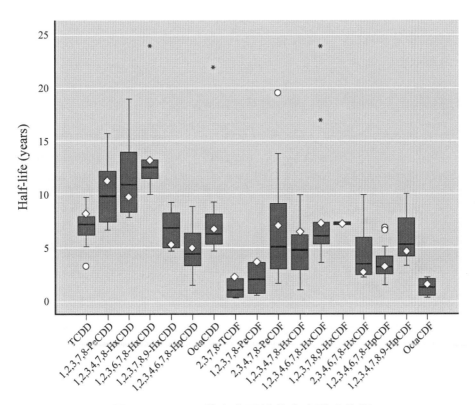

圖 10.16　不同戴奧辛異構物之人體半生期

⊙ 資料來源：Milbrath, M. O., Wenger, Y., Chang, C. W., Emond, C., Garabrant, D., Gillespie, B. W., & Jolliet, O. (2008). Apparent half-lives of dioxins, furans, and polychlorinated biphenyls as a function of age, body fat, smoking status, and breast-feeding. *Environ Health Perspect. 2009，117*(3), 417-25. ／長條為範圍，長條內黑線為平均值，◇為長條數據之參考值，○為偏離值(outlier)，＊為特殊狀況。

戴奧辛亦能產生動物生殖與發育的障礙。此類慢性毒害能影響雄老鼠之生殖，而其他對雄性動物的影響則包括：體內荷爾蒙之改變、減少精子形成、降低血液雄激素含量、減少睪丸及其他生殖器官之重量改變、改變睪丸之細胞型態、降低生殖能力等。戴奧辛對雌性動物的影響包括：生理週期荷爾蒙之不正常變動、胎兒體形較小、子宮內膜異位及降低生殖能力，此類的生殖與內分泌影響與其他環境荷爾蒙不同的是其為一種抗雌激素的作用(anti-estrogenic)（見第七章）。戴奧辛亦能影響白血球之成熟及分化，因此具有降低免疫力作用。戴奧辛也具畸胎性，能對試驗動物產生腭裂(cleft palate)、外陰部與腎臟病變等畸形。表 10.16 列舉出 TCDD 對試驗動物產生不同毒害的最低有害作用值(lowest observed adverse effect level, LOAEL)。

表 10.16 TCDD 對試驗動物產生不同毒害的口服 LOAEL

種類	LOAEL (μg/kg)			
	死亡	免疫力毒性（胸腺萎縮）	生殖毒性（流產或著床失敗）	發育毒性
天竺鼠	0.6	0.8	1.5	1.5（胚胎死亡）
大頰鼠	1,157	48	無資料	1.5（腎臟病變）
小白鼠	100	280	1	1（腎臟病變）
猴子	70(1/3 死亡率)	70	1	1（胚胎死亡）
兔子	115	無資料	0.25	無資料
大鼠	22	26	0.125	0.64（影響雄性生殖能力）

◯ 數據整理自：ATSDR-Toxicological Profile for Chlorinated Dibenzo-*p*-Dioxin, 1998.

　　人體暴露於高劑量的戴奧辛物質最常見之症狀為**氯痤瘡**(chloracne)。氯痤瘡為一種皮膚的病變，患者皮膚患有類似於青春痘的嚴重發炎現象，並好發於臉頰部（圖 10.17），但也會發生在身體的其他部位。氯痤瘡患者的皮膚損害可能會復原，但也可能成為永久性的疤痕。其他皮膚症狀包括色素的累積與多毛症。前烏克蘭總理 Viktor Yushchenko 在 2004 年競選連任時，曾被不明人士刻意以高劑量之戴奧辛下毒，導致其血液戴奧辛含量被檢測出高達 100,000 pg WHO-TEQ/g－脂肪，約為一般人的數千倍～萬倍（一般人約在 15~45 pg WHO-TEQ/g－脂肪之間），而其臉部則產生明顯的氯痤瘡（圖 10.17 B）。他目前正接受長期治療中。戴奧辛的其他人體健康影響包括周邊神經病變、疲勞、憂鬱、行為改變、肝炎、肝腫大、體內酵素不正常（誘導 cytochrome P4501A，見第三章）、紫質含量變化、糖尿病及造成皮膚傷害等。由於缺乏可靠的流行病學證據，戴奧辛對人體生殖與發育的影響，目前尚無定論，但可確定的是其具有抗雌激素之效應(anti-estrogenic effect)以及甲狀腺素之影響。

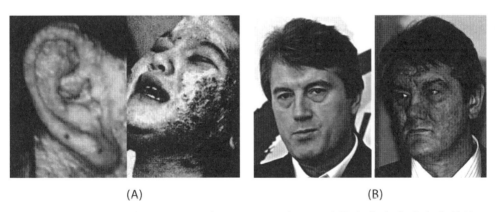

(A)　　　　　　　　　　　　　　　　(B)

圖 10.17　氯痤瘡患者(A)油症兒（見 10.11 節）；(B)受戴奧辛毒害的烏克蘭總理
　　　　　Viktor Yushchenko，左圖為被下毒前之照片，右圖為被下毒後之照片

表 10.17 戴奧辛對生物體產生不同毒害所相對應的體內負荷量

生物種類	毒性反應	體內含量(ng TCDD/kg)
人類	致癌	2,000~32,000
	致癌	1,000~2,400
	致癌	345~3,890
	降低體內雄激素	496~1,860
	降低體內雄激素	42 (NOAEL)
	背景濃度	2~3
大鼠	致癌	5,000~10,000
	良性腫瘤	1,500~2,000
	子體體內精子數減少	28（母體含量）
	子體免疫力降低	50（母體含量）
	子體外陰部畸形率增加	73（母體含量）
猴子	子體行為異常	42（母體含量）
	子宮內膜異位	42（母體含量）

● 數據取自不同文獻，整理自：New Zealand Ministry for the Environment-Evaluation of the toxicity of dioxins and dioxin-like PCBs: A health risk appraisal for the New Zealand population. 2001.

　　動物試驗的結果顯示 TCDD 具有致癌性，並能在肝臟、肺臟、皮膚、胸腺、口與鼻腔、腎上腺、結締與軟組織、血液等部位形成惡性腫瘤。

　　在一些人類的暴露事件中，戴奧辛被認為與致癌率的增加有關。基於許多現存之證據，IARC 與 USEPA 皆將 2,3,7,8-TCDD 歸類為人類致癌物（第 1 類與 A 類），而其他戴奧辛之異構物則被列為非人類致癌物 (non-carcinogenic to human, Group 3)。TCDD 不具有突變性與基因毒性。戴奧辛由於具有蓄積性，因此其在動物體或人體內的負荷可做為產生危害性的一種生物指標。表 10.17 列出戴奧辛對生物體產生不同毒害所相對應的體內負荷量，此對照表也顯示戴奧辛產生生殖、發育、神經或免疫等非致癌毒性所需的劑量或體內負荷較產生致癌性為低，且接近於目前一般人的體內背景含量。表 10.18 總結不同動物對 TCDD 的毒性反應。

表 10.18 不同動物對 TCDD 的毒性反應

毒性反應	人類	猴子	天竺鼠	大白鼠	小白鼠	大頰鼠	牛	兔	雞	魚	鳥類	海洋哺乳類動物	貂
AhR 的存在	+	+	+	+	+	+	+	+	+	+	+	+	+
TCDD/AhR複合體與 DRE 的結合	+	+	+	+	+	+	+	+	+	+			
酵素誘導	+	+	+	+	+	+	+	+	+	+	+	+	+
急性致死	○	+	+	+	+	+		+	+	+	+	+	+
體重減輕	+	+	+	+	+	+			+		+	+	+
畸胎性／胚胎毒性及致死作用	+/-	+	+	+	+	+	+	+	+	+	+	+	+
內分泌影響	+/-	+		+	+	+		+		+			
免疫毒性	+/-	+	+	+	+	+	+	+	+	+	+	+	+
致癌性	+/-			+	+								
神經毒性	+	+		+	+		+	+				+	
氯痤瘡	+	+	+	+	+	+		+	+	+			+
紫質沉著症	+	○	○	+	+	+/-			+	+	+		
肝毒性	+	+	+/-	+	+	+/-		+	+	+	+		+
水腫	+	+	○	+	+	+							
睪丸萎縮	+	+	+	+	+				+		+		
骨髓細胞發育不全					+/-								

○ + 為有影響，+/- 為輕微影響或無／無影響，○為無影響，空白代表目前無相關數據。AhR 與 DRE 見 10.11 節。

○ 資料來源：USEPA-Draft Exposure and Human Health Reassessment of 2,3,7,8-Tetrachlorodibenzo-*p*-Dioxin (TCDD) and Related Compounds, 2000.

10.11　戴奧辛的毒理機制

　　戴奧辛產生毒性的機制主要（但並非唯一的）是透過「**芳香烴受體** (aromatic hydrocarbon receptor, AhR)」。芳香烴受體是一種被發現存在於一般較高等動物的體內細胞質中，而類似於荷爾蒙受體的一種結合蛋白。戴奧辛與 AhR 的結合被認為是產生所有目前觀察到毒性之先決步驟。簡而言之，當戴奧辛通過細胞膜後，與 AhR 結合產生一複合體，然後遷移至細胞核內並與 DNA 上的「**戴奧辛回應元件** (dioxin responsive element, DRE)」連結，並誘導特定的 P450 酵素以及引發一連串的生化反應，進而造成毒性。圖 10.18 為戴奧辛透過 AhR 產生毒性的示意圖。

　　戴奧辛與 AhR 的結合和一般荷爾蒙與其受體的結合極為相似，皆與其化學結構有密切的關係（見第七章）。因此，只要化學結構與戴奧辛類似的化合物，皆可能與 AhR 結合，並產生類似於戴奧辛的毒性，而其毒性的強弱，則與其對 AhR 的結合度有關。理論上，若一物質與 AhR 的結

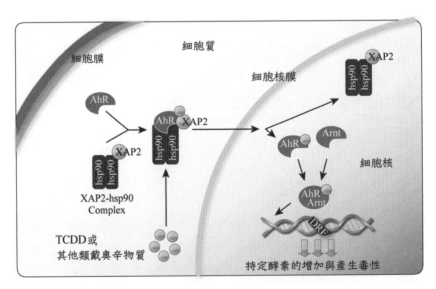

圖 10.18　戴奧辛的 AhR 毒理機制示意圖

🔵 hsp90：一種熱休克蛋白質 (heat shock protein), Arnt: Ah 受體細胞核轉移蛋白 (Ah receptor nuclear translocator), DRE：戴奧辛回應元件 (dioxin responsive element)，XAP2：一種結合蛋白，又稱 ARA9 或 AIP。

合度最佳，則該物質的毒性愈強。TCDD 的毒性為所有戴奧辛中最強者的，原因即為其與 AhR 的結合較其他異構物為佳。前文所提及的 TEQ 觀念也是建立於化學結構相似性的基礎之上。許多研究也發現一些非戴奧辛或呋喃的化合物也能與 AhR 作用，這些被稱為「**似戴奧辛物質(dioxin-like compounds)**」包括一些多溴戴奧辛與呋喃、部分的多氯聯苯類（共面式或圖 10.15 的 D-PCBs）、偶氮聯苯類、多環芳香烴類（第十一章）等。

10.12 多氯聯苯的毒物動力學、毒性與毒理機制

　　多氯聯苯能經由吸入、食入、皮膚接觸等途徑進入生物體內，但以食入的吸收最佳，但也因不同的異構物而有差異。進入血液中的多氯聯苯能與血脂蛋白結合並傾向於分布至體內含脂肪量較高的部位，如肝臟、脂肪組織、皮膚、乳汁等。多氯聯苯亦能被「**混合功能單氧酵素系統 (mixed-function monooxygenase, cytochrome P450)**」（見第三章）代謝，並再進一步進行第二階段的代謝作用如與 glucuronic acid 或 glutathione 的結合，而由膽汁與腸道排出體外，少量則能由腎臟／尿液與授乳路徑排除。多氯聯苯的主要代謝物以氫氧基與硫氧甲基(methylsulfonyl)的結合為主，但有些異構物仍不易被代謝且可長期的停留於體內，這些包括含氯數較高者與在對位與間位皆有氯的結合者。有些多氯聯苯代謝物的毒性反較原化合物高－**生物活化作用**(bioactivation)，例如部分含氯數低的異構物能被形成親電性物質並與 DNA 結合，而成為一基因毒物。多氯聯苯在人體內的半生期因異構物而異，圖 10.19 彙整不同多氯聯苯異構物之半生期。

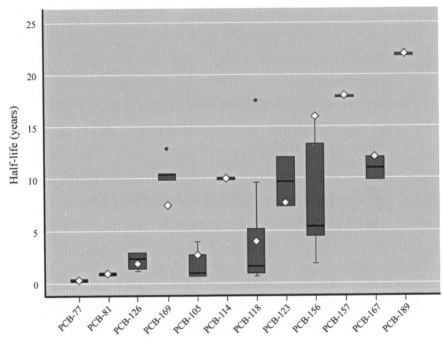

圖 10.19 不同多氯聯苯異構物之人體半生期

⬤ 資料來源：Milbrath, M. O., Wenger, Y., Chang, C. W., Emond, C., Garabrant, D., Gillespie, B. W., & Jolliet, O. (2008). Apparent half-lives of dioxins, furans, and polychlorinated biphenyls as a function of age, body fat, smoking status, and breast-feeding. *Environ Health Perspect. 2009, 117*(3): 417-25.

⬤ 長條為範圍，長條內黑線為平均值，◇為長條數據之參考值，＊為特殊狀況。

　　由於多氯聯苯內通常含有戴奧辛物質，因此要評估其本身的毒性較為困難。多氯聯苯之生物特性也與其異構物之氯化程度有關，其中以含有 4~6 個氯之 PCBs 毒性較強，例如單以戴奧辛的當量係數而言，3,3',4,4',5-pentachlorobiphenyl (PCB 126)與 3,3',4,4',5,5'-hexachlorobiphenyl (PCB 169)的毒性僅為 TCDD 之十到百分之一；而含 7~8 個氯之 PCBs 則較難被代謝，但此類 PCBs 在自然界中的含量較高。一般而言，多氯聯苯之急毒性皆不強，對大老鼠之口服 LD_{50} 為 2,000~19,000 mg/kg。不同動物毒性試驗之結果指出受毒害之臟器組織可包括肝臟、皮膚、免疫、生殖系統、消化道、甲狀腺等。

　　吾人對多氯聯苯人體毒性的瞭解，有部分是來自於觀察受多氯聯苯汙染之米糠油中毒患者(俗稱「**油症**」患者，Yu-Cheng 與 Yusho，見圖 10.17)，雖然後來研究證實受汙米糠油毒性作用主要是因氯化呋喃所致，但也有可能部分的毒性是來自於多氯聯苯。多氯聯苯之慢毒性包括神經毒害、免疫力降低、肝毒害、致癌性、發育毒性／畸胎性、皮膚毒性、生殖毒害等。

　　多氯聯苯的神經毒害中較重要者為對幼體的影響，包括運動神經發展遲緩、反射不佳、神經行為改變、注意力不集中、理解力與記憶力較差、IQ 較低、認知障礙等。這些影響可發現在油症兒(油症孕婦所生之嬰兒)、食用較多量魚類的五大湖區婦女之後代、職業暴露於多氯聯苯的工人後代身上，但其本身所含戴奧辛的毒害作用也不容忽略。

　　多氯聯苯的生殖毒性包括改變月經週期、增加流產率、受孕力降低、後代體重較輕、影響後代精子品質等。在所有的試驗動物中，以猴子與貂對 PCBs 的生殖毒性最為敏感。在 1968 年日本及 1979 年臺灣中部的米糠油中毒事件中，油症兒所產生的毒害除前述之神經影響外，另包括體型較小、黑色素沉積、指甲變形、牙齒生長異常、子宮內膜成長緩慢等症狀。

　　多氯聯苯產生致癌病變之部位包括肝臟、膽管、膽囊等，另可能包括乳癌，其他部位則尚未確認。IARC 與 USEPA 皆將部分的多氯聯苯異構物歸類為疑似人類致癌物(probable human carcinogen, 2A 及 B2)，這些包括 Aroclor 1254、1260、Kanechlor 500 (CAS No. 37317-41-2)，另 IARC 將 PCB77、81、105、114、118、123、126、156、157、167、169、189 等皆列為確認之人類致癌物(第 1 類)，其他 PCBs 列為 2A 類，而美國的 NTP 在 2011 年則將所有 PCBs 皆列為人類致癌物(第 1 類)。多氯聯苯具有弱遺傳毒性，但其突變性作用仍待證實。近年研究顯示其致癌性應與被生物體代謝(P450 酵素)形成 **DNA 結合體**(DNA adduct，見第四章)有關。此類化合物也被列為環境荷爾蒙之一，並視異構物種類不同可能具有微弱仿雌激素、抗雌激素、抗雄激素、降低甲狀腺素(T_3 與 T_4)等內分泌干擾的作用。

多氯聯苯能誘發(induction)較高等生物體內的 cytochrome P450 系統（見第三章）。不同異構物能對不同的 P450 酵素產生誘導（或抑制）作用，吾人並依此生物特性而將多氯聯苯分為三大類別：3-MC (3-methylcholanthrene)型、PB (phenobarbital)型、混合型（mixed-type，能同時誘導 3-MC 與 PB 型的 P450 酵素者）。屬於不同類別的酵素，皆能將多氯聯苯轉化為毒性較弱或較強的代謝物（生物活化作用，見第三章）。一般而言，3-MC 型與混合型異構物的毒性最強，亦稱為**似戴奧辛之 PCBs**(DL-PCBs)，而 PB 型毒性較弱，毒性最弱者為不具有 P450 酵素誘導作用者。屬於 3-MC 型且毒性較強的異構物有 PCB77、126、169（皆為共面式）；屬於混合型且較重要者有 PCB105、118、128、138、156、170；屬於 PB 型且毒性較強者有 PCB87、99、101、153、180、183、194。特別一提的是 2,3,7,8-TCDD 戴奧辛是屬於 3-MC 型的酵素誘導物中作用最強者。

多氯聯苯能產生許多不同類型的毒害作用，而其毒理機制也不盡相同，有些目前仍尚待研究與證實。多氯聯苯混合物(Aroclor)所產生的毒性應是不同毒理機制的綜合結果，而並非由單一機制所造成。屬於似戴奧辛的多氯聯苯（共面型或 3-MC 型），其毒理機制與戴奧辛相同，皆是透過與 AhR 的結合，以及對 DNA 上特定基因的啟動來產生連鎖的生化反應與毒性（見圖 10.18）。部分 PB 型的多氯聯苯能誘導與 3-MC 型不同的 P450 酵素，但與 AhR 無關。多氯聯苯的其他非 AhR 機制包括降低腦細胞中多巴胺(dopamine)的含量、影響多巴胺的代謝、影響腦細胞鈣離子之調節、改變細胞膜等，進而產生一些神經的病變、使嗜中性白血球活化，並造成組織受損與影響甲狀腺素的恆定。多氯聯苯的致癌、免疫、肝細胞肥大與損害、生殖與內分泌影響等毒性，則多與 AhR 或其他尚未明確的機制有關。

10.13 ┃ 戴奧辛／多氯聯苯的汙染事件

　　雖然戴奧辛無任何用途（除研究外），但在人類使用其他化學物質的歷史上，仍發生一些戴奧辛汙染或中毒的意外事件。而由於多氯聯苯是商業用品，就如同其他化合物一般，早期毒化物使用在缺乏適當的環境保護管理措施下幾乎都會產生不同狀況與程度的汙染，例如美國超級基金法(Superfund Act)中因 PCBs 之嚴重汙染而列入其「**國家優先名單**」(National Priority List, NPL)的整治場址即超過 500 座。本章僅就數件特殊汙染案例略做介紹，而其他如美國紐約州的愛河(Love Canals, 1940s~1950s)、臺灣南部二仁溪燃燒廢五金(1970s)、德國 BASF AG 工廠(1953)、荷蘭 Philips-Duphar (1963)等事件，在其他文獻或報告皆有詳細的記載，本書不再做介紹。

（一）多氯聯苯米糠油中毒事件

　　多氯聯苯米糠油中毒事件曾發生於 1968 年的日本北九州，以及 1979 年的臺灣彰化與臺中縣，兩者皆為一般民眾因食入受多氯聯苯(PCBs)汙染的米糠油而中毒，但後來之研究則證實米糠油的毒性作用主要是因為多氯聯苯內含的多氯呋喃以及共面式的多氯聯苯所致。在日本的「Yusho」事件中，至少有 1,854 人在約 10 個月的暴露後，開始產生毒性症狀，而所推估多氯聯苯的最高攝取量約為 2 g，而多氯呋喃在米糠油的平均總濃度約為 5 μg/g。在臺灣的事件中，約有 2,000 人受害，暴露期約為 9 個月，中毒者俗稱**油症**(Yu-Cheng)患者。此事件中，米糠油所含的總多氯呋喃濃度在 0.18~1.68 μg/g 之間。不同的研究調查顯示兩事件中毒者的多氯呋喃平均攝取量相近，分別為日本的 3.3 mg 與臺灣的 3.8 mg，主要的呋喃異構物為 2,3,4,7,8-五氯呋喃與 1,2,3,4,7,8-六氯呋喃。在 Yusho 事件中受害者脂肪中的呋喃濃度為 6~13 ng/g。在油症患者所觀察到的毒性症狀中，**氯痤瘡**(chloracne)是相當常見（見圖 10.17），其他尚包括淚腺分泌增加、黑色素累積於指甲中及皮下組織、疲倦、頭昏及嘔吐等，持續的症狀則包括皮膚角質化及變黑，易受細菌感染等。另外，當時受害婦女所產之嬰兒稱為油

症兒，而其被觀察到的毒害症狀包括體型較小、黑色素沉積、指甲變形、未出生即有牙齒、子宮內膜成長緩慢、認知障礙、行為問題、精子品質可能受影響等。在日本的 Yusho 事件中，肺癌與肝癌的比例皆有明顯的增加。

（二）義大利 Seveso 事件

此事件發生於 1976 年位於義大利米蘭北部的工業小鎮斯維索（Seveso，人口約 3 萬 7 千人）。其源自於一 3 氯酚製造工廠發生意外爆炸，同時將至少約 34 公斤的戴奧辛物質釋出於大氣中。調查人員將該汙染區依土壤中的戴奧辛含量劃分為 A（平均濃度在15.5~580 $\mu g/m^2$）、B（平均濃度<5 $\mu g/m^2$）、R（平均濃度<1.5 $\mu g/m^2$）三區。土壤濃度最高的 A 區居民包括有 556 位成年人與 306 位孩童，其中患有嚴重氯痤瘡孩童的血清中 TCDD 最高濃度可達 56,000 ppt（ng/L－脂質），但也有部分暴露者的 TCDD 血清濃度在 1,770~10,400 ppt 之間，卻未產生任何急性的中毒症狀。在 A 區民眾體內血清中的 TCDD 濃度平均為 390 ppt，B 區為 78 ppt，對照區為 5.5 ppt。流行病學的調查顯示，在 A 與 B 區的男性肺癌罹患率增加 30%，而男性與女性的淋巴與血癌則增加 70~80%，亦有研究指出在 Seveso 居民中的糖尿病罹患比例有明顯的增加。

（三）越戰使用橙劑之戴奧辛汙染事件

美軍在 1960 年代越戰期間，曾大量使用**橙劑**(Agent Orange)做為落葉劑(defoliant)以應付越共的叢林戰，推估其使用量約為 1 千 1 百萬加侖。橙劑為 2,4,5-T (2,4,5-trichlorophenoxy acetic acid) 與 2,4-D (dichorophenoxyacetic acid)的混合物（見第八章），而戴奧辛為製造 2, 4, 5-T 與 2, 4-D 過程中所產生的不純物，其濃度為<1~20 ppm 之間。研究調查指出曾參與空中噴灑橙劑作業(Operation Ranch Hand)越戰退伍軍人的平均血清 TCDD 含量高於一般人的 3 倍（12.4 ppt 與 4.2 ppt），但其致癌機率或死亡率並未明顯的增加，而其他一般越戰退伍軍人的平均血清 TCDD 濃度則與一般人相近。其他研究則指出越戰退伍軍人暴露於橙劑與罹患軟組織癌、淋巴癌、糖尿病與氯痤瘡有關聯性。由於戴奧辛對動物具有畸胎性，因此橙劑的使用也被認為與曾受噴

灑的越南部分地區民眾以及越戰退伍軍人產生畸形後代有關。美國 CDC 的報告指出越戰退伍軍人的子女出生後有較高的脊柱裂(spina bifida)、兔唇、腭裂、水腦症、癌症等的罹患率。美國國會在 1996 年通過對越戰退伍軍人子女患脊柱裂的補助法案。有關使用橙劑與越戰退伍軍人健康影響的調查不勝枚舉,但結果不一。另外,目前在越南南部,約有 13% 的地區曾噴灑過橙劑,但對當地居民或其後代的健康影響評估調查在近年來才有初步結果,數據顯示部分村落有較高的畸胎兒以及幼童罹患癌症的比例。

(四)美國密蘇里州時代海灘(Times Beach)事件

時代海灘為一人口約 2,240 人的小鎮。從 1970 年代開始,當地道路系統皆以廢油噴灑路面以減少揚塵。在 1982 年,USEPA 發現所使用的廢油內含戴奧辛(有些樣本的 TCDD 濃度超過 2,000 ppm),並造成土壤嚴重的戴奧辛汙染(TCDD 濃度 4.4~317 μg/kg,平均約為 79 μg/kg)之後,即開始撤離當地居民。該區至今仍荒廢中,而在密蘇里州東部有類似情況汙染的地區估計尚有 26 處,其 TCDD 的土壤汙染濃度從 30~1,750 ppb 不等。USEPA 於 1996 年開始以焚化的方式處理受汙土壤。時代海灘當地居民體內脂肪中 TCDD 濃度最高為 750 ppt。不過,目前當地居民的健康似未受明顯的影響。

(五)比利時肉類與乳製品受汙染事件

在 1999 年,比利時一家載運回收動物油脂公司的油罐車,因先前曾載運過受戴奧辛汙染的多氯聯苯絕緣油且未經適當的清洗,造成之後所載運的油脂皆受戴奧辛的汙染,而該動物油脂進而被連送至不同的畜產業者,並被使用添加於畜牧動物的飼料中,戴奧辛(以及多氯聯苯)因此也進入相關的畜牧產品之中。所推估混入於畜產品的戴奧辛量約為 200~300 mg(多氯聯苯為 10~15 kg)。化學分析的結果指出戴奧辛在雞肉、牛奶、雞蛋的平均含量分別為 170.3、1.9、32.0 pg-TEQ/g－脂肪,最高含量則分別為 2,613.4、4.3、713.3 pg-TEQ/g－脂肪,而以此濃度推估有一千萬比利時人所攝取的戴奧辛平均劑量約為 500 pg-TEQ/kg (PCBs 為 25,000

ng/kg）。由於此事件的暴露劑量並不高，雖然相關單位並未發現任何的毒害案例，但歐盟、美洲及亞洲等各國家皆相繼採取緊急應變措施，以確保一般民眾的食品安全。有風險評估的調查報告指出此汙染事件對比利時民眾可能會產生慢性的毒害，包括致癌率的增加。

（六）臺灣毒鴨蛋與毒雞蛋事件

位於臺灣彰化線西鄉與伸港鄉兩處之養鴨場所生產之鴨蛋分別於 2005 年 2 月及 6 月被檢出含戴奧辛超過歐盟標準。前者之鴨蛋含戴奧辛最高達 32.6 pg WHO-TEQ/g－脂肪，鴨肉含 1,040 pg WHO-TEQ/g－脂肪，鴨肝臟含 1,730 pg WHO-TEQ/g－脂肪；而在後者所檢測之 5 件鴨蛋樣品中，有 2 件之戴奧辛濃度達 7.34 與 7.83 pg WHO-TEQ/g－脂肪；此皆高於歐盟蛋類食品管制標準的 3 pg-TEQ/g－脂肪。線西鄉之汙染疑與鄰近之臺灣鋼聯公司之煉鋼廠有關，但相關單位至今仍無法完全證實，亦有可能與養鴨飼料受汙染有關；而伸港鄉鴨蛋之受汙染來源至今仍未明。另外，2017 年 4 月在苗栗一間蛋行之雞蛋也檢測出戴奧辛含量 5.2pg/g 脂肪超過國家管制現值的每公克脂肪 2.5 皮克，可能與生產地（彰化）之環境或使用飼料受汙染有關。

（七）臺灣中石化公司安順廠汙染事件

此廠位於臺南安南區，最早在 1942 年由日本鐘淵曹達株式會社生產固鹼、鹽酸和液氯，後更名為臺灣鹼業公司安順廠。安順廠於營運期間亦製造五氯酚鈉，當時並為全東亞最大之五氯酚鈉工廠，但於 1980 年因五氯酚汙染嚴重而停止作業，並封存了近 5,000 公斤五氯酚於廠區內，並於 1982 年關廠而被中國石油化學工業開發股份有限公司（中石化公司）併入。在 1981 年，此區即被發現有相當嚴重之汞汙染。1995 年有學者首次檢測出廠區蓄水池的之吳郭魚戴奧辛含量高達 247pg I-TEQ/g－乾重，後續調查亦發現附近魚塭吳郭魚、虱目魚等其濃度為 8.2~28.3 pg I-TEQ/g。環保署於 2005 年檢測附近水門排水道兩處底泥戴奧辛含量為 131pg I-TEQ/g 及 136pg I-TEQ/g，而該處捕獲魚類體內戴奧辛含量 0.72~5.6pg

WHO-TEQ/g、紅蟳為 3.3pg WHO-TEQ/g。另場址南側魚塭土堤戴奧辛含量高達 3,700 pg I-TEQ/g。環保署同時易發現鹿耳門溪、竹筏港溪底泥亦遭戴奧辛與汞的汙染，其中竹筏港溪底泥戴奧辛最高值高達 100,000 pg I-TEQ/g、沙蝦戴奧辛含量高達 8.78 pg WHO-TEQ/g。另外，此區居民（鹿耳里與顯宮里）血液戴奧辛含量平均值高達 81.5 pg WHO-TEQ/g lipid (13.0~202)，其中血液戴奧辛濃度 50~100 pg WHO-TEQ/g lipid 者有 16 人，而高於 100 pg WHO-TEQ/g lipid 以上者有 18 位。環保署於 2004 年根據「土壤及地下水汙染整治法」介入處理安順廠的汙染，並由中石化公司負責整治及賠償事宜。原預估整治時程為 10 年（2013 年完成），而相關整治費用可能高達 40 億元，但依環保署之資料顯示所有整治作業完成時間可能需到 2024 年。此事件也涉及民事賠償，2018 年臺灣最高法院判定中石化公司需賠償 400 多居民共 1.8 億元，也是臺灣首件有關戴奧辛之賠償案件。

10.14 戴奧辛與多氯聯苯對生態的影響

　　許多研究皆指出戴奧辛與多氯聯苯與一些地區野生生物與魚類之健康受影響有相當密切的關係。部分戴奧辛對魚類及野生生物之毒性與其對人體之危害相似，包括強急毒性、降低幼體存活率或孵化率與發育、降低生殖力、增加感染機率、肝毒性、代謝酵素的誘導、神經行為改變、內分泌與免疫系統干擾等（見表 10.18），但不同異構物之間仍有相當的差異性。部分多氯聯苯與戴奧辛的毒性相似，因兩者具共通的毒理機制－AhR 的結合之故，但前者對一般生物的急毒性並不強。不同 PCBs 混合物對不同水中生物的 LC_{50} 範圍約在 1~10,000 μg/L 之間，而不同 Aroclor 產生毒害的最低濃度如下：Aroclor 1016: 23 μg/L (720-h LC_{50})、Aroclor 1242: 5 μg/L (240-h LC_{50})、Aroclor 1248: 2.6 μg/L (336-h LC_{50})、Aroclor 1254: 0.45 μg/L (504-h LC_{50})、Aroclor 1260: 3.3 μg/L (720-h LC_{50})。

　　從 1970 年開始，科學家在北美的五大湖區發現一些野生動物出現異常現象，其中包括黑脊鷗、禿鷹、鸕鶿、燕鷗、夜鷺等鳥類產生**幼雞水腫**

(chick edema)以及鷗蛋無法孵化或產出畸形後代等，且其發生率高出自然機率的數百倍。幼雞水腫是發生在 1950~1960 年代的美國，當小雞餵以受戴奧辛（主要為 1,2,3,7,8,9-六氯戴奧辛）汙染的飼料時，會產生心包膜積水及頸部水腫（故稱之為幼雞水腫）、重量減輕、無力、羽毛凌亂不齊以及死亡等症狀。而當五大湖區的鳥類也被發現有這些症狀時，戴奧辛迅速的被懷疑為主要的致病源，此也經由在黑脊鷗鳥蛋中被檢出含 489~1996 ng/kg 的 TCDD 而得到證實。北美五大湖區由於也是許多工業集中地區，不僅戴奧辛，包括多氯聯苯、有機氯殺蟲劑(DDT)、重金屬等汙染皆相當嚴重。另外該水域的魚類如鱒或鮭等也發現其魚卵也產生類似水腫、孵化率與存活率降低等現象，而其體內也可檢出含有不同的戴奧辛／多氯聯苯異構物。由於此兩類物質為全球性的環境汙染物，在世界其他較進步的地區皆曾有戴奧辛／多氯聯苯造成生態影響的報導，包括北歐北海、美國紐澤西州紐瓦克與紐約港、臺灣二仁溪下游等地區。

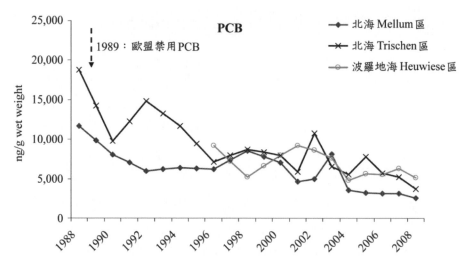

圖 10.20　顯示在北海及波羅地海之銀鷗(herring gull)蛋中 PCBs 含量的年代變化情形

◉ PCB 濃度為異構物 PCB 28, 52, 101, 118, 138, 153, and 180 等之總和。

◉ 資料來源：Fliedner, A., Rüdel, H., Jürling, H., Müller, J., Neugebauer, F., & Schröter-Kermani, C. (2012). Levels and trends of industrial chemicals (PCBs, PFCs, PBDEs) in archived herring gull eggs from German coastal regions. *Environmental Sciences Europe*, 24(7).

　　鳥類對多氯聯苯具有較佳的耐受力，其急性口服 LD_{50} 在 604~6,000 mg/kg（飼料）之間。貂為陸上哺乳類動物最敏感者，若其飼料中含 Aroclor 1254: 6.7 mg/kg 與 Aroclor 1242: 8.6 mg/kg，經 9 個月的暴露即能造成 50% 的死亡率。多氯聯苯化合物能對野生動物產生與魚類或其他試驗動物類似的神經行為改變、生殖、內分泌、發育、免疫、肝臟等毒害。

　　整體而言，近年全球戴奧辛及多氯聯苯的環境減量趨勢已使部分地區魚類及野生生物之體內含量漸減，其相對生態危害性未來可預期將減緩。圖 10.20 顯示在德國沿海靠北海及波羅地海地區之銀鷗(herring gull)蛋中 PCBs 含量的年代變化情形。

10.15　戴奧辛與多氯聯苯的風險管理　

（一）戴奧辛之管制與規範

　　戴奧辛並非一商業產品，再加上其產生源的眾多且複雜、汙染的普遍性及全面性，要完全管制此類化合物的產生及排放以及減少人類和其他生物的暴露，實為各先進國家最棘手之環保、健康與衛生問題。不過，藉由以下幾點因應措施，在先進國家環境中的戴奧辛含量有逐漸減少的趨勢，而各國人民暴露的機會也相對減少。這些措施包括：加強對排放源釋出的管制，並確認其他的產生來源；建立全面性的環境監測系統（尤其是食物含量的監控）；改良及發展較佳或敏感度更高的檢測技術；訂定以科學知識為基礎的相關規範。許多的的數據證實各先進國家針對汙染源頭的管制已達相當的成效（見圖 7.11、10.8、10.9、10.14、10.15、10.20）。當環境中的戴奧辛含量減少時，人體內的含量亦相對地隨之降低。因此，從汙染源頭的管制是減少一般民眾暴露的最佳策略。

　　臺灣目前相關的法規包括「空氣汙染法」中對大型都市垃圾焚化爐的戴奧辛煙道排放標準訂定為 0.1 ng-TEQ/Nm^3。另外，針對中小型焚化爐的戴奧辛排放標準為處理量 4~10 ton/hr 者為 0.1 ng-TEQ/m^3，而處理量低於 4 ton/hr 者為 0.5 ng-TEQ/m^3。

環保署亦針對其他汙染源陸續訂出規範包括：「煉鋼業電弧爐戴奧辛管制及排放標準」、「鋼鐵業燒結工廠戴奧辛管制及排放標準」、「鋼鐵業集塵灰高溫冶煉設施戴奧辛管制及排放標準」、「固定汙染源戴奧辛排放標準」等，而其中之「固定汙染源戴奧辛排放標準」將戴奧辛的汙染源分為新設汙染源及既存汙染源兩類，新汙染源之排放標準值為 0.5 ng-TEQ/Nm³，自發布施行日起實施。而既存汙染源分兩階段實施，自 2005 年 1 月 1 日起排放標準值為 2 ng TEQ/Nm³，自 2006 年 1 月 1 日起排放標準值為 1 ng TEQ/Nm³。除此之外，環保署對含戴奧辛之工業原料（如五氯酚、2,4,5-三氯酚），已依「毒性化學物質管理法」將其禁止製造、輸入、販賣及使用等運作，並已於 2001 年起全面禁止含多氯聯苯電容器及變壓器的使用。臺灣「土壤及地下水汙染整治法」之「土壤汙染管制標準」亦規定戴奧辛與多氯聯苯之土壤濃度汙染限值分別為 1,000 ng I-TEQ/kg 與 0.09 g I-TEQ/kg。環保署於 2007 年將戴奧辛列入「飲用水水質標準」管制化合物，並規範飲用水水質的最大限值為 12 pg WHO-TEQ/L，另於 2017 年修改為 3 pg WHO-TEQ/L。除此之外。臺灣在環境用藥管理法亦規範蚊香本體戴奧辛檢出限值為 20 pg I-TEQ/g，此規定也是全世界唯一的。另外，由於比利時乳製品的汙染事件，臺灣在 1999 年曾比照歐盟，由經濟部標準檢驗局發布命令，將乳製品的戴奧辛安全容許含量暫定為 5 pg-TEQ/g－脂質；衛生福利部則於 2006 年正式公布臺灣有關戴奧辛物質食品安全問題的規定「食品中戴奧辛處理規範」，並明訂食品中戴奧辛限值，於 2013 年修訂並增加多氯聯苯之規範（表 10.19），其規定亦更名為「食品含戴奧辛及戴奧辛類多氯聯苯處理規範」。

全球先進國家對戴奧辛的相關規範相當繁多，而國際間也不少，本章僅略舉數例。1998 年，有鑑於更新的證據顯示戴奧辛的毒性遠較之前所認定的為高，WHO 將其之前所建議的「**每日容許攝取劑量**」（tolerable daily intake, TDI，與 ADI 的意義相似）由 1990 年的 10 pg-TEQ/kg/d，降低為 1~4 pg-TEQ/kg/d。若以每人平均體重為 60 kg 來計算，則每日容許攝取量為 60~240 pg／人／d。WHO 亦在 2001 年 6 月發布 TMI（tolerable monthly intake，每週可容忍值）為 70 pg-TEQ/kg，此相當於 ADI 為 2.3 pg-TEQ/kg/d，此值則與歐盟的 2 pg-TEQ/kg/d 相當接近。戴奧辛亦是聯合國斯德哥爾摩公約所訂定的首批 12 種 POPs 的其中之一（見第七章），而因其為燃燒（如焚化爐）及工業生產過程之副產物，無法完全禁止，因此要求應盡最大努力減少排放。美國聯邦飲用水標準規定為 0.00003 μg/L，而不同州可自行訂定更嚴苛之標準值。美國 ATSDR (Agency for Toxic Substances and Disease Registry)對受汙土壤中戴奧辛含量的「**篩選值** (screening level)」為 < 0.050 ng-TEQ/g、「**評估值**(evaluation level)」為 0.05~1 ng-TEQ/g，而「**行動值**(action level)」則為 < 1 ng-TEQ/g (ATSDR, 1997)。另外，在一般土壤方面，德國在 1992 年禁止含量超過 100 ng-TEQ/kg－乾重之汙泥做為一般之農地、造園或森林肥料，奧地利則訂定為 50 ng-TEQ/kg－乾重。

美國「淨空法(Clean Air Act)」將戴奧辛列為「**危害性空氣汙染物** (hazardous air pollutants, HAPs)」之一，並進行管制，除一般廢棄物焚化爐外，並訂定其他產生源之戴奧辛排放標準（如焚燒有害廢棄物之水泥廠為 0.2 ng-TEQ/m^3）。美國五大湖區之各州及其他一些州皆曾發布魚蟹類體內戴奧辛含量不得超過 25~50 ng-TEQ/g 之「**食魚警訊**(fish consumption advisory)」，並建議孕婦及幼童儘量減少攝取來自於五大湖區之魚類（見前文）。美國與加拿大皆要求紙漿／造紙廠改用二氧化氯以減少製程中戴奧辛的形成及釋放。

總而言之，因為全球共識與相對應之管治作法，戴奧辛與多氯聯苯(包含其他 POPs）在環境、人體與生物體含量已大幅減少，但遺毒及其潛在危害仍在。全球在一些特定汙染區或發展中國家的戴奧辛及多氯聯苯的汙染趨勢變化，仍值得特別注意。另外，部分地區仍有現存汙染區未清除、排放源未鑑別，或其釋放量未消減、偶發之汙染事件等問題，進而持續或間歇性地引起人體健康與生態危害之疑慮，所以針對這類物質仍須透過長期且全面性的環境、食品的監測，以及迅速有效之警示、反應系統與機制，以降低其潛在之危害性。

表 10.19 衛福部之「食品含戴奧辛及戴奧辛類多氯聯苯處理規範」中各類食品中戴奧辛與多氯聯苯限值

食品類別	食品項目	戴奧辛 (WHO-PCDD/F-TEQ)	戴奧辛與戴奧辛類多氯聯苯含量總和 (WHO-PCDD/F-PCB-TEQ)	
肉類	牛、羊之肉及其製品	2.5 皮克／克脂肪 (pg/g fat)	4.0 皮克／克脂肪(pg/g fat)	脂肪基準(脂肪含量低於2%者，其限值需再乘以0.02，並以總重基準為單位)
	家禽之肉及其製品	1.75 皮克／克脂肪 (pg/g fat)	3.0 皮克／克脂肪(pg/g fat)	
	豬之肉及其製品	1.0 皮克／克脂肪(pg/g fat)	1.25 皮克／克脂肪(pg/g fat)	
	內臟及衍生產品	4.5 皮克／克脂肪(pg/g fat)	10.0 皮克／克脂肪(pg/g fat)	
乳品類	乳及乳製品(含乳油、乳酪)	2.5 皮克／克脂肪(pg/g fat)	5.5 皮克／克脂肪(pg/g fat)	
蛋類	雞蛋、鴨蛋及其製品	2.5 皮克／克脂肪(pg/g fat)	5.0 皮克／克脂肪(pg/g fat)	
水產動物類	魚及其他水產動物之肉及其製品	3.5 皮克／克濕重(pg/g wet weight)	6.5 皮克／克濕重 (pg/g wet weight)	總重基準
	魚肝及其製品(魚肝油除外)	—	20.0 皮克／克濕重 (pg/g wet weight)	
油脂類	牛及羊之油脂	2.5 皮克／克脂肪(pg/g fat)	4.0 皮克／克脂肪(pg/g fat)	脂肪基準(脂肪含量低於2%者，其限值需再乘以0.02，並以總重基準為單位)
	家禽類之油脂	1.75 皮克／克脂肪 (pg/g fat)	3.0 皮克／克脂肪(pg/g fat)	
	豬油	1.0 皮克／克脂肪(pg/g fat)	1.25 皮克／克脂肪(pg/g fat)	

表 10.19　衛福部之「食品含戴奧辛及戴奧辛類多氯聯苯處理規範」中各類食品中戴奧辛與多氯聯苯限值（續）

食品類別	食品項目	戴奧辛 (WHO-PCDD/F-TEQ)	戴奧辛與戴奧辛類多氯聯苯含量總和 (WHO-PCDD/F-PCB-TEQ)	
	混合動物油脂	1.5 皮克／克脂肪(pg/g fat)	2.50 皮克／克脂肪(pg/g fat)	
	植物油	0.75 皮克／克脂肪 (pg/g fat)	1.25 皮克／克脂肪(pg/g fat)	
	水產動物油脂（含魚油、魚肝油）	1.75 皮克／克脂肪 (pg/g fat)	6.0皮克／克脂肪(pg/g fat)	
專供 3 歲以下嬰幼兒食用之食品		0.1皮克／克濕重(pg/g wet weight)	0.2皮克／克濕重 (pg/g wet weight)	總重基準

- 1 皮克為 10^{-12} 克。
- 肉類標準不適用於脂肪含量低於 1%者。

日本在 1999 年特別訂定「戴奧辛對策特別處置法」以及推行消滅汙染之對策－「政府在營業活動中消滅戴奧辛計畫」，並擬定 2010 年時的消滅目標需為 2003 年時總排放量的 14.3~15.3%。

（二）多氯聯苯之管制與規範

全世界的多氯聯苯約從 1989 年開始停產，而目前各國已經對多氯聯苯物質進行全面的管制，然而，含多氯聯苯之廢棄物處理，仍是令各國相當頭痛之問題。在國際間已有數個協定的訂定是針對多氯聯苯或其廢棄物；例如「**北海公約國**(North Sea Conference)」約定在 1999 年底將存有之全數 PCBs 摧毀、「**巴塞爾公約**(Basel Convention, 1989)」對有害廢棄物管理及跨國運輸之規範（見第十二章），UNECE (United Nations Economic Committee for Europe)在「**長距離傳輸空氣汙染協定**(Convention on Long-range Transboundary Air Pollution, LTRAP)」中對簽約國處理 POPs 物質（包括 PCBs）之要求。另外在 2001 年 5 月的「**斯德哥爾摩 POPs 公**

約」也要求各國對多氯聯苯的全面停用，並於 2004 年 5 月開始實施後，預計最遲至 2025 年完全停用（見第七章）。美國對多氯聯苯物質管理的最主要法令為「**毒性物質管理法**(Toxic Substances Control Act, TSCA)」。雖然其他相關的法令，包括「**淨空法**(Clean Air Act, CAA)」、「**淨水法**(Clean Water Act, CWA)」、「**資源節約暨回收法**(Resource Conservation and Recovery Act, RCRA)」及「**超級基金法**(Comprehensive Environmental Response, Compensation, and Liability Act, CERCLA)」等皆對 PCBs 有不同之規範，但仍架構於 TSCA 之下。TSCA 對多氯聯苯的規範是在所有列管毒化物中最嚴格且最眾多的。USEPA 在 1991 年所訂定飲用水之「**安全容許濃度**(Maximum Contaminants Level, MCL)」為成人 0.004 ppm (mg/L)，小孩 0.001 ppm，之後則改為所有人適用之 0.0005ppm；臺灣目前並無類似的規定。在 TSCA 中 PCBs 的「**洩漏清除政策**(Spill Cleanup Policy)」則提供「超級基金法」（CERCLA，類似於臺灣於 2000/2 通過之「土壤及地下水汙染整治法」）中，訂定受汙染場址整治目標的依據準則。另外，美國 FDA 也訂定多氯聯苯在不同食物中的限量標準，而各地區州政府則在不同受汙染的水域發布「**食魚警訊**(fish consumption advisory)」以避免部分民眾因攝取當地捕獲之魚類而影響其健康。目前全美共發布有 678 件警訊於各地，而一般發布警訊的界定標準為魚體之多氯聯苯總濃度超過 0.01 ppm。不同組織所訂定多氯聯苯的 ADI 值在 0.1~1 µg/kg 之間。另外，為了保護水中生物所訂定的水中容許濃度約在 30 µg/L 的範圍。

臺灣目前對多氯聯苯物質的管理是以「毒性化學物質管理法」（已修改為毒性及關注化學物質管理法）為最主要法令。行政院環境保護署已於 1988 年 6 月 22 日，依據毒性化學物質管理法第五條規定，公告多氯聯苯為毒性化學物質（編號為 001）。並依 2000 年之「多氯聯苯等列管毒性化學物質及其運作管理事項」，於 2001 年 1 月 1 日開始全面禁用多氯聯苯電容器之使用。在土壤汙染方面，臺灣「土壤汙染管制標準」亦規定多氯聯苯之土壤濃度汙染限值為 0.09 mg/kg，而 PCBs 是以總量計算。

在臺灣「廢棄物清理法」中的規定包括儲存方法及設施標準、清除規定與中間處理方法以及相關設施標準等。另外，衛生福利部在 1985 年所訂定「多氯聯苯在食品中的暫行限量標準」，但已於 2006 年正式公告為「食品含戴奧辛及戴奧辛類多氯聯苯處理規範」（表 10.19）。

CH **11**

[有害空氣汙染物]

　　空氣是維持人類生存的元素之一。由於生理結構之故，吾人隨時隨地都必須吸入空氣以利細胞的呼吸以及生理作用的進行，然此也是一些汙染物最易進入人體內的途徑。空氣汙染物大都來自於不同類型的工業活動、交通工具、發電廠、廢棄物焚化爐、一般燃燒等的排放，而產生的問題不僅造成空氣品質的敗壞，也衍生出不同的環境問題。例如來自燃燒產生的氮氧化物(NO_x)及硫氧化物(SO_x)造成酸雨，並改變水質及土壤特性進而影響水及土壤之生態環境以及人類對其之利用性；又如固體的空氣汙染物如懸浮微粒(particular matter, PM)或黑炭粒(black carbon)會降低大氣透視度並影響視線與生活，人類當然更可能因吸入這些物質而造成健康危害。WHO 指出在 2016 年全球約有 7 百萬人的死亡（約為總死亡率的 1/8）是與室外空氣汙染有關，死亡比例與種類包括 7%肺癌與其他癌症、19%慢性阻塞呼吸疾病(chronic obstructive pulmonary disease, COPD)、34%心肌埂塞與中風、21%肺炎與呼吸系統感染。除此之外，目前全世界仍有許多生活水準較低落的地區，其室內空氣品質因使用較易產生汙染的非現代化燃料（如煤炭、煤球、乾草、乾燥之動物排泄物、木材等）而對人體健康所產生的危害性遠較室外者為高。世界衛生組織(World Health Organization, WHO)估計在全球的開發中國家中，至少有超過 30 億的人口（相當於全球人口 63 億的 1/2）的住處室內空氣品質堪虞；而世界銀行(World Bank)在 1992 年也將開發中國家的室內空氣汙染列為全球四大環境問題之一。室內空氣汙染也造成 2017 年全球 1.6 百萬人的死亡。所以說空氣汙染也是人類的隱形殺手，一點也不為過，而 WHO 的 IARC 也在 2013 年將室外空氣汙染物列為第 1 類的致癌物（見第五章）。空氣汙染物的種類很多。會造成健康影響，包括致癌、呼吸系統疾病、心血管、生殖等毒害則被稱為危害性或有毒空氣汙染物(Hazardous air pollutants, HAPs 或 toxic air pollutants)。有些 HAPs 也會透過汙染水、食物、土壤或經由食物鏈的方式進入人體。

11.1　有害空氣汙染物種類與來源

　　HAPs 的類別眾多也有不同之排放源。美國環保署列出的 HAPs 多達 187 種物質，並透過不同策略加以管理。臺灣空氣汙染防制法將一些特定之空氣汙染物定義為毒性汙染物，包括：氟化物、氯氣、氨氣、硫化氫、甲醛、含重金屬之氣體、硫酸、硝酸、磷酸、鹽酸氣、氯乙烯單體、多氯聯苯、氰化氫、戴奧辛類、致癌性多環芳香烴、致癌揮發性有機物、石綿及含石綿之物質共計十四類，其中有些是普遍存在在一般環境中，有些則是由特別的工業原料或製程排放。但其他空氣汙染物仍具有危害性，仍不能忽視。因此臺灣環保署另提出具優先性之空氣汙染物為固定源排放標準檢視物種涵蓋之潛在的 HAPs，多達 77 項建議名單。如果包含其他法規所列管者，則達 224 項。另外臺灣亦訂有室內空氣品質管理法及不同汙染物的室內品質標準規定，其中有五項皆屬於化學物質，另一類則為懸浮微粒物質(PM)。WHO 針對空氣汙染之危害人體健康問題，也曾提出重點汙染物名單，包括三大類、共計 32 種，屬於有機物為 Acrylonitrile、Benzene、Butadiene、1,2-Dichloroethane、Dichloromethane、Formaldehyde、PAHs（見本章內文）、PCBs（多氯聯苯，請見第十章）、PCDDs and PCDFs（戴奧辛物質，請見第十章）、Styrene、Tetrachloroethylene、Toluene、Trichloroethylene、Vinyl chloride，屬於無機類（包含一些金屬，請見第九章）為 Asbestos、Carbon disulfide、Fluoride、Hydrogen sulphide、Carbon monoxide、Arsenic、Cadmium、Chromium、Lead、Manganese、Mercury、Nickel、Platinum、Vanadium，屬於傳統空氣汙染物為 Nitrogen dioxide、Particulate matter (PM)、Sulphur dioxide、Ozone and other photochemical oxidants。本章僅介紹在一般環境較常見典型的 HAPs，並非按臺灣空氣汙染防制法所定義。另本書在先前的一些章節裡即已介紹包括一些 POPs（第七章）、一些金屬（第九章）、戴奧辛（第十章）等，將不在此重複介紹。

　　一般室外環境常見的有害空氣汙染來源包括：各類燃燒設施（如焚化爐、鍋爐等）、工廠製程、交通工具、火力發電廠、露天燃燒、加油站或油品相關設施等；屬於室內的包括：吸香菸、燃香、食物烹調、使用不同

類型燃料之暖爐與火爐、家具與裝潢所使用的材質、塑膠物質、噴霧型的殺蟲劑與清潔劑、芳香劑、油漆、地毯、影印機等。室內空氣汙染物有時是來自於室外，例如氡氣與其他典型的大氣汙染物如 SOx、NOx、O_3、懸浮微粒物質(particulate matter, PM)等。其他個人用品如香水、髮膠等所含一些化合物亦可能對少數對化學物質具高敏感度的人產生不適甚至危害。表 11.1 中列舉出常見的室內汙染物以及其排放源，其中幾項是國內於 2011 年所公告於 2012 年開始管制的室內空氣汙染物。本章以下亦針對個別的汙染源或化合物略做介紹。

在室內的環境中，吾人使用不同類型的燃料於不同的用途，主要包括取暖與煮食。燃燒傳統的化石燃料會釋放出 NO_x、CO_2、CO、SO_2 等有害氣體，國內即經常發生因使用裝置於室內的瓦斯熱水器而造成 CO 中毒而死亡之事件；而使用非現代化燃料則通常造成較不完全的燃燒，並同時伴隨著高濃度的懸浮微粒物質、PAHs、CO、NO_x 等物質的產生，而造成的危害性也較低汙染燃料為高。燃燒菸草所產生的煙霧或稱**環境香菸煙氣**(environmental tabacco smoke, ETS)中亦含有多種的致癌物以及呼吸道刺激物。

一般食物經炸、煎、煮、炒、燒烤等料理過程會產生油煙。不同烹飪方式會產生不同類型的油煙，而所含的有害物質種類亦不同。燒烤與油炸煎所產生的煙霧通常含有高量的懸浮微粒物質、CO、PAHs、NO_x 等，而其他則因溫度、食物與用油種類、使用器具等因素而產生不同的危害性。吾人可從油煙中分離出大約 50 種以上包括 1,3-butadiene、acetaldehyde、n-pentane、acrolein、propanol、n-hexane、propionaldehyde、benzene、BaP 等物質，以及具突變性與致癌性的多環胺類(heterocyclic amines)如 2-amino-3,8-dimethylimidazo[4,5-*f*]quinoxaline（或稱 MeIQx，為 IARC 之 2B 類致癌物）、2-amino-3-methylimidazo[4,5-*f*]quinoline（或稱 IQ）、2-amino-1-methyl-6-phenylimidazo[4,5-b]pyridine （或稱 PhIP）、4,8-diMeIQx。由於通風效果良好與否能決定料理過程所造成危害的程度，因此適當的抽氣裝置或個人的防護器具（如口罩）通常能將油煙的危害性降至最低。

表 11.1　常見之空氣汙染物與汙染源以及相關標準或建議安全值

汙染物	可能汙染源	毒害	室內標準或參考值	室外準或參考值
一氧化碳(CO)	不完全燃燒產物、吸菸、瓦斯爐、熱水器	窒息、神經影響、呼吸、行為、血液	IAQS: 9 ppm（8小時平均）、WHO: 100 mg/m³（15分鐘平均）、35 mg/m³（1小時平均）、10 mg/m³（8小時平均）、7 mg/m³（24小時平均）	AQS: 35 ppm（1小時平均）、9 ppm（8小時平均）
二氧化碳(CO_2)	有機物燃燒產物、生物代謝物、吸菸、瓦斯爐、熱水器	窒息、神經影響、呼吸、行為、血液	IAQS: 1,000 ppm（8小時平均）、WHO: 1,000 ppm	無
二氧化硫(SO_2)	石化燃料燃燒、燒煤產物	酸性、呼吸道刺激性、腐蝕性	無	AQS: 0.25 ppm（1小時平均）、0.1 ppm（8小時平均）、0.03 ppm（年平均）、WHO: 20μg/m³（24小時平均）、500μg/m³（10分平均）
二氧化氮(NO_2)	燃燒產物、吸菸、瓦斯爐、熱水器	強刺激性、呼吸系統傷害	WHO: 200 μg/m³（1小時平均）、40 μg/m³（年平均）	AQS: 0.25ppm（1小時平均）、0.05ppm（年平均）、WHO: 200 μg/m³（1小時平均）、40 μg/m³（年平均）

表 11.1　常見之空氣汙染物與汙染源以及相關標準或建議安全值（續）

汙染物	可能汙染源	毒害	室內標準或參考值	室外標準或參考值
臭氧(O₃)	室外光化學產物、影印機、雷射印表機	強刺激性、呼吸系統傷害	IAQS: 0.06 ppm（8 小時平均）、WHO: 0.12 mg/m³（8 小時平均）、0.05ppm（最高暴露濃度）	AQS: 0.12 ppm（1 小時平均）、0.06 ppm（8 小時平均）、WHO: 50 ppb（8 小時平均）
甲醛 (Formaldehyde)	油漆、合板黏著劑、吸菸	強刺激性、致癌性	IAQS: 0.08 ppm（1 小時）、WHO: 0.1 mg/m³（30 分鐘平均）	無
多環芳香烴 PAHs	化石燃料燃燒產物、菸、食物燻烤	吸、致癌性	WHO: Naphthalene 0.01 mg/m³（年平均）、以 BaP 計算每增加百萬分之一之致癌機率濃度為 0.012 ng/m³	無
鉛(Lead)	油漆剝落分解、含鉛汽油、燃燒	神經毒性、生殖毒性、發育毒性、血液毒性	無	AQS: 1 μg/m³（月平均）

　　室內的建築與裝潢材料、家具有時也是室內空氣汙染的來源。地毯、合成塑膠地板、合板、隔熱板、油漆與其他類型的塗料等會釋出不同類型的**揮發性有機物**（volatile organic compounds 或 VOCs，如甲醛）或材質老化所產生的分解物質（如油漆中鉛，見第九章）。家具或裝潢合板夾層與接合處所使用之黏著劑通常含有甲醛、苯、氯化有機物等揮發性有機溶劑；而在室內所使用的隔熱材質，如石綿、泡綿、玻璃纖維等，在某些狀況下也會釋出並造成汙染。

　　一般人在日常生活中所使用的一些物品也有可能會造成某些程度的室內空氣汙染。例如人工合成塑膠所製成之儲物櫃、餐具、浴簾等會釋放出聚合物之單體（如氯乙烯）或其他揮發性物質；噴霧型之髮膠、殺蟲劑、清潔劑等含有氟氯碳化合物、其他 VOCs 或其他較大形分子的有機物（乳化劑、樹脂類、塑化劑等），並可形成懸浮狀油滴，而芳香劑可能含氨、氯化有機物、溶劑或其他化學的芳香成分。除此之外，破裂的燈管或汞溫度計也會釋放具揮發性的汞金屬於空氣中。

11.2　一氧化碳

　　一氧化碳(carbon monoxide, CO)是一種無嗅、無色且具窒息性的氣體，通常為有機物在不完全燃燒狀況下的產物，而其主要的室內汙染源有瓦斯爐、熱水器、室內停車空間、吸菸等。一氧化碳也是典型的室內與室外空氣品質指標汙染物之一。

　　一氧化碳與血液中的血色素結合能力為氧氣的 200~250 倍，此結合作用造成血色素與氧無法正常結合，而一氧化碳也使細胞內粒線體的細胞色素氧化，而直接影響到細胞的呼吸作用。因此，此兩種作用導致細胞缺氧而死亡。一氧化碳的濃度和暴露時間的長短都與中毒的嚴重程度有關係，當空氣中一氧化碳濃度達到 0.06%，人體內就會有一半的血色素無法攜帶氧氣，並造成腦部、心臟等重要器官的缺氧。一般人呼吸到含有一氧化碳濃度為 1%的空氣持續 10 分鐘就會產生中毒症狀；若暴露在高濃度下幾秒

鐘內就會因窒息而昏迷。一氧化碳的急性中毒症狀包括頭痛、嘔吐、呼吸困難、肌肉無力、心悸、協調性變差、無方向感、胸痛、視線模糊等,而長期較低濃度的暴露則另可能發生不可逆的腦神經病變,並導致行為與個性的改變或精神混亂。美國每年大約有 3,500 人死於一氧化碳中毒,而臺灣地區中毒傷害主要原因之一也是因一氧化碳之故。據統計,臺灣地區從 2004~2016 年中,每年平均約有 14 人(13 年累計 182 死亡人數)因一氧化碳中毒而死亡,為所有中毒致死率排名第三者。

11.3 二氧化碳

　　二氧化碳(carbon dioxide, CO_2)是有機物燃燒的最終產物,也是一般生物呼吸的代謝產物,具無色、無嗅、不燃等特性。目前大氣中的二氧化碳含量約在 375ppm,但室內空氣中二氧化碳含量通常高於室外,而主要汙染來源為燃燒,包括瓦斯爐、熱水器、人體呼出等。在通風不良的空間,二氧化碳的濃度有時可高達 3,000ppm 以上。二氧化碳是室內空氣品質指標汙染物之一。

　　二氧化碳的毒性依濃度及暴露時間而異。二氧化碳會造成中樞神經系統的影響,並產生頭痛、頭暈、視覺模糊、噁心、虛脫、心跳不規則、失去意識、行為舉止變化、反應遲鈍等症狀,也可能伴隨心臟與血管的影響(如冠狀動脈及心腹痛疾病)。吸入高量的二氧化碳會導致血液 pH 的降低以及呼吸速率與深度的增加。暴露於二氧化碳濃度 50ppm 以上達 1.5~4 小時者,工作效率會降低,200ppm 以上者會引起劇烈頭痛,400ppm 以上者會引起虛弱、頭昏眼花、噁心、頭暈,而 1,200ppm 以上者會產生心跳加速,且心跳不規律。若暴露濃度超過 2,000ppm 以上者,則可能導致意識喪失或死亡,濃度高於 5,000ppm 可能於數分鐘內即致死。中毒嚴重但未致命者,於復原過程可能會有頭痛、頭昏眼花、喪失記憶、視覺及精神異常等問題。婦女懷孕期間若暴露於高量的二氧化碳,有時會對胎兒造成不利的影響(缺氧產生畸胎)或死胎。

11.4 二氧化氮

二氧化氮(nitrogen dioxide, NO_2)是典型的戶外空氣汙染物，也是產生光化學煙霧(photochemical smog)及酸雨(acid rain)的主要反應物。NO_2是所有氮氧化物中較可能存在於室內空氣並對人體產生健康危害的化合物。瓦斯爐或熱水器是室內二氧化氮的最主要來源。在無明顯室外空氣汙染的狀況下，若在室內使用瓦斯爐，則二氧化氮的含量有時可高達 0.7ppm。吸菸也會使室內的二氧化氮濃度增加。NO_2也是典型的室內與室外空氣品質指標汙染物之一。

二氧化氮為紅棕色，是具有強氧化與刺激作用的氣體，吸入後大部分將滯留於肺部，在高濃度（約 0.5ppm）時能造成肺部的嚴重損傷以及支氣管炎與肺炎，而在低濃度時則會抑制肺部的免疫功能以及造成支氣管發炎。氣喘患者對二氧化氮所產生的肺部影響則特別敏感。二氧化氮所產生急性中毒的症狀與一氧化碳相類似，包括具有刺激感、胸痛、呼吸困難、咳嗽、氣喘、發紺、發熱、呼吸率增加、支氣管炎、暈眩、虛弱、血壓降低、噁心、嘔吐等，而肺水腫通常延遲至 5~72 小時後才發生。長期吸入二氧化氮會引起頭痛、失眠、口鼻潰瘍、食慾缺乏、消化不良、虛弱、慢性支氣管炎、肺氣腫等不良影響。

11.5 二氧化硫

二氧化硫(sulfur dioxide, SO_2)亦是常見的戶外空氣汙染物，也是產生酸雨的主要物質之一，其人為的主要產生來源是燃煤，一般在室內則與燃燒生質燃料有關。二氧化硫為無色有刺激性的氣體，可與空氣中水氣以及其他物質反應，形成亞硫酸鹽和硫酸鹽顆粒（PM 的成分），此現象也是造成在 1952 年所發生之倫敦煙霧(London smog)事件之主因。此震驚全球之大氣汙染事件在短短的幾天之內（1952 年 12 月 5 日～10 日）就造成 4000多人之死亡，後續的幾週內的死亡人數亦超過萬人。在普遍燃煤之早期時代，類似空汙毒害事件層出不窮，包括美國賓州多諾拉（Donora, 1948）、

比利時馬斯河谷(Meuse Valley, 1930)、美國紐約市(1966)等皆曾發生。SO_2 也是典型的室內與室外空氣品質指標汙染物之一。

二氧化硫具水溶性，其進入人體呼吸道後容易在黏膜組織上形成腐蝕性的亞硫酸、硫酸或硫酸鹽刺激呼吸系統，尤其是老人、幼兒或有心肺症者，會產生呼吸困難、氣管炎、肺炎等現象；亦會對眼睛產生影響，造成結膜炎，角膜壞死。不同濃度之二氧化硫造成之毒害如下：10-15ppm 呼吸道纖毛運動和粘膜分泌功能受抑制、20 ppm 咳嗽與並眼睛刺激、100 ppm 強烈刺激支氣管和肺部並可能使肺組織受損、400 ppm 呼吸困難與致命。二氧化硫也可被直接吸收進入血液，產生全身性的毒性作用，包括破壞特定酵素功能或活力，影響碳水化合物及蛋白質的代謝、肝毒性、免疫力抑制等。長期慢性的低濃度二氧化硫暴露會導致過敏性氣喘、肺功能降低等作用。IARC 認定二氧化硫屬非人類致癌物（第三類）。

11.6　甲 醛

甲醛(formaldehyde)是工業常用的溶劑，具有易揮發、無色、易燃、刺激等特性，也是廣受關注的 VOCs 之一。在室內空氣中較常見的甲醛來源包括家具與裝潢所使用的夾板或隔熱材料、地毯、油漆等。甲醛可由這些製品中不斷的釋出，而通常在全新的狀況下濃度最高，並隨時間增長而遞減，但仍可維持相當長的時間。在室內吸菸也是甲醛的來源之一。

吸入人體內的甲醛可迅速的被吸收與代謝為甲酸。在空氣中，甲醛對人體產生反應的濃度約在 100~3,000ppb 的範圍，但仍有少數人對其特別的敏感。在 0.05~0.5ppm 時，甲醛即可對眼睛產生刺激的作用，而對呼吸道造成影響的濃度則較高，約在 1~11ppm 的範圍，其症狀包括喉嚨乾燥、鼻部刺癢、喉痛等。若濃度更高時(5~30ppm)，則會產生流淚、咳嗽、呼吸困難，嚴重鼻、咽及氣管灼熱感。暴露更高的濃度數小時後會引起肺水腫、肺炎或導致死亡。甲醛長期的慢性吸入暴露可造成呼吸道刺激、肺功能減弱、過敏等。IARC 與 USEPA 皆將甲醛列為可能人類致癌物（2A 與 B1）。甲醛亦具有弱遺傳毒性與弱突變性。

11.7 　臭　氧

　　臭氧(ozone, O_3)為無色、微臭具刺激性的氣體。臭氧也是光化學煙霧的主要產物之一,並對室外空氣品質會造成極大影響。雖然室內空氣中的臭氧主要來自於室外的滲入,但室內仍有一些排放源,包括影印機、雷射印表機、離子空氣淨化機等。一般室內空氣的臭氧濃度應低於 0.02ppm。O_3 也是典型的室內與室外空氣品質指標汙染物之一。

　　空氣中臭氧濃度低時,可能會影響嗅覺,並刺激眼、鼻子、呼吸道的黏膜組織,使喉嚨乾燥及引發咳嗽。當臭氧濃度升高時(超過 0.3ppm),暴露者會產生頭痛、胃不舒服、嘔吐、胸部疼痛或壓迫、喘氣、疲倦等症狀。當濃度更高,肺部組織會受損而產生肺水腫,有時並導致死亡。但由於臭氧的強氧化性,其在一般的室內濃度即使在接近產生源之處,也極不可能達到造成毒害作用的程度。

11.8 　氡

　　氡(radon, Rn)是無色、無嗅、無味的惰性氣體,其為鐳金屬的衰變產物,且具有放射性,並可由土壤、岩石中滲入於一般空氣中或水體。室內氡氣源自於建物基地土壤或建材(如含花崗石的混凝土)的滲入,以及使用含氡的地下水或天然氣。在全球許多特殊地質的地區(如北美),因地層中含鈾礦(或其子放射性核種如鐳),造成空氣中含有微量的氡氣,若室內的通氣不良,則可能可累積至產生毒害的濃度。在空氣中,氡氣的半衰期僅有 4 日,並進而衰變為三種不同的放射性子核種,包括鉍(bismuth)、釙(polonium)、鉛(lead)等,而這些核種再吸附於懸浮微粒物質上,並被人體吸入於肺部,產生該組織細胞的輻射傷害。吸入氡氣應不會產生立即性的毒害,而其最主要的人體健康影響為造成肺癌的發生(因輻射傷害之故)。氡氣也是造成北美一般民眾罹患肺癌的第二大主因(第一為吸菸)。USEPA 在 2003 年的評估報告指出氡氣造成美國每年約 20,000 人因肺癌而

死亡。目前美國對室內氡氣汙染的認定標準（**行動值**，action level）為 4 pCi/L（pCi 為 pico curie，pico 即 10^{-12}，curie－居裡為放射性的強度單位），而據調查在美國有 15 分之 1 的一般住家室內空氣氡氣濃度是超過 4 pCi/L，而室內平均值為 1.3 pCi/L，戶外一般約為 0.4 pCi/L。由於臺灣地區的地質、民眾生活與居住形態的不同，因此並無明顯的室內氡氣汙染問題的發生，但近年也有研究指出，進口的花崗岩建材的氡氣逸出率較一般混凝土建材為高，而其所造成的危害性則有待評估。

11.9 揮發性有機物質

　　揮發性有機物質(volatile organic compounds, VOCs)是指在室溫、常態下，具有高蒸氣壓（>100 kPa 或 0.1 mmgHg）、低沸點(50~250°C)的有機物質，而其分子容易從液態或固態逸散至空氣中。較常見的造成空氣汙染的 VOCs 包括：苯、甲苯、二甲苯、乙苯、乙烯、1-3 丁二烯、甲醇、乙醇、甲醛（見前文）、乙醛、氯甲烷、氯仿、四氯化碳、三氯乙烯、四氯乙烯、3-氯丙烯、氯苯等。不同的 VOCs 則被使用於不同用途及生活用品中，如燃料、溶劑、漆料、印墨、汽油、塗料、芳香劑、殺蟲劑、香料、黏著劑、噴霧劑等，並從不同的排放源釋出如汽機車廢氣、工廠、廟宇焚香與燒紙錢、建材、塑膠產品、個人或居家生活用品、乾洗、加油站、廢物燃燒、香菸燃燒、燃料揮發或燃燒、印表機等。美國與先進國家將許多 VOCs 定義為 HAPs 主要是因其會與氮氧化物透過被光分解形成臭氧與**過氧醯基硝酸鹽**(peroxyacetyl nitrate, PAN)，即**光化學煙霧**(photochemical smogs)，並造成健康危害。一些 VOCs 在濃度較高的狀況下也會產生急性或長期慢性毒害。美國評估室內的 VOCs 濃度在一般狀況下通常會高於室外濃度之 2~3 倍，而在特殊狀況下（如新裝潢、使用劣質塑膠材料、粉刷）室內甚至會超過數百倍，因此，其室內汙染問題也是不容忽視。

| 表 12.2 | 美國加州之 VOCs 吸入參考暴露值(REL) |

VOCs	REL 類別	Inhalation REL (μg/m³)	作用器官	致癌分類 USEPA	致癌分類 IARC
Acetaldehyde	急性	470	刺激性：氣管、眼、鼻、喉	B2	2B
Acetaldehyde	8 小時	300	呼吸系統影響	B2	2B
Acetaldehyde	慢性	140	呼吸系統影響	B2	2B
Acrolein	急性	2.5	刺激性：呼吸系統、眼	NC	NC
Acrolein	8 小時	0.7	呼吸系統影響	NC	NC
Acrolein	慢性	0.35	呼吸系統影響	NC	NC
Benzene	急性	1,300	生殖系統、發育	A	1
Benzene	慢性	60	血液與神經系統、發育	A	1
Benzyl Chloride	急性	240	呼吸系統、眼睛影響	B2	2B
Carbon monoxide	急性	23,000	心血管系統	NC	NC
Carbon tetrachloride	急性	1,900	生殖與神經系統、發育	B2	2B
Carbon tetrachloride	慢性	40	消化與神經系統、發育	B2	2B
Chloroform	急性	150	呼吸、生殖與神經系統、發育	B2	2B
Chloroform	慢性	300	消化系統、發育、腎臟	B2	2B
1,4-Dichlorobenzene	慢性	800	生殖、呼吸與消化系統、腎臟	NC	2B
1,1-Dichloroethylene	慢性	70	消化系統（肝臟）	C	NC
Ethylbenzene	慢性	2,000	消化系統（肝臟）、腎臟、內分泌系統	D	2B
Ethyl chloride	慢性	30,000	發育、消化系統	NC	NC

| 表 11.2 | 美國加州之 VOCs 吸入參考暴露值(REL)（續） | | | | |

VOCs	REL 類別	Inhalation REL ($\mu g/m^3$)	作用器官	致癌分類	
				USEPA	IARC
Ethylene dichloride	慢性	400	消化系統（肝臟）	B2	2B
Formaldehyde	急性	55	刺激性：氣管、眼	B1	2A
	8 小時	9	呼吸系統		
	慢性	9	呼吸系統		
Methyl chloroform	急性	68,000	神經系統	NC	NC
	慢性	1,000	神經系統		
Methylene chloride	急性	14,000	神經系統	B2	2B
	慢性	400	心血管與神經系統		
Methyl t-butyl ether	慢性	8,000	消化系統（肝臟）、腎、眼	NC	3
Perchloroethylene	急性	20,000	中樞神經系統、呼吸系統、眼	NC	2A
	慢性	35	腎、消化系統（肝臟）		
Styrene	急性	21,000	呼吸與生殖系統、發育、眼	NC	2B
	慢性	900	神經系統		
Toluene	急性	37,000	呼吸與神經系統	D	3
	慢性	300	呼吸與神經系統、發育		
Trichloroethylene	慢性	600	神經系統、眼	NC	2A
Xylene：對、間、鄰總和	急性	22,000	呼吸與神經系統、眼	D	3
	慢性	700	呼吸與神經系統、眼		

○ 說明：1. 急性指 1 小時平均濃度，8 小時指 8 小時平均值，慢性指年平均值，且終生暴露量不致產生毒害。
　　　　2. 致癌分類請見第五章，NC：尚未分類。

我國所訂「室內空氣品質管理法」中的 VOCs 標準為針對包括苯、四氯化碳、氯仿、1,2－二氯苯、1,4－二氯苯、二氯甲烷、乙苯、苯乙烯、四氯乙烯、三氯乙烯、甲苯及二甲苯等十二種 VOCs 濃度，並以一小時測值之總和不超過 0.56ppm 為上限值。一般 VOCs 的毒性通常是具急毒性、肝臟毒性、細胞毒性、眼與呼吸道刺激性，少數在慢性暴露狀況下具神經毒性、生殖毒性或致癌性。表 11.2 列出美國加州所訂之一些 VOCs 的**參考暴露值**(reference exposure level, REL)與致癌分類以供參考。

11.10 懸浮微粒

懸浮微粒(particular matter, PM) 是指懸浮在空氣中的固體顆粒或液滴。其成分可能包括水霧、塵埃、花粉、皮屑、過敏源、霾、廢氣、農藥、肥料、揚塵、鹽類、化學與燃燒生成物、空氣汙染物、病毒、細菌等，而其對人的健康影響則與成分與粒徑大小有關。空氣動力學直徑（以下簡稱直徑）小於或等於 10 微米(μm)的懸浮微粒稱為懸浮微粒(PM_{10})；直徑小於或等於 2.5 微米的懸浮微粒稱為細懸浮微粒($PM_{2.5}$)。懸浮微粒能夠在大氣中停留很長時間，並可隨呼吸進入體內，積聚在氣管或肺中，甚至進入血液、細胞內。$PM_{2.5}$ 細小顆粒之粒徑比病毒(0.005~0.1μm)大，但比細菌(0.5~10μm)小，也容易被有毒物質吸附，並將其攜帶進入血液與細胞產生毒害。第三章圖 3.2 顯示不同粒徑的 PM 進如呼吸系統可到達的部位有非常大的差異，其危害性也大有不同。PM_{10} 與 $PM_{2.5}$ 皆被列為室內與室外空氣品質指標汙染物。

許多研究已證實懸浮微粒（細）會對呼吸系統和心血管系統造成傷害，導致氣喘、肺癌、心血管疾病、出生缺陷和過早死亡。根據美國的研究調查數據，$PM_{2.5}$ 濃度每增加 10 μg/m³，就會增加 8%肺癌死亡率、6%心肺疾病死亡率、以及 4%總死亡率。反之，其濃度每下降 10 μg/m³，該地區居民平均壽命就會增加 0.61 歲。根據聯合國的標準，$PM_{2.5}$ 每天平均濃度最高應不能超過 35 μg/m³，全年每日平均濃度不能超過 15 μg/m³，否

則會將對敏感族群如老人或孩童之心肺、血管、整體呼吸系統有害。若超過 65 μg/m³，則對一般民眾的健康都會造成傷害。除此之外，母親懷孕期間的高 PM$_{2.5}$ 暴露也被證實與孩童的血壓高低有關。WHO 的 IARC 也在 2013 年將 PM 列為第 1 類的致癌物（見第五章）。

11.11　環境香菸煙氣

　　吸菸是最常見的室內空氣汙染源之一。由於吾人對菸害的瞭解與健康宣導，在先進國家的吸菸人數已日漸減少，而近五年在 WHO 大力推動反煙害行動之下，全球總吸菸人口數雖然仍持續在增加，但比例卻漸降低。據世界銀行統計，全世界在 2015 年 72 億人口中約有 11.5 億人吸菸（2000 年有 9 億），其中大於 15 歲人口中是吸菸者為 20.2%，男性占 34.1%，婦女約占 6.4%。但令全球公共衛生專家擔憂的是：吸菸族群也逐漸轉往教育、衛生醫療水準較差的開發中地區。這些地區的吸菸人口數還在持續增加，而吸菸年齡層之下降也讓人憂心。

　　全球不同地區的吸菸人口數因經濟狀況、文化背景、社會習俗、教育程度等因素而有差異。美國在 2017 年吸菸人口約有 3 千 4 百萬，而臺灣成年男性則約有 14.5%吸菸，比例相較十年前的 50%已顯著降低。根據美國疾病防治中心(Center for Disease Control and Prevention, CDC)的統計，美國每一年與吸菸有關的死亡人數則超過 40 萬，而全球每年大約有 700 萬人因為吸菸相關的疾病而死亡（平均每天約 1.6 萬人），而 WHO 估計到了 2030 年，死亡率將達到 800 萬人。菸害對人類所造成的毒害已遠高於人類歷史上任何曾使用過的其他有害物質。

　　環境香菸煙氣（environmental tobacco smoke, ETS，即一般所稱之二手菸(passive smoke)）乃指點燃香菸所產生的煙霧而言，並包括由吸菸者所呼出的**主流煙**(mainstream smoke)與在點燃狀態但未吸菸時所產生的**旁流煙**(sidestream smoke)。主流煙與旁流煙因為燃燒溫度、狀態、過濾作用之不同而有不同的危害性，但兩者皆含有相類似的化合物；前者因燃燒溫

度與含氧量較高，且已被吸菸者吸入後再行吐出，因此其危害較後者為低。吸菸的危害不僅侷限於吸菸者。美國的調查指出全美有 43%年齡介於大於 2 個月至小於 11 歲的孩童的住處至少有一吸菸者，而有 37%的非吸菸成人與吸菸者同住或在工作場所暴露於二手菸；而吸二手菸與吸菸者之間在危害性上的差異並不大。

環境香菸煙氣中含有多達 4,000 種以上的化學物質，其中有 200 種以上是具有人體危害性的（如 NO_x、NH_3、甲醛、CO、異氰酸甲酯、尼古丁、VOCs 等），而其中至少有 40 種與癌症的形成有關（如甲醛、亞硝胺類、苯、BaP、氯乙烯、砷、鎘、放射性核種如氡、PAHs 等）。這些物質有些以氣態，而有些以吸附於微粒態的形式散布於空氣中，並被吸入於體內。有關 ETS 對人體的危害可分為致癌、慢性呼吸道疾病、心臟血管病變、發育障礙、生殖毒性等多方面的影響，而相關的研究調查報告則不勝枚舉。圖 11.1 列出吸菸產生人體慢性毒害的不同部位。

聯合國衛生組織的國際癌症研究中心(International Agency for Research on Cancer, IARC)將吸菸歸類為確認的人類致癌因子（第 1 類），而吸菸所產生的焦油(tar)中所含的多環芳香碳氫化合物（見後文）為致癌作用最強的物質，其中之 BaP 含量約在 5~80 ng/根。不同含量的戴奧辛也可在香菸煙氣與菸絲中被檢出。香菸煙氣另含有一些腫瘤形成的促進物(promoter)，如酚類與一些脂肪酸類等，則會增加腫瘤起始物(initiator)的致癌作用。其他物質如鎘、甲醛、苯等皆被認為具有致癌性，而 ETS 所產生的致癌毒害為這些不同致癌物（但不包括尼古丁，因其並非致癌物）的綜合效應。

吸菸是造成肺癌的第一大主因，但除造成肺癌外，其亦能引發其他不同部位的惡性腫瘤，較顯著的包括口腔、喉部、鼻、胃、腎臟、胰臟、膀胱等。流行病學相關的調查結果指出一天一包的吸菸者罹患肺癌之機率為不吸菸者之 4~5 倍，而每 10 人中至少有 1 人可因此得肺癌而死亡，且其配偶得肺癌的機率為一般婦女之 3~4 倍。研究也顯示吸菸者與非吸菸者罹患各種癌症死亡的相對比例為：肺癌與支氣管癌 4.5~15.9 倍、喉癌 6~13.6

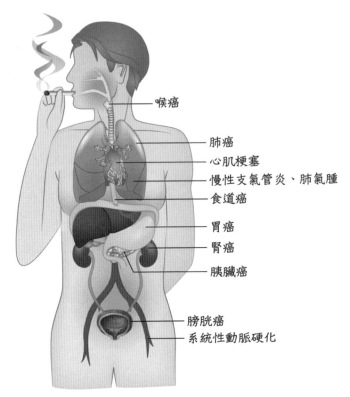

圖 11.1 吸菸產生不同毒害的作用部位

倍、口腔癌 2.8~13 倍、食道癌 1.7~6.6 倍、胰臟癌 1.6~6 倍,而吸菸婦女
得子宮頸癌的機率則是不吸菸者的兩倍。據估計全球每年約有 60 萬的非
吸菸者是因吸二手菸而死亡。

　　ETS 對人體肺部功能具相當的影響,會產生如肺氣腫、慢性支氣管炎
等之**慢性阻塞性肺疾病**(chronic obstructive pulmonary disease, COPD)。肺
氣腫患者的肺泡壁遭菸毒破壞後,肺泡呈永久、不可復原性的擴張,使體
內廢氣無法有效地從肺泡排出,肺臟因而無法獲得足夠的新鮮空氣,導致
患者呼吸困難,經常處於缺氧的狀態,而同時也造成抵抗力的減弱,嚴重
者並造成工作能力的喪失。慢性支氣管炎患者因氣體交換功能受阻,常處
於缺氧狀態。嚴重者的血液到達肺血管組織時,會遭到較大的阻力,此導
致右心室的負荷過重,並造成心肺功能的降低。在無明顯的呼吸障礙時,
吸菸者的肺功能通常比非吸菸者差。研究也指出吸菸婦女的小孩,其肺功

能較一般差，且發育較慢。ETS 會引發或加重非吸菸者原有的呼吸道疾病如氣喘，或者產生刺激作用使其咳嗽與流鼻水增加、胸部不適或呼吸功能降低。USEPA 估計全國每年約有 15,000~30,000 位年齡小於 18 個月的孩童或嬰兒是因為暴露於 ETS 而導致支氣管炎或肺炎，而其中有7,500~15,000 位須送醫就診。ETS 對肺部功能的影響也有性別上的差異；一般而言，年輕女性較同年齡男性敏感。

　　香菸燃燒可產生一氧化碳。吸入肺部的一氧化碳會與血液中的血色素結合，因此妨礙正常血色素與氧的結合功能，影響血液對氧氣的運送，並造成組織的缺氧。在吸菸者血液中的一氧化碳－血色素量平均約為 5%，此值約為正常人的 5 倍。

　　ETS 也被認為是心臟病或其他血管病變的致病因數之一，其中產生作用的主要化合物為尼古丁、CO 與 PAHs。這些物質以及其他一些化合物能增加血小板的凝血作用與降低「高密度脂蛋白（high density lipoprotein，俗稱好的膽固醇）」的含量，並導致血管的阻塞或血管壁的損害，而此兩者皆是造成心肌梗塞、動脈硬化與中風的主因。ETS 會影響周邊微血管的血流，進而導致下肢組織缺氧。ETS 造成心血管疾病發作而導致死亡占所有因吸菸死亡人口的 63%。

　　吸菸也能造成生殖與發育的毒害，可能會導致不孕或流產、死產、早產機率的增加。研究指出，婦女在懷孕期間吸菸或暴露於 ETS 時，其流產率會比不吸菸者高 2~3 倍。也有研究指出，ETS 亦會造成男性精子數的減少與性能力減退等生殖障礙。ETS 對胎兒也有極不良的影響。孕婦吸菸將使胎兒處於較為缺氧的狀態，再加上尼古丁會使血管收縮，造成胎盤血流量的減少與養分的供給較不足，而導致其發育速度的減緩。此類因吸菸（或暴露於 ETS）所造成胎兒生長遲緩（出生後體重不足）與出生後智能、行為、情緒異常的影響稱為「**胎兒香菸症候群**(fetal tobacco syndrome)」。吸菸婦女產出「不明原因」智能不足兒的機率可高達 50%。胎兒出生後若持續的暴露於 ETS 也會增加其猝死的機率，因其肺部功能（出生前與後）受影響之故。因此，ETS 被認為是造成「**嬰兒猝死症**(sudden infant death syndrome, SIDS）」的主因之一。ETS 也導致幼兒較易發生中耳炎、上呼吸道感染、肺炎或支氣管炎等疾病。長期暴露於 ETS 尚能導致視力衰退、白內障、骨質疏鬆、聲帶受損、皮膚快速老化與皺紋的產生。

　　ETS 或吸菸的毒害是不容質疑的，而全球不同的國家或衛生組織與團體也將其認定為公共與個人衛生問題的最大挑戰。吸菸所導致的疾病使得社會或個人必須付出龐大的醫療費用，再加上其他連帶的負面效應（如造成火災、環境髒亂等），其對整體社會成本的支出已遠超過其他人類文明的產物。

11.12　石　綿

　　石綿主要是由兩種纖維狀矽酸鹽礦石－蛇紋石(serpentine)與角閃石(amphibole)所分離出之纖維體(fiber)。蛇紋石群之纖維形態為細長、捲曲狀且較強韌，而所分離出的產品稱為白石綿（或溫石綿，chrysotile），並占所有石綿使用量的 90%；角閃石群為筆直狀纖維但質地較前者脆弱，其包含青石綿(crocidolite)、褐石綿(amosite)、灰石綿(anthophyllite)、透閃石(tremolite)、陽起石(actinolite)等五種不同之種類，其中並以前二者的使用量較高，但僅占所有使用量約 10%。無論是何種石綿，其基本化學成分為氧化矽(SiO_4)，而其不同之數目與排列以及與不同金屬離子（Mg^{2+}, Ca^{2+}, Fe^{2+}或$^{3+}$, Na^+）之結合則決定最後型態。

　　不同類型的石綿具有強韌、耐熱、抗腐蝕、耐磨、隔熱、電絕緣之特性，並被使用於包括建築、電氣、一般工業、醫學、防火器材等不同的用途，做為摩擦物質之成分、內用充填物、煞車器和離合器來令片、石綿紙、在乙烯基和瀝青地板產物中之增強物質、水泥管或板的增強物質、表面覆蓋和密封物的增強劑、電和熱絕緣物質、彈性繩索和束帆索的增強添加物、防火防腐物質、防火衣的紡織品成分、工業用滑石粉成分、工業用潤滑劑的添加物等，因此其用途相當廣泛。

　　最早有歷史記載石綿的使用約在羅馬時代,當時石綿即被編織做為衣物,但僅有少數貴族或富商能穿著,而使用量極少。在 1920 年代,全世界總計生產的石綿僅約 2 萬噸,但隨其用途以及使用量的增加,在 1970 年時,全球的生產量已劇增至 4.3 百萬噸,而其中的 1.7 百萬噸是來自加拿大魁北克,另 2.5 百萬噸則來自蘇聯。國內每年消耗量約 3 萬噸,大多用於石綿水泥、建築材料、石綿耐磨加工業、絕緣、石綿紡織業等。由於石綿的危害性逐漸的在先進國家被發掘以及重視,而全球的總產量與使用量在近年來日漸減少;以美國為例,在 1984 年的消耗量約為 22 萬噸,但在 1994 年時僅為 3.3 萬噸,而 1997 年的統計僅為 2.1 萬噸,至 2007 年僅剩 1,730 噸。在 2003 年的統計,全球消耗約 200 萬噸的石綿。2017 年全球的產量統計還有約 120 萬噸,主要在俄羅斯、大陸、巴西、哈薩克及印度。俄羅斯目前仍大量生產與使用,在 2016 年之產量約為 1.1 百萬噸,其使用量僅次於大陸;大陸目前年產量雖已減少,但在 2016 年的統計仍有 20 萬噸的產量;哈薩克目前是出產且輸出最多的國家之一,2016 年仍有 21 萬噸的產量,而僅有少部分於國內使用。印度近年之累積使用量曾高達 400 萬噸,而一直到 2011 年才將石綿列為危害物質而不再開採,但仍由其他國家進口。上述這些地區的一些民眾不僅有職業暴露(開採、加工、使用),且一般大眾使用含石綿之產品更對其健康會造成長期、慢性的危害。

　　雖然石綿並不溶於水亦不具有揮發性,但其細微的纖維(長度一般在 0.2~2μm 之間,寬度 0.05~0.5μm)仍可被發現存在於一般空氣或飲用水中。一般空氣中石綿的來源可能包括石綿礦的風化或者因人為的採礦以及使用含石綿物質產品的分解釋出(如煞車來令片、絕緣物等)。一般室外空氣中石綿的濃度皆不等,可從 0.1 ng/m^3(約 3×10^{-6} f/mL,f 代表纖維根數,fiber)到 100 ng/m^3(約 3×10^{-3} f/mL),而在室內的濃度則與汙染源有直接的關係,通常含石綿的隔熱材料(如水管包覆物、天花板、地磚等)是最主要的排放源。

　　在一些與石綿有關作業場所的工人,其經由空氣吸入的每日暴露量也可能遠高於一般人。WHO 資料顯示全球有將近 1 億 2 千 5 百萬人在工作

場所會暴露在石綿。美國估計約有 1.3 百萬的建築與一般工廠工人曾暴露於相對高量之石綿，歐洲國家（歐盟）在 1990~1993 年之統計數字亦約為 1.2 百萬，而這些職業暴露者之未來健康影響令人憂心。

水體中的石綿主要來自於礦區的自然侵蝕作用或大氣的沉降，但亦可能是因含石綿廢棄物的汙染所致，而飲用水中的汙染則主要與石綿水泥輸水管的使用有關。一般大眾供水系統的石綿濃度應小於 1×10^6 f/L。

經吸入途徑進入人體的石綿可經由呼出或呼吸道黏膜的分泌被排出呼吸系統，但後者仍可能被吞食進入消化道。部分到達肺部的石綿纖維能在該處停留極長的時間，有些可能遊移，但有些可能永遠無法自體內被移除。食入後的石綿，絕大部分在數日即可隨糞便排出，但仍有極少量的石綿纖維可穿透消化道壁，甚至進入血液循環系統，而被輸送並留置於其他的組織部位，其中有些可由尿道排除至體外。

石綿對人體肺部的危害早在 1906 年的英國即有記錄，但直至 1960 年代的中期，石綿對職業暴露者的致癌性才被確認。暴露於石綿所造成的三種較重要的危害分別為**石綿肺**(asbestosis)、**肺癌**(lung cancer)、**間皮瘤**(mesothelioma)。石綿肺係指患者因長期吸入石綿纖維，產生呼吸道變窄以及肺部組織不可復原之纖維化作用(fibrosis)，而造成其失去延展性（圖 12.2）。患者通常有呼吸喘促、疲累、心肺功能降低等症狀，嚴重者則因呼吸困難或心臟不堪負荷而死亡。石綿肺為「職業安全衛生法」所認定的粉塵肺之一種。

石綿能提升其他致癌物的致肺癌作用因此為一腫瘤促進物(promoter)，尤其是吸菸，此兩者具有毒理上的**協助效應**(synergism)。罹患肺癌的石綿工人大都有吸菸的習慣，其致癌機率遠高出不吸菸者或非暴露於石綿者。吸菸可增加因石綿而造成之癌症機率高達 10 倍之多，而已產生石綿肺且菸癮較大的石綿工人罹患肺癌的機率更較非吸菸且非石綿工人者多出 50 倍。

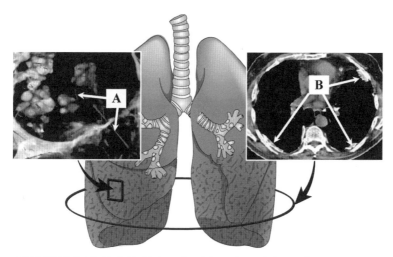

圖 11.2　石綿纖維在肺部之累積（A 處，以 X 光照出細長之石綿纖維於肺泡中）
　　　　以及造成之胸膜斑塊（pleural plaques，B 處，以電腦斷層掃描顯像）

　　胸膜(pleural)為包覆於肺部外圍的間皮組織(mesothelium)，而胸膜間
皮瘤(pleural mesothelioma)是相當稀有之惡性腫瘤的一種，一般僅在長期
暴露於石綿的狀況下才會產生。石綿所引發的胸膜間皮瘤會有呼吸短促、
疼痛等症狀，而患者通常在病發的數月（至多 2 年）內即可能死亡。間皮
瘤的產生與吸菸並無關聯性。石綿（以及其他含矽微粒，如滑石粉、毛沸
石）應為石綿工人罹患間皮瘤的主要致癌因數。腹膜也是石綿產生間皮瘤
的另一部位（**腹膜間皮瘤**，peritoneal mesothelioma）。

　　石綿除能產生前述幾處部位的致癌作用外，其他可能受影響之處包括
支氣管、胃、腸道、食道、胰臟、腎等，但目前尚未明確。食用受石綿汙
染的水也可能產生消化道的癌症，但這些部位腫瘤的引發也可能肇因於水
中其他的汙染物。有研究顯示，長期飲用含石綿水者其因食道、胃、腸癌
而導致死亡的機率高於一般人，但兩者之間的關聯性仍有待證實。

　　石綿產生的危害性與其種類、暴露時間長短、吸菸與否等因素有關。
石綿纖維的大小（長度與直徑）是決定其毒害的最主要因素，一般而言，
長纖維（長度大於 5μm）所產生組織的損害較短者為高，而直徑（或寬度）
較小者通常與間皮瘤有關，而直徑較大者則與肺癌的形成較有關聯性。石

綿的另一毒害特性為延遲作用(delayed effect)。暴露於石綿至產生毒害症狀的潛伏期有時可長達 20~40 年之久。

石綿的致癌毒理機制目前推論可能與體內因石綿纖維導致發炎反應有關。為因應石綿的侵入，肺泡組織的巨噬體(macrophage)會釋出含氧的自由基(free radical)包括 $•O_2^-$ 與 H_2O_2，並產生高活性的 $•OH$ 以利其吞噬作用，但這些物質也同時對正常的細胞造成傷害。因此，在石綿長期的刺激下，這些作用不停運作的結果導致組織纖維化（纖維母細胞，fibroblast，大量釋放膠原物質）以及部分細胞異常發展，並轉換成癌細胞。石綿可與生物細胞內的一些大型生化分子（蛋白質、細胞膜脂質、DNA、RNA 等）結合，進而抑制其特定的作用。

石綿被 WHO 認定為最嚴重的職業性致癌物之一，所造成的死亡約占職業性癌症死亡總數的 50%。據估計，全球每年至少有 107,000 人死於職業性暴露引起的與石綿相關的肺癌、間皮瘤和石綿肺此外，將近 400 例死亡可歸因於非職業性的石綿暴露。吾人對石綿所產生健康危害的瞭解多來自於流行病學的調查，尤其是職業性的暴露。早期石綿所產生之相關疾病主要發生在採礦與石綿紡織工人身上，但隨社會與產業形態的改變，約從 1940 年代開始，主要發病族群則轉移至與拆船作業、製造石綿水泥、瓷磚、水管或石綿水泥噴灑等有關的工人。如今在石綿已不再做為一般隔熱材料的狀況下，主要的職業危害則發生在消防人員（早期使用含石綿的防火裝備）、建築物拆除與維修工人。雖然一般人也可能因居住或一般日常生活的環境（如辦公室、學校）受汙染而暴露於石綿，但暴露量應遠較職業暴露為低，在加上適當的環境管理措施，因此其危害性應也相對銳減。但如前述在一些尚未重視且無適當法令管理之新興國家，石綿可能仍是值得關切的公共衛生議題之一。石綿相關疾病的發生率目前仍在上升，甚至在那些早在 20 世紀 90 年代就已禁用石棉的國家中也是如此。

迄今為止（截至 2013 年底），已有 50 多個國家（包括所有的歐盟國）禁止使用各類石綿，包括溫石綿。然而有些國家仍在生產或使用，包括以色列、克羅西亞、加拿大、古巴、墨西哥、美國、厄瓜多爾與紐西蘭等國，甚至仍在增加生產或使用溫石棉。亞太區域溫石棉使用量上漲幅度尤其顯

著。國內環保署早已於 1989 年公告石綿為一毒性化學物質，禁止其使用於新換裝之自來水管，而在近年所新訂之「多氯聯苯等列管毒性化學物質及其運作管理事項」中，已規定自 2008 年 1 月 1 日起禁止使用其於石綿板、石綿管、石綿水泥、纖維水泥板之製造。另「廢棄物清理法」則將下列廢棄物種類認定為有害事業廢棄物，包括：(1)製造石綿防火、隔熱、保溫材料及煞車來令片等摩擦材料研磨、修邊、鑽孔等加工過程中產生易飛散性之廢棄物；(2)施工過程中吹噴石綿所產生之廢棄物；(3)更新或移除使用含石綿之防火、隔熱或保溫材料過程中，所產生易飛散性之廢棄物；(4)盛裝石綿原料袋；(5)其他含有百分之一以上石綿且具有易飛散性質之廢棄物，並須符合有害事業廢棄物處理或其他行為等規範。其他有關勞工安全之法令有「職業安全衛生設施規則」與「勞工作業場所容許暴露標準」。

11.13　多環芳香碳氫化合物

　　多環芳香碳氫化合物（polyaromatic hydrocarbons 或 polycyclic aromatic hydrocarbons, PAHs，或稱多環芳香烴）為一有機芳香(aromatic)化合物的家族，其化學結構係由兩個或兩個以上之五碳環或六碳苯環鍵結所形成，因此種類相當繁雜，在自然界中較常見者約有一百多種，若再加上其衍生物，則其種類數至少超過 650 種以上。其中幾種較為重要 PAHs 的化學結構式列於本章圖 11.3 中，而其命名方式則依 IUPAC 的命名原則，讀者可參考圖 11.3 的個別 PAHs 之名稱以及苯環內的編碼。

　　PAHs 在一般室溫下的蒸氣壓介於 $10^{-11} \sim 10^{-2}$ atm 之間，屬於半揮發性以及非極性的物質，並具有高熔點、高沸點之特性。此類物質不易溶於水，而僅能溶於非極性或弱極性之有機溶劑中，但由於其種類繁多，不同化合物之間有些也具有相當大的差異，通常分子量愈大則水溶性愈差，而含有甲基或苯環呈直線排列者的水溶性也愈小。自然界中 PAHs 的型態包括針狀、扁平狀、結晶狀、葉狀或菱角狀等，而顏色多為透明、淺黃或金黃。一般而言，PAHs 的苯環結構使其具有極佳的抗熱解性與化學穩定性，但仍易與 Cl、NOx、HNO_3、SO_2、SO_3、H_2SO_4 等物質作用。表 11.3 列出一些 PAHs 的物化特性。

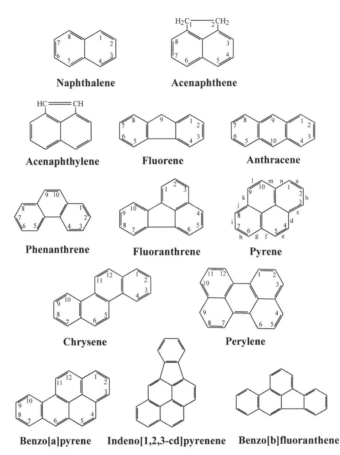

圖 11.3　13 種代表性 PAHs 的化學結構式

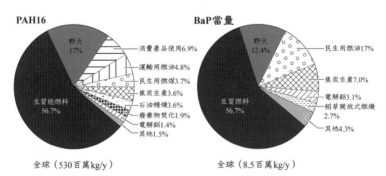

圖 11.4　全球由不同排放源排放 16 種 PAHs 與 BaP 當量的總量與比例

○ 數據來源自：Zhang, Y., & Tao, S. (2009). Global atmospheric emission inventory of polycyclic aromatic hydrocarbons (PAHs) for 2004. *Atmospheric Environment. 43*(4): 812-819.

表 11.3 34 種 PAHs 的物化特性

種類	分子量	溶解度 (μg/L)	熔點 ℃	蒸氣壓 (mm Hg)	Log K$_{ow}$	苯環數 （總環數）
Naphthalene（萘）	128.2	1,2500 ~3,4000	80.2	0.054	3.37	2
Acenaphthylene（苊烯）	152.2	16,100	92.5	10^{-3}~10^{-4}	4.07	2
Acenaphthene（苊）	154.2	3,900	95	4.5×10^{-3}	3.98	2
Anthracene（蒽或䓛）	178.2	76	218	1.7×10^{-5}	4.45	3
Fluorene（芴）	166.2	1,890	116	3.2×10^{-4}	4.18	2 (3)
Phenanthrene（菲）	178.2	1,200	100	6.8×10^{-4}	4.46	3
Acridine（吖啶／氮蒽）	179.2	5,400	107	1.35×10^{-4}	3.40	3
2-Methylanthracene	192.3	21.3	209	5.34×10^{-6}	4.77	3
9-Methylphenanthrene	192.3	261	90	5.01×10^{-5}	4.77	3
1-Methylphenanthrene	192.3	269	123	1.5×10^{-5}	4.77	3
Fluoranthene（螢蒽）	202.3	260	111	5×10^{-6}	4.90	3 (4)
9,10-Dimethylanthracene	206.3	56	182	2.7×10^{-6}	5.13	3
Benzo[a]fluorene	216.3	45	189.5	4.45×10^{-5}	5.10	3 (4)
Benzo[b]fluorene	216.3	2.01	213	5.5×10^{-8}	5.77	3 (4)
Pyrene（芘）	202.3	77	156	2.5×10^{-6}	4.88	4
Benz[a]anthracene	228.3	11.0	160	1.1×10^{-7}	5.61	4
Naphthacene（並四苯）	228.3	1.0	350	2.49×10^{-9}	5.65	4
Chrysene（䓛）	228.3	2.8	255	6.4×10^{-9}	5.81	4
Triphenylene（三亞苯）	228.3	43	199	2.1×10^{-8}	5.63	4
Benzo[b]fluoranthene	252.3	1.5	168.3	5×10^{-7}	6.04	4 (5)
Benzo[j]fluoranthene	252.3	3.93	166	1.5×10^{-8}	6.12	4 (5)
Benzo[k]fluoranthene	252.3	0.76	215.7	9.59×10^{-1}	6.06	4 (5)
Cholanthrene（膽蒽）	254.3	2.0	174	5.3×10^{-8}	6.28	4 (5)
7,12-Dimethylbenz[a]anthracene	256.3	6.1	124	2.53×10^{-7}	5.8	4

表 11.3　34 種 PAHs 的物化特性（續）

種類	分子量	溶解度 (μg/L)	熔點 ºC	蒸氣壓 (mm Hg)	Log K_{ow}	苯環數 （總環數）
Dibenzo[a,h]fluorene	266.3	0.8	174.5	$2.53×10^{-7}$	6.57	4 (5)
Dibenzo[a,g]fluorene	266.3	0.8	489.7	$2.53×10^{-7}$	6.57	4 (5)
3-Methylcholanthrene	267.3	0.7	180	$4.30×10^{-8}$	6.42	4 (5)
Benzo[a]pyrene	252.3	13.3	179	$2.44×10^{-6}$	6.06	5
Benzo[e]pyrene	252.3	6.3	178.5	$5.70×10^{-9}$	6.44	5
Perylene（苝）	252.3	2.4	278	$5.25×10^{-9}$	6.21	5
Indeno[1,2,3-cd]pyrene	276.3	2.7	163.6	$2.64×10^{-7}$	6.58	5(6)
Dibenz[a,h]anthracene	278.3	2.49	262	$9.6×10^{-10}$	6.54	5
Benzo[g,h,i]perylene	276.4	0.3	273	$8.6×10^{-10}$	6.70	6
Coronene（蔻）	300.3	2.7	440	$4.4×10^{-11}$	7.49	7

　　在數百種的 PAHs 中，僅少部分是被使用於製藥、化學、相片製造業，這些包括 anthracene、acenaphthene、fluorene、phenanthrene、fluoranthene、pyrene、chrysene、naphthalene 等，其他的 PAHs 除製造做為研究用外，並無特殊商業用途。環境中絕大部分的 PAHs 是由有機物在不完全燃燒的條件下自然形成，而較適合的溫度範圍為 650~900℃。其他 PAHs 的生成來源包括較高分子有機物的熱解與生物的合成。木材與一般化石燃料的燃燒是空氣中 PAHs 的最主要來源，尤其是汽機車的引擎排氣；其他的產生源或被發現含有此類化合物的物質包括：鍋爐、火爐、香菸、煤煙、煤渣、焦油、瀝青、柴油、礦油、烹煮食物、機油、潤滑油、溶劑、工業排煙、森林火災、植物油、煉鋼、煉油、煉鋁、火山爆發等，而其中有些與人類的暴露於 PAHs 有直接的關係。PAHs 的環境濃度與危害性不一，其中以 benzo[a]pyrene（本文以下皆稱 BaP）是最廣受環境汙染調查且相關數據、資料相對較多者。圖 11.4 為學者推估全球由不同排放源所排放 16 種 PAHs 與 BaP 當量（見後文）的總量與比例。

　　PAHs 的產生源眾多，而大部分皆排放於大氣中，並以人類活動所釋出量為主。在空氣中，苯環數較低的 PAHs 由於具有較高的蒸氣壓，因此能以氣態存在或附著於懸浮微粒物質(PM)之表面，而苯環數較高者（5 環以上）則以後者之形態居多。研究證明，PAHs 能進行長程的大氣傳輸，並能在遠離排放源處被發現。經由沉降作用後，PAHs 能由大氣中遷移至水體或陸地上。由於其低水溶解性之故，在水中的 PAHs 主要吸附於懸浮固體物或生物體，有些則隨懸浮物質沉降於底泥，部分則揮發返回大氣中，此作用則與其蒸氣壓的大小有關。PAHs 對土壤顆粒的吸附性也極強，但有部分仍能揮發返回大氣中，而僅有在高汙染區才能發現 PAHs 造成地下水的汙染。

　　光解作用是 PAHs 在空氣與水中去除的最主要機制，尤其在氫氧自由基的存在之下，此作用更為明顯。生物降解作用則是 PAHs 在底泥與土壤中的主要去除作用，但其速率仍相當緩慢，並與苯環數呈反比的關係。在實驗室的條件下，有些 PAHs 的半生期可從百日到數年之久，而不同類型的 PAHs 會有極大差異。由於其結構的穩定性，PAHs 無法進行水解作用。由其特性可知，PAHs 在環境中具有持久性。表 11.4 列出一些 PAHs 在不同環境中的半生期。

　　PAHs 具有環境持久性，並微量的存在於一般的環境中，其中濃度通常較高者為 fluoranthene 與 pyrene，其次為 indeno[1,2,3-cd]pyrene，其他尚包括 benzo[b]fluoranthene、benzo[k]fluoranthene、benz[a]anthracene、benzo[a]pyrene、dibenz[a,h]anthracene 等。如無明顯的汙染源，空氣中個別 PAHs 的濃度約在<1~100 ng/m^3 的範圍，而都會區通常較郊區高。在一般性燃燒較頻繁的冬季，空氣中 PAHs 的濃度也較夏季高。本章附表一彙整附著於懸浮微粒物質（PM$_{2.5}$，粒徑小於 2.5 μm）之 PAHs 在世界不同地區的大氣中檢出濃度。在某些仍使用煤或其他高汙染燃料做為一般室內取暖或煮食用途的地區，PAHs 也造成嚴重的室內空氣汙染問題，其一般的

| 表 11.4 | PAHs 在不同環境中的半生期 |

分類等級	平均半生期（小時）	半生期範圍（小時）
1	17	10~30
2	55	30~100
3	170	100~300
4	550	300~1,000
5	1,700	1,000~3,000
6	5,500	3,000~10,000
7	17,000	10,000~30,000
8	55,000	> 30,000

PAHs	空氣	水	土壤	底泥
Acenaphthylene	2	4	6	7
Anthracene	2	4	6	7
Benz[a]anthracene	3	5	7	8
Benzo[a]pyrene	3	5	7	8
Benzo[k]fluoranthene	3	5	7	8
Chrysene	3	5	7	8
Dibenz[a,h]anthracene	3	5	7	8
Fluoranthene	3	5	7	8
Fluorene	2	4	6	7
Naphthalene	1	3	5	6
Perylene	3	5	7	8
Phenanthrene	2	4	6	7
Pyrene	3	5	7	8

○ 數據整理於：UNEP-Environmental Health Criteria 202-Selected Non-Heterocyclic Policyclic Aromatic Hydrocarbons, 1998.

濃度則在 1~50 ng/m³ 的範圍，若室內吸菸則會使其濃度大幅增加。PAHs 在不同水體的濃度大都與空氣的沉降有關，而個別 PAHs 的水中濃度一般皆小於 50 ng/L，如果超過此值，則表示附近有明顯汙染源的存在。雨水中含有較高濃度的 PAHs，其範圍約在 10~200 ng/L 之間。一般地下水的 PAHs 含量應低於 5 ng/L，但在受汙染的地區，其濃度可高達 10 μg/L。在一般飲用水中，一些 PAHs 的濃度通常低於檢測極限（約為 1~5 ng/L），而部分 PAHs 的總濃度大約在 1 ng/L 左右，但有時仍可高達 10 μg/L 以上，此應與早期有些輸送水管經煤焦油(coal tar)防鏽處理而造成汙染有關。

底泥為環境中 PAHs 的主要蓄積場所，其一般濃度約在 ppb (μg/kg)的範圍，但不同水體仍有極大的差異。在人類活動較為頻繁水體中底泥的 PAHs 濃度往往較高。例如海港與大型河川出海口區，其個別 PAHs 的濃度有時超過 500 mg/kg。

土壤中 PAHs 的含量可能來自於當地的汙染源或大氣擴散作用後的沉降（背景汙染）。通常有機含量高的土壤，其所含 PAHs 的濃度亦高，而愈接近都會區或工業區，PAHs 的含量也隨之增加。PAHs 在土壤中的背景濃度約在 5~50 μg/kg 之間。在北極的土壤中也曾發現含有濃度高達 150 μg/kg 的 benzo[g,h,i]perylene 與 fluoranthene，此也證明 PAHs 進行長程大氣傳輸的可能性。

一般自然界的生物體內皆可發現 PAHs 的存在，並以蓄積於含脂肪量較高的組織為主，而較常發現的 PAHs 有 benzo[b]fluoranthene、benz[a]anthracene、benzo[a]pyrene、benzo[e]pyrene、fluoranthene、pyrene、phenanthrene 等。在一些汙染區附近所捕獲魚貝類體內的 PAHs 有時可高達數千個 ppb (μg/kg)。陸上的野生動物體內也含有不等量的 PAHs，但通常仍以較低等者體內的濃度較高，因為其代謝率較低之故。PAHs 的高脂溶性與在生物體內較低的代謝率，使其對部分的水中生物具蓄積性，但不同種類之間仍有極大的差異，主要是因為不同的生物轉化能力所致。例如 PAHs 對藻類的 BCF 為 2,398~55,800 (L/kg)、節肢動物為 180~63,000 (L/kg)、軟體動物 58~8,297 (L/kg)，但對魚類的 BCF 約在 10~4,700 (L/kg)，

此因脊椎或其他較高等動物體內的氧化酵素如 cytochrome P450 對 PAHs 的代謝較佳之故，PAHs 也因此無明顯的生物放大作用(biomagnification)。

在所有的 PAHs 當中，有部分是在環境汙染或健康影響方面值得特別關注的。美國的「淨空法(Clean Air Act)」中將 16 種 PAHs(或稱為 polycyclic organic matter, POM)列為危害性空氣汙染物，其中有 7 種（稱為 7-PAHs）被列為可能的人類致癌物。一般的環境調查或其他相關的研究也多以前述 16 種 PAHs 為主要對象，而其總量或總濃度可以個別濃度的總和或者以總「PAH 毒性當量」的方式表示；後者的作法與戴奧辛毒性當量相同（見第十章），即賦予個別的 PAHs 一相對於 benzo[a]pyrene (BaP)毒性的因數，稱為**相對效能因數**(relative potency factor, RPF)，而其總毒性當量為個別 PAHs 濃度與其 RPF 乘積的總和，此稱為 BaP 毒性當量。個別 PAHs 的 RPF 值列於表 11.5 中，不過不同的機構也訂定不同的 RPF 值以做為 PAHs 物質暴露量（或濃度）計算或風險管理之依據。表 11.5 另包括加州環保局 (CalEPA)所採用的 RPF 值（或稱效能當量因數，potency equivalent factor, PEF）。

PAHs 能經由不同的暴露途徑進入人體，而其中較為顯著者為吸入燃燒香菸與木材所產生以及一般受汙的空氣。攝取含有 PAHs 的食物也是重要的途徑之一。據推估，每日吸食一包香菸所接受致癌性 PAHs 的量約為 5 μg/day，其中 BaP 約有 0.4 μg/day。食物中所含的 PAHs 可能源自於受汙染或者是因為烹調所造成，後者以煙燻與燒烤的產生量最高，濃度可達 200 ppb (μg/g)以上，而食物調理的方式、時間、使用器具、食物種類、溫度等其他因素，皆會影響所產生 PAHs 的量。本章附表二列出 PAHs 在不同類別食物中的背景含量。

一般美國人平均每日由食物中所攝取致癌性 PAHs 的總量約在 1~5 μg/d，主要來自於調理過的肉類與未經烹煮的穀類；而經由空氣所吸入的平均暴露量約為 0.16 μg/d（範圍 0.02~3μg/d），飲用水的暴露量則更低，約為 0.01 μg/d。因生活與飲食習慣的差異，在不同地區的民眾對 PAHs 的攝取量有時會有極大的不同，而特定族群的每日 PAHs 暴露量有時會遠高於一般人；這些包括常吸一手或二手菸者、喜好燻烤食物如烤魚，常接觸

非完全燃燒之煙霧者（如焚燒垃圾、木材、焚香、燒紙錢）以及特殊職業等。針對 BaP, FAO/WHO（糧食與農業署／世界衛生組織）於 2005 年綜合許多研究調查結果推估 4 ng/kg/d 為一般人平均每日劑量，而以 10 ng/kg/d 為高劑量暴露。

　　一般人體內可被檢出不同含量的 PAHs（多以代謝物形式），但此體內負荷應來自於平常的每日暴露，而非因為長期蓄積作用的結果。表 11.6 列出針對不同地區民眾尿液中 1-hydroxypyrene（為 pyrene 之代謝物，可作為 PAHs 暴露之生物標記）含量調查之數據。

表 11.5 不同 PAHs 與其衍生物的 RPF 值以及其致癌分類

	PAHs	RPF		致癌性分級	
		USEPA (1993)	California EPA(2015)	USEPA	IARC
1	Acenaphthene	NA	NA	NA	3
2	Acenaphthylene	NA	NA	D	NA
3	Anthracene	NA	NA	D	3
4	Benz[a]anthracene*	0.1	0.1	B2	2B
5	Benzo[a]pyrene*	1	1	B2	1
6	Benzo[b]fluoranthene*	0.1	0.1	B2	2B
7	Benzo[g,h,i]perylene	0.01	NA	NA	3
8	Benzo[k]fluoranthene*	0.01	0.1	B2	2B
9	Chrysene*	0.001	0.01	B2	2B
10	Dibenz[a,h]anthracene*	1	NA	B2	2A
11	Fluoranthene	NA	NA	D	3
12	Fluorene	NA	NA	NA	3
13	Indeno[1,2,3-cd]pyrene*	0.1	NA	B2	2B
14	Naphthalene	NA	NA	D	2B
15	Phenanthrene	NA	NA	D	3
16	Pyrene	NA	NA	D	3

| 表 11.5 | 不同 PAHs 與其衍生物的 RPF 值以及其致癌分類（續） | | | |

PAHs	RPF		致癌性分級	
	USEPA (1993)	California EPA(2015)	USEPA	IARC
其他 PAHs				
7 H-dibenzo[c,g]carbazole	NA	1.0	B2	2B
Dibenzo[a,e]pyrene	NA	1.0	B2	3
Dibenzo[a,i]pyrene	NA	10	B2	2B
Dibenzo[a,h]pyrene	NA	10	B2	2B
Dibenzo[a,l]pyrene	NA	10	B2	2A
5-Methylchrysene	NA	1.0	B2	2B
1-Nitropyrene	NA	0.1	NA	2B
4-Nitropyrene	NA	0.1	NA	2B
1,6-Dinitropyrene	NA	10	NA	2B
1,8-Dinitropyrene	NA	1.0	NA	2B
6-Nitrochrysene	NA	10	NA	2B
2-Nitrofluorene	NA	0.01	NA	2B
Benzo[j]fluoranthene	NA	0.1	B2	2B
Dibenz[a,h]acridine	NA	0.1	B2	2B
Dibenz[a,j]acridine ·	NA	0.1	B2	2B
Benzo[c]fluorene	NA	NA	NA	3
Cyclopenta[c,d]pyrene	NA	NA	NA	2A
Benz[j]aceanthrylene	NA	NA	NA	2B
Benzo[c]phenanthrene	NA	NA	NA	2B
7,12-Dimethylbenzanthracene	NA	10	NA	NA
3-Methylcholanthrene	NA	1	NA	NA
5-Nitroacenaphthene	NA	0.01	NA	NA

◯ 有編號者為 USEPA 的 16-PAHs，其中打*為 7-PAHs。NA：尚無相關資料。

◯ 致癌性分級請見第五章。

表 11.6 不同地區民眾尿液中 1-hydroxypyrene 之濃度比較

研究族群／國家或地區	年齡	調查人數	中間值（範圍）	
			ng/g creatinine	μ mol/mol creatine
孩童				
The Netherlands	1~6	644	405 (0~13794)	0.21 (0.00~7.15)
Germany	1~6	347	148 (LOD~1429)	0.08 (LOD~0.74)
Germany	6~12	261	118 (LOD~833)	0.06 (LOD~0.43)
都會區，Denmark	3~13	204	193 (19~1215)	0.1 (0.01~0.63)
Ukraine	3	41	540 (212~1563)	0.28 (0.11~0.81)
中學生，Korea	11~13	137	189 (19~2373)	0.098 (0.01~1.23)
USA	6~11	310	91.2 (31.6~474)	0.05 (0.02~0.25)
USA	6~11	387	60.6 (25.7~320)	0.03 (0.01~0.17)
成年人				
Germany	NA	69	450 (＜40~600)	0.23 (0.02~0.31)
Canada	NA	140	154 (39~617)	0.08 (0.02~0.32)
非吸菸婦女，Germany	53~58	97	150 (60~1560)	0.08 (0.03~0.81)
Germany	≧20	495	88 (LOD~1172)	0.05 (LOD-0.61)
男大學生，Korea	23	129	58 (19~540)	0.03 (0.01~0.28)
USA	≧20	1309	68.8 (17.2~541)	0.04 (0.01~0.28)
USA	≧20	1625	41.2 (15.2~233)	0.02 (0.01~0.12)

⊙ 說明：1-hydroxypyrene 為 pyrene 之代謝物，濃度是以尿中肌酸酐(creatinine)或肌酸(creatine)予以校正，即以尿中肌酸酐或肌酸之含量為單位。LOD：檢測極限。

⊙ 數據彙整於：Li, Z., Sandau, C. D., Romanoff, L. C., Caudill, S. P., Sjodin, A., Needham, L. L., & Patterson, D. G. J. (2008). Concentration and profile of 22 urinary polycyclic aromatic hydrocarbon metabolites in the US population Original Research Article. *Environmental Research, 107*(3): 320-331.

PAHs 能經由吸入、食入、皮膚接觸等三種暴露途徑進入人體。肺部對 PAHs 的吸收與其種類、所吸附顆粒的特性與大小、肺部細胞的代謝等因素有關。雖然 PAHs 的高脂溶性應使其易被吸收，但由於吸附於微粒物質的 PAHs 易由呼吸道黏膜組織的排除異物機制將其同時排出（也可能隨分泌物被吞嚥進入消化道），因此，此部位對不同 PAHs 的吸收率較難推估。食入 PAHs 的吸收率也因其種類而有差異，但一般應與其脂溶性有關；脂溶性較高者的吸收率也較高。皮膚對溶於溶劑或吸附於其他物質中 PAHs 亦因化合物種類而有不同的吸收率。被人體吸收的 PAHs 可分布在體內的不同部位，且其濃度在暴露後的極短時間內即可達到最高，並與該部位的脂肪含量有關。PAHs 通過血液／胎盤障壁的量較有限，因此胎兒含量通常較低於母體中含量。消化道亦可發現 PAHs（或其代謝物）的存在，即使其並非由食入的途徑進入體內。造成此現象的原因應為吸入之 PAHs 由呼吸道黏膜排出後的吞食或者是經肝臟代謝而由膽汁排出進入消化道。

PAHs 在體內可被代謝為不同的代謝物，並增加其水溶性以及排除至體外的機會。由於不同 PAHs 結構的相似性，因此其代謝方式也相當類似。一般代謝過程為先經過第一階段（Phase I，見第三章）之代謝後，再被第二階段(Phase II)的酵素作用將其與大型分子結合(conjugate)，形成極性較佳的次代謝物以利排除。PAHs 的第一階段代謝作用主要是由**細胞色素**(cytochrome)**P450** 系統所完成（見第三章）。

經過代謝後 PAHs 的主要排除途徑是經由糞便或尿液。由於人體內生物轉化作用之故，此類物質在體內的停留時間並不長，其半生期從數小時至數日不等，而蓄積作用亦有限。

多環芳香碳氫化合物是近年來廣受重視的環境汙染物之一，雖然微量的存在於一般環境中，但其強致癌性與突變性卻不容忽視。早在 18 世紀，英國醫師 Percival Pott 即發現清洗煙囪的工人因經常接觸煤灰而易罹患陰囊癌，但直到現代微量化學分析技術的建立後，才將其中的致癌因素—PAHs 分離出。而今在美國許多的「超級基金汙染區」(Superfund site)皆可

發現 PAHs 的汙染，並對當地生態環境與人體健康造成危害。PAHs 的種類甚多，但相關的毒理資料卻較為有限，而其中仍以部分的幾種（如 16-PAHs）以及針對致癌或突變性等研究為主。PAHs 化合物的致死急毒性並不強，不同種類的口服 LD_{50} 應>500 mg/kg 以上，而腹腔或靜脈注射之 LD_{50} 應>100 mg/kg。PAHs 的其他毒性反應包括血液（造成溶血性貧血）、肝臟、腎臟等影響，而造成此類影響的 90 日口服 NOEL 約在 75~1,000 mg/kg 之間。部分的 PAHs 對眼睛或皮膚具有毒性；例如 anthracene 與 naphthalene 能引起輕度的眼部刺激，而後者並可能會造成白內障；BaP 則會造成皮膚的過度角質化。Benz[a]anthracene、BaP、dibenz[a,h]anthracene、naphthalene 經試驗後皆被證實具有胚胎毒性(embryotoxicity)、畸胎性，並能影響雌性的生殖能力。部分的 PAHs 如 BaP、dibenz[a,c]anthracene、dibenz[a,h]anthracene、benz[a]anthracene 等對不同的試驗動物也具有免疫力抑制的作用。

在 WHO 所評估的不同 PAHs 中，僅有 naphthalene、fluorene、anthracene 是被確認完全不具有突變性者，而另有其他 6 種(acenaphthene、acenaphthylene、benzo[a]fluorene、benzo[b]fluorene、phenanthrene、pyrene) 則未被完全確認其突變性，而有 25 種則是確認的突變物。這些化合物的突變作用主要是其代謝物所致。以 BaP 為例，其在體內可形成約有 20 種不同的代謝物，而約有半數以上是經測試而具有突變性者，不過其中仍以 7,8-diol-9,10-epoxides 被認為是最主要的**終極致癌物**(ultimate carcinogen)（見第五章圖 5.3）。此經活化而具有強親電性的終極致癌物最後與 DNA 上的鹼基形成 **DNA 結合體**(DNA adduct)，造成 DNA 上鹼基的配對錯誤（例如 A 與 G，原應為 A 與 T），並導致 DNA 上遺傳訊息的改變（遺傳毒性），以及啟動(initiation)正常細胞轉變為癌細胞的轉換過程（見第五章）。

PAHs 的致癌性是吾人對此類物質的研究重點。不同 PAHs 的致癌等級已列於表 11.3 中。吸菸是導致一般人肺癌的最主要原因之一，而 PAHs 則為香菸煙霧中所含之主要致癌因數。其他與 PAHs 有關的環境致癌因數包括燃煤、引擎廢氣、廢棄機油或潤滑油等，而一些會產生作業環境暴露的特殊工作則包括：鋁業工、瀝青工、碳黑工、清掃煙囪工、煤氣工、焦

爐工、採用煤焦油浸泡漁網的漁民、石墨電極工、機械工、汽車引擎技工、印刷工、鋪路工、屋頂工、鋼鑄造工、輪胎與橡膠製造工、暴露於礦物雜酚油（或工業用雜酚油，是一種從煤焦油或其他礦物油中蒸餾而成的液體）的工人（例如木工、農夫、鐵道工、隧道工、設備工等）。IARC 亦將上述部分的作業環境列為具有致癌之特殊暴露狀況（見第五章）。

BaP 是在 PAHs 化合物中，最常做為致癌性研究者。BaP 在不同的試驗動物、以不同的暴露方式皆被證實具致癌性，而其造成腫瘤的部位通常與接觸的部位有關，但在特定部位的暴露仍可能會引發其他部位腫瘤的形成。由於 PAHs 的致癌性與其代謝的產物有密切的關係，因此在代謝作用（或活化）較強的部位如肝臟等，較易受 PAHs 代謝所形成終極致癌物的影響而造成癌細胞的生成，不過其也可被傳輸到體內的不同部位而產生致癌作用。針對 PAHs 的致癌性，目前確認之機制應為其是否會形成 diol/epoxide（二醇／環氧）或 radical cation（自由基陽離子）之代謝物，然後生成 DNA 結合物為主。

由於 PAHs 的產生源眾多以及強致癌性與突變性，吾人對此類物質的環境汙染與人體健康問題應加以重視。聯合國世界衛生組織在其報告中特別列舉出有關 PAHs 在未來的管制、規範等工作特須注意的事項，其中較重要的幾點包括：釋放源的環境監測與排放量評估、對個別 PAHs 的分析與報告、應儘量減少職業性的暴露、增加其環境教育、減少通風效果不良的室內燃燒、吸菸所產生 PAHs 的汙染應探討、經常性的都會區大氣中 PAHs 與食品汙染監測系統的建立、人體暴露量與體內負荷以及生物指標三者的關聯性探討、對陸地與水中生態的影響、魚類體內腫瘤發生與其環境中 PAHs 的關聯性、其他非致癌作用的毒性終點的探究等。

不同的環境衛生組織或機構針對 PAHs 皆訂定不同的規範或建議值。例如 WHO 規範 BaP 在飲用水的含量為 0.7 μg/L；歐盟對四種致癌性 PAHs (benzo[b]fluoranthene、benzo[k]fluoranthene、benzo[g,h,i]perylene、indeno[1,2,3-cd]pyrene)之飲用水濃度總和以及對 BaP 之標準分別為 0.1μg/L 以及 0.01μg/L；USEPA 對 BaP 之飲用水水質標準為 0.2μg/L、benz[a]anthracene 為 0.1μg/L。另外 USEPA 提出對 Bap (0.003mg/kg/day)、anthracene (0.3

mg/kg/day)、acenaphthene (0.06 mg/kg/day)、fluoranthene (0.04 mg/kg/day)、fluorene (0.04 mg/kg/day)、pyrene (0.03 mg/kg/day)非致癌危害的「安全劑量」（reference dose，亦稱**參考劑量**，見第十二章）。在美國的「淨空法」、「超級基金法(Superfund Act)」與「資源節約暨回收法(Resource Conservation and Recovery Act, RCRA)」等法令皆將部分的 PAHs 納入危害性毒化物的名單中而進行管理。除此之外，歐盟另訂有食品中 BaP 的上限值(maximum level, ML)，包括食用油與脂（2.0 μg/kg－濕重）、煙燻肉類與製品（包含魚但不包括貝類，5.0 μg/kg－濕重）、非煙燻魚肉（2.0 μg/kg－濕重）、非煙燻貝類與甲殼類（5.0 μg/kg－濕重）、非煙燻雙枚貝類（10.0 μg/kg－濕重）、嬰幼兒或孩童之食品（包括穀類加工食品、嬰兒配方奶粉、特殊醫療用，1.0 μg/kg－濕重）。然而，由於相關資料的欠缺，吾人對許多 PAHs 化合物的毒理、環境特性、生態影響仍有許多未明之處。因此，未來對此類微量汙染物的基礎研究仍須加強，以利適當環境管理之進行。

附表一 附著於 PM$_{2.5}$ 之 PAHs 在全球不同地區之大氣濃度 (ng/m^3)

地區	Mexico	USA	USA	Brazil	Spain	Atlanta		Croatia		USA	China	LA, USA	Greece	Delhi	
季節						S	W	S	W	W			S	S	W
Naphtalene	0.629	0.015	0.007	0.020	0.13	—	—	—	—	—	—	—	—	—	—
Acenaphthylene	0.644	ND	ND	0.090	0.5	—	—	—	—	—	—	—	—	—	—
Acenaphthene	0.488	0.003	0.001	0.350	N.D	—	—	—	—	—	—	—	—	—	—
Fluorene	0.293	0.008	0.008	ND	0.17	—	—	—	—	—	—	—	—	—	—
Phenanthrene	0.739	0.001	0.027	0.180	0.33	—	—	—	—	—	—	—	—	—	—
Anthracene	0.667	0.002	0.002	ND	0.03	—	—	—	—	—	—	—	—	—	—
Fluoranthene	0.858	0.005	0.024	0.680	0.37	0.04	0.1	0.09	3.68	0.09	1.5	0.03	0.18	0.9~4.5	1.6~6
Pyrene	0.962	0.006	0.038	0.520	0.23	0.04	0.16	0.07	4.65	0.09	1.6	0.05	0.31	0.5~2.5	1.0~3.2
Benz[a]anthracene	1.081	0.006	0.020	0.460	0.29	0.02	0.19	ND	ND	0.06	1.4	0.03	0.63	1.2~2.4	1.4~5.8
Chrysene	1.180	0.008	0.032	0.510	0.33	0.05	0.23	ND	ND	0.12	2.7	0.05	1.65	1.5~4.1	2.3~5.1
Benzo[b]fluoranthene	1.831	0.012	0.560	1.230	0.48	0.09	0.6	0.09	3.52	0.25	2.6	0.08	1.34	2.8~8.0	6.3~17.3
Benzo[k]fluoranthene	0.811	0.006	0.027	0.760	0.27	0.03	0.17	0.05	2.1	0.14	2.7	0.04	1.72	5.1~8.7	9.0~18.2
Benzo[a]pyrene	1.483	0.009	0.047	0.520	0.32	0.04	0.37	0.05	3.18	0.09	2.3	0.08	1.07	2.2~8	6.7~13.1
Benzo [g,h,i]perylene	1.862	0.023	0.112	2.360	0.41	0.07	0.32	0.16	4.1	0.19	2.7	0.08	3.27	3.9~8.9	9.2~21.8
Dibenz[a,h]anthracene	1.297	0.002	0.006	ND	0.49	<LOD	0.02	ND	ND	0.04	0.3	0.01	0.12	1.3~2.9	2.2~3.4
Indeno [1,2,3-cd]pyrene	1.899	0.012	0.052	2.470	0.41	0.14	0.67	ND	ND	0.17	3.1	0.17	2.4	1.8~6.6	11.6~25.8

❶ 數據彙整自：

1. Singh, D. P., Gadi, R., & Mandal, T. K. (2011). Characterization of particulate-bound polycyclic aromatic hydrocarbons and trace metals composition of urban air in Delhi, India. *Atmospheric Environment, 45*(40): 7653-7663.

2. Mugica, V., Torres, M., Salinas, E., Gutierrez, M., & Garcia, R. (2010). Polycyclic Aromatic Hydrocarbons in the Urban Atmosphere of Mexico City, Air Pollution, Vanda Villanyi (Ed.), ISBN: 978-953-307-143-5, InTech, DOI: 10.5772/10044.

❷ S: summer, W: winter；ND：未檢出；<LOD：低於檢測極限；— ：無數據。

附表二　不同類別食物中 PAHs 的含量 (μg/kg)

PAHs	肉類與製品	魚類及海產	蔬菜	水果／糖果類	穀類及製品	飲料	油與脂肪類	乳製品
Acenaphthene	0.05	ND~83	0.01~0.03	0.02	ND~2.3	—	0.02~45	0.01~0.08
Acenaphthylene	ND~500	<0.02~160	0.07~0.19	0.1~0.14	0.89	—	0.10~29	0.16~0.4
Anthanthrene	ND~67	—	—	—	ND~0.13	ND	0.03~2.7	—
Anthracene	ND~133	ND~191	ND~17	ND~2.5	ND~9.4	ND	ND~460	ND~0.30
Benz[a]anthracene	ND~144	ND~86	0.05~15	ND~2.0	0.03~4.2	0.003~0.61	ND~79	ND~1.7
Benzo[a]fluorene	ND~174	0.2~3.0	0.08~2.6	ND~1.5	—	—	ND~45	—
Benzo[b]fluorene	ND~72	—	0.11~2.8	ND~1.0	—	—	—	—
Benzo[b]fluoranthene	ND~197	ND~134	ND~28.7	ND~3.5	0.03~1.3	ND~0.65	ND~91	ND~0.7
Benzo[g,h,i]fluoranthene	ND	ND	ND	ND~0.9	ND~0.7	ND	ND~4.9	ND
Benzo[j]fluoranthene	ND~7	—	—	—	—	—	ND~5.1	—
Benzo[k]fluoranthene	ND~172	ND~55	ND~17	ND~0.2	0.02~1.4	ND~0.24	ND~99	ND~0.1
Benzo[g,h,i]perylene	ND~153	ND~31	ND~11	ND~6.0	ND~120	ND~0.03	ND~66	ND~1.6
Benzo[c]phenanthrene	NE~1.4	ND~280	ND~9.2	ND~0.5	ND~0.7	ND	ND	ND
Benzo[a]pyrene	ND~212	ND~173	ND~25	ND~1.5	ND~5.4	ND~0.60	ND~164	ND~1.3
Benzo[e]pyrene	ND~81	ND~50	ND~7.9	ND~1.5	0.06~5.2	ND~0.06	ND~37	ND~0.2
Chrysene	ND~140	ND~49	ND~62	ND~9.0	ND~2.8	ND~0.02	ND~76	ND~1.5
Coronene	—	ND~2.4	—	—	—	—	ND~7.4	—
Cyclopenta[c,d]pyrene	—	—	—	—	—	—	ND~1.4	—
Dibenz[a,h]anthracene	ND~8.8	ND~39	ND~1.0	ND~0.05	ND~3.6	0.002~0.24	ND~43	ND~0.04

附表二 不同類別食物中 PAHs 的含量(μg/kg)(續)

PAHs	肉類與製品	魚類及海產	蔬菜	水果／糖果類	穀類及製品	飲料	油與脂類	乳製品
Dibenzo[a,e]pyrene	ND	ND~0.3	ND	ND	ND	ND	ND~0.04	ND
Dibenzo[a,h]pyrene	—	—	ND~0.7	—	—	—	—	—
Dibenzo[a,i]pyrene	—	—	ND~0.3	—	—	—	—	—
Dibenzo[a,l]pyrene	—	—	—	—	—	—	—	—
Fluoranthene	ND~376	ND~218	ND~117	ND~27	0.10~130	ND~8.4	ND~460	ND~8.0
Fluorene	ND~0.67	ND~252	0.03~0.06	0.03~3.5	ND~5.9	—	ND~264	0.02~0.07
Indeno[1,2,3-cd]pyrene	ND~171	ND~42	ND~7.9	ND~1.0	ND~3.2	ND	ND~81	ND~1.2
5-Methylchrysene	ND~3.7	ND~1.1	ND~2.6	ND~1.6	ND~4.9	ND~0.05	ND~3.7	ND~1.6
1-Methylphenanthrene	ND~58	ND~708	0.1~2.1	—	0.3	—	ND~190	—
Naphthalene	0.9~55	ND~156	0.06~0.5	0.18~4.3	2.6	—	ND~57	0.27~0.9
Perylene	ND~28	ND~24	0.05~1.7	—	0.1~0.7	—	ND~36	ND~0.6
Phenanthrene	ND~618	ND~334	ND~12	ND~30	ND~94	ND	ND~170	ND~1.6
Pyrene	1.2~452	ND~217	ND~70	ND~12	ND~48	ND~9.3	ND~330	ND~4.8
Triphenylene	—	—	—	—	—	—	—	—

❶ 數據彙整自：Evaluation of certain food contaminants (Sixty-fourth report of the Joint FAO/WHO Expert Committee on Food Additives). WHO Technical Report Series, No. 930, 2006.

❶ ND：未檢出，「—」：未檢測。

CH **12**

[化學品的環境毒害]
與風險管理

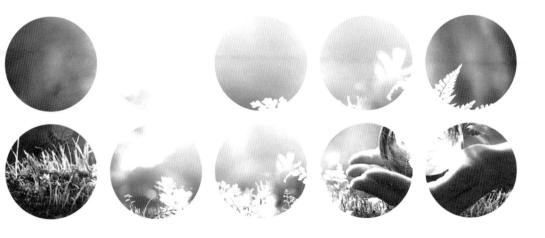

從 20 世紀開始，化學物質的運用逐漸成為人類社會體系運作的主要一部分，也進入一般的生活中，而化學產業(chemical industry)更成為經濟發展的重要產業之一。化學品(chemicals)是指由人工化學物質或天然物調配而成之單一或混和物。聯合國環境規劃署（UNEP）定義化學品為：一種化學物質，無論是物質本身或是混合物或是配製物的一部分，無論是人工製造或取自自然，包括作為工業化學品和農藥使用的物質。由化學物質製成之化學品在 2010 年，其全球總產值（包含生產與運輸但不含製藥）已達 4.1 兆美元，相較於 2000 年的 1.8 兆美元已成長將近 2.3 倍。聯合國最新資料顯示在 2017 年的產值達到 4.3 兆美元（如果加上製藥，則可達 5.68 兆），然後推估至 2030 將再增加一倍。在產量方面，全球化學品每年也超過 4 億公噸。聯合國並預估到 2020 年將達到 6.4 兆美元。在產量方面，全球化學物質每年也超過 4 億公噸。

但當吾人大量使用這些物質的時候，產生危害之機率就相對增加。以北美為例，在 2006 年就估計至少有 5.7 百萬公噸的化學物質被排放或棄置於一般環境中，其中包含一些具**環境持久性、生物蓄積性及毒害的化學物質**(persistent, bioaccumulative and toxic, PBTs)就約有 1.8 百萬公噸，另外，尚包括已知致癌物（97 萬公噸）和具生殖與發育毒性物質（86 萬公噸）。除此之外，因全球化學工業所產生的有害廢棄物平均每年也高達 1 千萬噸以上被運送至不同地區或國家予以處理，而且每年也達 10%以上的增加率。歐盟 2016 年的統計數字中顯示，在所有使用的化學品中，具有健康或生態危害的比例即達 62%。另外，世界衛生組織也推算，2016 年全球因特定的化學物質所產生的疾病負擔(burden of disease)而導致的死亡人數以及失能調整生命年(DALY，disability-adjusted life year)分別達 160 萬人與 4,500 萬年。因此，就環境保護的觀點而言，化學品的妥善管理以及化學物質的環境安全使用就突顯其重要性。本章旨在說明化學品（化學物質）的環境毒害以及風險評估與管理之作法。

12.1 環境毒物和化學品的危害與環境衝擊

　　圖 12.1 顯示化學品（或任何有使用到化學物質的製成產品）在其**生命週期**(life cycle)，或其所涉及的化學物質可能產生之人體健康危害及環境衝擊。化學品之危害性可發生在原料提煉萃取（如礦場）、製造或生產（如工廠）、使用（工廠或消費者）、儲存、運送、不當棄置等不同作為，而產生的衝擊對象也不同。例如工廠工人可能在使用化學物質時直接接觸而產生的毒害（化學性職業傷害），但也有可能因意外洩漏而進入一般環境造成汙染（環境毒物或汙染物）。雖然本書旨在闡明汙染物的毒性影響(toxic effect)，但化合物或化學品的危害性(hazard)尚包括物理性及化學性的傷害。聯合國在 2003 年啟動的化學品**全球分類及標示調和制度**(Globally Harmonized System of Classification and Labeling of Chemicals, GHS)，將化學品的危害性分為：物化性以及健康與環境危害兩大類，共計 27 種（表12.1）。讀者應瞭解其實就定義而言，化學品的危害性(hazard)的涵蓋範圍較廣，並包含了其毒害(toxicity)的特性。

　　除此之外，當化學物質一旦進入環境且超過大自然之承受能力(carrying capacity)時，所造成之汙染問題不見得會產生對生物的直接影響，但後果卻不可忽視。例如大量有機物（生物需氧量，BOD）進入水體造成水中溶氧降低而導致生物因缺氧而死亡，或者 CFCs（氟氯碳化合物）被排入大氣中造成臭氧層的破壞，進而造成自然環境承受更高量的紫外線，而引發後續之影響，包括全球暖化、海洋食物鏈改變、人類皮膚癌及白內障罹患率增加、植物生長受抑制等。因此，吾人要評估化學品的危害性及環境衝擊必須是全面地加以考量。再加上近年全球化學品的使用量與種類大增、許多化合物的汙染無國界現象（如酸雨、POPs、汞、溫室氣體）、不同地區發展程度之差異（歐盟與美國減少製造；而同時中國大陸已成世界最大化學品製造國），這些因素未來將使化學品的危害管理更將困難且複雜化。本書主要還是介紹化學物質若成為環境汙染物後對人體健康與生態毒害之影響。

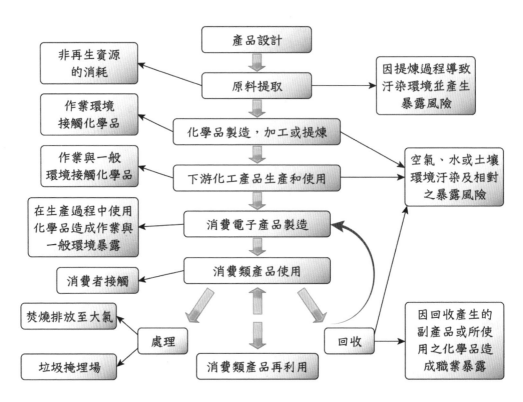

圖 12.1 化學品或一產品在其生命週期(life cycle)所用運之化學物質可能產生之人體或環境衝擊

表 12.1	聯合國 GHS 的化學物質危害性分類
物化性危害	**健康及環境危害**
1. 爆炸物	1. 急毒性物質(471)
2. 易燃氣體	2. 腐蝕／刺激皮膚物質(330)
3. 易燃氣膠	3. 嚴重損傷／刺激眼睛物質(526)
4. 氧化性氣體	4. 呼吸道或皮膚過敏物質(57+501)
5. 高壓氣體（加壓氣體）	5. 生殖細胞致突變性物質
6. 易燃液體	6. 致癌物質(198)
7. 易燃固體	7. 生殖毒性物質(122)
8. 自反應物質	8. 特異標的器官系統毒性物質－單一暴露(225)

表 12.1	聯合國 GHS 的化學物質危害性分類（續）
物化性危害	**健康及環境危害**
9. 發火性液體	9. 特異標的器官系統毒性物質－重複暴露(225)
10. 發火性固體	10. 吸入性危害物質
11. 自熱物質	11. 水環境之危害物質（包含水中急毒性與慢毒性，後者再分為具生物蓄積潛能與分解快速者）
12. 禁水性物質	
13. 氧化性液體	
14. 氧化性固體	
15. 有機過氧化物	
16. 金屬腐蝕物	

◯ 說明：括號內數據為目前確認屬於該類化學物質之數量。數據統計自歐盟危險物質指令 (Dangerous Substances Directive)Directive 67/548/EEC 之附錄一。

12.2 化學品的管理策略與方法

　　化學品的管理可依其生命週期之不同階段（見圖 12.1）採用不同之管理策略或作法。在生命週期之初始的管理稱為源頭管理，而後期的作為則稱為末端管理。一般而言，化學品的源頭管理多傾向於危害預防層面，而越後端之管理則偏向於汙染控制層面，並運用不同技術將汙染消滅以降低危害性。俗語說「預防勝於治療」，因此化學品的源頭管理之效能應最大。在管理策略或作法方面，吾人可將其略分為主動、誘發與自發性三種類別：

1. 主動式策略或作法主要是管理者透過訂定規則（法令）將化學品之使用加以規範或將其危害性加以降低，例如高危害性物質的禁用或排放標準之訂定。

2. 誘發式策略或作法是指管理者以誘導之方式使被管理者進行化學品之適當管理，例如對危害物品加重稅率以使廠商採用替代品(如 CFCs)。

3. 自發性作為是指被管理者自行發起，其原因可能是趨勢或社會責任所使。

　　表 12.2 列出前述三種類別之不同策略或作法。化學物質一旦（或可能）進入特殊或一般環境而產生毒害，其管理作為主要目的是降低其產生危害的風險，此即稱為**風險管理**(risk management)。

　　由於化學品使用（或不使用）對全球各層次、各區域的發展皆會產生不同的影響及牽動，也會涉及經濟、能源以及其他環境問題，因此從社會整體永續發展的考量（不單就危害性或毒性），較適當且全面的化學品管理架構應包含兩大區塊，其一為單就化學品的可行性加以評估，另一則為考量其他環境層面之衝擊評估，而可運用的評估工具應包括綠色產品原料及設計、化學相關的指標基本調查（如毒性、暴露量、危害性）、生命週期評估、綠色與永續化學品(green and sustainability chemistry)、化學替代品評估(chemical alternatives assessment)、化學品風險評估、其他評估（技術可行性、社會經濟衝擊等），而重要性應為由前至後逐漸遞減。

表 12.2 化學品管理的不同策略或作法

類別	策略或作法	
1.主動性（法令或規定）	· 禁用或限用 · 汙染源排放標準 · 使用準則或管制方式	· 環境標準 · 稽核制度 · 其他
2.誘發性	· 課稅或收費 · 輔導或補助措施 · 環保標章	· 環保教育 · 其他
3.自發性	· ISO 認證 · 國際環保制度	· 訂定規範制度或目標

12.3 毒化物的人類健康與生態風險評估與管理

　　化學物質之**危害性**(hazard)或**毒性**(toxicity)是其內在特性之一，但其使用之安全與否取決於吾人如何讓其風險（risk，即發生危害事實的機率）降低或消弭，就像火是否安全，取決於吾人如何使其僅發揮用途而將危害控制一樣。毒化物要產生人體健康影響或生態衝擊（毒害風險）之先決條件還是在於量的多少；如同本書第二章所提，劑量決定毒性。自然環境有自淨能力，因此能接受少量的汙染物，只要不超過其所能承載的負荷量。相同地，人體對毒化物也有容忍力，只要暴露量（接受劑量）不要超過會產生急性或慢性毒害的程度（安全劑量，safe dose，或可接受風險限值，acceptable risk）就應該是安全的。因此要評估毒化物是否會對人體產生毒害或會對生態產生影響，就必須先瞭解暴露量的多少以及安全劑量為何，而此過程則稱為**風險評估**(risk assessment)。

　　風險評估是風險管理的重要工具之一。風險管理是指可以降低風險的作為。吾人可根據風險評估的結果來訂定風險管理決策。例如近年科學家經過風險評估方式證實大氣中 $PM_{2.5}$（particular matter 粒徑 < 2.5 μm，見第一十章）會增加一般人罹患肺癌以及減少壽命的風險，先進國家則開始將 $PM_{2.5}$ 列為管制之空氣汙染物，並訂定品質標準。風險評估不僅可運用於評估焚化爐、土壤汙染廠場址等汙染源對周遭居民所可能產生健康的危害，亦可在重大開發或設廠案件之環境影響評估中作為相關單位進行決策或風險管理上的重要參考依據。除此之外，近年發生許多食品被毒化物汙染事件亦可藉由風險評估之方法原則予以判定危害性，進而由相關單位提出對應作法，以維護大眾之食品安全。前述安全劑量的原理也可運用於不同生態系統之生物，例如有毒廢棄物掩埋場之危害物質，可能滲漏進入地表水體，然後透過食物鏈暴露或與水直接接觸暴露而對水生或陸地野生生物造成毒害。

（一）人類健康風險評估

美國國家研究委員會(National Research Council)於 1983 年擬定出**人類健康風險評估**(human health risk assessment)的主要工作架構，包括：(1)**危害確認**(hazard identification)、(2)**暴露評估**(exposure assessment)、(3)**劑量效應評估**(dose-response assessment)、(4)**風險特徵描述**(risk characterization)，四大主要部分。圖 12.2 為風險評估、風險管理與相關研究間之關聯性。

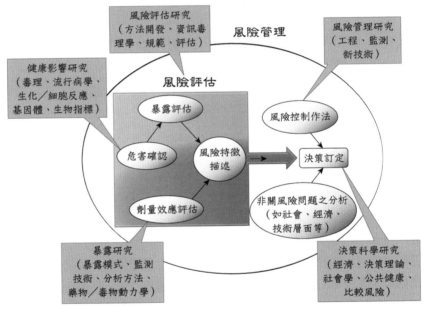

圖 12.2　風險評估、風險管理與相關研究間之關聯性示意圖

環保署於 2010 年提出「健康風險評估技術規範」主要是針對化學物質可能或已經造成環境汙染並衍生出的人類健康危害所訂定，並分別針對前述四項主要部分予以規範細項工作。圖 12.3 為該技術規範列出相關資訊，以下簡要說明：

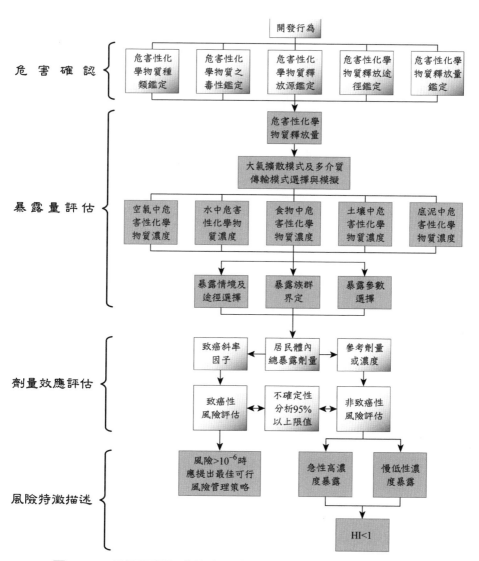

圖 12.3　環保署所訂「健康風險評估技術規範」之相關工作

1. 危害確認：找出可能之汙染物與其所可能造成的健康問題，以及兩者之間的關聯性等重要資訊。USEPA 針對焚化爐煙道物質曾提列選取需評估汙染物之選取原則包括：燃燒不同物料所可能產生的物質、毒性及毒理資料多寡、以及環境蓄積性等。環保署之「健康風險評估技術規範」中定義之需評估危害物質則包含：

(1) 依下列環境保護及安全衛生法規所列之化學物質：

    A. 毒性化學物質管理法公告之毒性化學物質。

    B. 固定汙染源空氣汙染物排放標準及其他行業別空氣汙染物排放標準所列之化學物質。但不包括燃燒設備排放之硫氧化物及氮氧化物。

    C. 放流水標準所列之化學物質。

    D. 有害事業廢棄物認定標準中製程有害事業廢棄物及毒性特性溶出程序(TCLP)溶出標準所列之化學物質。

    E. 土壤汙染管制標準所列之化學物質。

    F. 地下水汙染管制標準所列之化學物質。

    G. 作業環境空氣中有害化學物質容許濃度標準所列之有害化學物質，及勞工安全衛生法所稱危險物、有害物、有機溶劑、特定化學物質等。

(2) 依下列國際環境保護公約所規範之化學物質：

    A. 斯德哥爾摩公約。

    B. 蒙特婁議定書。

    C. 其他國際環境保護公約。

(3) 依環保署環境影響評估審查委員會指定之其他有害化學物質。

    由於汙染物可經由不同途徑進入承受之生物受體(receptor)，通常須先假設可能發生之不同情境(scenario)。例如含毒化物廢棄物之非法傾倒可能造成土壤或地下水的汙染。前者可能被地上作物吸收而成為食品汙染物或被地表逕流帶至水源地汙染飲用水；後者可能被抽取至地表後進入魚塭或農田，進而透過食物鏈進如人體或直接影響環境生

態。吾人應盡可能地掌握相關資訊以做出符合實際狀況之評估（可參考圖 10.6）。

2. 暴露評估：判定可能之暴露群眾及估算暴露量的多寡。此項工作主要包括進行開發活動於營運階段所釋放危害性化學物質經擴散後，經由各種介質及各種暴露途徑進入影響範圍內居民體內之暴露劑量評估。一般而言，暴露量之估算須先推算不同環境介質之濃度，可透過實際量測或不同之環境模式推算，但各有其優缺點。近年科學家發展出透過**生物標記**(biomarker)判定暴露者體內濃度（如血鉛濃度或 POPs 物質在脂肪或母乳中濃度）之方式來反推估暴露劑量。劑量單位通常以 mg/kg/day 表示（每天每單位生物體重所接受物質之重量，見第二章），不論以何種方式推算，針對長期慢性低濃度暴露，最後結果則以**終生平均每日暴露劑量**(life-time average daily dose, LADD)表示；若為急性高濃度之暴露或慢性非致癌風險，則以**平均每日暴露劑量**(average daily dose, ADD)表示，而兩者皆應以估算吸收劑量為主。LADD 或 ADD 之計算公式如下：

$$\text{LADD或ADD} = \frac{C \times IR \times AF}{BW} \times \frac{ED}{AT}$$

LADD：不同途徑之終生平均每日暴露劑量(mg/kg/day)

ADD：不同途徑之平均每暴露劑量(mg/kg/day)

C：生物體或環境中危害性化學物質之濃度（生物體或土壤 mg/kg、空氣 mg/m³、水 mg/L）

IR：攝取率（生物體或土壤 kg/d、空氣 m³/d、水 L/d）

AF：危害性化學物質吸收率(%)

BW：人體平均體重(kg)

ED：人體平均暴露時間（年）

AT：暴露發生的平均時間（年）

3. 劑量效應評估：找出化學物質之劑量－反應關係，並決定安全劑量或可接受之風險值。一般而言，吾人皆假設毒性物質對生物體應具有一安全劑量（見前文，或參考第二章之**閾值** threshold 說明）。此安全劑量可透過毒性試驗或流行病學調查結果所得之 NOAEL（**無不良作用的觀測值**，no observed adverse effect level，見第二章之 NOEL）或 LOAEL（**產生不良作用的最低觀測值**，lowest observed adverse effect level，見第二章之 LOEL），再考量採用數據之可信度並配合**安全係數**(safety factor)之運用加以推算。安全係數的概念主要是考量一般毒性試驗因受限於現有技術或方法的限制，而不見得能完全反映實際狀況，例如毒性試驗通常採用高劑量推估低劑量效應、採用哺乳類動物但其結果要適用於人類而忽略物種差異、評估毒性終點之不同等（參考第二章）。因此，安全係數的採用主要是為了減少科學之不確定性(uncertainty)。

目前常用之安全劑量包括 USEPA 在其相關風險評估工作所採用之**參考劑量**(reference dose, RfD)或**參考濃度**（reference concentration, RfC，適用於空氣汙染暴露狀況）、WHO 之**可接受每日攝取量**(acceptable daily intake, ADI)或**暫訂可容許每週容許攝取量**(provisional tolerable weekly intake, PTWI)、**可容許每日攝取量**(tolerable daily intake, TDI)等（見第八章及第九章所介紹各化合物之數值）。除此之外，在作業環境的職業暴露容許量標準（例如**閾值限量** threshold limit values, TLV，或**容許暴露濃度** permissible exposure level, PEL 等）亦可作為在該類環境之風險評估依據，但此類安全劑量訂定之考量則與適用於一般大眾之數值不同，而通常會較高。

對某些特定之物質而言，其產生生物效應不見得會有一閾值，此類物質稱為**非閾值物質**(non-threshold chemical)，通常是致癌物、突變物或一些生殖／發育毒性物質。針對此類物質的風險評估，USEPA 之作法是先推演出物質之劑量／反應關係曲線並將其轉換為直線關係式後，運用該直線之斜率（若為致癌物，則稱為**致癌斜率因子** cancer slope factor, CSF）估算出相對之風險值（致癌），然後判定該風險值是

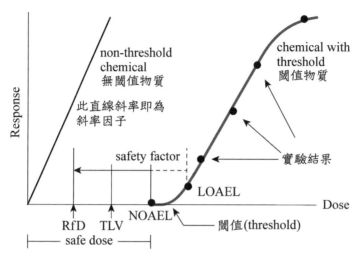

圖 12.4 閾值及非閾值物質之劑量反應關係以及不同參數

否可被接受。USEPA 或其他機構通常將可接受風險值訂為百萬分之一
（俗稱百萬分之一之致癌風險），即每百萬人之致癌機率不多增加 1
人。

　　簡而言之，劑量效應評估工作主要是找出毒化物適當之安全劑量
（針對具閾值、非致癌性物質）或致癌斜率因子（針對無閾值之物質，
如致癌物）。圖 12.4 為不同劑量反應關係曲（直）線並顯示安全劑量、
斜率因子、安全係數、閾值、RfD、TLV 等數值之關聯性（請參考第二
章圖 2.6）。

4. 風險特徵評估：估算暴露群的**危險機率**(probability)或危害程度，以及
評估結果的**不確定性分析**(uncertainty analysis)。此項工作須估計各種暴
露狀況下對人體健康可能產生之危害性。在預測過程中，對於各種未
知數之推論或假定以及採用之推測模式皆有其限制及不確定性
(uncertainty)，因此需提出合理性與適切性說明。除此之外，由於在風
險推算過程中所採用的變數或計算出的結果數據皆有其不準確性（變
異度，variability），故在推測模式中，針對不確定性及變異度之分析，
乃是風險特徵描述工作正確與否相當重要之一環。有品質較佳的不確
定分析，才能確保風險評估結果的可信度。

針對無閾值物質（致癌物）之風險推算方法公式如下：

$Risk = \Sigma\,(LADD_i \times CSF_i)$

Risk：致癌風險（無單位）

$LADD_i$：不同途徑之終生平均每日暴露劑量(mg/kg/day)

CSF_i：不同毒化物之致癌斜率因子$(mg/kg/day)^{-1}$

各種致癌物質應以各自計算其致癌風險度後，再加總為總致癌風險(total risk)。USEPA 或其他機構通常將可接受之致癌風險值訂為百萬分之一（俗稱百萬分之一之致癌風險，10^{-6}），即每百萬人之致癌機率不多增加 1 人，但仍可視狀況而訂定更大值，例如萬分之一（最嚴格）或十萬分之一。

針對有閾值毒化物之慢性非致癌風險度乃以暴露劑量與安全劑量（參考劑量，RfD）之比值，稱為**危害商數**(hazard quotient, HQ)作為判斷依據，計算公式如下：

$$HQ = \frac{ADD}{RfD}$$

HQ：危害商數（無單位）

ADD：平均每日暴露劑量(mg/kg/day)

RfD：參考劑量(mg/kg/day)

若暴露情境包括不同之化合物，則須將個別化合物之所有暴露途徑之危害商數加總後，再將所有化合物之危害商數加總，其總和則為**危害指數**(hazard index, HI)，計算公式如下：

$$HI = \Sigma\,HQ$$

若危害指標小於 1，表示暴露劑量低於會產生不良反應的閾值（安全劑量），則預期將不會造成顯著損害，如果大於 1，可能產生毒害。

（二）生態風險評估

　　針對**生態風險評估**(ecological risk assessment)之工作，USEPA 於 1992 年提出三階段之工作架構包括：問題建構(problem formulation)、分析(analysis)、風險特徵評估(risk characterization)。圖 12.5 為其架構圖並包含三階段之工作細項。值得一提的是，雖然 USEPA 所提出之生態風險評估工作架構似與人類健康的不同，但其實許多概念及方法運用是相同或相似的，主要不同點僅為對象。由於風險評估所牽涉之層面相當廣泛且涵蓋之科學領域也較多，而相關細節亦相當繁瑣，本書不在此詳細說明，以下僅簡要說明概念：

1. 問題建構：主要是將現有資訊整合後確認問題所在，並訂出評估工作規劃，包含三項細部工作：訂出欲評估之觀察點(assessment endpoint)、建立概念模式(conceptual model)、規劃分析工作(analysis plan)，其中前兩項工作與在人類健康風險評估中之定義情境(scenario)工作相似。

2. 分析：此部分工作則依據前項分析工作所規劃，按部就班將暴露狀況可能為何（關切生物之暴露量）以及在此狀況下之生物反應為何（毒性及安全劑量）調查出。主要工作細項包括暴露分析(exposure analysis)及生態反應分析(ecological analysis)。一般生態風險評估較常將暴露狀況（水中或土壤暴露濃度）及安全劑量（水中或土壤安全濃度）以濃度(mg/L)表示，前者可以**預測或量測環境濃度**（predicted 或 measured environment concentration, PEC 或 MEC）表示，而後者可以**預測無可觀察到反應濃度**(predicted no-observed effect concentration, PNEC)表示。USEPA 針對超級基金汙染區之評估工作常用**毒性參考值**(toxicity reference value, TRV)表示安全濃度，此與 PNEC 相同只是表示方法不同而已。另外，若其暴露狀況是透過食入受汙染食物，則可以劑量(mg/kg/d)表示。不論是 PNEC 或 TRV，皆等同於人類風險評估中所採用的 RfD 或 RfC。

3. 風險特徵評估：包括推算風險度(risk estimation)以及風險論述(risk description)，主要是總結所有資訊及假設、進行不確定性分析、提出結

果之強度與評估工作未及之處等。風險度可以 PEC 或 MEC 以及與 PNEC 之比例估算，而比值高於 1（PEC 或 MEC>PNEC）則代表具風險。此作法之概念與在人類健康風險評估中之 HI 及 HQ 相同，即暴露量高於安全劑量則有風險。如案例包含多種毒化物或不同暴露途徑，則仍須將所有之 PEC 或 MEC/PNEC 值加總。

　　毒化物的風險評估須綜合許多不同領域學科的研究，且也屬一較新興的科學應用，許多重要或基礎的數據或資料尚仍待補足或建立，因此，也存在許多不確定性，其評估結果要做為訂定決策之依據仍應詳加考量其可信度之高低。

　　經過以上的風險評估過程，在某些特定狀況下一種或多種化學物質可能產生之危害性一旦被認定是具過高或無法接受的風險，吾人即必須提出相對應的作為（風險管理）來預防、避免、降低危害性以保護人體健康或生態風險。

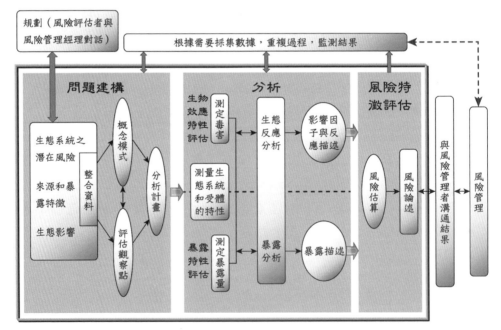

圖 12.5　生態風險評估之三階段工作架構

12.4 國際與國內化學品的管理現況

　　截至 2019 年，在化學文摘社(Chemical Abstract Service, CAS)註冊的化學物質已超過 1 億 5 千 5 百萬種，而全球流通量較大之商業化化合物至少也有 5 萬種以上；另外歐盟於 2007 年開始實施的化學品註冊、評估、授權和限制法（新化學品政策，REACH），初期預註冊(pre-register)的化學品亦高達 14 萬 3 千多種，但截至 2019 年完成註冊的也僅有 24,795 種。而許多化合物的環境特性資料卻明顯不足。據歐盟統計，高達 2,500 種的高生產量化合物（high production volume，HPV，每年生產或進口超過 1,000 公噸）物質中只有 14%是符合歐盟的要求，其餘有 65%其基本資料（包括環境特性與影響）尚不完全，另有 21%是完全缺乏。美國也統計其銷售量每年超過 1 百萬磅的 3,000 種化合物，其中僅有 7%具有足夠的基本資料以符合 OECD 的規範，而有 43%是資料完全闕如。因此，人類對化學品的運作管理實有相當大的空間尚待改善。聯合國在 1992 年巴西里約熱內盧集結各國領袖並召開環境與發展大會（第一屆世界高峰會議），並通過「21 世紀議程」，其中第 19 章「毒性化學品的無害管理，包括預防毒性和危險產品的販運」旨在加強各國化學品安全管理與國際合作，並提出「公眾知情權」、「利害相關者參與」、「科學在環境決策中重要性」等指導原則，及「化學品管理重點對象」、「生命週期管理」、「安全生產」等一系列的管理方針。目前全球先進國家對化學品的管理則以「無毒環境」為首要戰略目標，並以「預先防範」為適用原則。本章以下簡要介紹國際與國內對具毒害性化學物質運作管理的相關規定。

（一）國際公約及區域法令與先進國家重要法規

1. **國際化學品管理策略方針**(Strategic Approach to International Chemical Management, SAICM)是聯合國 2006 年 2 月在阿拉伯聯合大公國杜拜市所舉行之國際化學品安全論壇(Intergovernmental Forum on Chemical Safety, IFCS)中所宣示未來推動全球化學安全管理之行動依據與工作願景。SAICM 由聯合國環境規劃署(United Nations Environmet

Programme, UNEP)主導，並包含：廣泛納入策略（管理策略）、全球行動計畫(行動計劃)、與國際化學品管理杜拜宣言（國際支持共同宣示）等三大部分，也已成為國際間之共識。其影響將包括化學品之所有生命週期如國家法規主管、研發、生產、製造、使用、交通、緊急應變、跨國際運輸、與廢棄等層面之管理議題。本書前文所提及「化學品分類與標示全球調和制度」(Globally Harmonized System of Classification and Labelling of Chemicals, GHS)即是 SAICM 的成果之一。

2. **斯德哥爾摩 POPs 公約**(Stockholm Convention on Persistent Organic Pollutants)：此公約是聯合國 UNEP 於 2001 年在瑞典斯德哥爾摩提出，主要是針對**持久性有機汙染物**（POPs，見第七章）的規範，以期透過禁用限制生產和使用的措施達到消除、限制及減少無意產生持久性有機汙染物的目的。目前列入規範的 POPs 物質名單共有 30 種，其中有 13 種是工業用化學品，另有 18 種是農藥類（pesitcides，其中六氯苯及五氯酚亦是工業用化學品），另有 7 種是無意產生之物質。未來將會有更多的物質加入 POPs 清單中（詳見第七章）。

3. **鹿特丹公約**（The Convention of the Prior Informed Consent Procedure for Certain Hazardous Chemicals and Pesticides in International Trade, PIC 公約）：此公約是聯合國 UNEP 及糧食與農業組織(FAO)提出，於 1998 年在鹿特丹通過的，旨在促進國際貿易中特定危害化學品特性的資訊交流，並透過規範物質之進出口「事前同意許可(Prior Informed Consent, PIC)」之程序及提出一套標準作業程序指引(decision guidance document)，以推動各國對其在國際貿易中分擔的責任及合作角色。此公約之規範物質共有 43 種，其中有 32 是農藥類、11 種是工業用化學品。

4. **奧斯陸－巴黎公約**(Oslo and Paris Convention, OSPAR)：此公約全名為**東北大西洋海洋環境保護公約**(Convention for the Protection of the Marine Environment of the North-East Atlantic)，並自 1998 年 3 月 25 日起正式生效。此公約目的是為保護及保存東北大西洋及其資源，降低

人類活動所產生之化學汙染物對於海洋環境所造成之負荷，並確保各國所採用的作為可有效減少對海洋之衝擊。此公約訂定之優先行動化學物質清單分為 A（具背景資料之化學物質）、B（密閉系統之中間體，無背景資料）、C（目前無生產或無使用業者，故無背景資料之化學物質）等三類清單，合計 49 種物質。

5. **巴塞爾公約**(Basel Convention)：此公約訂定目的主要是為控制有害廢棄物(hazardous waste)越境轉移，於 1992 年正式生效。此公約確保各國擁有禁止有害廢棄物進入或過境其領土範圍之權力，並依據條文規範越境秩序，以防止因有害廢棄物跨國運送交易行為。藉由此公約各國可加強國際合作，並同時提升其工業減廢及環境無害管理技術之能力。在此公約的管制下，所有有害廢棄物的越境轉移都必須到進口國及出口國的同意才能進行。聯合國並於 1995 年通過修訂案（又名巴塞爾禁令，Basel Ban Amendment），禁止已開發國家向開發中國家輸出有害廢棄物。

6. **歐盟「限用有害物質指令」**(Restriction o f Hazardous Substance, RoHS, Directive 2002/95/EC)：此指令主要目的是規範電子電機產品限用包括鉛(Pb)，鎘(Cd)，汞(Hg)，正 6 價鉻(Cr)，多溴聯苯(PBB)，多溴聯苯醚類(PBDE)等的 6 種化學物質。此指令要求成員國從 2006 年 7 月 1 日起，配布銷售於市場的新電子和電器設備所含上述物質之濃度不得超過 0.001% (1,000 ppm)（Cd 為 0.01%）。前述化學物質相關說明請參閱第七章及第九章。

7. **歐盟「新化學品政策」**(Registration, Evaluation, Authorisation and Restriction of Chemical Substances, REACH)，主要訂定目的是以危害物質的**預防原則**(precautionary principle)為基礎，藉由安全評估、風險評估與管理措施、主管單位授權等措施以確保化學品在其生命週期過程中，不會對人體健康及環境產生不良的影響。此法令針對製造／進口商及下游使用者在製造、買賣及使用化學物質加以規範。歐盟公告之高度關注物質（含授權物質）歐盟於 2007 年 6 月起實施，其化學物質

之管理流程依序為註冊（登記）、評估、授權及限制，針對危害性化學物質進行初步篩選評估，並公告「**高度關注物質候選清單**」(Candidate List of Substances of Very High Concern, SVHC)，若 SVHC 候選清單物質經後續審查認定為高度關注者，則正式公告為「授權物質」。授權物質需申請許可，獲得授權後方可使用或置入於歐盟市場。截至 2019 年為止，於 SVHC 清單共計有 201 種化學物質，而授權物質清單中計有 43 種物質，並設定落日期限，其中部分已達期限而被全面禁用。

8. 先進國家針對有害物質之相關法令相當繁多，本章僅列出較重要者如下：美國毒性物質管理法(Toxic Substances Control Act, TSCA)、日本化學物質審查及製造管理法、日本毒物及劇物取締法、加拿大全國汙染物釋放清冊(National Pollutant Release Inventory, NPRI)、美國空氣清淨法(Clean Air Act, CAA)、美國毒性物質釋放清冊(Toxic Substances Release Inventory, TRI)、美國資源保育回收法(Resource Conservation and Recovery Act, RCRA)等。

（二）國內相關法令

由於有毒物質的用途或產生源及方式不一，針對不同用途必須以不同之法令規範，因此國內有關毒性化學物質規範的法令相當多，而在管理上也有不同的管理單位。表 12.3 列出內容中有提及特定危害物質之法令、規定及權責之公務部門主管機構。

化學物質的危害性是多層面的，而其所產生的衝擊不僅對人類健康或環境而已，更擴及社會、經濟、民生、政治等層面。歐盟曾依據聯合國世界銀行訂定之評估基準，推估其會員國中因化學品造成之疾病案例約占所有疾病總案例數的 1%，並預估若前述之 REACH 法規全面實施後，將可降低相關疾病案例的 10%，約等同於所有減少每年 4,500 人的死亡數。另外的數據顯示，由於相關癌症的減少，歐盟實施 REACH 後將可減少 1,800 萬～5,400 萬歐元之健康相關支出，並同時增加更多對環境友善的創新產品被製造出以及新的就業機會。因此，化學物質（化學品）的適當管理不僅是保護環境的重要工作之一，更是人類生活永續經營的要件。

表 12.3　國內有關危害物質之法令、規定及權責業務單位

主管單位	法令	相關規定
環保署	毒性化學物質管理法	毒性化學物質管理法施行細則、篩選認定毒性化學物質作業原則、未管制汙染物健康風險評估諮詢作業規範
	環境用藥管理法	環境用藥管理法施行細則、環境用藥微生物製劑使用於生態及水源保育或保護區運作管理辦法
	廢棄物清理法	廢棄物清理法施行細則、有害事業廢棄物認定標準
	空氣汙染防制法	空氣汙染防制法施行細則、空氣品質標準、固定汙染源空氣汙染物排放標準、廢棄物焚化爐空氣汙染物排放標準、鉛二次冶煉廠空氣汙染物排放標準、鋼鐵業燒結工廠空氣汙染物排放標準、電力設施空氣汙染物排放標準、汽車製造業表面塗裝作業空氣汙染物排放標準、水泥業空氣汙染物排放標準、半導體製造業空氣汙染管制及排放標準、交通工具空氣汙染物排放標準、揮發性有機物空氣汙染管制及排放標準、聚氨基甲酸酯合成皮業揮發性有機物空氣汙染管制及排放標準、中小型廢棄物焚化爐戴奧辛管制及排放標準、廢棄物焚化爐戴奧辛管制及排放標準、車用汽柴油成分管制標準、煉鋼業電弧爐戴奧辛管制及排放標準、溴化甲烷管理辦法、鋼鐵業燒結工廠戴奧辛管制及排放標準、鋼鐵業集塵灰高溫冶煉設施戴奧辛管制及排放標準、固定汙染源戴奧辛排放標準、光電材料及元件製造業空氣汙染管制及排放標準、膠帶製造業揮發性有機物空氣汙染管制及排放標準
	室內空氣品質管理法	室內空氣品質管理法施行細則、室內空氣品質標準

表 12.3 國內有關危害物質之法令、規定及權責業務單位（續）

主管單位	法令	相關規定
環保署（續）	水汙染防治法	水汙染防治法、海洋放流管線放流水標準、土壤處理標準、地面水體分類及水質標準、石油化學業放流水標準、石油化學專業區汙水下水道系統放流水標準、晶圓製造及半導體製造業放流水標準、光電材料及元件製造業放流水標準、科學工業園區汙水下水道系統放流水標準
	海洋汙染防治法	海洋汙染防治法施行細則、海域環境分類及海洋環境品質標準
	土壤及地下水汙染整治法	土壤及地下水汙染整治法施行細則、土壤汙染管制標準、地下水汙染管制標準、土壤汙染監測標準、地下水汙染監測標準
	飲用水管理條例	飲用水水源水質標準、飲用水水質標準
農委會	農藥管理法	農藥管理法施行細則、農藥田間試驗準則、農藥標準規格準則、農藥理化性及毒理試驗準則、配合飼料農藥殘留認定基準、農藥對水生物毒性分類及其審核管理規定
衛生福利部	食品安全衛生管理法	食品安全衛生管理法施行細則、一般食品衛生標準、殘留農藥安全容許量標準、牛羊豬及家禽可食性內臟重金屬限量標準、乳品類衛生標準、食用菇類重金屬限量標準、食米重金屬限量標準、食品中多氯聯苯限量標準、食品中戴奧辛處理規範、食品器具容器包裝衛生標準、禽畜產品中殘留農藥限量標準、蔬果植物類重金屬限量標準、嬰兒食品類衛生標準
勞動部	職業安全衛生法	職業安全衛生法施行細則、勞工作業場所容許暴露標準、鉛中毒預防規則、四烷基鉛中毒預防規則、有機溶劑中毒預防規則、特定化學物質危害預防標準、粉塵危害預防標準

索 引
INDEX

MEMO

MEMO

國家圖書館出版品預行編目資料

新編環境毒物學 / 陳健民，黃大駿編著.
--初版.--新北市:新文京開發, 2020.01
面 ； 公分

ISBN 978-986-430-603-9(平裝)

1.環境汙染 2.毒理學

445.9 109000254

新編環境毒物學

（書號：B420）

編 著 者	陳健民　黃大駿
出 版 者	新文京開發出版股份有限公司
地　　址	新北市中和區中山路二段 362 號 9 樓
電　　話	(02) 2244-8188（代表號）
Ｆ Ａ Ｘ	(02) 2244-8189
郵　　撥	1958730-2
初　　版	西元 2020 年 01 月 20 日

建議售價：550 元

ISBN 978-986-430-603-9

New Wun Ching Developmental Publishing Co., Ltd.

New Age · New Choice · The Best Selected Educational Publications—NEW WCDP